李东光◎主编

YETI XIDIJI
SHIYONG
PEIFANG
SHOUCE

液体洗涤剂
实用配方手册

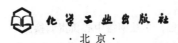
化学工业出版社
·北京·

内容简介

本书精选液体洗涤剂制备配方500余例，包括厨房洗涤剂、餐具洗涤剂、果蔬洗涤剂、衣用洗涤剂、织物洗涤剂、沐浴剂、洗发香波、卫生间清洗剂、地板清洗剂、其他洗涤剂，详细介绍了相关配方的原料配比、制备方法、产品特性、产品应用等。

本书可供从事洗涤剂科研、生产、销售的人员使用，也可供相关精细化工等专业师生参考。

图书在版编目（CIP）数据

液体洗涤剂实用配方手册 / 李东光主编． -- 北京：化学工业出版社，2024. 10． -- ISBN 978-7-122-45948-0

Ⅰ. TQ649.6-62

中国国家版本馆CIP数据核字第20248BD170号

责任编辑：张　艳		文字编辑：杨凤轩　师明远	
责任校对：宋　玮		装帧设计：王晓宇	

出版发行：化学工业出版社
　　　　　（北京市东城区青年湖南街13号　邮政编码100011）
印　　装：北京建宏印刷有限公司
710mm×1000mm　1/16　印张 31³/₄　字数 674千字
2024年10月北京第1版第1次印刷

购书咨询：010-64518888　　　　售后服务：010-64518899
网　　址：http://www.cip.com.cn
凡购买本书，如有缺损质量问题，本社销售中心负责调换。

定　　价：198.00元

　　液体洗涤剂行业是肥皂及合成洗涤剂行业的子行业，经过多年的发展，液体洗涤剂逐渐进入一个新的时期。液体洗涤剂包括洗衣液（含衣物洁护系列）和家居清洁系列（含个人洁护系列）。由于液体洗涤剂具有制造过程节约能源和资源、使用方便、适用性强和综合性能优良等特点，已成为洗涤剂工业发展的方向。液体洗涤剂顺应了国家"节能减排"的可持续发展潮流，是未来衣物洗涤剂发展的必然趋势。与粉状洗涤剂相比，液体洗涤剂溶解性好、低温洗涤性能好、使用方便、易于计量、节能环保和不产生粉尘，而且由于配方中用水代替了大量的无机盐填充物，体系碱性低，因而更体现了产品本身对手和织物的保护。从制造商角度，液体洗涤剂具有配方灵活、制造工艺简单、设备投资少、节省能源和加工成本低等优点。

　　随着全球低碳时代的到来，我国早就提出落实节约资源和保护环境的基本国策，用于指导建设低投入、高产出、低消耗、少排放、能循环、可持续的国民经济体系和资源节约型、环境友好型社会。国内洗涤行业和市场也在与国际接轨，液体洗涤剂的制造过程和使用过程都非常符合国家规划的方向，中国洗涤剂的市场前景和国家政策都给液体洗涤剂市场带来了极大的机遇。未来我国液体洗涤产品的发展必将更趋于安全便捷、环保节约、包装简约和个性化，并向功能化、浓缩化方向发展。可以预期，液体洗涤剂行业未来发展的主流方向仍为节能、节水、高效、温和、安全天然与绿色环保，在此情况下，技术就成为推动洗涤用品市场的重要驱动力和洗涤剂生产企业赖以生存的主要竞争力。

　　目前，液体洗涤剂尤其是洗衣液市场已经基本成熟，今后几年逐渐趋于稳定，但是行业门槛较低使液体洗涤剂行业充满变数，随着行业集中度进一步加深，产品品质不断提高，新产品不断出现，新品牌不断涌现，消费者需求进一步提高，行业的竞争会更加激烈，唯有产品创新才是液体洗涤剂企业发展的必经之路。

为了满足读者需要，我们编写了这本《液体洗涤剂实用配方手册》，书中收集了大量的、新颖的配方与工艺，旨在为读者提供实用的、可操作的实例，方便读者使用。

本书的配方以质量份数表示，在配方中有注明以体积份数表示的情况，需注意质量份数与体积份数的对应关系，例如质量份数以g为单位时，对应的体积份数是mL，质量份数以kg为单位时，对应的体积份数是L，以此类推。

需要请读者注意的是，我们没有也不可能对每个配方进行逐一验证，所以读者在参考本书进行试验时，应根据自己的实际情况本着"先小试，后中试，再放大"的原则，小试产品合格后才能往下一步进行，以免造成不必要的损失。

本书由李东光主编，参加编写的还有翟怀凤、李桂芝、吴宪民、吴慧芳、李嘉、蒋永波、邢胜利等同志，由于编者水平有限，书中难免有错误之处，请读者在使用时及时指正。编者联系方式ldguang@163.com。

主编

2024年5月

1 厨房洗涤剂 001

2　餐具洗涤剂

3 果蔬洗涤剂

4　衣用洗涤剂

5　织物洗涤剂　246

6　沐浴剂

7　洗发香波

8　卫生间清洗剂

9　地板清洗剂

10　其他洗涤剂

1　厨房洗涤剂

配方 1　安全环保厨房用杀菌洗涤剂（1）

原料配比

原料	配比（质量份）				
	1#	2#	3#	4#	5#
金钱草	4	10	5	9	7
白花蛇舌草	2	8	3	7	5
柠檬草	10	16	11	15	13
小鱼仙草	14	20	15	19	17
皂角	20	32	22	30	26
虎杖	6	12	7	11	9
草菝葜	3	7	4	6	5
陟厘	2	8	3	7	5
丁香	5	11	7	10	5
山姜	6	12	8	11	9
艾叶油	4	8	5	7	6
茶树油	2	6	3	5	4
月桂酰胺丙基甜菜碱	12	24	14	22	18
椰油酰胺丙基甜菜碱	16	22	17	21	19
去离子水	适量	适量	适量	适量	适量
乙醇	适量	适量	适量	适量	适量

制备方法

（1）将白花蛇舌草、柠檬草、小鱼仙草、皂角、丁香、山姜分别放入粉碎机中进行粉碎，得粉碎后的药材备用；

（2）将金钱草、虎杖、草菝葜、陟厘混合置于3倍体积清水中浸泡30～40min，再加入10倍体积清水武火中煎开，转文火煎煮至水含量为加入的1/3，再加入粉碎过的山姜文火煎煮20～30min，得中药煎煮液，将所得的中药煎煮液进行超滤和纳滤后，得到中药精制液备用；

（3）将粉碎过的白花蛇舌草、柠檬草、小鱼仙草、皂角、丁香混合后加入5～8倍体积的乙醇浸泡20～24h，过滤得浸泡液备用；

（4）将中药精制液与步骤（3）中的浸泡液混合均匀，再将混合溶液加热至70～80℃，依次加入艾叶油、茶树油、月桂酰胺丙基甜菜碱、椰油酰胺丙基甜菜碱混合搅拌20～30min，冷却至室温即可。

产品特性

（1）本品具有洁净温和、无刺激、不伤手、去污能力强和抗菌作用显著的特点，可以达到快速、有效、不留痕迹的清洁效果，而且洗涤剂还添加了多种天然成分和植物精油，可以有效避免皮肤干裂、脱皮、粗糙的现象。

（2）本品对金黄色葡萄球菌、大肠杆菌、白色念珠菌和绿脓杆菌有有效的杀菌抑制作用。

（3）本品主要由大量纯天然植物成分组成，具有使用安全、保护皮肤、无副作用等特点，并且本品中的中药成分具有明显的杀菌作用，且能有效地去除碗碟上的油污，以及蔬果表面的残留农药，是一种天然、环保、安全的厨房用清洗剂。

配方 2 安全环保厨房用杀菌洗涤剂（2）

原料配比

原料	配比（质量份）				
	1#	2#	3#	4#	5#
白马骨	4	10	5	9	7
萹蓄叶	2	8	3	7	5
柠檬草	10	16	11	15	13
小鱼仙草	14	20	15	19	17
皂角	20	32	22	30	26
虎杖	6	12	7	11	9
菝葜	3	7	4	6	5
陟厘	2	8	3	7	5
丁香	5	11	6	10	8
山姜	6	12	7	11	9
艾叶油	4	8	5	7	6
茶树油	2	6	3	5	4
椰油酰二乙醇胺	12	24	14	22	18
椰油酰胺丙基甜菜碱	16	22	17	21	19
去离子水	适量	适量	适量	适量	适量
乙醇	适量	适量	适量	适量	适量

制备方法

（1）将萹蓄叶、柠檬草、小鱼仙草、皂角、丁香、山姜分别放入粉碎机中进行粉碎，得粉碎后的药材备用；

（2）将白马骨、虎杖、菝葜、陟厘混合置于3倍体积清水中浸泡30～40min，再加入10倍体积清水在武火中煎开，转文火煎煮至水含量为加入的1/3，再加入粉碎过的山姜文火煎煮20～30min，得中药煎煮液，将所得的中药煎煮液进行超滤和纳滤后，得到中药精制液备用；

（3）将粉碎过的蓇蓄叶、柠檬草、小鱼仙草、皂角、丁香混合后加入5～8倍体积的乙醇浸泡20～24h，过滤得浸泡液备用；

（4）将中药精制液与步骤（3）中的浸泡液混合均匀，再将混合溶液加热至70～80℃，依次加入艾叶油、茶树油、椰油酰二乙醇胺、椰油酰胺丙基甜菜碱混合搅拌20～30min，冷却至室温即可。

产品特性

（1）本品具有洁净温和、无刺激、不伤手、去污能力强和抗菌作用显著的特点，可以达到快速、有效、不留痕迹的清洁效果，而且洗涤剂还添加了多种天然成分和植物精油，可以有效避免皮肤干裂、脱皮、粗糙的现象。

（2）本品的洗涤剂主要由大量纯天然植物成分组成，具有使用安全、保护皮肤、无副作用等特点，并且本品中的中药成分具有明显的杀菌作用，且能有效地去除碗碟上的油污，以及蔬果表面的残留农药，是一种天然、环保、安全的厨房用清洗剂。

配方 **3** 除油除污垢清洗剂

原料配比

原料	配比（质量份）	
	1#	2#
$C_{12}H_{25}(OCH_2CH_2)_8OH$	2	2
$C_{12}H_{25}(OCH_2CH_2)_{10}OH$	6	5
$C_{12}H_{25}(OCH_2CH_2)_6SO_2Na$	6	6
$C_{12}H_{25}(OCH_2CH_2)_5SO_2Na$	4	3
H_2O	82	84

制备方法　将清洗剂的组分按比例称取后放入搅拌机中，在常温下充分搅拌15～30min即可获得所述的除油除污垢清洗剂，获得的除油除污垢清洗剂无异味且pH值为中性，且需要封装至容器中。

产品应用　本品是一种用于厨房、厕所卫生洁具的除油、除垢、除臭的清洗剂。

产品特性

（1）本品能够快速分解顽固污垢、油垢，可喷洗也可擦洗，对油污特别重的设备也可以采取常温浸泡或加热浸泡，且对重度油污若水温高清洗速度更快；不损伤抽油烟机的表面电镀层和油漆。

（2）本品的原料环保、中性，可喷洗擦洗或浸泡清洗，能够快速分解待清洁表面难以清除顽固干硬的污垢，达到光亮一新的效果，不损伤清洁表面，无毒无害。

配方 4 厨房电器专用清洗剂（1）

原料配比

原料	配比（质量份）		
	1#	2#	3#
十二烷基苯磺酸钠	8	5	10
磷酸三钠	5	8	3
丙酮	7	4	9
绞股蓝醇提物	5	7	2
三丙二醇甲醚	7	4	9
二乙醇胺	3	1	4
月桂基甜菜碱	7	5	10
酒石酸钠	3	6	1
十二烷基葡糖苷	6	9	4
五水偏硅酸钠	9	6	11
聚乙烯吡咯烷酮	4	7	2
苦楝子提取物	3	1	4
水	21	15	25

制备方法 在温度为15～25℃的条件下，将各原料与水相混合，搅拌均匀制备得到清洗剂。

产品特性 本品各原料之间的配伍合理，去污能力强，副作用小，使用安全且方便。清洗效率高，显著缩短清洗时间，并能显著减少药剂消耗量。清洁效果好，不会损伤橱柜的釉面和厨具表面的玻璃面或板材。

配方 5 厨房电器专用清洗剂（2）

原料配比

原料	配比（质量份）	
	1#	2#
去离子水	60	60
防锈缓蚀剂	10	8
植酸	5	3
表面活性剂	8	10
助洗剂	3	5
防腐剂	2	2
杀菌剂	4	4
pH调节剂	4	4
香精	1	1
柠檬酸酯	2	2
抗泡沫剂	4	4
增稠剂	9	9

制备方法

（1）将磷酸三钠、硅酸钠、苯甲酸钠和苯乙醇胺按照比例混合并搅拌加入植酸混合得到溶液，常温下搅拌5～10min。

（2）将直链烷基苯磺酸钠和脂肪醇聚氧乙烯醚硫酸钠按照比例混合并搅拌得到溶液，常温下搅拌5～10min。

（3）先将步骤（2）中所得的溶液加入装有去离子水的容器内搅拌混合，再将步骤（3）中所得的溶液加入容器内搅拌混合；常温下搅拌5～10min。

（4）依次向容器内加入柠檬酸酯、助洗剂、抗泡沫剂和增稠剂，并加入pH调节剂搅拌混合至pH值为7～8。

（5）最后向容器内加入防腐剂和香精并加热搅拌混合，冷却后装罐入库；加热至40～50℃，搅拌15～20min。

原料介绍　所述助洗剂为硅酸盐和多聚磷酸盐的混合物。

所述pH调节剂为磷酸钠和磷酸的混合物。

所述抗泡沫剂为甲基硅油和丙烯酸酯与醚共聚物。

所述增稠剂为羧甲基纤维素和羧乙基纤维素的混合物。

所述防腐剂为羟基苯甲酸甲酯和苯氧异丙醇的混合物。

所述表面活性剂为直链烷基苯磺酸钠和脂肪醇聚氧乙烯醚硫酸钠的混合物，混合比例为1:1。

所述防锈缓蚀剂为磷酸三钠、硅酸钠、苯甲酸钠和苯乙醇胺的混合物，混合比例为1:1:1:1。

产品应用　本品是一种厨房电器专用清洗剂。使用时先加水再加清洗剂并搅拌混合后，擦拭厨房电器即可。水与清洗剂的混合比例为80:1。

产品特性　本品具有良好的去污和乳化能力，耐硬水和发泡能力好，生物降解性极佳，对金属无腐蚀无损伤，清洗后金属表面洁净光亮并具有一定的缓蚀防锈作用，清洗剂配方简单，生产成本较低。

配方 6 厨房果香味清洗剂

原料配比

原料		配比（质量份）			
		1#	2#	3#	4#
皂苷		10	14	12	14
表面活性剂	月桂酸二乙醇酰胺	8	—	—	11
	椰油酰二乙醇胺	—	12	9	—
椰子油		4	6	5	6
稳定剂	氯化钠	3	—	3	—
	氯化铵	—	5	—	5

原料	配比（质量份）			
	1#	2#	3#	4#
薄荷	6	8	6	7
柚子皮提取液	5	9	6	8
柠檬草提取液	3	7	4	5
生姜提取液	2	4	3	4
艾叶油	2	4	2	3
杀菌灭藻剂	1	3	1	3

制备方法 将各组分原料混合均匀即可。

产品特性 本品具有去污能力强的特点，且成分绿色天然环保，还具有能散发柚子果味清香的特点。

配方 7 厨房清洗剂（1）

原料配比

原料	配比（质量份）		
	1#	2#	3#
十二烷基葡萄糖苷	10	15	20
橘子油	10	15	20
乙醇	10	15	20
二氧化钛	1.5	3.5	5
海藻素	1.5	3	5
柠檬酸	1.5	3	5
活化剂柠檬酸钠	1.5	3	5
水	64	42.5	20

制备方法 将十二烷基葡萄糖苷、橘子油、乙醇、二氧化钛、海藻素、柠檬酸和活化剂按比例在室温下研磨预混合，然后将水和预混合好的混合物依次加入到搅拌器中，在30～40℃的温度下搅拌1～2h，静置冷却至室温，即得。

原料介绍 十二烷基葡萄糖苷是由可再生资源十二烷基醇和葡萄糖合成的，是一种性能较全面的新型非离子表面活性剂，兼具普通非离子和阴离子表面活性剂的特性，具有高表面活性、良好的生态安全性和相溶性，是国际公认的首选"绿色"功能性表面活性剂。

产品特性

（1）本品配伍合理、科学，各组分相互作用，协同增强其去污和漂洗性能，且本品不含有丁醚、乙醚，因此特别适合微波炉及电烤箱的清洁。

（2）本品不仅污垢去除率高、清洗速度快，而且防腐蚀性能、漂洗性能以及高温和低温稳定性能良好。

原料配比

原料		配比（质量份）					
		1#	2#	3#	4#	5#	6#
碱性电解水	pH 为 11.5，ORP 为 −500mV	100	—	—	—	—	—
	pH 为 13，ORP 为 −1500mV	—	90	—	—	—	—
	pH 为 12.6，ORP 为 −850mV	—	—	95	—	—	—
	pH 为 12.7，ORP 为 −1000mV	—	—	—	96	—	—
	pH 为 12.65，ORP 为 −900mV	—	—	—	—	97	—
	pH 为 12.5，ORP 为 −800mV	—	—	—	—	—	97
缓蚀剂	四硼酸钠	0.5	—	—	1	0.5	0.6
	三聚磷酸钠	—	3	—	—	—	—
	苯并三氮唑	—	—	0.7	0.8	0.5	0.4
乙醇胺	单乙醇胺	0.1	—	1	0.6	0.8	0.4
	二乙醇胺	—	3	—	—	—	—
椰子油		1	5	3	2	4	3
硅酸钠	模数为 2.2，密度为 1.32g/cm³	2	—	—	—	—	—
	模数为 3.4，密度为 1.48g/cm³	—	5	—	—	—	—
	模数为 2.6，密度为 1.4g/cm³	—	—	2	—	—	—
	模数为 3.2，密度为 1.44g/cm³	—	—	—	3.5	—	—
	模数为 2.8，密度为 1.42g/cm³	—	—	—	—	4	3.5
溶剂	乙醇	2	—	—	—	—	—
	正丁醇	—	15	—	—	—	—
	丙二醇	—	—	5	2	8	5
	薄荷醇	—	—	1.5	10	2	1.5

注：ORP 为氧化还原电位。

制备方法

（1）制备碱性电解水；

（2）将碱性电解水 90 ～ 100 份、醇类溶剂 2 ～ 15 份混合，加入椰子油 1 ～ 5 份；升温至 50 ～ 70℃，反应 30 ～ 60min；

（3）在步骤（2）中所得的溶液中加入缓蚀剂、乙醇胺、硅酸钠，混合均匀即得厨房清洗剂成品。

原料介绍 所述碱性电解水的制备方法为：

（1）制备碳酸钠或碳酸钾溶液、去离子水；

（2）在阳极室中循环通入碳酸钠或碳酸钾溶液，在阴极室中循环通入去离子水；

（3）通电电解后在阴极室得到碱性电解水成品。

所述碱性电解水的pH为11.5～13.0，氧化还原电位为−500～−1500mV。

所述碳酸钠溶液的质量分数为10%～40%，其电导率为5000～10000mS/m；或所述碳酸钾溶液的质量分数为5%～20%，其电导率为12000～50000mS/m。

所述去离子水的溶解性总固体<12mg/L。

所述采用的电解设备中，在阳极室与阴极室之间设有隔膜，隔膜可通过Na^+、K^+。

产品应用　本品是一种厨房清洗剂。在室温下将本清洗剂喷洒在待清洁厨房用具表面，等待2～5min后，直接擦洗即可有效去除各种厨房污渍。

产品特性

（1）本品采用碱性电解水为主要原料，制备得到了厨房清洗剂。由于碱性电解水中含有大量的小分子团水，对各种厨房污垢的渗透能力强；且碱性电解水能与厨房污垢中的油污在常温下发生皂化反应，加快了溶解速度；通过碱性电解水与缓蚀剂、乙醇胺、溶剂、硅酸钠、椰子油等的综合作用，有效提升了清洗效果，使得本品能够在常温下快速去除各类厨房污渍。

（2）本品厨房清洗剂配方合理，不含有强碱性物质，不含有具有刺激性的有机溶剂；其性质温和，不会腐蚀各类厨房用具，尤其是新型的人造石英石、天然石材、树脂类等厨房用具。同时，这种厨房清洗剂无异味、环境友好、对人体无伤害。

配方 9 厨房清洗剂（3）

原料配比

原料	配比（质量份）
淀粉	10～15
α-淀粉酶	0.1～0.4
阴离子表面活性剂	12～16
碱性助剂	2～4
可溶性壳聚糖	8～12
水	150～200

制备方法　将配方量的淀粉、α-淀粉酶与50～100份的水混合，加热2～3h后，得到降解淀粉溶液；将降解淀粉溶液与阴离子表面活性剂、碱性助剂、可溶性壳聚糖以及剩余水混合搅拌均匀，即得本品清洗剂。

原料介绍　所述阴离子表面活性剂为十二烷基苯磺酸钠、脂肪醇聚氧乙烯醚硫酸钠或脂肪酸甲酯聚氧乙烯醚磺酸盐中的一种以上。

所述碱性助剂为硅酸钠、碳酸氢钠或碳酸钠中的一种以上。

所述可溶性壳聚糖的脱乙酰度大于85%，黏度为150～250mPa·s，可溶于水。

产品应用　本品主要用于餐具、水果、蔬菜等清洗的一种厨房清洗剂。

产品特性　本品具有洗涤去污性能好、杀菌、绿色环保等特点。

配方 10 厨房杀菌清洗剂

原料配比

原料	配比（质量份）		
	1#	2#	3#
皂角	30	34	32
鱼腥草	12	14	13
艾叶	11	13	12
柠檬草	8	12	10
三七	7	11	9
金银花	6	10	8
生姜油	4	6	5
茶树油	3	5	4
椰油酰二乙醇胺	10	14	12
碳酸氢钠	2	4	3
杀菌灭藻剂	1	3	2

制备方法

（1）将鱼腥草、三七混合置于3～5倍体积的清水中浸泡35～45min，然后加入5～7倍体积的清水，先大火煎煮至水沸腾，然后小火煎煮至水体积为原体积的1/4，制得煎煮液A品；小火温度为60～80℃。

（2）将A品进行超滤和纳滤后，制得煎煮精液B品。

（3）将皂角、艾叶、柠檬草、金银花混合进行粉碎处理，然后加入4～6倍体积的乙醇浸泡26～28h，然后过滤，制得浸泡液C品。

（4）将B品、C品混合均匀后，加热至55～65℃，再加入生姜油、茶树油、椰油酰二乙醇胺混合均匀，冷却至室温后再加入碳酸氢钠、杀菌灭藻剂，混合搅拌30～40min，即可。

产品特性 本品通过各原料组合既能达到强劲的去污能力，又具有杀菌作用，且这些天然材料代替了一些化学合成材料，使得成分绿色天然环保。

配方 11 厨房下水管路疏通清洗剂

原料配比

原料		配比（质量份）						
		1#	2#	3#	4#	5#	6#	7#
无机垢清洗成分	氨基磺酸	20	10	10	—	20	10	10
	柠檬酸	—	10	20	10	—	—	10
	柠檬酸钠	—	10	30	20	—	—	10
	乙二胺四乙酸二钠	60	60	80	100	100	40	20
	乙二胺四乙酸	20	10	10	20	20	10	10

原料		配比（质量份）						
		1#	2#	3#	4#	5#	6#	7#
有机垢清洗成分	脂肪醇聚氧乙烯醚	20	10	20	20	20	10	10
	脂肪醇聚氧乙烯醚硫酸钠	40	25	—	20	20	10	—
	十二烷基苯磺酸钠	—	25	80	60	—	10	20
杀菌消毒剂	苯扎氯胺	10	10	5	—	10	10	10
	异噻唑啉酮	10	10	5	10	10	10	10
	二氯异氰尿酸钠	10	10	—	10	10	10	10
缓蚀剂	苯并三唑	30	20	20	—	15	15	15
	甲基苯并三氮唑	—	—	—	10	15	15	15
去离子水		400	410	310	310	350	460	460
芳香除臭剂	丁酸乙酯	4	4	5	5	5	4	4
	芳樟醇	6	6	10	10	10	6	6
	橙花醇	4	4	5	5	5	4	4
	柠檬胺	3	3	5	5	5	3	3
	迷迭香油	6	6	8	8	8	6	6
	紫罗兰酮	4	4	6	6	6	4	4
	松油醇	4	4	6	6	6	4	4
	香茅醛	3	3	5	5	5	3	3
	二氢茉莉酮酸甲酯	6	6	10	10	10	6	6
	无水乙醇	10	10	20	20	20	10	10
增稠剂	瓜尔胶	30	—	—	10	—	10	20
	田菁胶	—	30	—	10	20	10	10
	羧甲基纤维素钠	—	—	30	10	10	20	20
去离子水		300	300	300	300	300	300	300

制备方法

（1）依次将无机垢清洗成分、有机垢清洗成分、杀菌消毒剂、缓蚀剂溶于蒸馏水中，得到组合物一；反应温度为30～50℃，反应条件为强力搅拌状态。

（2）将芳香除臭剂溶于无水乙醇中，得到组合物二；反应温度为30～50℃。

（3）将增稠剂溶于蒸馏水中，得到组合物三；反应温度为30～50℃，反应条件为强力搅拌状态。

（4）将组合物一与组合物二混合后逐渐加入组合物三，保持搅拌30min，冷却，得到所述清洗剂；反应温度为30～50℃，反应条件为强力搅拌状态。

产品特性 本品能疏通清除厨房下水管路中的无机垢、有机垢，并在一定时间内抑制重新积垢导致的管路堵塞，加入芳香除臭剂以减轻或者抑制管路中的腐臭气味。清洗剂对管路无腐蚀，成本低廉。

配方 **12** 厨房抑菌油污清洗剂

原料配比

原料		配比（质量份）		
		1#	2#	3#
烷基糖苷	烷基糖苷 APG1214	4	2	3
Gemini 复合表面活性剂		2	3	3
脂肪醇聚氧乙烯醚 AEO-7		1	3	2
脂肪酸甲酯磺酸盐		3	2	2
艾草提取物		1	2	1.5
柑橘提取物		2	1	1.5
生物酶		0.8	0.8	0.8
起泡剂	十二烷基硫酸钠	1	2	2
稳泡剂	十二烷基二甲基氧化铵	1.5	1.5	1.5
渗透剂	脂肪醇聚氧乙烯醚 JFC	1.5	2	2
防腐剂	苯甲酸钠	0.08	0.08	0.08
缓蚀剂	硅酸钠和碳酸钠复合物	1.3	1.3	1.3
pH 调节剂	柠檬酸	1.2	1.2	1.2
纯水		加至 100	加至 100	加至 100

制备方法

（1）将脂肪酸甲酯磺酸盐粉末、纯水加入搅拌釜，然后将搅拌釜打开，搅拌并升温至40～45℃，保温匀速搅拌至完全溶解；

（2）向搅拌釜加入烷基糖苷、Gemini 复合表面活性剂、脂肪醇聚氧乙烯醚、起泡剂、稳泡剂、缓蚀剂，降低转速，匀速搅拌直至完全溶解；

（3）向搅拌釜加入艾草提取物、柑橘提取物、生物酶、渗透剂、防腐剂、pH 调节剂，关闭加热，继续搅拌至室温后罐装封口。

产品特性　本品的pH值接近中性，对人体皮肤作用温和，抑菌效果显著，无刺激性气味。

配方 **13** 厨房用清洗剂（1）

原料配比

原料	配比（质量份）		
	1#	2#	3#
十二烷基苯磺酸钠	8	5	10
水杨酸	5	8	3
二乙基苄胺	7	4	9

原料	配比（质量份）		
	1#	2#	3#
绞股蓝醇提物	5	7	2
三苄胺	7	4	9
2,3-二氢十氟戊烷	3	1	4
月桂基甜菜碱	7	5	10
草酸钠	3	6	1
磺化蓖麻油	6	9	4
脂肪醇聚氧乙烯醚	9	6	11
乙氧基壬基酚醚	4	7	2
苦楝子提取物	3	1	4
水	21	15	25

制备方法　在温度为 15 ～ 25℃的条件下，将各原料与水相混合，搅拌均匀制备得到清洗剂。

产品特性　本品各原料之间的配伍合理，去污能力强，副作用小，使用安全且方便。清洗效率高，显著缩短清洗时间，并能显著减少药剂消耗量。清洁效果好，不会损伤橱柜的釉面和厨电表面的玻璃面或板材。

配方 14 厨房用清洗剂（2）

原料配比

原料	配比（质量份）		
	1#	2#	3#
叶绿素铁钠	9	8	10
碳酸氢钠	3	4	2
食盐	7	5	8
环氯丙烷	2	3	1
ABS	13	10	15
杀菌灭藻剂	3	4	3
烷基苯磺酸钠	2	1	3
去离子水	45	50	40

制备方法　将各组分原料混合均匀即可。

产品特性　本品清洁效果好，成本低，能有效去除厨具表面的各种油污油渍，同时对厨房用具的表面无损害。

配方 15 厨房用铝合金清洗剂

原料配比

原料	配比（质量份）	
	1#	2#
甘油	20	40
山梨醇	20	10
有机双酸	2	5
硫酸化蓖麻油	5	2
大豆油	5	10
葡萄糖酸钠	10	5
十二烷基苯磺酸钠	10	20
乙二胺四乙酸四钠	5	2
四盐基铬酸锌	2	5
磷酸二氢锌	5	2
椰油酰胺丙基甜菜碱	2	3
辛基酚聚氧乙烯醚	5	10
焦磷酸钠	3	1
稳定剂	3	1
去离子水	加至 100	加至 100

制备方法 将各组分原料混合均匀即可。

产品特性 本品清洗力强，清洗后无油污，无水印；产品碱性低，对铝制品没有腐蚀性；不含磷、重金属，有利于环保。

配方 16 厨房用杀菌洗涤剂

原料配比

原料	配比（质量份）				
	1#	2#	3#	4#	5#
三七	4	10	5	9	7
萹蓄叶	2	8	3	7	5
柠檬草	10	16	11	15	13
小鱼仙草	14	20	15	19	17
皂角	20	32	22	30	26
虎杖	6	12	7	11	9
菝葜	3	7	4	6	5
陟厘	2	8	3	7	5
丁香	5	11	6	10	8
大蒜	6	12	7	11	9
艾叶油	4	8	5	7	6

原料	配比（质量份）				
	1#	2#	3#	4#	5#
茶树油	2	6	3	5	4
椰油酰二乙醇胺	12	24	14	22	18
椰油酰胺丙基甜菜碱	16	22	17	21	19
乙醇	适量	适量	适量	适量	适量
去离子水	适量	适量	适量	适量	适量

制备方法

（1）将萹蓄叶、柠檬草、小鱼仙草、皂角、丁香、大蒜分别放入粉碎机中进行粉碎，得粉碎后的药材备用；

（2）将三七、虎杖、菝葜、陟厘混合置于3倍体积的清水中浸泡30～40min，再加入10倍体积的清水在武火中煎开，转文火煎煮至水含量为加入的1/3，再加入粉碎过的大蒜文火煎煮20～30min，得中药煎煮液，将所得的中药煎煮液进行超滤和纳滤后，得到中药精制液备用；

（3）将粉碎过的萹蓄叶、柠檬草、小鱼仙草、皂角、丁香混合后加入5～8倍体积的乙醇浸泡20～24h，过滤得浸泡液备用；

（4）将中药精制液与步骤（3）中的浸泡液混合均匀，再将混合溶液加热至70～80℃，依次加入艾叶油、茶树油、椰油酰二乙醇胺、椰油酰胺丙基甜菜碱混合搅拌20～30min，冷却至室温即可。

产品特性

（1）本品具有洁净温和、无刺激、不伤手、去污能力强和抗菌作用显著的特点，可以达到快速、有效、不留痕迹的清洁效果，而且洗涤剂还添加了多种天然成分和植物精油，可以有效避免皮肤干裂、脱皮、粗糙的现象。

（2）本品能够有效去除餐具油污，并且容易冲洗，无残留。

（3）本品对金黄色葡萄球菌、大肠杆菌、白色念珠菌和绿脓杆菌有有效的杀菌抑制作用。

（4）本品具有使用安全、保护皮肤、无副作用等特点。

配方 17 厨房用油污清洗剂

原料配比

原料	配比（质量份）						
	1#	2#	3#	4#	5#	6#	7#
碱性助剂	45.3	35	50	45.3	45.3	45.3	45.3
表面活性剂	9	5	15	9	9	9	9

原料		配比（质量份）						
		1#	2#	3#	4#	5#	6#	7#
螯合剂	柠檬酸钠	1	0.5	1.5	1	1	1	1
助洗剂		1.3	0.5	2	1.3	1.3	1.3	1.3
防腐剂	卡松	0.1	0.05	0.2	0.1	0.1	0.1	0.1
水		加至100	加至100	加至100	加至100	加至100	加至100	加至100
碱性助剂	氢氧化钠	1	1	1	1	1	1	1
	碳酸氢钠	15	15	15	15	15	15	15
表面活性剂	阴离子表面活性剂 十三烷基苯磺酸钠	1	1	1	1	1	1	—
	非离子表面活性剂	2	2	2	2	2	2	9
	非离子表面活性剂 月桂醇聚氧乙烯醚	1	1	1	—	2	—	1
	椰油脂肪酸二乙醇酰胺	1.1	1.1	1.1	2	—	—	1.1
	异构十三醇聚氧乙烯醚	—	—	—	—	—	2	—
助洗剂	柠檬烯	0.3	0.3	0.3	0.3	0.3	0.3	0.3
	甘油	1	1	1	1	1	1	1

制备方法

（1）先将水加入反应釜中，开启反应釜，搅拌速度为300～400r/min；

（2）将氢氧化钠加入反应釜中，搅拌溶解，将表面活性剂、螯合剂、助洗剂分别加入反应釜中，搅拌均匀；

（3）将碳酸氢钠分次加入反应釜中，搅拌速度为700～900r/min，搅拌均匀，最后将剩余的物质加入反应釜中，搅拌均匀，出料，即得。

产品应用　本品主要用于清洗厨房油烟机，还可用于清洗厨房墙壁、锅灶、地板。

产品特性　本品气味清香，油污处理效率高，油污去除率高，对人体无任何有害影响，满足环保的要求。

配方 18 厨房油污清洗剂（1）

原料配比

原料	配比（质量份）		
	1#	2#	3#
α-烯基磺酸钠	15	6	18
脂肪醇聚氧乙烯醚硫酸钠	20	8	24

原料		配比（质量份）		
		1#	2#	3#
三乙二醇丁醚		12	10	20
椰子酸二乙醇胺缩合物		7.5	5	10
葡萄糖酸钠		2.5	0.5	5
二甲苯磺酸钠		1.5	0.1	3
三乙醇胺		2.5	1	3
碱性助剂	九水偏硅酸钠	0.2	0.1	0.5
柠檬桉油		0.4	0.3	0.5
二氧化钛		2.4	1	3
杀菌剂	二氯异氰尿酸钠	1	0.5	1.5
水		35	67.5	11.5

制备方法 将各原料准确称取后溶于水中，搅拌均匀，即得。

原料介绍 α-烯基磺酸钠和脂肪醇聚氧乙烯醚硫酸钠共同作用，可以使去污能力、抗硬水能力和润湿能力协同增强，并且α-烯基磺酸钠和脂肪醇聚氧乙烯醚硫酸钠在本品用量范围内使用，具有较低的腐蚀性，在去油污的同时能够有效保护厨具。三乙二醇丁醚为本品厨房油污清洗剂中的溶剂，其性能温和，与α-烯基磺酸钠、脂肪醇聚氧乙烯醚硫酸钠乳化性能稳定。椰子酸二乙醇胺缩合物在本品厨房油污清洗剂中发挥稳定剂的作用，与此同时能增强清洗剂的去油能力。葡萄糖酸钠为螯合剂，二甲苯磺酸钠为增溶剂。九水偏硅酸钠为碱性助剂，柠檬桉油为驱虫剂，二氯异氰尿酸钠为杀菌剂。

产品特性

（1）本品各成分搭配科学合理，本品厨房油污清洗剂清洗能力强，能够快速去除各种油污，性能温和，无毒无刺激，不伤害皮肤，使用安全方便，稳定性好；

（2）本品防腐蚀能力强，并且擦拭后厨具表面清亮光洁；

（3）本品能够有效驱虫杀菌，且效果持久；

（4）本品原材料无毒无刺激，易生物降解且成本低。

配方 **19** 厨房油污清洗剂（2）

原料配比

原料	配比（质量份）			
	1#	2#	3#	4#
硫酸	6	7	8	9
油酸	10	11	12	13
食盐	16	17	18	19

原料	配比（质量份）			
	1#	2#	3#	4#
双氧水	7	8	9	10
乙酸乙酯	25	26	27	28
酸-碱清洗剂	5	6	7	8
乙醇	35	36	37	38
丙酮	22	23	24	25
杀菌灭藻剂	5	6	7	8
复配酶制剂	5	6	7	8
漂白剂	2	3	4	5
二乙基甲酰胺	15	16	17	18
叶绿素镁钠盐	17	18	19	20
水	34	35	36	37

制备方法

（1）按照以上各质量份数准备原料；

（2）将硫酸、油酸、食盐、双氧水、乙酸乙酯、酸-碱清洗剂、乙醇、丙酮、杀菌灭藻剂、复配酶制剂、漂白剂、二乙基甲酰胺、叶绿素镁钠盐在室温下研磨混合，得到研磨物；

（3）将水和研磨物依次加入到搅拌器中，在30～40℃的温度下搅拌1～2h；

（4）静置至室温即可。

原料介绍　所述漂白剂由过碳酸钠和过硼酸钠按照1∶2的质量比配比而成。

产品特性　本品可有效清洗硅酸盐制品所产生的水迹、水斑以及其表面粘接的污物，洗涤效果非常好；不仅可以促使上述各组分间的同化作用进行得更彻底，而且能够显著改善清洗剂的清洗性能和存储稳定性，有效清洁重垢油污，对清洗后的厨具没有腐蚀性。

配方 **20** 厨房油污清洗剂（3）

原料配比

原料	配比（质量份）
二乙基苄胺	10～20
硫酸	5～10
油酸	10～13

原料	配比（质量份）
食盐	10～30
双氧水	5～10
醋酸丁酯	20～30
酸-碱清洗剂	5～10
乙醇	30～40
丙酮	20～25
杀菌灭藻剂	5～10
酶制剂	5～10
漂白剂	2～5
叶绿素铁钠	10～20
水	30～40

制备方法 将二乙基苄胺、硫酸、油酸、食盐、双氧水、醋酸丁酯、酸-碱清洗剂、乙醇、丙酮、杀菌灭藻剂、酶制剂、漂白剂、叶绿素铁钠在室温下研磨混合，然后将水和研磨混合物依次加入到搅拌器中，在30～40℃的温度下搅拌1～2h，静置至室温，即得。

原料介绍 所述漂白剂由过碳酸钠和过硼酸钠按照1:2的质量比配比而成。

产品特性 本品可有效清洗硅酸盐制品所产生的水迹、水斑以及其表面粘接的污物，洗涤效果非常好；不仅可以促使上述各组分间的同化作用进行得更彻底，而且能够显著改善清洗剂的清洗性能和存储稳定性，有效清洁重垢油污，对清洗后的厨具没有腐蚀性。

配方 21 厨房油污清洗剂（4）

原料配比

原料	配比（质量份）
橘油	18
柠檬油	28
苏打粉	26
去离子水	55
漂白剂	6
杀菌灭藻剂	4
双氧水	9
白醋	7

原料	配比（质量份）
酒精	13
氢氧化钾	适量

制备方法

（1）将去离子水加入高温搅拌锅中，并将高温搅拌锅的温度提升至45℃，同时开启搅拌锅；高温搅拌锅转速为2500～3000r/min。

（2）往高温搅拌锅内加入橘油、柠檬油与苏打粉13份，将其搅拌均匀；搅拌转速为2500～3000r/min，搅拌时长为1～1.5h。搅拌结束后需静置30min，以观察高温搅拌锅内的混合液是否发生分层或分离。

（3）将高温搅拌锅的温度降低至30℃，并再往高温搅拌锅内加入苏打粉13份、漂白剂与杀菌灭藻剂，将其搅拌均匀；搅拌转速为2500～3000r/min。

（4）将高温搅拌锅的温度降低至15℃，并往搅拌锅内加入双氧水、白醋与酒精，将其搅拌均匀；搅拌转速为2500～3000r/min。双氧水、白醋与酒精在混合均匀后，需沉静2～3h，直至白色透明液体完全漂浮在上表面即可。

（5）往高温搅拌锅内加入适量氢氧化钾，将搅拌锅内溶液的pH值调至7～8即可，并进行消毒；搅拌转速为2500～3000r/min。

（6）收集高温搅拌锅内的透明液体，得到产品。

产品特性　本品通过提取自然物中清洗剂成分，可以有效降低化学成分的使用，有效解决了在使用清洗剂时稍不注意就会对使用者造成损伤的问题，另外从自然提取物的成本角度考虑，可进一步降低清洗剂的使用成本。

配方 **22** 厨房油污清洗剂（5）

原料配比

原料	配比（质量份）			
	1#	2#	3#	4#
表面活性剂	2	3	2	3
二甲基甲酰胺	25	25	30	20
水	73	72	68	67

制备方法　按照质量配比，将各组分依次加入容器内，充分搅拌使其完全溶解，加入适量香精搅拌均匀，即得成品。

原料介绍　所述的表面活性剂为脂肪醇聚氧乙烯醚、烷基酚聚氧乙烯醚以及脂肪醇聚氧乙烯醚硫酸钠的其中一种，也可以是其中两种的混合物，亦可以是这三种成分的混合物。

产品特性　本品具有很好的清洗厨房内油污的作用，而且呈中性，没有腐蚀性，对被清洗物表面及使用者的皮肤无任何刺激和伤害作用。

配方 23 厨房油烟机清洗剂

原料配比

原料	配比（质量份）							
	1#	2#	3#	4#	5#	6#	7#	8#
十二烷基硫酸钠	3	4	5	6	7	8	9	10
烷基酚聚氧乙烯醚	10	10	10	10	10	10	10	10
油污净	9	8	7	6	5	4	3	2
渗透剂 BX	1	1.5	2	2.5	3	3.5	4	5
α-烯基磺酸钠	3	4	5	6	7	8	9	10
香精	0.05	0.06	0.07	0.08	0.09	0.1	0.15	0.2
去离子水	加至100	加至100	加至100	加至100	加至100	加至100	加至100	加至100

制备方法 根据配方中各组分的质量份称量，将称量好的上述组分用少量去离子水分别溶解后，加入反应罐中，搅拌30min使之全部混合均匀即可。

原料介绍 本品以市场上的油污净代替乳化剂，配合表面活性剂、渗透剂、增效剂等组分，采用混合方式制得本品。本品的渗透剂可携带其他组分快速进入油垢里层，增效剂使变性油垢溶胀甚至溶解，乳化剂则使油污层软化的油垢成为胶末并乳化成液态，使清洗更加方便。

产品应用 本品是一种厨房油烟机清洗剂，适用于厨房油烟机、排气扇、燃气灶、不锈钢、瓷砖以及各类机器设备表面的厚重油污清洗。

产品特性 本品具有极强的去污能力、精湛的溶解效果，迅速乳化清除各类顽固油污，使用时一喷一抹，即可清除干净，既能保持厨房干净卫生，又无任何化学残留，对人体无毒无害。

配方 24 厨房重油强效清洗剂

原料配比

原料		配比（质量份）		
		1#	2#	3#
阴离子表面活性剂	直链烷基苯磺酸钠 LAS	6	5.4	7.5
	壬基酚聚氧乙烯醚	2	1.8	2.5
助剂	碳酸钠	2	1.9	2.1
	氢化椰子油酸	0.7	1	1
	乙二胺四乙酸	3	2.9	3
	柠檬酸钠	7	7	7.5
增溶剂	对甲苯磺酸钠	10	9	11
水		加至100	加至100	加至100

制备方法 首先按设计比例在烧杯中加入水；其次，添加直链烷基苯磺酸钠LAS，搅拌（350～450r/min）待其完全溶解后，依次加入壬基酚聚氧乙烯醚、碳酸钠、氢化椰子油酸、乙二胺四乙酸、柠檬酸钠、对甲苯磺酸钠，持续搅拌（350～450r/min）0.5～1h至固体完全溶解；静置24h即得产品。

产品应用 本品是一种厨房重油强效清洗剂组合物。使用时，将此配方所得产品按照0.2%～1%的质量分数配成水溶液用于清洗厨房重油。

产品特性 本品起泡性和除油效果好，能够有效地去除厨房重油，对皮肤无刺激性，可生物降解，绿色环保。

配方 25 厨房重油污低温清洗剂

原料配比

原料		配比（质量份）								
		1#	2#	3#	4#	5#	6#	7#	8#	9#
非离子表面活性剂	脂肪酸甲酯乙氧基化物	1	1	1	8	8	8	15	15	15
阴离子表面活性剂	脂肪酸甲酯聚氧乙烯醚磺酸盐	1	5	10	1	5	10	1	5	10
溶剂	丙二醇丁醚	0.1	2	5	2	0.1	5	0.1	5	2
渗透剂	脂肪醇聚氧乙烯醚（JFC）	0.1	2	5	5	2	0.1	2	0.1	5
碱性助剂	无水硅酸钠	0.68	3.4	6.8	6.8	3.4	0.68	0.68	6.8	3.4
	无水碳酸钠	0.32	1.6	3.2	3.2	1.6	0.32	0.32	3.2	1.6
去离子水		加至100	加至100	加至100	加至100	加至100	加至100	加至100	加至100	加至100

制备方法

（1）在容器A中加入非离子表面活性剂，边搅拌边加适量去离子水至溶解；然后加入溶剂，边加边搅拌至溶解；加入渗透剂、阴离子表面活性剂，边加边搅拌至溶解，得到混合溶液1。

（2）在容器B中加入碱性助剂，边搅拌边加适量去离子水至溶解，得到混合溶液2。

（3）将混合溶液2加入到混合溶液1中，边加边搅拌，得到混合溶液3。

（4）向混合溶液3中加入余下去离子水，得到厨房重油污低温清洗剂。

（5）将清洗剂进行灌装、封口，填充推进剂，得到一种厨房重油污低温清洗剂产品。

产品应用 本品是一种厨房重油污低温清洗剂，可用于清洗燃气灶、厨房墙壁、瓷砖、地板等。

产品特性

（1）本品采用去油能力强的非离子表面活性剂和阴离子表面活性剂混合物，并特别复配环保溶剂和渗透剂，显示出超强的重油污渗透和脱脂能力，对硬水软水均具有良好的耐受力，即使在5℃的低温下也能快速瓦解油污。

（2）本品在常温和低温下去污效果好、附着力强、无腐蚀性且稳定性好，作为泡沫型的清洗剂可以在免拆抽油烟机等器具的时候，轻松给侧面、顶部清洗除油。

配方 26 厨房重油污高效清洗剂

原料配比

原料	配比（质量份）		
	1#	2#	3#
洋甘菊萃取液	1	5	3.5
烷基苯磺酸钠	1.5	6.5	2.5
脂肪醇酰胺	0.5	7.5	3
碳酸钠	1	6	4
乙二醇单丁醚	2	6	4
三乙醇胺	1.5	6.5	3.5
苯并三唑	2	9	3
烷基酚聚氧乙烯醚	1.5	7.5	2.5
马来酸单酯钠	0.1	2.5	1.2
阴离子表面活性剂	1	5	2
竹纤维粉	1.5	6.5	3.2
银杏萃取液	1	5	2.6
皂角提取液	5	15	6.3
渗透剂	0.5	3.5	1.5
淀粉酶	2.5	2.5	1.8
去离子水	加至100	加至100	加至100

制备方法　将各组分原料混合均匀即可。

产品特性　本品具有清洁环保、渗透性强、无毒、无磷、无害的特点，清洗效率高，清洗过程既不腐蚀厨房设备，又不伤害皮肤。

配方 27 厨房重油污清洗剂

原料配比

原料		配比（质量份）									
		1#	2#	3#	4#	5#	6#	7#	8#	9#	10#
强碱	氢氧化钾	0.2	0.2	0.2	0.2	0.2	0.2	0.4	0.4	0.4	0.4
弱碱助剂	焦磷酸钠	0.3	0.3	0.3	0.3	0.3	0.3	0.5	0.5	0.5	0.5
	碳酸钠	0.5	0.5	0.5	0.5	0.5	0.5	1.0	1.0	1.0	1.0
硅酸镁锂		1.5	3.0	1.5	1.5	1.5	1.5	1.5	3.0	4.5	3.0

原料		配比（质量份）									
		1#	2#	3#	4#	5#	6#	7#	8#	9#	10#
阳离子表面活性剂	亚乙基双（十二酰胺丙基二甲基氯化铵）	0.5	0.5	1.0	2.0	1.0	1.0	0.5	0.5	0.5	1.0
	亚丙基双（十六酰胺丙基二甲基氯化铵）	0.5	0.5	1.0	2.0	1.0	1.0	0.5	0.5	0.5	1.0
	聚烯烃基季铵盐	0.1	0.1	0.2	0.4	0.2	0.2	0.1	0.1	0.1	0.2
两性表面活性剂	椰油基酰胺丙基甜菜碱CAB	0.4	0.4	0.8	1.6	0.8	0.8	0.4	0.4	0.4	0.8
溶剂	N,N-二甲基-9-癸烯酰胺	5	5	5	5	10	15	5	5	5	5
	异己二醇	1	1	1	1	2	3	1	1	1	1
有机硼酸酯		1	1	1	1	1	1	2	2	2	2
苯甲酸钠		0.5	0.5	0.5	0.5	0.5	0.5	1.0	1.0	1.0	1.0
偏硅酸钠		0.5	0.5	0.5	0.5	0.5	0.5	1.0	1.0	1.0	1.0
水果香精		0.1	0.1	0.1	0.1	0.1	0.2	0.2	0.2	0.2	0.2
去离子水		87.9	86.4	86.4	83.4	80.4	73.8	84.9	83.4	81.9	78.9

制备方法

（1）配制A液：将强碱、弱碱助剂、有机硼酸酯、苯甲酸钠、偏硅酸钠以及水果香精加入水中，搅拌溶解后，将硅酸镁锂加入上述溶液，搅拌溶解后静置，形成凝胶。第一次搅拌溶解的条件：搅拌时间为 5～10min，搅拌速度为（1500±500）r/s，温度控制在（30±5）℃；第二次搅拌溶解的条件：搅拌时间为（15±5）min，搅拌速度为（500±100）r/s；温度控制在（30±5）℃。

（2）配制B液：将阳离子表面活性剂、两性表面活性剂和溶剂混合搅拌；搅拌时间为（10±5）min，搅拌速度为（500±100）r/s，温度控制在（30±5）℃。

（3）将B液加入到A液混合搅拌，即制得厨房重油污清洗剂。搅拌时间为（10±5）min，搅拌速度为（1000±500）r/s；温度控制在（30±5）℃。

（4）在清洗剂中加入抛射剂制成气雾剂，清洗剂与抛射剂的质量比为100：（10～20）。

原料介绍 硅酸镁锂凝胶技术相比于有机凝胶技术具备更好的应用效果，原因如下：有机凝胶均为高分子有机聚合物（如纤维素、聚乙烯醇、聚丙烯酰胺等），分子量大，空间体积大，且其锁水性太好，对于有效成分的流动具有空间阻碍作用。同时，高分子有机聚合物不具备假塑性，在应用于气雾剂喷出的时候，喷出形成团状。硅酸镁锂凝胶在干燥状态比有机凝胶更容易清理，引起良好的水溶性。

产品特性 本品采用硅酸镁锂凝胶技术，相比于传统的液体或泡沫技术，具有强效的挂壁性能，使有效成分的接触更长久，清洁效果更好。同时，硅酸镁锂凝胶技术可以避免传统的液体或泡沫技术的喷出缺陷（喷出的液滴或泡沫漫天飞）。

原料配比

原料		配比（质量份）									
		1#	2#	3#	4#	5#	6#	7#	8#	9#	10#
天然去油剂	天然橙油	1	1	2	2	3	1.5	1.5	1.5	2	3
油溶性溶剂	二丙二醇丁醚	5	10	5	10	5	6	10	12	12	8
	三乙二醇丁醚	10	5	10	5	8	10	5	10	5	8
表面活性剂	脂肪醇聚氧乙烯醚硫酸钠	5	3	4	5	4	3	3	4	5	5
	脂肪醇聚氧乙烯醚	4	3	3	3	3	4	3	3	3	3
	烷基葡萄糖苷	2	2	2	2	2	2	2	2	2	2
	月桂亚氨基二丙酸钠	5	3	2	3	0.5	5	3	2	3	0.5
助表面活性剂	十八醇	—	—	—	—	—	2	—	2.5	2	4
	十八胺	—	—	—	—	—	—	—	0.5	1	2
助剂	聚丙烯酸钠	0.3	0.3	0.3	0.3	0.3	0.3	0.3	0.3	0.3	0.3
香精		0.1	0.2	0.15	0.15	0.15	0.2	0.15	0.1	0.2	0.1
防腐剂		0.05	0.05	0.1	0.1	0.1	0.05	0.05	0.1	0.05	0.08
去离子水		加至100	加至100	加至100	加至100	加至100	加至100	加至100	加至100	加至100	加至100

制备方法

（1）反应釜中加入占总水量40%～60%的去离子水，然后按照所述的质量份数比，依次加入天然去油剂、表面活性剂、助表面活性剂、油溶性溶剂、助剂，搅拌均匀；

（2）用柠檬酸或者氢氧化钠溶液调节溶液的pH值至6～8之间；

（3）待混合液的温度降到40℃以下，按照所述的质量份数比，依次加入香精、防腐剂，并补足去离子水，静置过滤，即得到所述的厨房重油污微乳清洗剂。

产品特性

（1）本品选择温和的脂肪醇聚氧乙烯醚硫酸钠、脂肪醇聚氧乙烯醚、烷基葡萄糖苷、月桂亚氨基二丙酸钠作为表面活性剂，原液pH值在7～8之间，呈中性，因此得到的清洗剂产品更温和；

（2）本品不但具有很好的去油污能力，而且中性对油烟机各部件无腐蚀、对皮肤低刺激、高闪点、安全，不需要特殊的防护。

配方 **29** 厨房专用油污清洗剂

原料配比

原料		配比（质量份）		
		1#	2#	3#
表面活性剂		30	30	30
表面活性剂	α-烯基磺酸钠	1	1	1
	脂肪醇聚氧乙烯醚硫酸钠	1.25	1.25	1.25
抗菌剂	载银硅藻土	2	2	2
椰子油脂肪酸二乙醇酰胺		5	5	5
橄榄油		5	5	5
凹凸棒土		3	3	3
甲基环氧乙烷与环氧乙烷和单（2-乙基己基）醚的聚合物		0.5	0.5	0.5
植物精油	薰衣草	0.3	—	—
	薰衣草和丁香	—	0.3	—
	薰衣草、丁香和薄荷	—	—	0.3
甘油		3	3	3
除虫菊酯		0.02	0.02	0.02
柠檬桉醇		0.3	0.3	0.3
芦荟的黏液		3	3	3
去离子水		100	100	100

制备方法

（1）取配方量的表面活性剂加入30份去离子水超声波处理15min，得溶液A；溶液A在备用状态时需冷藏保存。

（2）取配方量的椰子油脂肪酸二乙醇酰胺、橄榄油、甲基环氧乙烷与环氧乙烷和单（2-乙基己基）醚的聚合物加入20份去离子水，超声波处理5min，得溶液B。

（3）取配方量的甘油、除虫菊酯、檬桉醇、芦荟的黏液加入剩余量的去离子水，超声波处理5min，得溶液C。

（4）将溶液A、溶液B和溶液C倒入反应釜，加入配方量的抗菌剂、凹凸棒土和植物精油，搅拌混合均匀，即得所需厨房专用油污清洗剂。搅拌速率为100～110r/min。

原料介绍 所述抗菌剂为载银硅藻土，将含有银离子的氧化物加入硅藻土中，超声波处理40min，充分混合，加入去离子水，在1500～1700℃的高温下灼烧分解2h，冷却至室温，干燥后在超音速气流的作用下粉碎至纳米级颗粒，即得。

所述植物精油是从薰衣草、丁香、薄荷中的一种或多种提取而来的。

产品特性

（1）本品具有优异的抑菌性以及稳定性。

（2）本产品中含有的多种抗菌成分，具有相当强的广谱抑菌、杀菌的作用。

（3）本品中的植物精油和芦荟的黏液以及甘油含有高效润肤成分，对皮肤起滋润和保湿的作用，且油性润肤成分覆盖在皮肤表面，使清洗剂中的刺激成分不会接触到肌肤，进而达到保护肌肤的效果。

配方 30 厨具油污清洗剂

原料配比

原料		配比（质量份）		
		1#	2#	3#
脂肪醇聚氧乙烯醚		8	15	12
烷基酚聚氧乙烯醚		8	15	10
十二烷基苯磺酸钠		25	35	30
三乙醇胺		10	18	15
甜菜碱		12	20	18
中草药提取物		5	10	7
香精		2.5	4.5	3.6
薄荷精油		0.8	1.8	1.4
抗泡沫剂	甲基硅油	1.8	—	1.4
	丙烯酸酯与醚共聚物	—	3.6	1.4
防冻剂	氯化钙	2.2	—	1.55
	甲酰胺	—	3.5	—
	醋酸钠	—	—	1.55
抗菌剂		3	5	4.5
抗菌剂	纳米银	1	1	1
	壳聚糖	1	1	1
增溶剂		1.4	2.8	2.2
增溶剂	聚丙烯酸	1.4	—	1
	聚乙烯吡咯烷酮	—	1	—
	聚乙烯醇	—	2	—
	椰油酸二乙醇胺	—	—	3
去离子水		30	40	36
中草药提取物	姜	15	20	18
	皂角	9	16	13
	核桃壳	10	15	13
	金银花	6	13	11
	板蓝根	10	15	12
	绿茶	4	10	8
	橙子皮	8	16	12
	陈皮	6	12	12
	菊花	5	10	8

制备方法

（1）按照厨具油污清洗剂的原料质量份数称取各原料；

（2）将脂肪醇聚氧乙烯醚、烷基酚聚氧乙烯醚、十二烷基苯磺酸钠、三乙醇胺、甜菜碱、中草药提取物、香精和薄荷精油加入上述质量份的去离子水中，升温至50～60℃，以800～1200r/min的速度，搅拌25～40min，即得混合物料N，备用；

（3）向混合物料N中加入抗泡沫剂、防冻剂、抗菌剂和增溶剂，控温至35～40℃，搅拌20～30min，混合均匀，冷却至室温，即得所述厨具油污清洗剂。

原料介绍 所述中草药提取物的制备方法为：

（1）按照质量份称取原料：姜15～20份、皂角9～16份、核桃壳10～15份、金银花6～13份、板蓝根10～15份、绿茶4～10份、橙子皮8～16份、陈皮6～12份和菊花5～10份；

（2）将原料烘干，研磨成粉末状，搅拌混合均匀，向混合后的粉末中加入原料总质量5～10倍的75%乙醇溶液，置于超声波水浴锅中6～8h，进行超声提取，水浴温度为70～80℃；

（3）离心水浴后的混合液，取上层澄清溶液，该上层澄清溶液即为中草药提取物。

产品特性

（1）本品去油污性能强，泡沫少，易冲洗干净，选用中草药提取物作为原料，绿色环保无残留，使用安全性高，制备方法简单。

（2）本品原料中添加有中草药提取物作为主要成分，中草药提取物中的姜具有去腥作用，绿茶、橙子皮、陈皮和菊花的提取物可以改善清洗剂的气味，使厨具留有天然的清香，板蓝根和金银花的提取物具有杀灭微生物的作用，皂角和核桃壳提取物可以提高清洗剂的清洁力，增强清洁效果。

配方 31 低表面张力低气味厨具清洗剂

原料配比

原料	配比（质量份）		
	1#	2#	3#
N-烷基全氟己基磺酰亚胺羧酸钠	1.2	1	1.4
N-全氟丁基磺酰基-N-全氟己基磺酰基亚胺磺酸钠	0.8	1	0.6
8～12碳醇聚氧乙烯醚	6	5	7
8～10碳烷基糖苷	4	5	3
十二烷基苯磺酸钠	4	3	5
葡萄糖酸钠	3	4	2
两性咪唑啉	7	6	8
碳酸钠	4	5	3
萜烯（馏程为170～190℃）	5	4	6
去离子水	加至100	加至100	加至100

制备方法

（1）将称量的去离子水投入搅拌釜中；

（2）将碳酸钠、葡萄糖酸钠及十二烷基苯磺酸钠投入搅拌釜中搅拌15min；

（3）将8～12碳醇聚氧乙烯醚投入到搅拌釜中，继续搅拌12min；

（4）将两性咪唑啉、萜烯及8～10碳烷基糖苷投入搅拌釜中，搅拌至澄清透明；

（5）将N-烷基全氟己基磺酰亚胺羧酸钠、N-全氟丁基磺酰基-N-全氟己基磺酰亚胺磺酸钠投入搅拌釜中，搅拌30min即可。

产品特性　本品表面张力低（20～22mN/m），使用原液清洗厨具，泡沫丰富细腻持久，可充分与污垢发生反应，去污力强且容易清洗；低气味，即使家庭厨房密闭且温度超过40℃，也没有感觉气味大，更没有因有气味而无法继续清洗操作的现象。

配方 **32** 防污清洗剂

原料配比

原料		配比（质量份）			
		1#	2#	3#	4#
阴离子表面活性剂	烷基醚硫酸酯钠	0.5	—	—	0.5
	十二烷基硫酸钠	—	0.5	—	—
	十二烷基苯磺酸钠	—	—	0.5	—
非离子表面活性剂	平平加 O-25	0.5	—	—	0.3
	辛基酚聚氧乙烯醚（OP-10）	—	0.5	—	—
	TX-10 磷酸酯	—	—	0.5	—
碱性助剂	三乙醇胺	2	—	—	—
	氢氧化钠	—	1.5	—	—
	二乙醇胺	—	—	1	—
	氢氧化钾	—	—	1	1
乙二醇醚溶剂	二乙二醇甲醚	6	—	—	—
	二乙二醇乙醚	—	5	—	—
	二乙二醇异丁基醚	—	—	5.5	—
	二乙二醇二甲醚	—	—	—	5
水溶性高分子	水溶性丙烯酸聚合物	1	1.5	—	—
	水溶性醋酸乙烯 - 乙烯共聚物	—	—	1.5	—
	水溶性马来酸共聚物	—	—	—	1
聚四氟乙烯 (PTFE) 超细粉	调聚法 PTFE 超细粉	0.2	—	—	—
	裂解法 PTFE 超细粉	—	0.2	—	—
	辐射裂解法 PTFE 超细粉	—	—	0.3	0.3
去离子水		加至 100	加至 100	加至 100	加至 100

制备方法 将各组分按照配比混合，搅拌均匀即可。

产品应用 本品主要用于换气扇、炉灶、吊顶等油污渍的清洗。

产品特性 本品利用聚四氟乙烯超细粉的拒水、拒油、防污特性，在清洗后表面分散的聚四氟乙烯超细粉，发挥拒水、拒油、防污特性，防止再附着。本品对换气扇、抽油烟机、炉灶、微波炉、吊顶、墙面等表面的油污渍有优异的清洗效果，同时赋予被清洗的表面拒水、拒油、抗污的性能。使用本品防污清洗剂清洗后，需要再清洗的时间至少延长1倍。

配方 **33** 甘油基绿色清洗剂

原料配比

原料	配比（质量份）		
	1#	2#	3#
椰油脂肪酸二乙酰胺	5	8	11
甘油	65	75	85
烷基糖苷	5	8	11
槐糖脂	5	8	11
缓蚀剂	1	2	3
复配葡萄糖酸钠	2	3.5	5
次氮基三乙酸	1	3	5
海藻酸钠	5	8	11
抗氧剂	1	2	3

制备方法

（1）将椰油脂肪酸二乙酰胺、烷基糖苷和槐糖脂放入反应釜中充分混合，得到混合物A；

（2）往混合物A中依次加入缓蚀剂、复配葡萄糖酸钠、次氮基三乙酸和海藻酸钠，在400～420r/min的转速下搅拌20～30min得到混合物B；

（3）往混合物B中加入甘油和抗氧剂，升温至50～60℃，保温2h，冷却至室温，得到甘油基绿色清洗剂。

原料介绍 所述抗氧剂为2，6-二叔丁基-4-甲基苯酚。

产品特性 本品通过由烷基糖苷、槐糖脂作为表面活性剂，次氮基三乙酸等作为络合剂，同时添加海藻酸钠等作为增稠剂，复配葡萄糖酸钠等均是生物相容性好、微生物降解率高、对皮肤刺激性极小的成分，同时助剂中不含有磷成分，具有很好的环保性，常作为厨房、浴室等生活区域的绿色环保清洗剂。采用甘油为溶解介质，避免甘油对易生锈的物体造成二次污染，加入椰油脂肪酸二乙酰胺，提高清洗效果。

原料配比

原料		配比（质量份）				
		1#	2#	3#	4#	5#
阴离子表面活性剂	α-烯基磺酸钠，烷基链长度为 C_{14}	1	—	—	—	10
	α-烯基磺酸钠，烷基链长度为 C_{15}	—	2	—	8	—
	α-烯基磺酸钠，烷基链长度为 C_{16}	—	—	6	—	—
非离子表面活性剂	脂肪醇乙氧基丙氧基化物，碳链长度为 C_{10}	10	—	—	—	1
	脂肪醇乙氧基丙氧基化物，碳链长度为 C_{11}	—	7	—	3	—
	脂肪醇乙氧基丙氧基化物，碳链长度为 C_{12}	—	—	5	—	—
	单乙醇胺	1	2	3	4	5
缓蚀剂	九水偏硅酸钠	2	1.5	1	—	0.5
	硅酸钾	—	—	—	0.5	—
环保有机溶剂	二丙二醇丙醚	1	—	—	—	—
	二丙二醇丁醚	—	2	—	—	—
	三丙二醇甲醚	—	—	5	—	—
	三丙二醇丁醚	—	—	—	7	8
增溶剂	对甲苯磺酸钠	5	—	—	—	—
	尿素	—	4	—	—	—
	$C_1 \sim C_2$ 烷基醇	—	—	3	—	—
	$C_3 \sim C_4$ 烷基醇	—	—	—	1	—
	$C_5 \sim C_6$ 烷基醇	—	—	—	—	0.5
表面改性剂	乙烯吡咯烷酮/二甲胺乙基甲基丙烯酸酯共聚物	0.1	0.5	1	3	5
	D-柠檬烯	5	4	3	2	0.1
抑菌剂	阳离子表面活性剂 $C_8 \sim C_{12}$ 烷基二甲基苄基氯化铵	0.1	—	—	—	—
	阳离子表面活性剂 $C_{13} \sim C_{16}$ 烷基二甲基苄基氯化铵	—	0.5	—	—	2
	阳离子表面活性剂，为 $C_8 \sim C_{12}$ 双链烷基二甲基氯化铵	—	—	2	1	—
	去离子水	加至100	加至100	加至100	加至100	加至100

制备方法

（1）常温下先将缓蚀剂用30份的去离子水溶解，得到溶液A；

（2）常温下在反应釜中依次加入阴离子表面活性剂、非离子表面活性剂、单乙醇胺、环保有机溶剂、增溶剂、表面改性剂和D-柠檬烯，搅拌均匀，然后滴加抑菌剂，滴速约30滴/min，匀速搅拌10min后，得溶液B；

（3）在搅拌下将溶液A加入到溶液B中，最后加入余量的去离子水，搅拌均匀即可。

产品应用　本品主要是一种厨房抽油烟机、排气扇、灶具等重油污表面的高效厨房除油抑菌清洁剂。

产品特性

（1）本品利用阴、阳离子表面活性剂复配产生的协同效应，降低了表面活性剂的添加量，进而降低了生产成本，同时，阳离子表面活性剂保持其较强的抑菌作用，应用于厨房抽油烟机、排气扇、灶具等重油污表面，具有除油效率高、不腐蚀被洗物表面、气味温和的特点。

（2）本品采用硅酸盐作为缓蚀剂，既抑制了强碱对金属表面的腐蚀，又避免了污垢再沉积于清洗物表面，同时在清洗物表面形成一层保护膜，为洗涤提供了碱性环境，增强其除油效果，清洁效果彻底，处理后的物体表面光洁如新。

（3）本品采用表面改性剂，在清洗后被清洗物表面不易再染油污，减少了清洗周期，使清洗变得轻松快捷。

配方 35 高效厨房清洗剂

原料配比

原料		配比（质量份）		
		1#	2#	3#
柠檬酸钠		5.7	6.3	6.1
乙醇		1.8	1.6	1.7
脂肪醇聚氧乙烯醚硫酸盐	脂肪醇聚氧乙烯醚硫酸钠	1.7	—	1.5
	脂肪醇聚氧乙烯醚硫酸铵	—	2.5	0.5
烷基酚聚氧乙烯醚	壬基酚聚氧乙烯醚	1.47	1.75	0.88
	辛基酚聚氧乙烯醚	—	—	0.66
硫酸钠		1.2	1.7	1.45
无水硅酸钠		1.5	1.8	1.68
碳酸钠		1.3	0.8	0.96
抗再沉积剂	丙烯酸聚合物	0.57	0.44	0.48
漂白剂	过碳酸钠	0.81	—	0.24
	过硼酸钠	—	0.69	0.48
水		74	58	60

制备方法

（1）将柠檬酸钠、乙醇、脂肪醇聚氧乙烯醚硫酸盐溶于水中，加热至50～55℃，加入烷基酚聚氧乙烯醚并搅拌均匀，冷却至室温；

（2）向步骤（1）所得混合物中依次加入硫酸钠、漂白剂、抗再沉积剂、无水硅酸钠、碳酸钠，搅拌均匀。

产品特性　本品清洗效果好，去污能力强，其制备方法简单，易于工业化生产。

配方 36　含生物表面活性剂的厨房油污清洗剂

原料配比

原料		配比（质量份）		
		1#	2#	3#
生物表面活性剂	鼠李糖脂	6	—	4
	槐糖脂	—	6	4
溶剂	2-甲基-2,4-戊二醇	5	—	—
	3-甲氧基-3-甲基丁醇	—	5	5
碱性助剂	三乙醇胺	3	—	—
	碳酸氢钠	—	3	—
	异丙醇胺	—	—	3
防锈剂	五水偏硅酸钠	0.5	—	—
	零水偏硅酸钠	—	0.5	—
	羟基亚乙基二膦酸	—	—	0.5
杀菌剂	羟甲基甘氨酸钠	0.5	—	—
	碘丙炔醇丁基氨甲酸酯	—	0.5	—
	西吡氯铵	—	—	0.5
香精		0.5	0.5	0.5
去离子水		加至100	加至100	加至100

制备方法　先将去离子水加入搅拌锅中，匀速搅拌，常温常压下依次加入生物表面活性剂、防锈剂、碱性助剂、溶剂、杀菌剂、香精，完全搅拌均匀后灌装而成。

原料介绍　本品以生物表面活性剂代替化学合成表面活性剂，生物表面活性剂低泡、耐高温、耐酸碱，能螯合金属离子，减少螯合剂的使用，对离子环境和水的硬度变化不敏感，具有良好的配伍性和稳定性，在油污表面排列形成亲水性膜，削弱油性污渍与物体表面的疏水作用力，最终使油滴从物体表面脱附下来，并使污渍分散在洗液中，不易造成二次吸附；适量的高沸点环保溶剂有良好的膨胀和溶解作用，有利于褐色黏性的树脂状变质油的去除；以弱碱性助剂代替强碱，对黏附的油脂及其他有机污染物也有很好的皂化作用，减少碱金属的用量，降低对物体表面的腐蚀性；防锈剂能够提供优良的缓冲碱度，保护金属表面，防止其被氧化，起到缓蚀作用。

产品特性 本品生产工艺简单，去油污性能强，低泡稳定，易生物降解，兼具优良的缓蚀性能，是无毒、无污染、环保的绿色产品。

配方 37 环保无污染的多功能不伤手清洗剂

原料配比

原料			配比（质量份）					
			1#	2#	3#	4#	5#	6#
组分 A			5	5	3	5	5	5
组分 B			2	2	2	2	2	2
组分 C			2	2	2	2	2	2
生物碱			1	1	1	1	1	1
生物碱	烟碱		2	2	2	2	2	2
	东莨菪碱		1	1	1	1	1	1
	金雀花碱		1	1	1	1	1	1
组分 A	天然海盐		1	1	1	1	1	1
	天然海碱		1	1	1	1	1	1
	表面活性剂		0.5	0.5	0.5	0.5	0.5	0.5
	表面活性剂	吐温-60	1	1	1	1	1	1
		十二烷基苯磺酸钠	2	2	2	2	2	2
	禾本甾醇		0.2	0.2	0.2	—	0.2	0.2
	环木菠萝烯醇		0.2	0.2	0.2	—	0.2	0.2
	氧化剂	过氧化钙	0.01	0.01	0.01	0.01	0.01	0.01
	多糖改性纳米珊瑚钙粉		1	1	1	1	—	—
	纳米珊瑚钙粉		—	—	—	—	—	1
	多糖改性纳米珊瑚钙粉	多糖	1	1	1	1	—	1
		纳米珊瑚钙粉	2	1	2	2	—	2
	柠檬酸钠		0.02	0.02	0.02	0.02	0.02	0.02
组分 B	百部提取物		1	1	1	1	1	1
	黄柏提取物		1	1	1	1	1	1
	莱菔子提取物		1	1	1	1	1	1
	茵陈提取物		1	1	1	1	1	1
组分 C	金银花提取物		2	2	2	2	2	2
	皂角提取物		1	1	1	1	1	1
	蛇床子提取物		2	2	2	2	2	2
	虎杖提取物		2	2	2	2	2	2
	芦荟提取物		1	1	1	1	1	1

制备方法 将各组分原料混合均匀即可。

原料介绍 所述天然海碱是指天然碱，即将在盐湖沉积地带的产物进行蒸发得到的盐矿物，为水合碳酸氢钠，主要来自碱湖和固体碱矿；其主要化学成分为碳酸钠和碳酸氢钠的一类矿物。其呈纤维状或柱块状，灰或黄白色或无色。

所述禾木甾醇为植物甾醇类的一种，其为4-甲基甾醇类植物甾醇。

所述环木菠萝烯醇为植物甾醇类的一种，其为4，4'-二甲基甾醇类的一种。

所述金银花提取物的制备方法如下：

（1）选取5份金银花，加入25份蒸馏水，进行水煎40min后，取煎液；然后将煎液浓缩至1/3份后，缓慢加入20%的石灰乳至pH=10，离心取沉淀物；

（2）将沉淀物和2倍乙醇研磨成稀浆，然后在搅拌下滴加55%硫酸至pH值为3，然后充分搅拌，离心，取酸水液；

（3）将酸水液用浓碱调节pH值为6，然后回收乙醇，减压烘干，取粗提物；

（4）将粗提物溶于10倍去离子水和20倍乙醇中，然后用盐酸调pH值为2；用鸡蛋蛋清膜过滤，取滤液；

（5）将由（4）得到的滤液以醋酸乙酯提取数次之后，取乙酸乙酯液；然后过滤，取滤液；

（6）将由（5）得到的滤液浓缩后分次加入氯仿，取固体物，减压干燥后得到金银花提取物。

所述蛇床子提取物的制备方法如下：

（1）选取果实粗粉1份，将15倍量乙醇均分为三份，分别浸泡2h后，合并三份醇液然后减压浓缩至1份醇液，取水层；

（2）将水层放置后凝固，然后加入少量乙醇热溶液，然后放置析晶，取结晶；

（3）将（2）的结晶用无水乙醇进行多次重结晶，即可得到块晶；

（4）将（3）制备得到的块晶，加入10份乙醇、20份蒸馏水和3份丝素蛋白，搅拌均匀后，过滤，烘干，即可制备得到蛇床子提取物。

所述组分B和组分C分别用缓释膜进行包覆。

所述缓释膜为改性鼠李糖，且所述改性鼠李糖为聚乙烯醇改性鼠李糖。

所述纳米珊瑚钙粉是将珊瑚钙进行研磨，研磨至纳米级别而得到的，然后制备多糖改性纳米珊瑚钙粉；

所述多糖改性纳米珊瑚钙粉的制备方法如下：

（1）在室温条件下，向纳米珊瑚钙粉中滴入少量的去离子水，并用超声波振荡处理得到均匀分散的纳米珊瑚钙粉浆液；

（2）将多糖分散在水溶液中，制备成浓度为3%的多糖溶液；

（3）在超声条件下，将多糖溶液逐渐滴入（1）的纳米珊瑚钙粉浆液中，滴加完毕后，继续超声处理10min后，将混合液在零下80℃冷冻12h后，再经冷冻干燥即可制备得到多糖改性纳米珊瑚钙粉。

所述多糖和纳米珊瑚钙粉的质量比为1：2。

所述组分B的制备方法如下：

（1）将1.5g鼠李糖溶于100mL 2%的乙酸水溶液中，磁力搅拌器搅拌溶解；将1g聚乙烯醇溶于30mL水中，加热使其溶解；将上述鼠李糖、聚乙烯醇溶液搅拌混合均匀，50℃水浴48h，取40mL混合溶液加入200～300目的硅胶1.6～2.8g后倒入玻璃平板，室温蒸发成膜。将得到的干燥的膜浸入2mol/L的氢氧化钠溶液，50℃水浴2h溶解硅胶，制得鼠李糖/聚乙烯醇。用5%的乙酸中和多余的氢氧化钠，用去离子水冲洗至中性，在干燥箱中干燥。

（2）取百部提取物、黄柏提取物、莱菔子提取物、茵陈提取物混合后，得到提取物混合物。

（3）取10g（1）制备得到的鼠李糖/聚乙烯醇和80g蒸馏水混合，并于室温下加入6g提取物混合物，搅拌均匀，超声30min，使其混合均匀，然后于入口温度为175℃、进料流量为3mL/min、喷嘴头直径为0.7mm和喷嘴清洗2次/min的条件下进行喷雾干燥，得到组分B。

所述百部提取物和黄柏提取物的提取方法如下：

（1）选取1份百部根部和1份黄柏树皮，洗净，烘干研碎后，加入10份石灰乳搅拌均匀后，放入渗漉筒内用石灰水浸泡6h后，取渗漉液，加入渗漉液体积120%的柠檬酸饱和水溶液，搅拌后放置过夜，过滤取沉淀；

（2）将沉淀用热水溶解后，趁热过滤，取滤液，即可制备得到百部提取物和黄柏提取物粗品；

（3）将粗品加入到沸水中溶解后趁热过滤，取滤液即可制备得到百部提取物和黄柏提取物。

所述茵陈提取物的制备方法如下：

（1）选取茵陈10份，用水煎煮4h后，过滤，得水提液；

（2）然后将水提液浓缩至114体积份后，用氯仿萃取；

（3）选取氯仿萃取液，然后依次用5%碳酸氢钠和2%氢氧化钠萃取，选取氢氧化钠提取液，用盐酸酸化后，继续用氯仿提取；

（4）选取氯仿提取液，回收氯仿后，将酸性部分经聚酰胺柱层析，用乙醇（浓度分别为30%、50%和80%）梯度洗脱；

（5）选取80%浓度乙醇洗脱部位，然后加热挥发乙醇，用乙醚萃取后，选取乙醚萃取液，回收乙醚，得到白色固体，即可制备得到茵陈提取物。

所述组分C的制备方法如下：

（1）将1.5g鼠李糖溶于100mL 2%的乙酸水溶液中，磁力搅拌器搅拌溶解；将1g聚乙烯醇溶于30mL水中，加热使其溶解；将上述鼠李糖、聚乙烯醇溶液搅拌混合均匀，50℃水浴48h，取40mL混合溶液加入200～300目的硅胶1.6～2.8g后倒入玻璃平板，室温蒸发成膜。将得到的干燥的膜浸入2mol/L的氢氧化钠溶液，50℃水浴2h溶解硅胶，制得鼠李糖/聚乙烯醇。用5%的乙酸中和多余的氢氧化钠，用去离子水冲洗至中性，在干燥箱中干燥。

（2）取金银花提取物、皂角提取物、蛇床子提取物、虎杖提取物和芦荟提取物混合后，得到提取物混合物。

（3）取10g（1）制备得到的鼠李糖/聚乙烯醇和80g蒸馏水混合，并于室温下加入6g提取物混合物，搅拌均匀，超声30min，使其混合均匀，然后于入口温度为175℃、进料流量为3mL/min、喷嘴头直径为0.7mm和喷嘴清洗2次/min的条件下进行喷雾干燥，得到组分C。

所述虎杖提取物的制备方法如下：

（1）取 1 份虎杖根茎粗粉，然后用乙醇冷浸后，取乙醇冷浸液，将乙醇冷浸液减压浓缩，得到浸膏；

（2）将浸膏加入蒸馏水后，用 $CHCl_3$ 回流，取水液；

（3）将水液用 EtOAc 萃取，滤除萃取中产生的沉淀，取 EtOAc 层；

（4）将 EtOAc 层减压浓缩后，用水溶解，再用 Et_2O 萃取，取水层；

（5）将水层用活性炭处理后，滴加胡椒碱溶液，静置，取胶状沉淀；

（6）将胶状沉淀加入少量 MeOH 溶解后，加水稀释，再加入等体积 $CHCl_3$ 萃取数次后，收集水层；

（7）将水层用 EtOAc 萃取，取 EtOAc 层，脱水后减压浓缩得到虎杖提取物。

所述生物碱可以分为吡啶类、吡咯烷类、莨菪烷类、喹啉类、异喹啉类、苯乙胺类、色胺类、麦角灵类、β-咔啉类、长春花类、马钱子类、黄嘌呤类、乌头类等种类。

所述生物碱为烟碱、东莨菪碱和金雀花碱按照质量比为 2：1：1 混合得到的。

产品应用　本品是一种环保无污染的多功能不伤手清洗剂，不仅适用于蔬菜、水果、米类、蛋类、肉类、水产品的清洗，还可以去除厨房中的油污。

产品特性

（1）本品快速清除农药残留和果蜡，但是又能够避免清洗过后水果的水分快速流失和损坏；

（2）本品可以轻松对付厨房中的重油污，能够快速分解油污，同时对分解后的油污进行吸附，方便清除，同时不伤手。

配方　38　环保型弱碱清洗剂

原料配比

原料		配比（质量份）		
		1#	2#	3#
烷醇酰胺聚醚硫酸酯钠	2-(2-(2-十二酰胺基乙氧基)乙氧基)乙基硫酸钠	3	3	2
无患子皂苷		4	4	5
椰油酰甘氨酸钾		5	5	7
碳酸氢钠		0.4	0.4	0.5
氯化钠		0.2	0.2	0.3
去离子水		100	100	100

制备方法　按照选定的质量配比，将碳酸氢钠充分溶解到去离子水中，加入烷醇酰胺聚醚硫酸酯钠、无患子皂苷和椰油酰甘氨酸钾，升温至 50～65℃，搅拌 30min，加入氯化钠搅拌混合均匀，冷却至室温得到成品。

原料介绍 烷醇酰胺聚醚硫酸酯钠具有明显"两亲"性质，在结构上保留了月桂醇聚醚硫酸酯钠结构中具有亲油性质足够长的烃基和具有亲水性质的可离子化的硫酸酯钠基团，其泡沫性能、去污力、乳化力都比较好；同时还引入了酰胺极性基团，使表面活性剂分子更容易通过分子间氢键或者偶极矩的相互作用，在吸附层更紧密地排布，从而增加吸附层的黏性和弹性，增强吸附膜的稳定性，提高表面活性剂的起泡、稳泡性能，进而提高了皮肤相容性，降低对皮肤的刺激性，也更有利于生物降解。

无患子皂苷为天然表面活性剂，来自于无患子提取物，具有很强的表面活性作用，易生物降解，对皮肤无刺激，对人体无毒无害，能降低水的表面张力，具有良好的起泡性，同时还有一定的去污能力和杀菌功效。

椰油酰甘氨酸钾为氨基酸表面活性剂，是一类可再生生物质来源的新型绿色环保表面活性剂，其pH值与人体肌肤接近，加上氨基酸是构成蛋白质的基本物质，其毒副作用小，性能温和且生物降解性好，生产工艺绿色化，而且其具有良好的乳化、润湿、增溶、分散、起泡等性能。

产品特性 本品通过结构修饰得到了去污效果好的烷醇酰胺聚醚硫酸酯钠，同时加入了无刺激性且易生物降解的天然表面活性剂无患子皂苷和氨基酸表面活性剂椰油酰甘氨酸钾，不会对环境造成污染，更加环保；其中烷醇酰胺聚醚硫酸酯钠能与无患子皂苷和椰油酰甘氨酸钾协同作用，提高清洗剂的去油污和抗菌功能；本品易生物降解，对环境不造成污染，同时能够有效去除厨房油污，对皮肤无刺激性，对人体健康无损害，具备环保、去油污和抗菌功能。

配方 **39** 家用环保型强力清洗剂

原料配比

原料		配比（质量份）
有机醇		3
十二烷基苯磺酸钠		3
有机缓蚀剂		2.5
有机吸附剂	沸石粉	5
表面活性剂	低聚丙烯酸钠	8
水		78
有机缓蚀剂	硫脲	1
	油酸咪唑啉	1
有机醇	一元醇	2
	二元醇	2
	多元醇	1
有机消泡剂		0.5～1
有机消泡剂	有机硅	4
	油酸	1
	油酸钠	1

制备方法

（1）在反应釜中加入水，加温至48～55℃，再加入所述有机醇和十二烷基苯磺酸钠并充分搅拌，获得溶液A；

（2）在步骤（1）得到的溶液A中加入所述有机吸附剂并充分搅拌，获得溶液B；

（3）在步骤（2）得到的溶液B中依次加入所述有机消泡剂和有机吸附剂并充分搅拌，得到溶液C；

（4）在步骤（3）得到的溶液C中加入所述表面活性剂并充分搅拌，得到溶液D；

（5）在步骤（4）得到的溶液D中加入所述有机缓蚀剂并充分搅拌，得到所述强力清洗剂。

产品特性

（1）本品主要成分均采用有机物质，能够避免清洁过程中清洗剂对使用者的皮肤和身体造成伤害，且采用有机物质能够降低清洗剂对环境的影响，具有较高的环保性；

（2）本品通过有机缓蚀剂、有机吸附剂、表面活性剂和有机消泡剂的协同作用，充分发挥各成分的剥离、分解、渗透等功能，将不同类型的污垢和油渍分解，实现彻底清污且不伤及厨房设备的效果。

配方 40 家用经济环保型油烟机清洗剂

原料配比

原料	配比（质量份）	
	1#	2#
脂肪醇聚氧乙烯醚	15	21
二乙二醇单乙醚	11	13
乙醇胺	4	7
丙酮	12	14
丙二醇正丁醚	2	7
硅酸钠	10	15
十二烷基二苯醚二磺酸盐	13	14
甲醇钠	1	4
烷基苯磺酸钠	11	14
柠檬酸钠	3	7
硼砂	11	16
丁基溶纤剂	22	25
次氯酸钙	12	17
蒸馏水	25	35

制备方法　将各组分原料混合均匀即可。

产品特性　本品成本低，可以高速溶解油烟机上的油污，具有良好的分散性，使用方便有效，效果优良，低泡，对油烟机表面无腐蚀、划伤作用，还可以防止油垢的再次附着，气味更小，可减少对空气环境的污染。

配方 41 焦质重垢清洗剂

原料配比

原料		配比（质量份）				
		1#	2#	3#	4#	5#
表面活性剂		9	8	9.5	10	11.5
醇醚类有机溶剂		6	10.5	10	8.5	6.5
碱性助剂		3.5	2	3.5	2	2.5
螯合剂	EDTA 二钠	0.8	0.6	0.2	0.6	1
缓蚀剂		1.5	2	2.5	2	2.2
去离子水		79.2	76.9	74.3	76.9	76.3
表面活性剂	脂肪醇聚氧乙烯醚（AEO-9）	2	2	2	2	2
	月桂酰两性基二乙酸钠（LAD-40）	1	1	1	1	1
	碳异构醇聚氧乙烯醚（TO-8）	4	4	4	4	4
	脂肪醇聚氧乙烯醚硫酸钠（AES）	2	2	2	2	2
醇醚类有机溶剂	丙二醇甲醚	4	4	4	4	4
	N-甲基-2-吡咯烷酮	4	4	4	4	4
	二丙二醇单甲醚	2	2	2	2	2
	二乙二醇丁醚	3	3	3	3	3
碱性助剂	氢氧化钠	2.5	2.5	2.5	2.5	2.5
	硅酸钠	1	1	1	1	1
缓蚀剂	钨酸钠	0.5	0.5	0.5	0.5	0.5
	苯甲酸钠	2	2	2	2	2
	聚环氧琥珀酸	2	2	2	2	2
	三乙醇胺	4	4	4	4	4

制备方法 先将30%～50%（占总水的质量分数）的去离子水加入反应釜中，加入碱性助剂，搅拌20～30min形成均匀溶液，然后在20～50℃条件下边搅拌边添加表面活性剂，再分别加入螯合剂和缓蚀剂，搅拌20～30min，随后在20～50℃条件下将醇醚类有机溶剂用去离子水稀释后（其中醇醚类有机溶剂质量浓度15%～25%）加入，再加入余下的去离子水，搅拌形成均匀溶液即可取出包装。

产品应用 本品是一种焦质重垢清洗剂。对厨房锅底焦油垢有良好的清洗效果，能在短时间内彻底清除锅底焦质垢。

产品特性

（1）本品选用多种表面活性剂通过特定比例混合可以实现表面活性剂协同增效的作用，使除垢率相较于单一表面活性剂大大提升。

（2）本品不损伤锅底材质，清洗之后还可以防止铁制品生锈，并且本产品无毒且对环境友好。

配方 42 可手洗耐硬水厨房洗涤剂

原料配比

原料		配比（质量份）		
		1#	2#	3#
十二烷基苯磺酸钠		30	50	40
脂肪醇聚氧乙烯醚硫酸盐		30	50	40
α-烯烃磺酸盐		30	50	40
25%～35%氢氧化钠溶液		5	15	8
乙二醇		3	5	4
螯合剂	二水柠檬酸钠	3	5	4
增稠剂	羧甲基纤维素钠	1	—	—
	藻酸丙二醇酯	—	2	—
	甲壳素	—	—	1
单乙醇胺		3	5	3
去离子水		400	600	500

制备方法　将各组分原料混合均匀即可。

产品特性

（1）本品的pH值在7.5～8.5之间，具有丰富的泡沫，清洁能力强，除垢能力可达到95%以上，适合硬水环境清洗，且适合厨房大多数硬质物品表面的清洗。

（2）本品对人的皮肤无刺激性，使用安全、健康。

配方 43 炉灶清洗剂

原料配比

原料	配比（质量份）		
	1#	2#	3#
硫酸镁	0.7	0.9	0.8
桂石粉	10	8	9
香精	0.5	0.6	0.6

原料	配比（质量份）		
	1#	2#	3#
月桂基二甲基氧化铵	0.5	0.5	0.7
仲月桂醇聚氧乙烯醚（$n=3$）	1.7	1.5	1.6
十二烷基苯磺酸钠	20	15	17
己基卡必醇	4	5	4.5
去离子水	加至 100	加至 100	加至 100

制备方法　将各组分原料混合均匀即可。

产品特性　本品配方合理，成本低廉，可以有效地去除炉灶、瓷砖、油烟机上的焦油。

配方 44 纳米乳清洗剂

原料配比

原料		配比（质量份）		
		1#	2#	3#
油相	D-柠檬烯	5	—	—
	肉豆蔻酸异丙酯	—	5	—
	大豆油	—	1	—
	橄榄油	—	—	6
	花生油	—	—	2
表面活性剂	烷基糖苷 1214	10	—	—
	司盘 80	—	14.4	—
	司盘 60	—	—	1.8
	乙氧基化脂肪酸甲酯	—	—	1.8
	脂肪醇聚氧乙烯醚-3	5	—	—
	吐温-80	—	8	—
	聚氧乙烯醚氢化蓖麻油	—	—	14.4
助表面活性剂	1,2-丙二醇	2	—	—
	乙醇	—	1	—
	丁三醇	—	—	2
	异丙醇	—	—	3
去离子水		75	71.5	65.5
渗透剂	N-甲基吡咯烷酮	1	—	—
	$C_7 \sim C_9$ 脂肪醇环氧乙烷醚	—	0.5	2

原料		配比（质量份）		
		1#	2#	3#
碱性助剂	碳酸氢钠	0.8	—	—
	碳酸钠	—	1	—
	硅酸钠	1.2	—	1.5

制备方法

（1）选择油相，并计算乳化油相所需的亲水亲油平衡值（HLB值）；

（2）选择表面活性剂并计算表面活性剂的HLB值，使表面活性剂的HLB值与乳化油相所需的HLB值的差值小于1，向表面活性剂中加入助表面活性剂，搅拌均匀，得到溶液A；

（3）将水放入反应容器中，以6000～10000r/min的转速一边搅拌一边将溶液A缓慢加入到水中，搅拌均匀，得到溶液B；

（4）一边保持转速为6000～10000r/min的搅拌一边将油相逐滴加入到溶液B中，溶液变得黏稠，持续保持转速6000～10000r/min搅拌，直到溶液变得澄清透明，得到溶液C；

（5）一边保持转速6000～10000r/min搅拌一边将渗透剂和碱性助剂加入到溶液C中，搅拌30min以上，形成澄清透明的水包油（O/W）型纳米乳溶液，即为产品。

原料介绍　所述的表面活性剂由两种以上的非离子表面活性剂组成；优选所述的表面活性剂为烷基糖苷1214（HLB＝14）、脂肪醇聚氧乙烯醚-3（HLB＝8）、乙氧基化脂肪酸甲酯（HLB＝15）、司盘80（HLB＝4.3）、司盘60（HLB＝4.7）、吐温-80（HLB＝15）、聚氧乙烯醚氢化蓖麻油（HLB＝10）和聚氧乙烯蓖麻油（HLB＝13.3）中的两种以上。

所述的助表面活性剂为短链脂肪醇；优选所述的助表面活性剂为丙二醇、丁三醇、异丙醇和乙醇中的一种以上。

所述的油相为大豆油（乳化所需HLB＝8）、花生油（乳化所需HLB＝6）、肉豆蔻酸异丙酯（乳化所需HLB＝12）、D-柠檬烯（乳化所需HLB＝12）、橄榄油（乳化所需HLB＝11）和霍霍巴油（乳化所需HLB＝7）中的一种以上，同时满足乳化油相所需的HLB值与表面活性剂的HLB值的差值小于1。

所述的渗透剂为N，N-二甲基甲酰胺、N-甲基吡咯烷酮或C_7～C_9脂肪醇环氧乙烷醚。

产品应用　本品主要用于厨房重油的清洗。

产品特性

（1）本品去油污效率高、无腐蚀、气味温和、环保且易于生产，特别适用于厨房重油的清洗去除；

（2）本品采用的碱性助剂为弱碱，采用短链脂肪醇替代有机溶剂，既能提高油污清洗效率，又具有较低的腐蚀性和刺激性；

（3）本品均一透明、不分相、不分层，对金属无腐蚀性。

配方 45 泡沫型清洗剂组合物

原料配比

原料			配比（质量份）						
			1#	2#	3#	4#	5#	6#	7#
表面活性剂	阴离子型表面活性剂	月桂醇聚醚硫酸酯钠	16	16	16	16	16	16	16
	非离子型表面活性剂	脂肪醇聚氧乙烯醚（AEO）	4	4	4	4	4	4	4
	两性型表面活性剂	月桂酰胺丙基胺氧化物	7	7	7	7	7	7	7
螯合剂	谷氨酸二乙酸四钠		1	1	1	1	1	1	1
二元醇和乙醇的复配剂	二元醇		3	—	—	—	—	—	—
	1,2-丙二醇		—	4	—	—	—	—	—
	1,3-丁二醇		—	—	—	4	—	—	—
	乙醇		1	4	2	2	2	2	2
	PEG-150		—	—	—	—	—	2	—
	PEG-32		—	—	—	—	—	—	2
防腐剂			0.50	0.50	0.50	0.50	0.50	0.50	0.50
酶			0.1	0.1	0.1	0.1	0.1	0.1	0.1
水			加至100	加至100	加至100	加至100	加至100	加至100	加至100
其他添加物			适量	适量	适量	适量	适量	适量	适量

制备方法 将表面活性剂加入到主反应釜中，在搅拌条件下加热，待表面活性剂溶解后，在搅拌下降温至40℃以下，再加入其余原料及水，混合均匀后得到清洁剂组合物。

原料介绍 所述其他添加物包括以下组分：保湿剂、黏度调节剂、香精、pH值调节剂、颜料、活性成分、植物提取物中任一种或多种。

所述的活性成分可以为杀菌剂、维生素及其衍生物中任一种或多种。

保湿剂可以选用甘油、丁二醇、聚乙二醇中任一种，或选用氨基酸类保湿剂、天然保湿类保湿剂或分子生化类保湿剂中任一种。

添加pH值调节剂能调节组合物的pH值为5～10;

所述的pH值调节剂可以选用氢氧化钾、氢氧化钠、三乙醇胺或柠檬酸中任一种或两种以上任意比例的混合物。

产品应用 本品是一种泡沫型清洗剂组合物，用于厨房油烟机、灶台、墙壁、水池等的清洁。

产品特性 本品可用喷瓶直接喷出丰富细腻的泡沫，泡沫相比液滴能在油污表面停留时间长，其与油污结合时间长，有效分解污垢，能强力去除并悬浮油污，不需要摩擦起泡，简化了洗涤过程；喷出泡沫实际量小，直接起泡，有利于去除悬浮的油污，减少再次沉淀，在清洁效率提高的同时，经济环保，使有油污的餐具/器皿洗涤后表面光洁，干净闪亮。

配方 **46** 重油污垢清洁剂

原料配比

原料		配比（质量份）		
		1#	2#	3#
表面活性剂		35	53	42
盐助剂		3	7	5
清洁助剂		3	6	4
柠檬酸		2	5	3
水		加至100	加至100	加至100
表面活性剂	十二烷基聚氧乙烯醚硫酸钠	1.5	2.8	2
	渗透剂T	0.8	1.4	1
	烷基糖苷	1.2	2	1.5
	脂肪醇聚氧乙烯醚	1	1.5	1.2
	OP-10	0.8	1.2	1
	尼纳尔	0.5	1	0.8
盐助剂	三聚磷酸钠	1	1.4	1.1
	硅酸钠	4	5.2	4.6
	碳酸钠	3	4	3.5
	苯甲酸钠	1	1.3	1.1
清洁助剂	瓜尔胶羟丙基三甲基氯化铵	60	70	65
	改性瓜尔胶	40	30	35
改性瓜尔胶	瓜尔胶	95	105	100
	三甲基氯硅烷	0.5	0.8	0.6
	甲苯	250（体积份）	350（体积份）	300（体积份）

制备方法

（1）将表面活性剂加入反应釜中搅拌20～45min；搅拌转速为300r/min，搅拌温度为40～55℃。

（2）将盐助剂、清洁助剂、水用搅拌机搅拌5～10min，得到混合溶液；搅拌转速为600r/min，搅拌温度为40～55℃。

（3）将步骤（2）中的混合溶液加入到步骤（1）中的反应釜中，加入柠檬酸，搅拌40～60min，即制得清洁剂。

原料介绍　所述改性瓜尔胶的制备原料包括瓜尔胶95～105g、三甲基氯硅烷0.5～0.8g、甲苯250～350mL，具体制备方法为：将瓜尔胶和甲苯混合搅拌均匀，放入恒温水浴中并设置反应温度为90～110℃、转速为400r/min，达到反应温度时，加入三甲基氯硅烷，然后继续搅拌混合物，反应1.5～2h后，对混合物进行过滤、甲苯洗涤，然后放入真空干燥箱中80～90℃干燥12～18h。

产品应用　本品清洁剂可以直接使用，也可以根据需要用水稀释后再使用。

产品特性

（1）使用了多种表面活性剂复配，更加有助于提高清洁剂对重油污垢的去除能力；

（2）本品不但可以用来除去厨房重油污垢，还能够除去茶垢和水垢。

配方 47　鼠李糖脂厨房重油污清洗剂

原料配比

原料		配比（质量份）					
		1#	2#	3#	4#	5#	6#
混合溶液A	乙二胺四乙酸二钠	0.5	2	1	3	1.5	0.5
	pH调节剂柠檬酸	0.5	2	3	0.1	1	0.5
	烷基糖苷	3	8	0.6	9	5	3
	去离子水	30	40	40	40	40	30
混合溶液B	95%鼠李糖脂	0.5	—	—	—	—	—
	80%鼠李糖脂	—	8	—	—	—	—
	90%鼠李糖脂	—	—	3	—	—	—
	85%鼠李糖脂	—	—	—	1	—	—
	87%鼠李糖脂	—	—	—	—	6	—
	60%鼠李糖脂	—	—	—	—	—	0.5
	脱色剂过氧化钠	3	3	3	3	4	3
	去离子水	30	30	30	30	30	30

原料	配比（质量份）					
	1#	2#	3#	4#	5#	6#
脂肪酶	0.003	0.01	0.001	—	0.003	0.003
蛋白酶	0.047	—	0.01	0.05	—	0.047
氯化钠	0.5	1	2	3	1	0.5
乳酸链菌素	2	0.2	4	5	2.5	2
去离子水	加至 70	—	—	—	—	加至 70

制备方法

（1）取水与乙二胺四乙酸二钠、pH调节剂、烷基糖苷混合均匀，形成混合溶液A；

（2）取水与鼠李糖脂、脱色剂混合均匀，搅拌并在40～60℃加热2～5h，得到无色透明混合溶液B；

（3）待混合溶液B冷却至室温后，将其与混合溶液A混合均匀，再依次加入脂肪酶、蛋白酶、氯化钠和乳酸链菌素以及去离子水，搅拌至完全溶解，即得鼠李糖脂厨房重油污清洗剂。

原料介绍 所述生物酶为蛋白酶与脂肪酶的混合物，混合质量比优选为1：（0.5～3）。

所述烷基糖苷，聚合度n在1.1～3，烷基碳原子数为8～16；优选聚合度n在1.5～2.5，烷基碳原子数为8～12的烷基糖苷。

所述鼠李糖脂采用的制备方法是先制备鼠李糖脂发酵液，制得的鼠李糖脂发酵液中，单鼠李糖脂与双鼠李糖脂的质量比为（45～60）：（40～55），然后鼠李糖脂发酵液再通过分离纯化方法使单鼠李糖脂与双鼠李糖脂的质量比为（0～20）：（80～100）。

所述分离纯化方法，步骤包括：

（1）将鼠李糖脂发酵液离心，收集上清液并向其中加入浓盐酸调节pH为1.5～2.0，然后在（4±2）℃静置20～30h，再次离心，收集沉淀；离心时转速为6000～11000r/min，时间为10～30min；所述浓盐酸浓度为36%～38%。

（2）将（1）的沉淀与甲醇混合，用超滤膜过滤，收集滤液，然后采用旋转蒸发仪蒸去甲醇，得到糊状物；所述沉淀与甲醇混合时的体积比为1：（2～4）；所述超滤膜选自截留分子量为20000～30000Da的超滤膜；所述旋转蒸发仪蒸除甲醇采用的温度为60～75℃，时间为1～5h。

（3）将（2）的糊状物与水混合，然后用氢氧化钠溶液调节pH至8.0～8.5，搅拌溶解1～4h后，在（−80±2）℃预冻3～10h，再放入−80～−86℃的冻干机冷冻干燥48～72h，制得所述鼠李糖脂；所述糊状物与水混合时的体积比为1：（1～4）；所述氢氧化钠溶液的浓度为2～5mol/L。

采用的鼠李糖脂具有抑菌效果，将鼠李糖脂与生物酶复配使用，生物酶的加入可以提高鼠李糖脂清洗剂的清洗效果，同时本品采用的鼠李糖脂中，双鼠李糖脂结构比例至少为80%，将其与生物酶等原料协同作用，不但能够进一步增强去污能力和抑菌效果，还可以增加防腐蚀、防锈的特性。此外生物酶还能快速将重油污垢分解为易溶于水的小分子，从而更易于表面活性剂将其带走，双鼠李糖脂中亲水基团的亲水性更强，导致具有更低的界面张力，因此其在分解重油污方面更具有优势，同时鼠李糖脂是一种生物发酵得到的生物表面活性剂，其本身具有一定的抗菌作用，可以保护设备，具有防腐、防锈特性，不会损坏基材表面，可延长设备的寿命。

产品应用　本品是一种鼠李糖脂厨房重油污清洗剂。使用时直接将其喷洒在污渍表面，浸润 2 ~ 3min，采用抹布擦洗即可。

产品特性　本品不但去污效果好，还具有抑菌、防腐蚀、防锈特性，且使用条件温和、安全无毒、可生物降解，不易损伤基材表面，同时不刺激皮肤，是一款绿色的重油污清洗剂。

配方 **48** 水基清洗剂

原料配比

原料		配比 /（g/L）		
		1#	2#	3#
非离子乳化剂	脂肪醇聚氧乙烯醚	100	—	—
	辛基酚聚氧乙烯醚	—	65	—
	壬基酚聚氧乙烯醚	—	—	18
非离子渗透剂	烷基酚聚氧乙烯醚	80	56	26
石油醚		6	15	32
异丙醇		50	10	6
乙二醇乙醚		50	10	5
丙二醇丙醚		20	10	7
三乙醇胺		30	5	5
无水偏硅酸钠		10	1.5	1
柠檬酸氢二钠		2	1	5
甜橙油		0.1	0.2	1.5
薄荷油		0.2	1.5	1
消泡剂		0.2	0.2	0.2
卡松		0.1	0.5	2
自来水		加至 1L	加至 1L	加至 1L

制备方法　在约 700mL 自来水中加入三乙醇胺、柠檬酸氢二钠、无水偏硅酸钠、消泡剂，并搅拌溶解；边搅拌边加入混合均匀的非离子乳化剂、烷基酚聚氧乙烯醚、异丙醇、乙二醇乙醚、丙二醇丙醚溶液，然后边搅拌边加入石油醚，再加入卡松、甜橙油、薄荷油并充分搅拌溶解至溶液透明，补充自来水至 1L，搅拌均匀，即成。

原料介绍 所述消泡剂为消泡王。商品名为FAG470型有机硅复配物。

产品应用 本品主要应用于厨房、抽油烟机的清洗和地板、家具、门窗等的清洗。

使用方法：清洗台面、门窗、家具时，用布擦洗，或喷淋后用布擦净清洗剂。清洗地板时，根据被清洗表面的油污多少用自来水或与自来水水质相当的井水、河水按0.5%～100%稀释，将稀释后的清洗剂喷洒于油污处或浸湿布、拖把，用湿布、拖把拖净清洗剂。

产品特性 用于地板、家具、门窗、厨房、抽油烟机的清洗时，一年四季，不论寒暑、气温高低，都能清洗干净，还具有淡淡的令人愉悦的清香味。清洗厨房的抽油烟机时，雾状清洗剂借助抽油烟机所抽空气沿油污运行线路运送到抽油烟机中各部件表面清洗油污，含有油污的清洗剂在重力的作用下通过抽油烟机的油污收集处排出；抽油烟机不增加附属机构，抽油烟机内部温度不升高，耗电少，使用方便，效果好，不存在死角。

配方 **49** 微乳液的中性厨房清洗剂

原料配比

原料		配比（质量份）		
		1#	2#	3#
非离子表面活性剂	脂肪醇聚氧乙烯醚	6	4	—
	烷基糖苷	—	6	2
	烷基酚聚氧乙烯醚	—	—	1
双生表面活性剂	苯双十四烷基磺酸钠	2	—	—
	二元醇双琥珀酸双酯磺酸钠	1	—	—
	α-磺酸钠盐棕榈酸聚乙二醇双酯	—	2	—
	十二烷基二苯醚二磺酸钠	—	—	4
钼酸铵		1.5	2	1
油溶性溶剂	二丙二醇丁醚	1.5	—	2
	二乙二醇丁醚	—	8	—
	乙二醇丁醚	3.5	—	2
	三甘醇丁醚	1	—	—
香精	玫瑰香精	0.04	—	—
	茉莉香精	—	0.1	—
	苹果香精	—	—	0.01
月桂酸二乙醇酰胺		3	2	5
月桂酸二酸三乙醇酰胺		4	3	5
去离子水		75	80	70

制备方法 在反应釜中，加入去离子水并以转速90r/min进行搅拌，再依次加入非离子表面活性剂、双生表面活性剂、钼酸铵、油溶性溶剂、香精、月桂酸二乙醇酰胺、月桂酸二酸三乙醇酰胺，待各组分溶解并混合均匀后，停止搅拌，制得微乳液的中性厨房清洗剂。

产品特性 本品采用非离子表面活性剂、油溶性溶剂和双生表面活性剂复配，辅以月桂酸二乙醇酰胺助表面活性剂、钼酸铵和月桂酸二酸三乙醇酰胺缓蚀剂，通过油溶性溶剂的渗透、溶解性能和表面活性剂的润湿、乳化性能相结合的方式，在中性条件下达到去除厨房污垢的效果，具有不伤害人体、不腐蚀器具、不易燃易爆和使用方便的特点。

配方 50 油污清洗剂

原料配比

原料		配比（质量份）
金属离子螯合剂	乙二胺四乙酸二钠	1.86
洗涤助剂	柠檬酸钠	0.1
	三乙醇胺	2
有机溶剂	二乙二醇丁醚	6
	乙醇	1
表面活性剂	脂肪醇聚氧乙烯醚	2
常温一级水		70
40～50℃一级水		15
碳酸钠		2
柠檬型香精		0.04

制备方法

（1）先将金属离子螯合剂、洗涤助剂柠檬酸钠按照上述配比加入上述常温一级水中进行溶解。

（2）加入有机溶剂二乙二醇丁醚、乙醇混匀。

（3）加入表面活性剂和洗涤助剂三乙醇胺和40～50℃一级水。

（4）加入碳酸钠和常温一级水，再加入香精混合均匀，最后过滤杂质即可。

产品应用 本品为主要用于家庭、宾馆、餐厅等场所的油污清洗剂。

产品特性 本品配方中采用了安全性能较好的有机溶剂和洗涤助剂，加入优质的表面活性剂，融合了有机溶剂的高效性和表面活性剂的安全性，并加入洗涤助剂进行互溶，增强了产品稳定性和去污力，去污力达90%以上；温和不伤手，安全、无毒、无刺激气味，能有效去除油脂酸败异味；有效去除厨房常见细菌，无残留。

原料配比

原料	配比（质量份）						
	1#	2#	3#	4#	5#	6#	7#
正庚烷	70	75	65	72	76	70	80
大豆皂苷	15	16	16	16	18	14	20
二甲基甲酰胺	3	4	2	4	5	3	6
十二烷基甜菜碱	1	1	1	2	3	2	3
乙二醇单丁醚	3	8	3	6	10	4	10
聚乙二醇	3	5	3	5	5	2	6
羧甲基纤维素钠	5	6	5	6	6	6	5
乙二胺四乙酸二钠	0.8	1.2	0.8	1.2	1.6	1.6	1.6
防腐剂	0.6	0.6	0.3	0.4	0.8	0.6	0.7
乙醇	36	38	34	33	40	34	33
次氯酸钠	2	3	3	2	5	3	3
阳离子表面活性剂	15	18	15	15	20	18	15
去离子水	52	55	50	55	57	56	58

制备方法

（1）将正庚烷、乙二醇单丁醚溶解于去离子水中，搅拌30～40min得到混合物A；搅拌后使用超声波清洗5～10min。

（2）将大豆皂苷、二甲基甲酰胺、十二烷基甜菜碱、羧甲基纤维素钠、乙醇混合，搅拌均匀，40～50℃反应20～30min后，得到反应物B。

（3）将混合物A、反应物B混合，加入聚乙二醇、乙二胺四乙酸二钠、次氯酸钠、阳离子表面活性剂、防腐剂，50～60℃搅拌20～30min，静置后得到该油污清洗剂。静置6～10h后装入喷洒瓶即可。

原料介绍 所述阳离子表面活性剂为十二烷基二甲基苄基氯化铵、十六烷基三甲基氯化铵、十八烷基阳离子烷基咪唑啉、聚乙烯基吡啶季铵盐中的一种或多种的组合。

所述防腐剂选自凯松。

正庚烷具有高脂溶性和易挥发性，而且去污能力强；二甲基甲酰胺是一种无色、淡的氨气味的透明液体，能和水及大部分有机溶剂互溶；十二烷基甜菜碱是一种性质稳定、耐酸碱、成本较低的两性表面活性剂；乙二醇单丁醚是优良的溶剂兼表面活性剂，可清除金属、织物、玻璃、塑料等表面的油垢；聚乙二醇具有良好的润滑性、分散性、抗静电性、粘接性，并与许多有机物组分有良好的相溶性，使得杂质污物更容易地随水冲走；羧甲基纤维素钠具有增稠、悬浮、粘合、乳化、分散、保持水分及胶体等性能，进一步提高了清洗剂的黏性；防腐剂凯松能有效地抑制和灭除菌类和各种微生物，防腐效果显著，在1.5×10⁻⁴的浓度下可完全抑制细菌、霉菌、酵母菌的生长。

产品特性 本品各成分安全环保，能够对表面和深层的油污进行清理，活性较高，残留物少，毒副作用小。

配方 52 油烟机清洗剂（1）

原料配比

原料		配比（质量份）				
		1#	2#	3#	4#	5#
去离子水		70	75	80	85	78
月桂醇聚醚-9		6	7.5	9	10	8
月桂醇聚醚硫酸酯钠		4	5	6	7	5.5
月桂醇聚醚-7 羧酸		4	5	6	7	6.5
癸基葡萄糖苷		4	5	6	7	5.8
丙二醇		4	4.5	5	6	5.2
淀粉	水溶性淀粉	4	4.5	5	6	5.5
增溶剂	PEG-40 氢化蓖麻油	5	—	2	5	4
	吐温-80	—	5	5	5	4
悬浮剂	羟丙基甲基纤维素	—	0.5	1.5	1.5	—
	黄原胶	—	1	—	1.5	1.5
防腐剂	苯甲酸钠	—	0.25	—	0.25	0.2

制备方法

（1）在室温下，在搅拌条件下将悬浮剂分散于去离子水中，待体系中无团状物后，缓慢投入淀粉，开始升温，当温度升高至80℃左右时停止加热；

（2）待体系均匀透明后降温至50℃左右；

（3）依次加入月桂醇聚醚-7羧酸和月桂醇聚醚硫酸酯钠，待溶解完全后依次加入月桂醇聚醚-9、增溶剂和癸基葡萄糖苷4～7份，重新升温至80℃，待体系均匀无不溶物后，开始降温；

（4）加入丙二醇，搅拌均匀；

（5）待体系降温至50℃左右时，加入防腐剂，搅拌均匀。

产品特性 本品采用性能温和的原料，采用乳化和溶解的方式对油烟机上的油污进行去除，去除油烟效率高，且清洗剂的毒副作用小。本品添加的表面活性剂都属于性能温和、安全性高的原料，与增溶剂等共同构成油烟的溶解体系，从而达到了安全而有效去除油烟机上油污的效果。

配方 53 油烟机清洗剂（2）

原料配比

原料	配比（质量份）	
	1#	2#
氨基水杨酸钠	1	3
磷酸三钠	11	17
脱脂剂	3	5
防腐剂	12	15
增稠粉	15	20
香精	0.5	1.5
直链烷基苯磺酸钠	7	9
羟乙基十二烷基醇	5	8
表面活性剂	0.3	0.8
植物精油提取物	3	6
pH 调节剂	0.5	1.5
螯合剂	0.06	0.11
1.5% 碳酸钠	2	7
山梨酸钾	8	11
油酸三乙醇胺	0.5	2.5
EDTA 二钠	4	9
多元醇	15	18
乳化剂	3	6
稳定剂	11	15
去离子水	15	25

制备方法 将各组分原料混合均匀即可。

产品特性 本品通过各组分的协同作用，能够使油垢快速溶胀、乳化，迅速、简便地清除抽油烟机的油垢，不损伤器具，对金属油烟机也没有腐蚀作用。

配方 54 油烟机清洗剂（3）

原料配比

原料	配比（质量份）		
	1#	2#	3#
脂肪醇聚氧乙烯醚硫酸钠	10	13	15
烷基酚聚氧乙烯醚	10	13	15
椰子油脂肪酸二乙醇酰胺	20	23	25

原料	配比（质量份）		
	1#	2#	3#
十八醇	1	6	10
乙二醇丁醚	5	18	30
乙醇	1	5	10
渗透剂 BX	1	6	10
α-烯烃磺酸钠	1	6	10
D-柠檬烯	1	2	3
三乙醇胺	1	3	5
乙二胺四乙酸二钠	1	3	5
去离子水	200	230	250

制备方法 将脂肪醇聚氧乙烯醚硫酸钠、烷基酚聚氧乙烯醚、椰子油脂肪酸二乙醇酰胺、十八醇、乙二醇丁醚、乙醇、渗透剂BX、α-烯烃磺酸钠、D-柠檬烯、三乙醇胺和乙二胺四乙酸二钠分别加入去离子水中，并加热到70℃进行溶解，溶解后静置15min，最后将溶解后的成分加入到反应罐中，进行搅拌，搅拌40min后使其全部混合均匀，制得清洗剂。

产品特性 本品通过各组分的协同作用，能够使油垢快速溶胀、乳化，迅速地清除附着在厨房电器，如油烟机等上的灰尘、油垢、污渍及铁锈等。本清洗剂具有优异的去油污作用，不损伤电器且腐蚀性小，且使用后，油烟机上无任何化学残留，对人体无毒无害，故对厨房电器和人体都温和又安全。

配方 55 油烟机用生物清洗剂

原料配比

原料	配比（质量份）		
	1#	2#	3#
柚子皮提取物	1	2.2	1.6
柠檬酸	0.9	1.8	1.4
丙酸钙	1	3	2.5
醋酸	2	5	3.5
硬脂酸甘油酯	6	9	8
海藻酸钠	1	5	3
芦荟提取物	5	8	7.5
表面活性剂	3	5	4
大豆卵磷脂	0.1	1	0.55
乙醇	2	5	3.55
纳米沸石粉	3	5	4.4
蒸馏水	75	50	60

制备方法

（1）将柚子皮提取物、芦荟提取物、大豆卵磷脂依次溶于去离子水中，搅拌均匀，搅拌速度为 20 ～ 50r/min；

（2）将海藻酸钠、柠檬酸、丙酸钙、醋酸、硬脂酸甘油酯与步骤（1）中的产物混合，并搅拌均匀得到混合物，搅拌速度为 30 ～ 60 r/min；

（3）向步骤（2）中的混合物中加入乙醇和纳米沸石粉，再加入表面活性剂，进行高速分散搅拌 40 ～ 60min，高速分散的转速为 1300 ～ 1600 r/min。

产品特性

（1）本品主要成分为生物质原材料，其不但能够大大提高抽油烟机油脂的清洗能力，降低抽油烟机清洗的用水量，而且清洗后的废水不会存在二次化学污染的危险，能够有效保护环境。

（2）本品在清洗的过程中对人体皮肤的亲和力较强，不会对人体皮肤造成不良影响。

配方 56 厨房吊顶油污清洗剂

原料配比

原料	配比（质量份）		
	1#	2#	3#
脂肪醇聚氧乙烯醚硫酸钠	7	8	9
脂肪醇聚氧乙烯醚	7	8	9
二氧化钛	4.5	5	5.5
柠檬酸钠	8	9	10
水	73.5	70	66.5

制备方法 按比例准备各组分，并将脂肪醇聚氧乙烯醚硫酸钠、脂肪醇聚氧乙烯醚、二氧化钛、柠檬酸钠和部分水在室温下预混合，然后将余量水和预混好的混合物依次加入到搅拌器中，在35℃的温度下搅拌1.5h，静置降至室温，即得所述油污清洗剂。

产品应用 本品是一种针对厨房吊顶的油污清洗剂。

清洗方法：

（1）将油污清洗剂均匀喷施在厨房吊顶的表面，静置 1 ～ 3min，用抹布擦拭；按照此方法清理2遍即可清理干净；最后用干净的湿抹布擦拭 1 ～ 2 遍，自然晾干即可。

（2）将油污清洗剂喷施在抹布上，用抹布擦拭厨房吊顶的表面，2遍即可清理干净；最后用干净的湿抹布擦拭 1 ～ 2 遍，自然晾干即可。

产品特性

（1）本品能有效去除厨房吊顶表面的油污，对吊顶及吊顶表面油漆无腐蚀性；

（2）本品偏中性，对人体皮肤刺激性小。

配方 57 纯天然抗菌洗涤剂

原料配比

原料	配比（质量份）
丙二醇	5 ～ 15
柑橘皮提取物	30 ～ 35
柠檬皮提取物	30 ～ 35
表面活性剂	0.3 ～ 0.4
EDTA 二钠	2.8 ～ 3.8
甘油	2.8 ～ 3.2
去离子水	20.7 ～ 27.4
氯化钠	0.4 ～ 3

制备方法

（1）将丙二醇、甘油、水、表面活性剂、柑橘皮提取物、柠檬皮提取物、氯化钠、EDTA 二钠加入水中，用搅拌机搅拌溶解后加盐增稠；

（2）调盐按水总重的0.4% ～ 3%来进行，加盐调整到最稠状态；更换盐品种（食用盐、工业盐、盐水、粗盐）、调整配方、调整成本、调整原料，涉及这几种情况之一的，都要重新调整盐的比例。

产品应用　本品主要应用于去除附着在水池、厨房墙砖、水龙头等上面的顽固污渍；还可以清除厨具上的腥味，改变厨房空气，清除冰箱异味。

产品特性　本品不含酒精、香精、化学防腐剂，对肌肤安全无刺激，作用温和，去污力强，起到了消毒杀菌的作用，且无毒无副作用，增强了抗硬水能力；而且有利于柑橘皮、柠檬皮废弃物综合利用，产品环保无污染。

配方 58 天然植物洗涤剂

原料配比

原料	配比（质量份）				
	1#	2#	3#	4#	5#
大麦粉	3	4	4.5	5	6
皂角粉	1	1.5	2	2.5	3
刺槐树胶	2	3	3.5	4	5
氯化钠	0.2	0.3	0.35	0.4	0.5
柠檬酸	0.5	0.8	1	1.2	1.5
洋槐提取物	0.5	0.7	0.75	0.8	1
生姜提取物	0.5	0.7	0.75	0.8	1
去离子水	45	50	55	60	65

制备方法

（1）洋槐提取物的制备：将洋槐经浓度90%盐酸和水配制成pH值为3.8的稀盐酸浸提液浸提3次，合并浸提液，再用18%氢氧化钠溶液中和至pH值为6.5～7.0，静置20～26h后分离，经91～95℃蒸发结晶、过滤干燥至含水量小于10%，即得洋槐提取物；

（2）生姜提取物的制备：将生姜清洗干净，切碎后经浓度90%盐酸和水配制成pH值为3.8的稀盐酸浸提液浸提3次，合并浸提液，再用18%氢氧化钠溶液中和至pH值为6.5～7.0，沉淀20～26h后分离，经91～95℃蒸发结晶、过滤干燥至含水量小于10%，即得生姜提取物；

（3）按上述配比将大麦粉、皂角粉、刺槐树胶、氯化钠、柠檬酸、洋槐提取物、生姜提取物、去离子水依次加入到搅拌机中，70～80℃下以800～900r/min的速率搅拌l0～20min，即得洗涤剂。

产品应用　本品主要用作厨房洗涤剂。

产品特性　本品原料来源天然，对人体没有危害，且各原料相互配合影响，有很好的去污效果。

配方 59　厨房用具洗涤剂

原料配比

原料	配比（质量份）			
	1#	2#	3#	4#
乙醇	11	13	15	14
乙二胺四乙酸	24	25	28	27
2-羟基膦酰基乙酸	48	48	50	50
三乙醇胺	2	2	4	3
草酸	34	34	36	35
肌醇六磷酸酯	75	77	85	82
硅酸钠	37	39	42	40
十二烷基苯磺酸钠	34	35	38	35
苯并三唑	24	25	26	25
司盘60	13	13	15	15
脂肪酸二乙醇酰胺	11	12	13	11
脂肪醇聚氧乙烯醚	35	35	40	40
脂肪醇聚氧乙烯醚硫酸铵	30	30	35	33
苯甲酸钠	1	2	2	2
蛋白酶	4	5	6	4
脂肪酶	3	3	5	5
淀粉酶	4	5	7	6
纤维素酶	2	3	4	3
水	1000	1000	1000	1000

制备方法

（1）按照上述原料配比称取各原料；

（2）将乙二胺四乙酸、2-羟基膦酰基乙酸、三乙醇胺、草酸、肌醇六磷酸酯、硅酸钠、十二烷基苯磺酸钠、苯并三唑、司盘60、脂肪酸二乙醇酰胺、脂肪醇聚氧乙烯醚、脂肪醇聚氧乙烯醚硫酸铵、苯甲酸钠、水置于容器内，加热同时搅拌均匀，加热温度为60～65℃，搅拌时间为40～60min，搅拌速度为90～100r/min，冷却至室温备用；

（3）将蛋白酶、脂肪酶、淀粉酶、纤维素酶加至步骤（2）得到的混合物中，搅匀，备用，搅拌时间为20～40min；

（4）将乙醇和水加至步骤（3）得到的混合物中，搅拌均匀，搅拌时间为30～40min，即得产品。

产品特性 本品含有蛋白酶、脂肪酶、淀粉酶、纤维素酶，因此，本品不仅能有效清洁油渍，还能清洁掉厨房用具上因烹调而留下的蛋白质、脂肪、淀粉、纤维素等，清洁效果显著。本品制备过程简单，原料易得，成本低廉。

配方 60 去油烟洗涤剂

原料配比

原料	配比（质量份）				
	1#	2#	3#	4#	5#
阴离子表面活性剂	10	12	—	—	—
非离子表面活性剂	—	—	15	12	10
海藻酸钠	1	2	3	2	1
木质素磺酸盐	3	4	5	4	3
聚六亚甲基双胍盐酸盐	5	6	8	6	5
防风提取物	5	8	10	8	5
活性酶	1	2	3	2	1
去离子水	40	45	50	45	40

制备方法 将阴离子表面活性剂、非离子表面活性剂、木质素磺酸盐、聚六亚甲基双胍盐酸盐、去离子水混合，升温至60～80℃，搅拌溶解，然后加入海藻酸钠继续搅拌溶解，冷却至温度为40～45℃时，然后加入防风提取物、活性酶并搅拌均匀。

原料介绍 所述阴离子表面活性剂为乙氧基化脂肪醇醚羧酸盐、十二烷基苯磺酸钠、脂肪醇聚氧乙烯醚硫酸钠中的一种或多种混合。

所述非离子表面活性剂为脂肪醇聚氧乙烯（7）醚、脂肪醇聚氧乙烯（9）醚、脂肪酸二乙醇酰胺、烷基糖苷中的一种或多种混合。

所述活性酶为甘露聚糖酶、碱性蛋白酶中的一种或两种。

产品应用 本品主要应用于厨房油烟机洗涤。

产品特性 本品具有良好的去污、去油烟作用，其中，海藻酸钠不但具有增稠的功效，还能减小洗涤剂对皮肤的刺激性；木质素磺酸盐增加洗涤剂的去污作用；矿物油与表面活性剂复配，使得本洗涤剂具有较强的去油烟效果，且用量少，节省成本。

2 餐具洗涤剂

原料配比

原料	配比（质量份）				
	1#	2#	3#	4#	5#
表面活性剂	10	12	14	16	18
酶	0.2	0.28	0.36	0.44	0.52
防腐剂	0.001	0.1	0.2	0.3	0.4
螯合剂	0.001	0.1	0.2	0.3	0.4
香精	0.001	0.5	1	1.5	2
去离子水	加至 100	加至 100	加至 100	加至 100	加至 100

制备方法 将表面活性剂和螯合剂按照组分配比加入预先加好去离子水的配料罐内，待完全溶解且配料罐内料液温度低于37℃后，加入酶、防腐剂和香精，搅拌均匀，调节黏度即可。

原料介绍 表面活性剂可以选用十二烷基硫酸钠、脂肪醇聚氧乙烯醚硫酸钠、月桂基聚氧乙烯醚磺基琥珀酸酯二钠、脂肪酸甲酯磺酸钠、烷基糖苷、椰油酰胺丙基甜菜碱、烷基二甲基氧化铵和椰油酰胺丙基氧化铵；

酶可以选用淀粉酶、蛋白酶和脂肪酶；

防腐剂可以选用山梨酸、山梨酸钾、苯甲醇、苯氧乙醇、苯甲酸、苯甲酸钠、甲基异噻唑啉酮和甲基氯异噻唑啉酮；

螯合剂可以选用谷氨酸二乙酸四钠、二羧甲基丙氨酸三钠和亚氨基二琥珀酸四钠；

香精选用食品用柠檬香精或食品用花果香香精。

产品特性

（1）本品通过表面活性剂的筛选及比例的合理调整，在含酶餐具洗涤剂中不添加任何酶稳定剂，同样实现在正常使用条件下酶活力的稳定，从而保证餐具洗涤剂的洗涤性能。

（2）不添加酶稳定剂，还可以在一定程度上降低产品成本，减少不必要的原料消耗。

（3）本品成本低，去污效果好。

配方 2 温和餐具洗涤剂（1）

原料配比

原料	配比（质量份）
三聚磷酸钠	35
磷酸三钠	16
无水硅酸钠	25
聚丙二醇 - 环氧乙烷共聚物	2
碳酸钠	10
二氯异氰尿酸钠	2
醋酸	2
柠檬酸	12
水	55

制备方法 将各原料混合，溶于水中，搅拌均匀，即得。

原料介绍 二氯异氰尿酸钠是一种高效、广谱、新型内吸性杀菌剂，可杀灭各种细菌、藻类、真菌和病菌。

产品特性 本品能够清洁餐具，环保性好，使用效果好且方便。

配方 3 温和餐具洗涤剂（2）

原料配比

原料	配比（质量份）		
	1#	2#	3#
脂肪酸甲酯磺酸钠	4	2	8
腰果酚聚氧乙烯醚	5	4	9
月桂基亚氨基二乙酸二钠	4	3	8
皂基	6	5	10
聚氧乙烯聚氧丙烯季戊四醇醚	5	2	10
鱼腥草提取液	7	5	10
乌梅提取液	7	5	10
柚子皮提取液	8	2	10
精油	2	0.5	3
蒸馏水	70	38	85

制备方法

（1）将配方量的蒸馏水加热至40～60℃，然后在搅拌的情况下依次向蒸馏水中加入配方量的柚子皮提取液、鱼腥草提取液、乌梅提取液，搅拌均匀后加入精油混合均匀；

（2）在搅拌的同时向步骤（1）得到的混合物中依次加入配方量的其他原料，搅拌均匀并自然冷却，即可得到餐具洗涤剂。

原料介绍 所述脂肪酸甲酯磺酸钠为碳链在C_{14}/C_{16}或C_{14}以下的脂肪酸甲酯磺酸钠，其比较适用于在液体洗涤剂中作为表面活性剂。

所述鱼腥草提取液的制备方法为：将鱼腥草粉碎成粉末，放入5～10倍的75%～95%的乙醇中回流提取3～6h，然后将提取液浓缩至原有体积的五分之一。

所述乌梅提取液的制备方法为：将乌梅粉碎成粉末，放入5～10倍的75%～95%的乙醇中回流提取3～6h，然后将提取液浓缩至原有体积的四分之一。

所述柚子皮提取液的制备方法为：将柚子皮浸泡入5～8倍水中30～60min，反复浸泡三次，合并浸提液，并将浸提液浓缩至原有体积的四分之一，即可得到柚子皮提取液。

所述精油为玫瑰精油、丁香精油、薰衣草精油、茉莉精油、洋甘菊精油、柠檬精油、橘子精油、草豆蔻精油中的一种。

本品餐具洗涤剂的配方中，各成分的作用如下：

乌梅的乙醇提取液中，富含多种有机酸，如草酸、酒石酸、柠檬酸等，其可以抑制多种细菌的生长，且与鱼腥草提取液复配后，其抑菌作用增强显著。

鱼腥草提取液中含有多种酚类物质，这些酚类物质在抑菌过程中相互协同作用，使其对大肠杆菌、金黄色葡萄球菌等多种细菌都具有较强的抑制作用。

柚子皮提取液，柚子皮是食用柚子后废弃的果皮，其具有清香的气味，能够去除异味，本品餐具洗涤剂的配方中加入柚子皮的水提液，可显著提高餐具洗涤剂的清洁效果，并保持餐具洗涤剂的清香气味。

聚氧乙烯聚氧丙烯季戊四醇醚作为食用级的消泡剂，可有效抑制几种表面活性剂复配产生的丰富泡沫，在不降低餐具洗涤剂清洁效果的情况下，使得餐具洗涤剂易于清洗，降低用水量，且安全健康。

将脂肪酸甲酯磺酸钠、腰果酚聚氧乙烯醚、月桂基亚氨基二乙酸二钠、皂基这几种温和绿色的表面活性剂复配，大大增加了餐具洗涤剂的清洁去污效果，能够快速去除餐具上的油污，且具有优良的抑菌作用。

产品特性 本品配方温和，各原料相互配合能够有效发挥抑菌、清洁的作用，而且不损伤手部肌肤，给手部肌肤带来自然柔滑的感受，安全健康。

配方 4 温和餐具洗涤剂（3）

原料配比

原料	配比（质量份）			
	1#	2#	3#	4#
烷基苯磺酸钠盐	10	20	15	12
烷基磺酸膏	5	9	7	7
白兰提取物	0.8	5	2.9	4.5
醋酸	5	15	10	12

原料	配比（质量份）			
	1#	2#	3#	4#
阴离子表面活性剂	2	8	5	7
仲烷基硫酸盐	8	19	9	9.5
烷基二甲基氧化铵	10	18	14	15
水	60	80	70	62

制备方法　将各组分混合均匀即可。

原料介绍　所述的烷基苯磺酸钠盐为25%～50%的烷基苯磺酸钠盐。

所述的烷基磺酸膏为20%～50%的烷基磺酸膏。

所述的烷基二甲基氧化铵为25%～35%的烷基二甲基氧化铵。

产品特性　本品采用合理的原料和配比，能够有效去除餐具上的干燥污渍，不会留下水渍，而且具有白兰的花香。

配方 5 温和餐具洗涤剂（4）

原料配比

原料	配比（质量份）
烷基苯磺酸钠	2.5
苯甲酸钠	0.25
三乙醇胺	2
脂肪醇聚氧乙烯醚（$n=7$）	1
脂肪醇聚氧乙烯醚（$n=9$）	1.5
香料	0.25
水	42.5

制备方法

（1）将水加入配料罐中，加入三乙醇胺，搅拌均匀；

（2）加入烷基苯磺酸钠，搅拌均匀；

（3）加入脂肪醇聚氧乙烯醚（$n=7$）、脂肪醇聚氧乙烯醚（$n=9$），搅拌均匀；

（4）加入苯甲酸钠，搅拌均匀；

（5）加入香料，搅拌均匀。

产品特性　本品去油干净，去油性能好，除洗涤餐具外还能洗涤水果蔬菜，简易卫生安全。

原料配比

原料	配比（质量份）			
	1#	2#	3#	4#
艾叶精油	0.1	0.2	0.1	0.15
香茅精油	0.4	0.2	0.3	0.25
尼泊金乙酯	0.4	0.3	0.1	0.2
去离子水	60	65	55	62
烷基葡萄糖苷和 AEO-9 的混合物	9	6	8	7
柠檬酸	0.3	0.2	0.2	0.3
EDTA-4Na	0.1	0.2	0.1	0.2
α-烯基磺酸钠	13.5	12	15	13
酪蛋白酸钠	0.2	0.1	0.2	0.1
吐温-80	0.6	1	0.5	0.8

制备方法

（1）按质量份称取各组分，将艾叶精油、香茅精油加入吐温-80中，搅拌均匀后得到混合溶液A；

（2）将非离子表面活性剂、阴离子型表面活性剂加入水中，70～80℃下搅拌均匀后得到混合溶液B；

（3）待混合溶液B降温至38℃后将pH值调节剂加入混合溶液B中，调节pH值为7.7～7.9，得到混合溶液C；

（4）将混合溶液A与其他组分一起加入混合溶液B，搅拌均匀后转入储存缸中老化11h得到餐具洗涤剂组合物。

原料介绍 所述艾叶精油的制备步骤为：将艾叶阴干后粉碎，过60目筛后得到艾叶粉末，将艾叶粉末加入蒸馏瓶中，然后加入蒸馏水、氯化钠，振荡均匀后浸泡10h，转移至蒸馏装置后水蒸气蒸馏提取4h得到艾叶精油，其中，艾叶粉末、蒸馏水、氯化钠的质量比为6：100：1。

所述香茅精油的制备步骤为：将生长高度为90cm的香茅草刈割得到50cm长的香茅草条，阴干后研磨得到香茅草粉末，以1g：8mL的固液比将香茅草粉末加入正己烷中，振荡均匀后浸泡1h，加热至50℃后水浴提取5h，滤出提取液后回收正己烷得到香茅精油。

所述防腐剂为尼泊金乙酯。

所述非离子表面活性剂为烷基葡萄糖苷和 AEO-9 的混合物。

所述pH值调节剂为柠檬酸。

所述螯合剂为EDTA-4Na。

所述阴离子型表面活性剂为α-烯基磺酸钠。

产品特性

（1）本品将艾叶阴干后粉碎，在氯化钠辅助下通过水蒸气蒸馏法提取得到艾叶精油，其去污能力非常强，因此能大幅提高餐具洗涤剂组合物的去污性能；此外，艾叶精油还具有非常强的抗菌和除霉活性，因此还能提高餐具洗涤剂组合物的除菌除霉性能。

（2）加入酪蛋白酸钠、吐温-80能有效提高艾叶精油和香茅精油的溶解度，从而进一步提高餐具洗涤剂组合物的去污性能和除菌除霉性能；此外，酪蛋白酸钠、吐温-80具有较强的热稳定性能，因此能有效提高餐具洗涤剂组合物的热稳定性。

配方 7 餐具抑菌洗涤剂

原料配比

原料	配比（质量份）		
	1#	2#	3#
阴离子表面活性剂	15	16	17
罗勒	12	13	14
增稠剂	1	2	3
无患子提取液	10	11	12
飞扬草提取液	6	7	8
烷基糖苷	7	8	9
金银花	7	7.5	8
皂角苷	7	8	9
蒸馏水	130	140	150

制备方法 将各组分溶于水，混合均匀即可。

产品特性 本餐具抑菌洗涤剂具有洗涤、消毒和杀菌作用，满足了人们的需求，对皮肤无刺激性。

配方 8 餐具用洗涤剂

原料配比

原料	配比（质量份）			
	1#	2#	3#	4#
椰油酰二乙醇胺	15	23	18	21
聚丙烯酸钠	3	9	4	6
柠檬酸钠	12	18	13	15
丙二醇	25	33	28	30
脂肪醇聚氧乙烯醚	3	9	6	7
亚氨基二琥珀酸钠	4	10	5	8
枯烯磺酸钠	2.4	5.8	3.2	4.5
去离子水	45	60	50	54

制备方法 将各组分溶于水，混合均匀即可。

产品特性 本品清洗效果好，少量使用即可达到很好的效果，节约了水的使用；同时在餐具上成分残留少，所述洗涤剂毒性小，对于洗涤剂直接接触的手刺激性小，能有效减少对人身体的伤害。

配方 9 纯天然茉莉花香洗涤剂

原料配比

原料	配比（质量份）	
	1#	2#
皂角	20	30
何首乌	15	20
无患子	20	15
神香草	30	25
茉莉花提取液	6	10
烷基聚葡萄糖苷	30	40
葡萄糖酸钠	10	15
柠檬酸	5	4
去离子水	适量	适量

制备方法 将皂角、何首乌、无患子和神香草混合后加入5～8倍水浸泡30min，煎煮30min，滤出药液，再加入茉莉花提取液、烷基聚葡萄糖苷、葡萄糖酸钠和柠檬酸，装瓶后延长储存期。

产品应用 本品主要应用于餐具洗涤。

产品特性 本品无毒、无污染。所用表面活性剂均为纯天然物质，刺激性低、溶解性好，泡沫丰富细腻，去污性能好，脱脂力适中，抗硬水能力强。该洗涤剂原料来源丰富，价格低廉，制备方法简单，成本较低。

配方 10 低刺激性餐具洗涤剂

原料配比

温和复配因子

原料	配比（质量份）		
	1#	2#	3#
脂肪酸甲酯乙氧基化物	3	2	2.4
脂肪醇聚氧乙烯醚	24	16.5	19.2

原料	配比（质量份）		
	1#	2#	3#
烷基糖苷	12.5	9.67	14.4
脂肪醇聚氧乙烯醚羧酸钠	1	1	1
去离子水	59.5	69.83	63

低刺激性餐具洗涤剂

原料	配比（质量份）		
	1#	2#	3#
脂肪醇聚氧乙烯醚硫酸钠	8.5	6.5	7.5
烷基糖苷	3.3	5.3	4.3
温和复配因子	4	6	5
椰油酰胺丙基甜菜碱	2	2	2
乙二胺四乙酸二钠	0.1	0.1	0.1
氯化钠	3.3	3.3	3.3
去离子水	78.8	76.8	77.8

制备方法　将去离子水投入反应釜当中，加热至40～50℃后，将脂肪醇聚氧乙烯醚硫酸钠加入，搅拌溶解，逐步降温至18～25℃，然后依次加入烷基糖苷、温和复配因子、椰油酰胺丙基甜菜碱、乙二胺四乙酸二钠和氯化钠，充分搅拌，至全部混合均匀。优选逐步降温的速率为2～5℃/min。

原料介绍　所述温和复配因子由脂肪酸甲酯乙氧基化物、脂肪醇聚氧乙烯醚、烷基糖苷，脂肪醇聚氧乙烯醚羧酸钠组成。优选的，所述温和复配因中的脂肪酸甲酯乙氧基化物、脂肪醇聚氧乙烯醚、烷基糖苷及脂肪醇聚氧乙烯醚羧酸钠的质量比为1：（8～10）：（4～6）：（0～0.5），温和复配因子是四种组分复配而成，具有协同作用，可显著降低配方的刺激性。其中脂肪酸甲酯乙氧基化物优选12～18个碳的脂肪酸甲酯乙氧基化物，脂肪醇聚氧乙烯醚优选12～16个碳的脂肪醇聚氧乙烯醚，脂肪醇聚氧乙烯醚羧酸钠优选12～14个碳的脂肪醇聚氧乙烯醚羧酸钠。

配方体系中，所述烷基糖苷、温和复配因子和椰油酰胺丙基甜菜碱的质量比为（1～2.5）：（1～3）：1。烷基糖苷、温和复配因子和椰油酰胺丙基甜菜碱的总和，在整个配方体系中的占比优选为9%～14%，三种原料的组分配比对最终洗涤产品的低刺激性这个特性，起着决定作用。烷基糖苷优选8～14个碳的多碳型APG。

产品特性

（1）本品中所用原料均来自天然植物衍生物，含有非离子表面活性剂复配，产品天然温和。

（2）本品对皮肤的刺激性较低，长期使用不会使皮肤粗糙。

（3）本品稳定性良好，pH值保持在中性，成本相对不高。

配方 11 高效餐具洗涤剂

原料配比

原料	配比（质量份）	
	1#	2#
芦荟汁	3	4
甜菜碱	0.15	0.2
乙醇	2	4
去离子水	7	10
烷基苯磺酸钠	0.5	0.5
硅藻土	4	5
椰油脂肪酸二乙醇酰胺	0.4	0.4
枯烯磺酸钠	2	8
防腐剂	3	6

制备方法 将各组分溶于水，混合均匀即可。

产品特性 本品有效地将餐具表面的残留物冲洗干净，不会造成环境的污染，具有良好的使用效果。

配方 12 含二甲苯磺酸钠的手洗餐具洗涤剂

原料配比

原料	配比（质量份）				
	1#	2#	3#	4#	5#
不溶性米糠颗粒	3	6	5	4	5
碱性白土／壳聚糖复合物	10	4	5	8	7
十二烷基苯磺酸钠	1	3	1	2	1
二甲苯磺酸钠	3	1	2	1	2
α-烯烃磺酸盐	2	5	3	4	4
氯化钠	2	2	2	1	1
去离子水	100	150	120	140	120

制备方法

（1）将脱脂米糠磨碎后加入磷酸氢二钠和柠檬酸的缓冲溶液，然后添加木聚糖酶，加热至90～100℃，持续酶解10～20min，再以2000～5000r/min的转速离心10～30min，将沉淀真空干燥，得到不溶性米糠颗粒；

（2）将活性白土和氧化钙加入水中，活性白土、氧化钙和水的质量比为1：（1.5～2.2）：（15～20），在60℃下搅拌约5～8h，过滤，将滤饼在120℃下干燥2h，粉碎及过200目筛得到碱性白土；

（3）将碱性白土分散于水中，加热至60℃，然后在搅拌作用下，将十六烷基三甲基溴化铵滴加于碱性白土分散液中，再加入壳聚糖，其中碱性白土、十六烷基三甲基溴化铵和壳聚糖的质量比为（5～10）：（0.8～1.8）：（0.5～1.2），恒温搅拌4～8h后离心干燥研磨，得到碱性白土/壳聚糖复合物；

（4）将去离子水水浴加热至40～60℃左右，依次加入十二烷基苯磺酸钠、二甲苯磺酸钠和α-烯烃磺酸盐搅拌至完全溶解，然后加入不溶性米糠颗粒和碱性白土/壳聚糖复合物，搅拌至分散均匀，调节溶液pH值至中性，最后加入氯化钠调节溶液的黏度，得到手洗餐具洗涤剂。

产品特性　本品加入不溶性米糠颗粒，米糠颗粒就有很好吸油效果，同时配合白土和壳聚糖，白土的亲水疏油性能使其不能有效吸附水中的有机污染物，另外，白土的片层结构容易塌陷也会降低吸附效率。通过对白土进行碱性改性可以改变其表面或层间结构，从而提高白土的结构稳定性、吸附选择性、吸附容量和吸附稳定性，并将壳聚糖分子链插入白土的片层间，形成了插层结构，具有更好的除油吸油效果。

配方 13 含有薄荷的中药餐具洗涤剂

原料配比

原料	配比（质量份）		
	1#	2#	3#
薄荷	10	22	28
冰片	15	18	12
灵香草	10	23	28
荆芥	30	15	800
水	500	600	10
淀粉	5	8	12
蛋白酶	10	18	14

制备方法

（1）按上述质量份数将薄荷、冰片、灵香草以及荆芥研磨粉碎，得到混合粉末；

（2）将混合粉末加水浸泡30min后，加热煮沸，冷却后过滤，得到中药药液；

（3）将中药药液按（50～100）：1的比例与淀粉混合加热搅拌；

（4）加入蛋白酶，混合均匀，冷却得到成品。

原料介绍　所述薄荷和冰片含有挥发性物质和挥发油等成分，可以破坏脂肪分子链，促使脂肪溶解，同时还具有杀菌和消毒的作用，特别对残留农药具有较好的去除能力。

所述灵香草是报春花科草本植物，具有抗病杀毒、防霉防蛀的作用。

所述荆芥是唇形科植物，具有抗菌和抗炎的作用。

产品特性　本品制作工艺简单、成本低廉，去污效果明显，无残留、无毒副作用，采用纯中药成分，对人体无害。

配方 14 胡杨碱洗涤剂

原料配比

原料	配比（质量份）		
	1#	2#	3#
30% 的 ABS-Na 水溶液	15	16	20
70% 的 AES 水溶液	5	14	18
70% 的 OP-10 水溶液	1	2	5
EDTA-2Na	0.1	0.1	0.5
三乙醇胺	1	3	5
苯甲酸钠	0.2	0.5	0.5
胡杨碱	1	3	5
去离子水	适量	适量	适量

制备方法

（1）烧杯内加入适量去离子水，水浴加热，水温保持在60～65℃，加入AES不断搅拌至全部溶解；保持当前水温，连续搅拌下加入ABS-Na，搅拌至全部溶解。

（2）水浴温度降至40℃时加入OP-10、EDTA-2Na、三乙醇胺、苯甲酸钠，充分搅拌。

（3）冷却至室温后用胡杨碱调节pH至9～10之间。

产品应用　本品主要应用于餐具洗涤。

产品特性　本品胡杨碱洗涤剂在洗涤剂中加入胡杨碱成分，以天然的胡杨碱作为碱源取代工业生产的碳酸钠、碳酸氢钠，可以显著提高洗涤剂的去污能力，且可替代常规洗涤剂中的稳定剂，增强洗涤剂的稳定性和长期抗氧化能力。胡杨碱成分天然，成本低，对皮肤亲和、无刺激。

配方 15 环保型洗涤剂

原料配比

原料	配比（质量份）		
	1#	2#	3#
烷基糖苷	1	5	3
脂肪醇聚氧乙烯醚	0.5	2.5	1.5
甲酯磺酸盐	0.1	1	0.8
氧化铵	0.5	2	1
硅酸钠	5	8	6
消泡剂	0.2	1	0.5
漂白剂	0.5	1.5	1
增稠剂	0.3	1	0.5
植物香精	0.1	0.3	0.1
水	加至 100	加至 100	加至 100

制备方法 将各组分溶于水混合均匀即可。

原料介绍 所述消泡剂为甲基硅油。

所述漂白剂为微胶囊包裹的含氧漂白剂。

所述增稠剂为阿拉伯胶。

所述植物香精为茉莉花香精和柠檬香精中的一种或两种混合。

产品应用 本品主要应用于餐具洗涤。

产品特性 本品不含引发水体"富营养化"的含磷试剂以及负环境效应的氯漂白剂，是一种环境友好型洗涤剂，同时本品兼具漂白、杀菌和消毒等作用。本品泡沫性能好，泡沫丰富、细腻且稳定；对油脂有较好的乳化和分散能力，去油污性好；手感温和，不刺激皮肤；无毒，使用安全；同时性能稳定，易于保存，对餐具和机器不腐蚀。

配方 16 环保型餐具洗涤剂

原料配比

原料	配比（质量份）				
	1#	2#	3#	4#	5#
文竹提取液	5	30	23	25	15
柠檬酸	1	3	3	3	3
山梨糖醇	0.1	0.4	0.3	0.2	0.3
活性剂	10	20	15	17	13
醋酸钠	5	10	6	6	6
乙二胺四乙酸二钠	10	15	14	14	14
去离子水	80	100	90	95	95

制备方法

（1）将去离子水加入配料罐，在120～180r/min的条件下搅拌处理10～15min，加入醋酸钠和乙二胺四乙酸二钠，升温至50～60℃，持续搅拌至溶解完全；

（2）向步骤（1）得到的物料中加入文竹提取液、活性剂，在120～180r/min的条件下搅拌处理10～20min，控制搅拌温度为80～100℃，真空度为0.08～0.12MPa；

（3）待温度降至30～35℃时，加入柠檬酸和山梨糖醇，在120～180r/min的条件下搅拌处理10～20min；

（4）将步骤（3）所得物料在常温条件下陈化10～12h，放料包装即可。

原料介绍　所述活性剂为α-三苯乙基酚聚氧乙烯醚硫酸钠、月桂醇聚氧乙烯醚、N，N-二甲基十二烷基胺N-氧化物中的至少一种。

所述文竹提取液的制备方法为：将文竹粉碎至100～200目，加入其质量5～7倍的水搅拌均匀，加热至50～60℃，恒温处理6～12h；待温度降至常温时，静置25～35min，将溶液采用超声提取，即可得到文竹提取液。所述超声提取时间为45～60min，提取频率为20～30kHz，提取温度为35～41℃。

产品特性　本品能够有效地除去餐具上的油污，具有安全环保、无异味、对皮肤刺激小、杀菌能力强、易漂洗、用量低等特点。

配方 17　环保型绿色洗涤剂

原料配比

原料	配比（质量份）
水	100
AES（醇醚硫酸）	0.5
6501（烷醇酰胺）	7
十二烷基苯磺酸钠	2
苯甲酸钠	0.1
精盐	0.4
CMC（羧甲基纤维素）	2
0.5%烧碱	适量

制备方法

（1）将称取好的水置于非金属容器内，将十二烷基苯磺酸钠加入水中搅拌至充分溶解；

（2）然后加入6501（烷醇酰胺）继续搅拌；

（3）加入精盐搅拌均匀，直至产品黏稠为止；

（4）加入苯甲酸钠搅拌至均匀；

（5）加入AES搅拌至全部溶解，再加入CMC搅拌至完全溶解，然后加入精盐充分搅拌；

（6）使用0.5%烧碱调节产品的pH值至7～8，即得到成品洗涤剂。

产品应用 本品主要应用于清洁各类餐具、饮食器具、瓜果蔬菜等。

产品特性 本品洁净温和，泡沫柔细，迅速分解油腻，快速去污、除菌，有效彻底清洁、不残留，散发淡雅果香味，洗后洁白光亮如新。特点是去油腻性好、简易卫生、使用方便。该产品具有消毒灭菌的作用，还具有泡沫丰富、洗涤力强的优点。

配方 18 环保安全型植物洗涤剂

原料配比

原料	配比（质量份）		
	1#	2#	3#
天然植物提取物	8	16	12
壳聚糖	2	4	3
氨基酸	10	20	15
茶皂素	15	25	20
柠檬酸	1	3	2
茶麸液	2	4	3
石英砂	2	4	3
去离子水	60	24	42

制备方法 将各组分混合均匀即可。

原料介绍 所述的天然植物提取物包括芦荟水提液和金银花水提液。芦荟水提液和金银花水提液的质量比为（3～5）∶2。

所述的芦荟水提液制备方法为：取芦荟鲜叶清洗干净，切成厚度为0.8～1.5cm的碎片，加入3～5倍质量的去离子水提取2～4次，每次1～2h，水提液浓缩即得。

所述的金银花水提液制备方法为：取金银花干品清洗干净，加入3～5倍质量的去离子水提取2～4次，每次1～2h，水提液浓缩即得。

所述的茶麸液制备方法为：茶麸经粉碎后加入3～5倍质量份的温水浸泡过滤浓缩得到50%～70%的茶麸液。所述的茶麸粉碎细度为120～150目，所述的温水温度为30～50℃，茶麸粉碎后的浸泡时间为24～48h。

产品应用 本品主要应用于餐具洗涤。

产品特性 本品绿色环保，无毒无害，原料来源广，成本低，以天然植物提取物为主要成分，具有较强的去污能力和杀菌能力，易于生物降解。

原料配比

原料	配比（质量份）				
	1#	2#	3#	4#	5#
无患子	8	15	10	13	12
王不留行	7	3	6	4	5
桔梗根	5	10	9	7	8
甘草	11	6	8	10	9
天蓬草	4	9	5	8	7
50%乙醇溶液	40	30	33	38	36
去离子水	26	33	30	28	29
脂肪醇聚氧乙烯醚硫酸钠	13	6	9	11	10
甜菜碱	8	3	3	7	5
柠檬酸三钠	1	6	5	2	4
油酸钾	3	9	8	5	6
蒙脱土	2	6	3	5	4
香精	5	1	4	2	3

制备方法

（1）将无患子、王不留行、桔梗根、甘草、天蓬草用清水浸泡清洗后沥干水，在恒温干燥箱中进行干燥；

（2）取洗净干燥后的无患子、王不留行、桔梗根、甘草、天蓬草，进行机械粉碎，粉碎至300目，得到混合植物粉末；

（3）将得到的混合植物粉末与30～40份的50%的乙醇溶液混合，用超声波提取，得到混合提取液；

（4）向步骤（3）中得到的混合提取液中加入去离子水，用电动恒速搅拌器进行搅拌；

（5）向步骤（4）中得到的混合液中加入脂肪醇聚氧乙烯醚硫酸钠、甜菜碱、柠檬酸三钠，开始升高温度并继续搅拌；

（6）将步骤（5）中得到的混合液降温，加入油酸钾、蒙脱土、香精，继续搅拌即制备得到洗涤剂。

产品应用 本品主要应用于餐具洗涤。

产品特性 本品采用天然植物成分制备，利用植物中的皂素成分进行清洗，环保安全并且原料易得，成本较低。其在低温和高温下均能保持稳定，不会出现分层、结晶和沉淀析出现象，此外还具有较好的去污能力，起泡能力强，泡沫丰富，起泡高度最高可以达到172mm，并且5min后又能快速消泡，方便漂洗。

配方 20 环境友好型高效洗涤剂

原料配比

原料	配比（质量份）		
	1#	2#	3#
淀粉降解酶	1	3	2
脂肪降解酶	1	3	2
蛋白酶	1	3	2
烷基苯磺酸钠	5	8	6
月桂醇聚醚硫酸酯钠	8	12	10
椰子油脂肪酸二乙醇酰胺	3	5	4
脂肪醇聚氧乙烯醚	1	3	2
水	80	63	72

制备方法 将各组分混合均匀即可。

产品应用 本品主要应用于餐具洗涤。

产品特性 本品成分主要为植物提取物，使用后产生的废水可自然降解，环境友好。对于生产者来说，可以减少包装的成本，还可以降低货物存储的空间；对于消费者来说，浓缩洗涤剂的使用量会更少。同时，浓缩洗涤剂溶解速度快，分散性好，可以更有效地去除污渍，洗涤后不会有碱性残留物质。

配方 21 机洗餐具洗涤剂

原料配比

原料	配比（质量份）	
	1#	2#
碳酸钠	8	5
硅酸钠	9	5
聚丙烯酸钠	3	2
葡萄糖酸钠	18	10
脂肪酸甲酯乙氧基化物	1	0.4
烷基多苷	0.5	0.2
乙醇	12	8

原料	配比（质量份）	
	1#	2#
黄原胶	1	1
脂肪酶	1	1
蛋白酶	0.6	0.3
淀粉酶	0.5	0.3
尼泊金酯	0.1	0.1
香精	0.1	0.1
去离子水	加至 100	加至 100

制备方法 在反应釜中加适量去离子水，加入碳酸钠，待完全溶解后，冷却至温度为40～50℃，依次加入硅酸钠、葡萄糖酸钠、聚丙烯酸钠、脂肪酸甲酯乙氧基化物、烷基多苷、乙醇、黄原胶、脂肪酶、蛋白酶、防腐剂、香精和其余去离子水，混合均匀即可。

原料介绍 所述防腐剂为尼泊金酯或山梨酸钾中的至少一种。

产品特性

（1）所述机洗餐具洗涤剂主要用于主洗阶段，其不含氧漂白剂，通过将适当种类和用量的聚丙烯酸钠和葡萄糖酸钠进行复配以有效螯合水中的Ca^{2+}、Mg^{2+}，分散水中的油污等，同时利用乙醇的增溶作用与碱源、各种酶制剂及表面活性剂的复配进一步有效去除餐具上的油污、再配合适当的黏度，大大延长了洗碗机洗涤室内腔壁上水垢和油污的形成时间，即延长洗碗机的清洗周期，为使用者提供方便。

（2）所述机洗餐具洗涤剂制备方法科学、简单、方便。

配方 22 机用餐具洗涤剂

原料配比

原料	配比（质量份）		
	1#	2#	3#
醇醚糖苷 AEG	2	1.5	0.5
醇醚羧酸盐 AEC	1.5	2.5	2.5
葡萄糖酸钠	5	6.5	8
EDTA-4Na	2.5	1.5	2
环氧乙烷 - 环氧丙烷反式嵌段共聚物	4	4.5	2
膦酰基丁烷三羧酸	3	3.5	4
氢氧化钠	20	25	15
碳酸钠	4	3	5
水	加至 100	加至 100	加至 100

制备方法　先将水加入配料罐中，开启搅拌，把醇醚糖苷 AEG、醇醚羧酸盐 AEC、环氧乙烷-环氧丙烷反式嵌段共聚物、葡萄糖酸钠、EDTA-4Na、膦酰基丁烷三羧酸、氢氧化钠、碳酸钠加入配料罐，搅拌均匀，沉降 24h 过滤。

产品特性　本品配方是浓缩机用餐具洗涤剂，能有效清洗各种食物污渍，泡沫少，清洁力强，易冲洗，能快速去除各种食物残渍和油脂，残留少，节约用水。

配方 **23** 酵素餐具洗涤剂

原料配比

原料	配比（质量份）
L-抗坏血酸钠	0.9
长柄木霉	1.2
青春双歧杆菌	1
茶皂素	1.2
神经酰胺	1.1
辛酸癸酸三甘油酯	1.5
羌活油	0.8
肉豆蔻酸异丙酯	1.1
AES	1.9
益生菌群	1.5
甲基乙酯	1.6
鱼胶原蛋白	1.3
柠檬酸	1.2
海藻糖	1
磷酸氢二钠	1.3
多库酯钠	1.9
酵素	2.6
醋酸	2.2
香精	2.4
水	72.3

制备方法　将具有除菌作用的 *L*-抗坏血酸钠、长柄木霉、青春双歧杆菌加入恒温在 23.7℃的水中搅拌 32min，再加入茶皂素、神经酰胺、辛酸癸酸三甘油酯高速搅拌 35min，并配以羌活油、肉豆蔻酸异丙酯、AES、益生菌群、甲基乙酯、鱼胶原蛋白、柠檬酸、海藻糖、磷酸氢二钠、多库酯钠、酵素恒温在 25.7℃均质搅拌 38min，将容器恒温在 29.7℃密封发酵 16.7h，再加入醋酸、香精高速搅拌 39min，最后恒温在 26.7℃静置 22.7h 即为成品。

产品特性 本品能抑制金黄色葡萄球菌和大肠杆菌，去油易洗，植物抑菌，可生物降解，天然健康，浸泡冲洗，一遍即可，含植物提取物，天然护手。

配方 24 酵素洗碗机专用洗涤剂

原料配比

原料	配比（质量份）
透明质酸粉	1.5
聚谷氨酸	1.6
纳豆发酵提取物	1.8
α-生育酚乙酸酯	0.7
棘孢曲霉	1.1
动物双歧杆菌	1.2
连翘油	1.7
肉豆蔻酸异丙酯	1.9
AES	2.6
益生菌群	1.8
甲基乙酯	0.5
鱼胶原蛋白	0.9
柠檬酸	2.2
海藻糖	1.5
磷酸氢二钠	2
多库酯钠	0.8
酵素	1.3
醋酸	0.9
香精	1.2
水	72.8

制备方法 将具有除菌作用的透明质酸粉、聚谷氨酸、纳豆发酵提取物加入恒温在25℃的水中搅拌48min，再加入α-生育酚乙酸酯、棘孢曲霉、动物双歧杆菌、连翘油搅拌50min，并配以肉豆蔻酸异丙酯、AES、益生菌群、甲基乙酯、鱼胶原蛋白、柠檬酸、海藻糖、磷酸氢二钠、多库酯钠恒温在27℃均质搅拌52min，将容器恒温在30.7℃密封发酵18h，再加入酵素、醋酸、香精高速搅拌53min，然后恒温在28℃静置24h即为成品。

产品特性 本品具有污渍渗透成分，能清除顽固污渍，保护被清洗的碗碟及使用的洗碗机远离腐蚀，配方环保又安心。

配方 25 金属餐具洗涤剂

原料配比

原料	配比（质量份）		
	1#	2#	3#
椰油酰胺丙基甜菜碱	4	5	6
硅酸盐	6	7	8
氧化铝	5	6	7
木灰粉	4	5	6
碱金属碳酸盐	8	10	12
添加剂	1	1.5	2
表面活性剂	10	12	14
石英粉	10	11	12
水	60	70	80

制备方法 将各组分溶于水，混合均匀即可。

产品特性 本品可以去除金属表面污垢，不会损伤金属，而且无毒，弥补了一般洗涤剂的不足。

配方 26 具有抗菌作用的餐具洗涤剂

原料配比

原料	配比（质量份）		
	1#	2#	3#
蔗糖棕榈酸酯	5	9	6
烷基糖苷	6	6	9
十二烷基二甲基甜菜碱	8	6	8
壳聚糖	5	8	5
仲烷基磺酸钠	4	2	2
海藻酸钠	1	0.5	1.5
硫酸钠	1.5	2	1
过硼酸钠	2.5	2.5	1
柠檬酸钠		1	2
氯化钠	2	2.5	2
羟丙基甲基纤维素钠	3	2	3
黄原胶	4	4	2
脂肪酶	3	2	3
茶皂素	0.6	0.8	0.8

原料	配比（质量份）		
	1#	2#	3#
杀菌剂	0.8	1.5	1.2
螯合剂	1	0.6	1.8
香精	0.3	0.4	0.3
甘油	6	6	8
乙醇	8	5	6
去离子水	30	40	35

制备方法

（1）按照各组分的用量分别备料；

（2）向配料罐中加入去离子水，并进行加热，温度控制在50～60℃，然后加入蔗糖棕榈酸酯、烷基糖苷、十二烷基二甲基甜菜碱、壳聚糖、仲烷基磺酸钠，搅拌至完全溶解；

（3）在搅拌的情况下，加入羟丙基甲基纤维素钠、黄原胶、杀菌剂、螯合剂，直至溶解完全；

（4）停止加热，加入海藻酸钠、硫酸钠、过硼酸钠、柠檬酸钠、氯化钠、脂肪酶、茶皂素，搅拌10～15min；

（5）在持续搅拌的情况下，加入香精、甘油、乙醇，继续搅拌30～60min，即得。

原料介绍 所述螯合剂为酒石酸钾钠。

所述杀菌剂为植物提取物，所述植物提取物为博落回提取物、芦荟提取物、侧柏叶提取物以及肉桂提取物的混合物。所述博落回提取物、芦荟提取物、侧柏叶提取物、肉桂提取物是分别将博落回、芦荟、侧柏叶、肉桂采用70%～95%的乙醇溶液回流提取所得到的提取物。

所述香精为柠檬香精、芦荟香精、薄荷香精。

产品应用 本品主要应用于餐具和瓜果蔬菜洗涤，能够有效去除污物和农药残留。

产品特性 本品无毒、无害，对手和皮肤的刺激性极小，洗涤时不会引起任何腐蚀；同时本品还有较强的杀菌效果以及清洗去污效果，对各种致病菌具有抑制作用，能够快速去除各种食物残渍和油脂，清洗后餐具不留斑痕；本品为无磷清洗剂，不会污染环境。

配方 **27** 具有杀菌消毒功能的餐具洗涤剂

原料配比

原料	配比（质量份）
蔗糖油酸酯	12
乙醇	14

原料	配比（质量份）
不饱和脂肪酸	3
氢氧化钠	4
氨基磺酸	4
色素	0.08
香精	0.15
柠檬酸	2
十二烷基苯磺酸钠	7
去离子水	37

制备方法 将各组分溶于水，混合均匀即可。

产品特性 本品能有效去除餐具表面的污垢，具有洗涤、消毒和杀菌作用，生产成本低廉，天然无污染且不伤皮肤，无毒，易生物降解而不污染环境，对人体无害。

配方 28 可去渍的液体餐具洗涤剂

原料配比

原料	配比（质量份）				
	1#	2#	3#	4#	5#
表面活性剂	10	14	18	22	26
去渍剂	0.1	1	2	3	4
助剂	0.05	1	2	3	4
防腐剂	0.001	0.2	0.4	0.6	0.8
螯合剂	0.001	0.2	0.4	0.6	0.8
香精	0.001	1	2	3	4
去离子水	加至 100	加至 100	加至 100	加至 100	加至 100

制备方法 将各组分依次加入水中，搅拌均匀完全溶解后即可制得。

原料介绍 表面活性剂中，阴离子表面活性剂选用直链烷基苯磺酸钠、脂肪醇聚氧乙烯醚硫酸钠、脂肪醇硫酸钠和烯烃磺酸钠中的至少一种，非离子表面活性剂选用脂肪醇聚氧乙烯醚和烷基糖苷中的至少一种，两性表面活性剂选用烷基甜菜碱、烷基酰胺基丙基甜菜碱、烷基氧化铵中的至少一种。

去渍剂选用过氧化氢、过氧乙酸和过氧化酶中的任意一种。

助剂选用酒石酸、草酸、苹果酸、柠檬酸、抗坏血酸、苯甲酸、柠檬酸、水杨酸和咖啡酸及其盐类中的至少一种。

防腐剂选用山梨酸、山梨酸钾、甲酸、甲醛、尼泊金甲酯、尼泊金乙酯、尼泊金丙酯、尼泊金丁酯、苯甲醇、苯甲酸、苯甲酸钠、脱氢醋酸和脱氢醋酸钠中的一种。

螯合剂选用乙二胺四乙酸及其钠盐、羟乙基乙二胺三乙酸及其钠盐、N, N-二（羧甲基）丙氨酸三钠、柠檬酸及其钠盐、酒石酸及其钠盐、葡萄糖酸及其钠盐、二羟乙基甘氨酸及其钠盐、甘氨酸二乙酸及其钠盐、谷氨酸二乙酸及其钠盐、二亚乙基三胺五（亚甲基膦酸）及其钠盐、羟基亚乙基二磷酸及其钠盐和聚丙烯酸钠中的一种。

香精选用食品级香精和日用级香精。

产品特性　本品中加入去渍剂成分，洗涤餐具时可以释放出活性氧，能有效地去除茶渍、咖啡渍等顽固污渍，去渍效果好，餐具洗涤使用更方便，而且加入的去渍剂为食品级，安全性较高。本品去渍能力强，对人体温和。

配方 29 绿色洗涤剂

原料配比

原料	配比（质量份）	
	1#	2#
紫甘蓝提取物	20	30
水	50	100
阴离子表面活性剂	5	10
乙醇	2	10
丙二醇	1	3
三聚磷酸盐	2	4
柠檬酸钠	1	6
碳酸钠	1	2

制备方法　将各组分混合均匀即可。

原料介绍　所述阴离子表面活性剂为烷基苯磺酸钠或者烷基硫酸盐。

产品应用　本品主要应用于餐具洗涤。

产品特性　本品能够有效去除厨房用具表面存在的油渍残留和细菌，且紫甘蓝提取物是纯天然安全原料，味道不刺鼻，不会给厨房用具带来二次污染，也不会刺激使用者的手部肌肤，味道清香。

配方 30 绿色抑菌的餐具洗涤剂

原料配比

原料	配比（质量份）				
	1#	2#	3#	4#	5#
碳酸钠	5	15	8	10	10
碳酸氢钠	5	15	8	10	10
柠檬酸钠	5	15	12	15	10

原料	配比（质量份）				
	1#	2#	3#	4#	5#
烷基葡萄糖苷	5	15	13	15	10
水	适量	适量	适量	适量	适量
食用盐	60	5	10	15	10
食用香精	1	1	1	1	1

制备方法

（1）取碳酸钠、碳酸氢钠、柠檬酸钠、烷基葡萄糖苷，分别加水至100份，加热至40～60℃充分溶解，得到四份溶液；

（2）将四份溶液混合后，按比例加入食用盐及食用香精，搅拌均匀，即得产品。

产品特性　本品选用绿色表面活性剂和食用级助洗剂作为洗涤成分主原料，做到餐具洗涤使用安全无毒、生物降解性高、环保；洗涤主原料再配以食用盐，盐和洗涤剂的融合，发挥盐的抑菌作用，使该洗涤剂在去油污的同时兼备抑菌。

配方 **31** 耐硬水洗涤剂

原料配比

原料	配比（质量份）		
	1#	2#	3#
脂肪醇聚氧乙烯醚硫酸盐	5	10	10
α-烯烃磺酸盐	15	30	30
十二烷基苯磺酸钠	10	20	20
乙醇	5	8	10
植物精油	5	10	15
氯化铵	3	5	8
保湿剂	2	5	6
水	50	60	80

制备方法　将各组分溶于水，混合均匀即可。

原料介绍　所述植物精油为亚麻油、薄荷精油、薰衣草精油、菊花精油、玫瑰花精油中的一种或者两种以上。

所述保湿剂为丙二醇或者山梨醇。

产品应用　本品主要应用于餐具、水果的洗涤。

产品特性　本品适于水硬度较高的环境下使用，耐硬水、去污能力强，同时生产成本低，并且本品无毒、低残留，对人体没有危害。

配方 **32** 浓缩高效加酶型机洗餐具洗涤剂

原料配比

原料	配比（质量份）				
	1#	2#	3#	4#	5#
表面活性剂	5	10	20	30	35
增溶剂	35	30	20	10	5
助剂	0.1	2	3	4	5
酶制剂	3	2	1	0.5	0.1
去离子水	加至100	加至100	加至100	加至100	加至100

制备方法

（1）向配制罐中加入总用水量的55%～80%的水，加入表面活性剂、增溶剂，搅拌至完全溶解、透明；

（2）在搅拌的情况下，加入助剂，搅拌直至溶解完全、透明；

（3）加入酶制剂，搅拌10～30min，直至溶解完全；

（4）在持续搅拌的情况下，缓慢加入剩余水，直至目标值并搅拌均匀透明；

（5）半成品进行陈化处理；

（6）抽样检测、成品包装。

原料介绍 表面活性剂为环氧乙烷与环氧丙烷的聚合物；

增溶剂选自异丙醇、丙二醇、乙二醇、乙醇的一种或两种；

助剂选自柠檬酸钠、硅酸钠、碳酸钠、碳酸氢钠、硼砂的一种或两种；

所述酶制剂是蛋白酶。

产品特性

（1）本品去污效果好，碱性低，玻璃制品的餐具也可以放心使用，同时清洗后餐具表面光亮无残留。

（2）本产品为浓缩配方，用量少，效果好，而且环保、无污染，使用方便。

配方 **33** 浓缩型餐具洗涤剂

原料配比

原料	配比（质量份）		
	1#	2#	3#
烷基糖苷	1	5	3
脂肪醇聚氧乙烯醚硫酸钠	8	12	10

原料	配比（质量份）		
	1#	2#	3#
磺酸	1	5	4
脂肪醇聚氧乙烯醚丙烯酸酯低聚物	18	22	20
氢氧化钠	8	10	10
脂肪酸甲酯乙氧基化物	14	16	16
月桂酰胺基丙基甜菜碱	12	12	16
增溶剂	6	12	10
防腐剂	0.1	0.2	0.1
香精	0.01	0.1	0.05
助剂	10	1	4
水	加至100	加至100	加至100

制备方法 向反应釜中加入配方量的水，然后加入烷基糖苷、脂肪醇聚氧乙烯醚硫酸钠、磺酸、脂肪醇聚氧乙烯醚丙烯酸酯低聚物、氢氧化钠、脂肪酸甲酯乙氧基化物、月桂酰胺基丙基甜菜碱和增溶剂，搅拌至混合均匀，接着加入助剂，搅拌至混合均匀，最后加入防腐剂和香精，搅拌至混合均匀即得浓缩型餐具洗涤剂。

原料介绍 所述氢氧化钠为质量分数为40%的氢氧化钠水溶液。

所述增溶剂为丙二醇和乙醇中的至少一种。

所述防腐剂为苯氧乙醇、甲基异噻唑啉酮中的一种或其组合。

所述助剂为柠檬酸钠、乙二胺四乙酸四钠和五水偏硅酸钠中的至少一种。

所述脂肪醇聚氧乙烯醚丙烯酸酯低聚物（INCN名称：丙烯酸（酯）类/C_{10}～C_{30}烷醇丙烯酸酯交联聚合物/脂肪醇聚氧乙烯醚）的结构为梳形，具有增稠、去污、乳化、分散等多种性能；脂肪醇聚氧乙烯醚硫酸钠易溶于水，具有优良的去污、乳化、发泡性能和抗硬水性能，但是其在高温（50℃以上）或酸性的环境中会发生水解，导致其失效；脂肪酸甲酯乙氧基化物具有良好的乳化、去污能力，可生物降解、低毒、低刺激，但是其稳泡性差，还具有一定的消泡性能，多用于低泡产品中。

脂肪醇聚氧乙烯醚丙烯酸酯低聚物、脂肪醇聚氧乙烯醚硫酸钠、脂肪酸甲酯乙氧基化物、月桂酰胺基丙基甜菜碱和烷基糖苷按一定比例复配，在增溶剂含量较低的情况下，各组分协同可得到具有良好的稳定性、去污力，泡沫丰富、温和性好、耐高温环保的浓缩型餐具洗涤剂，且该餐具洗涤剂在稀释4倍后黏度不变，去污力仍符合标准。

产品特性

（1）本品具有丰富的泡沫和优异的除油去污能力，并且易于漂洗，温和不伤手，高低温稳定性好，残留低，可有效清洁餐具。

（2）本品为稳定的高浓缩体系，可降低生产、包装和运输成本，且制备方法简单，工艺稳定，在常温下混合搅拌即可相溶形成稳定体系。

配方 **34** 浓缩型洗涤剂

原料配比

原料	配比（质量份）				
	1#	2#	3#	4#	5#
α-烯基磺酸钠	6	5	4	3	2
异构十三醇聚氧乙烯醚硫酸钠	9	10	11	12	13
异构十三醇聚氧乙烯醚	12	13	15	18	19
异构十醇聚氧乙烯醚	25	24	23	22	21
烷基糖苷	10	9	8	7	6
水	35	38	39	40	43
香精	0.05	0.05	0.05	0.05	0.05
防腐剂	0.1	0.1	0.1	0.1	0.1

制备方法

（1）将α-烯基磺酸钠加入水中搅拌至其溶解；

（2）将异构十三醇聚氧乙烯醚加入步骤（1）所得的混合物中搅拌至其溶解；

（3）将异构十三醇聚氧乙烯醚硫酸钠加入步骤（2）所得的混合物中搅拌至其溶解；

（4）将异构十醇聚氧乙烯醚和烷基糖苷加入步骤（3）所得的混合物中搅拌至其溶解；

（5）将步骤（4）所得的混合物加热到90～98℃，保温15～25min后，降温至30～55℃；

（6）将香精和防腐剂加入（5）所得的混合物中搅拌均匀。

产品应用 本品主要应用于餐具洗涤。

产品特性

（1）本品活性物含量可以高达50%，具有节省包装材料、降低运输成本以及减少仓储空间等优点；

（2）产品在使用时，与水以任意比例混合，不会出现凝胶区；

（3）产品具有流动性好、易倾倒、单次洗涤用量更少、泡沫少、易漂、低温溶解性好等优点。

配方 **35** 泡沫型去渍餐具洗涤剂

原料配比

原料	配比（质量份）		
	1#	2#	3#
脂肪醇聚氧乙烯醚硫酸钠	12	10	12
月桂基聚氧乙烯醚磺基琥珀酸酯二钠	—	3	—

原料	配比（质量份）		
	1#	2#	3#
椰油酰胺丙基甜菜碱	1.2	—	—
脂肪醇聚氧乙烯醚	—	—	3
椰油酰胺丙基氧化铵	—	—	2
乙醇	—	—	1
烷基糖苷	2	2	—
二甲苯磺酸钠	1	0.7	—
过氧化氢（30%）	3.33	6.67	6.67
酒石酸	—	0.3	0.3
1,2-丙二醇	0.5	—	—
柠檬酸	0.2	—	—
硅酸钠	0.1	0.1	0.1
山梨酸钾	—	—	0.5
苯甲酸钠	—	0.5	0.5
苯氧乙醇	—	0.5	—
谷氨酸二乙酸四钠	—	1	1
甲基异噻唑啉酮	0.05	—	—
乙二胺四乙酸二钠	0.06	—	—
香精	0.15	0.15	0.15
去离子水	加至100	加至100	加至100

制备方法 将表面活性剂加入部分去离子水中搅拌溶解，然后加入增溶剂、去渍剂、醇类溶剂、酸度调节剂、助剂、防腐剂、螯合剂和香精，搅拌均匀后加入剩余的去离子水。

原料介绍 所述增溶剂为二甲苯磺酸钠、对甲苯磺酸钠和异丙苯磺酸钠中的至少一种；

所述去渍剂为食品级过氧化物，所述食品级过氧化物包括过氧化氢和/或过氧乙酸。

所述表面活性剂为阴离子表面活性剂、非离子表面活性剂和两性表面活性剂中的一种或多种复配。所述表面活性剂优选十二烷基硫酸钠、脂肪醇聚氧乙烯醚硫酸钠、月桂基聚氧乙烯醚磺基琥珀酸酯二钠、脂肪酸甲酯磺酸钠、烷基糖苷、脂肪醇聚氧乙烯醚、椰油酰胺丙基甜菜碱、烷基二甲基氧化铵和椰油酰胺丙基氧化铵中的至少一种。

所述醇类溶剂包括乙醇、1,2-丙二醇、1,3-丙二醇和丙三醇中的至少一种。

所述酸度调节剂为有机酸或其盐类，所述有机酸包括酒石酸、草酸、苹果酸、柠檬酸、抗坏血酸、苯甲酸和柠檬酸中的至少一种。

所述助剂包括硅酸钠、硅酸镁、脂肪酸镁盐、聚丙烯酰胺、膦酸盐和多羟基羧酸中的至少一种。

所述防腐剂包括山梨酸、山梨酸钾、苯氧乙醇、水杨酸、甲基异噻唑啉酮、甲基氯异噻唑啉酮、尼泊金甲酯、尼泊金丙酯、苯甲醇、苯甲酸、苯甲酸钠、脱氢醋酸和脱氢醋酸钠中的至少一种。

所述螯合剂包括乙二胺四乙酸二钠、乙二胺四乙酸四钠、谷氨酸二乙酸四钠、亚氨基二琥珀酸四钠和二羧甲基丙氨酸三钠中的至少一种。

产品特性 本品具有黏度低，容易起泡，去油污、去渍能力强的特点。

本品采用了多种复合作用体系：通过增溶剂及醇类溶剂的添加，保证产品的黏度<100mPa·s，从而使得泡沫泵头可以直接顺利压出泡沫进行餐具清洗，去除油污时使用简单便捷、泡沫丰富；同时加入了去渍剂，泵出的含有去渍剂的泡沫直接作用于有色污渍，可以对餐具上的有色污渍进行更高效的去除；采用酸度调节剂，结合助剂及螯合剂的共同作用，克服了添加增溶剂和醇类溶剂后过氧化物中的活性氧不稳定的问题，使泡沫型去渍餐具洗涤剂中的活性氧成分能够保持长期稳定，从而保证更佳的去渍效果。

配方 36 杀菌型餐具洗涤剂

原料配比

原料	配比（质量份）
十二烷基苯磺酸钠	7
辛基酚聚氧乙烯醚	9
琥珀酸二辛酯磺酸钠	11
鲸蜡硬脂基葡糖苷	10
十二烷基醇聚氧乙烯醚硫酸钠	5
椰油酰胺丙基甜菜碱	6
月桂酰基谷氨酸钠	7
十六烷基三甲基溴化铵	4
水	65

制备方法

（1）取1/3～1/2量的水水浴加热至40～45℃，在机械搅拌下依次加入十二烷基苯磺酸钠、月桂酰基谷氨酸钠和椰油酰胺丙基甜菜碱，然后在加热功率为250～300W，转速为200～300r/min的条件下磁力搅拌5～8min，得混合料A；

（2）取余下的水水浴加热至45～50℃，在机械搅拌下依次加入琥珀酸二辛酯磺酸钠、鲸蜡硬脂基葡糖苷和辛基酚聚氧乙烯醚，然后在微波功率为350～400W，转速为250～350r/min的条件下微波搅拌2～5min，得混合料B；

（3）将混合料A和混合料B混合，在功率为800～900W，频率为25～40kHz的条件下超声搅拌7～11min，然后调整溶液温度至45～50℃，加入余下原料，在转速为250～350r/min的条件下搅拌6～8min，即得成品。

产品特性 本品采用具有洗涤和抗菌双重作用的辛基酚聚氧乙烯醚、椰油酰胺丙基甜菜碱、十六烷基三甲基溴化铵等原料制成，不仅具有优异的洗涤性能，还具有较好的抗菌杀菌性能，能够有效杀灭细菌、真菌等微生物，无毒无污染，安全环保。

配方 37 生物抗菌洗涤剂

原料配比

原料	配比（质量份）				
	1#	2#	3#	4#	5#
APG	15	18.5	16	17	17
椰油酰胺丙基甜菜碱	8	15	10	10	10
海洋生物除菌剂	5	10	6	8	5
半胱氨酸	5	3.5	4	4	5
几丁质	5.5	4	4.5	4	5.5
碳酸钠	10	1	2	1	10
柠檬酸	1	0.5	1	0.5	1
生姜汁	0.1	0.02	0.06	0.02	0.1
柠檬汁	0.1	0.02	0.05	0.02	0.1
去离子水	68	55	60	55	68

制备方法

（1）将去离子水加入反应釜中，升温至 70～90℃，将椰油酰胺丙基甜菜碱和 APG 按比例加入，搅拌 5～7min；

（2）将反应釜内的温度降到 45℃ 以下后，按比例加入海洋生物除菌剂、半胱氨酸、几丁质、生姜汁和柠檬汁，搅拌 15～18min，最后静置 20～40min；

（3）将碳酸钠、柠檬酸按比例加入反应釜中，再次搅拌均匀后，待温度降至 20～30℃ 后，再次搅拌均匀，包装即得所述生物抗菌洗涤剂。

原料介绍 所述 APG 为 C_8～C_{16} 烷基糖苷。

所述海洋生物除菌剂由海洋生物复合酶、海藻酸聚多糖和海洋甲壳胺活素组成。

所述生姜汁的制备方法为：将块状生姜与去离子水加入破碎机，破碎 5～7min 后，过滤，收集的滤液即所述的生姜汁；所述块状生姜与去离子水的质量比为 1:（3～5）。

所述柠檬汁的制备方法为：将切成两半的柠檬与去离子水加入破碎机，破碎 5～7min 后，过滤，收集的滤液即所述的柠檬汁；所述柠檬与去离子水的质量比为 1:（2～3.5）。

产品应用 本品主要应用于餐具洗涤。

产品特性　本品能够在去油污的同时，不造成环境污染，且抗菌抑菌效果好，形成一个良性循环，同时，生姜汁起到去腥的作用，可减少餐具用后的异味，进一步提升产品的用户体验感受。

配方 38　深度清洗餐具的洗涤剂

原料配比

原料	配比（质量份）			
	1#	2#	3#	4#
小苏打	16	20	18	18
丝瓜提取液	3	6	5	5
柠檬提取物	2	5	4	4
淘米水提取物	15	25	20	20
月桂醇聚氧乙烯醚	5	20	10	15
无水乙醇	5	10	8	8
蛋白酶	1	—	—	—
脂肪酶	—	3	—	—
淀粉酶	—	—	2	—
纤维素酶	—	—	—	2
海藻酸钠	3	7	5	5

制备方法　淘米水提取物采用以下方法制备：
（1）将米和山泉水按照质量比为1：（2～5）混合；
（2）用搅拌机按照50～200r/min搅拌5～15min；
（3）将步骤（2）搅拌后得到的混合物过筛分离，将得到的液体收集；
（4）将步骤（3）收集到的液体放在密闭容器中，并进行抽真空处理2～5min；
（5）将抽真空后的密闭容器静置10～20h得到发酵过的淘米水；
（6）将发酵过的淘米水采用萃取方法进行抽提，得到所需淘米水提取物。
　　餐具洗涤剂的制备方法：将得到的原料按照比例混合即可使用。

原料介绍　所述淘米水提取物为生物碱，生物碱是良好的洗涤剂。
　　所述柠檬提取物的制备方法为将新鲜柠檬放入其量3～5倍的去离子水中煮沸，大火煮5～10min后文火煮15～20min，然后待其冷却后取其滤液。
　　所述丝瓜提取液的制备方法为将丝瓜与去离子水按照质量比为1：（2～10）浸泡不少于24h，取其上层清液。
　　所述米为黄米、小米、大米、黑米、紫米和糯米中的至少一种。
　　所述酶制剂为蛋白酶、脂肪酶、淀粉酶、纤维素酶和复合酶中的一种或几种的复合物。

产品特性　本品原料采用植物配方，长期使用对双手无伤害，误食后也对人体没影响；同时，本品具有深度清洁能力，不用担心餐具清洗不干净造成不必要的传染病发生。

配方 **39** 使用茶籽制成的洗涤剂

原料配比

原料	配比（质量份）			
	1#	2#	3#	4#
茶籽萃取液	40	50	35	60
绿茶萃取液	10	14	12	11
覆盆子萃取液	2	2.5	3	1.5
橘油	0.8	0.6	0.7	0.8
氯化钠	7	9	5.5	8.5
增稠剂	8	9	6	9.5

制备方法

（1）制备茶籽萃取液：采用茶籽粉与水按质量份数比为1：（3～5）的比例混合，充分搅拌均匀后加热至80～100℃，维持40～60min停止加热，所得液体即为茶籽萃取液；

（2）搅拌混合：将步骤（1）中提取的茶籽萃取液与覆盆子萃取液、绿茶萃取液、橘油、盐5种材料搅拌直至完全混合均匀；

（3）增稠混合：本步骤主要是让原料可以充分混合在液体里不会分离，此部分应当采用食品级天然增稠剂，往步骤（2）中搅拌混合的液体加入天然增稠剂搅拌均匀，使其充分混合，形成稠状即可。

原料介绍　茶籽萃取液含茶皂素、茶籽油、维生素E、茶多酚、茶碱，其中天然茶皂素在分散、发泡、去污、乳化等方面均具有较好的性能；茶籽油，可促进内层细胞再生，防止水分流失以及滋养皮脂细胞，让双手不干燥；茶碱可促进血液及淋巴循环，防止肌肤浮肿，使肌肤紧实；茶多酚具有解毒和延缓衰老、抑制和抵抗病毒抗辐射作用，能有效地阻止放射性物质侵入骨髓等功效。

绿茶萃取液具有保湿、抗炎、紧实、杀菌、消炎、美白、抗衰老以及预防黑色素、斑点形成等作用。

覆盆子萃取液可以帮助肌肤深补水，赋予肌肤所需养分，令肌肤紧致弹滑。

橘油需要采用天然提取的橘油，其具有去污作用和天然清新的香味。

氯化钠具有杀菌和抑菌、天然防腐作用，最好采用天然海盐或者食用级食盐。采用氯化钠，主要是为了具有杀菌、抑菌的作用并且可以达到防腐的效果。

所述的增稠剂为此洗涤剂达到保温、不结冻、增稠效果。最好采用天然增稠剂，且可以由天然果（树）胶、黄原胶、卡来胶、琼胶、阿拉伯胶、天然海藻提取物中的一种或任意组合构成。

产品应用　本品主要应用于餐具洗涤。

产品特性　本品采用纯天然的组分进行调配，且在各组分的制备过程中及洗涤剂的制备过程中一律采用纯天然制备方法，可有效地避免化学用品的使用，使洗涤剂更加的无害、环保、天然。

本品采用茶籽萃取液经过调配而成，可以利用茶籽萃取液中的天然去污成分进行高效去污，既天然又实用。

配方 40 适于手洗的洗涤剂

原料配比

原料	配比（质量份）		
	1#	2#	3#
葡糖单癸酸酯	5	15	10
乙醇	1	5	2
月桂酸二乙醇酰胺	5	15	10
椰油脂肪酸二乙醇酰胺	5	10	8
月桂基二甲基氧化铵	2	5	3
羟甲基纤维素钠	0.2	2	1
水	加至 100	加至 100	加至 100

制备方法　将各组分溶于水，混合均匀即可。

原料介绍　本品组分中的羟甲基纤维素钠本身无去污作用，在洗涤剂中主要作用是防止污垢再沉积，提高洗涤剂的起泡能力和泡沫稳定性，抑制洗涤剂对皮肤的刺激性。用于浆状洗涤剂中增加产品稠度，稳定胶体，防止分层。

产品应用　本品可用于餐具和其他家用洗涤。

产品特性　本品对皮肤无刺激性，去污力强，泡沫多，对皮肤温和，不发黏。

配方 41 手洗餐具洗涤剂（1）

原料配比

原料	配比（质量份）		
	1#	2#	3#
烷基磺酸盐	7	8	9
蔗糖脂肪酸酯	7	8	9
椰油脂肪酸单乙醇酰胺	11	12	13

原料	配比（质量份）		
	1#	2#	3#
氨基磺酸	13	14	15
椰子油酸钠	15	16	17
乙醇	6	6.5	7
枯烯磺酸钠	5	6	7
氧化铝	7	8	9
水	90	100	110

制备方法 将各组分按照比例均匀混合即可。

产品特性 本品节约了水的使用，同时在餐具上成分残留少，洗涤剂毒性小，对与洗涤剂直接接触的手刺激性小，能有效减少对人身体的伤害。

配方 42 手洗餐具洗涤剂（2）

原料配比

原料		配比（质量份）		
		1#	2#	3#
提取液、抑菌液	无刺仙人掌	100	150	200
	新鲜艾蒿	100	150	200
	新鲜菠菜	50	75	100
	去离子水	500	750	1000
	石油醚	30	45	60
浸泡液	橙子皮	20	30	40
	橘子皮	20	30	40
	柚子皮	50	85	100
	无水乙醇	300	450	600
清洗剂	浸泡液	200	300	400
	椰子油起泡剂	3	5	6
	三乙醇胺	8	12	16
	苯甲酸钠	4	6	8
	氯化钠	3	5	6
	乙二胺四乙酸	1	1	2
提取液		10	15	20
抑菌液		70	100	140
清洗剂		50	75	100
去离子水		30	45	60

制备方法

（1）取新鲜仙人掌，去除表面尖刺，得到无刺仙人掌，取无刺仙人掌、新鲜艾蒿和新鲜菠菜，切碎后浸泡在去离子水中，得到混合物；

（2）打开冷凝装置，将步骤（1）得到的混合物的一部分升温至100℃蒸煮1h，边蒸煮边接收冷凝回流液，用石油醚对冷凝回流液进行萃取，得到萃取液，将萃取液置入旋转蒸发仪中，1h后取出，得到提取液；

（3）将步骤（1）得到的混合物另一部分过滤，去除滤渣，继续蒸煮浓缩，得到抑菌液；

（4）取橙子皮、橘子子和柚子皮，将皮上白瓤刮去后用去离子水洗净，沥干后切碎，浸泡在无水乙醇中，密封一周；

（5）解封，加入浸泡液、椰子油起泡剂、三乙醇胺、苯甲酸钠、氯化钠和乙二胺四乙酸搅拌均匀，得到清洗剂；

（6）取提取液、抑菌液、清洗剂和去离子水混合搅拌，得到手洗餐具洗涤剂。

产品特性

（1）仙人掌具有清热杀菌的效果，通过高温蒸煮提取仙人掌液，作为抑菌成分，对皮肤亲和性好，伤害小，抑菌不伤手；橙子皮、橘子皮、柚子皮中含有丰富的 D-柠檬烯，用无水乙醇提取后加入椰子油起泡剂，具有良好的清洗、杀菌效果，同时还使得洗涤剂拥有天然果味芳香。

（2）本品以天然植物为原料，化学添加剂少，避免使用后化学物质残留难降解的问题，更安全更环保，具有良好的洗涤清洁作用。

配方 **43** 天然浓缩型泡沫餐具洗涤剂

原料配比

原料	配比（质量份）				
	1#	2#	3#	4#	5#
表面活性剂	20	23	26	29	32
增溶剂	0.1	1.1	2.1	3.1	4.1
溶剂	0.1	1.1	2.1	3.1	4.1
防腐剂	0.001	0.1	0.2	0.3	0.4
螯合剂	0.001	0.1	0.2	0.3	0.4
香精	0.001	0.5	1	1.5	2
去离子水	加至100	加至100	加至100	加至100	加至100

制备方法

（1）根据要求对各种原料进行检验，按配方比例和生产量称取各种组分备用；

（2）确保搅拌容器洁净无菌，将生产所需去离子水全部加入容器中，加入增溶剂、螯合剂以及阴离子表面活性剂、非离子表面活性剂和两性表面活性剂中的至少一种，开启搅拌器，转速设置为40r/min，搅拌30min，使各组分充分溶解；

（3）边搅拌边依次加入防腐剂、香精、溶剂，搅拌20min，使各组分充分溶解；

（4）补充生产过程中损失的水分，搅拌10min，使各组分充分溶解，静置10min，制得天然浓缩型泡沫餐具洗涤剂。

原料介绍 表面活性剂选用阴离子表面活性剂、非离子表面活性剂或两性表面活性剂中的至少一种。阴离子表面活性剂选用十二烷基硫酸钠、脂肪醇聚氧乙烯醚硫酸钠、脂肪醇聚氧乙烯醚羧酸钠、脂肪酸甲酯磺酸钠和磺基琥珀酸酯钠中的至少一种；非离子表面活性剂选用烷基葡萄糖苷、脂肪醇聚氧乙烯醚、烷基二甲基氧化铵和烷基酰胺基丙基氧化铵中的至少一种；两性表面活性剂选用烷基二甲基甜菜碱、椰油酰胺基丙基甜菜碱、烷基羟磺基丙基甜菜碱和烷基两性醋酸钠中的至少一种。

增溶剂选用二甲苯磺酸钠、对甲苯磺酸钠和异丙苯磺酸钠中的至少一种。

溶剂选用乙醇、1,2-丙二醇、1,3-丙二醇和丙三醇中的至少一种。

防腐剂选用山梨酸、山梨酸钾、苯氧乙醇、水杨酸、甲基异噻唑啉酮、甲基氯异噻唑啉酮、尼泊金甲酯、尼泊金丙酯、苯甲醇、苯甲酸、苯甲酸钠、脱氢醋酸和脱氢醋酸钠中的至少一种。

螯合剂选用乙二胺四乙酸二钠、乙二胺四乙酸四钠、谷氨酸二乙酸二钠、亚氨基二琥珀酸四钠和甲基甘氨酸二乙酸三钠中的至少一种。

香精选用食品用柠檬香精或食品用花果香香精。

产品特性 本品采用天然来源的表面活性剂原料，如棕榈油、椰子油、葡萄糖、甘蔗、木薯等，原料来源更加绿色环保，刺激性更低，对手部肌肤更为温和，可减少洗涤剂对肌肤的刺激性，降低长期使用后皮肤变粗糙的风险。本品为浓缩型洗涤剂，泡沫丰富、去污力更强劲。

本品通过调整配方配比，克服高表面活性剂含量下产品的凝胶现象，使产品在浓缩条件下仍具有优秀的流动性和极低的黏度，使得浓缩型产品可以通过泡沫泵头直接压出泡沫进行餐具清洗。

配方 **44** 天然植物型洗涤剂

原料配比

原料	配比（质量份）		
	1#	2#	3#
菠萝皮	10	15	12
橙皮	10	15	113
木瓜皮	10	15	12
柚子皮	10	15	13
甘蔗渣	5	5～10	8
葡萄皮	5	8	7

原料	配比（质量份）		
	1#	2#	3#
西瓜皮	5	8	6
无患子提取液	1	3	1～3
去离子水	适量	适量	适量

制备方法

（1）原料称重：称取菠萝皮、橙皮、木瓜皮、柚子皮及甘蔗渣、葡萄皮和西瓜皮；

（2）发酵：将上述原料混合后加入4～6倍量的蒸馏水，然后放入超声发酵罐中发酵6～8天，发酵后取出过滤；

（3）成型：在过滤后的滤液中加入无患子提取液，然后搅拌均匀，直至形成均一的液体即可。

原料介绍　本品采用多种水果皮为原材料，有效地利用了生活中的废弃物，在一定程度上减少了水果垃圾的产生；菠萝皮富含多种维生素、有机酸；橙皮富含大量维生素A、柠檬醛，为天然的芳香调味剂；木瓜皮富含木瓜酶，保护滋润皮肤，促进皮质细胞增生，延缓皮质老化；柚子皮富含多种维生素及挥发油柚皮苷、新橙皮苷等，为天然的洗浴美颜品；西瓜皮中含有瓜氨酸，促进人体皮肤新陈代谢，美白滋润皮肤，有淡化痘印的功效；葡萄皮含有营养成分花青素能够保护人体免受自由基的损伤，白藜芦醇有延缓衰老功效；菠萝皮、葡萄皮、甘蔗渣均含有极高的糖分，促进各原材料的发酵程度；无患子含无患子皂苷等三萜皂苷，本身具有起泡和清洁作用，泡沫丰富，手感细腻，去污力强，为天然无公害洗涤剂，同时具有抑菌、去屑、防脱、美白去斑、滋润皮肤的作用，其提取液更好地加强本品的洗涤养护功能。

产品应用　本品主要应用于餐具、果蔬的洗涤。

产品特性　采用本品清洗后的水果、餐具均不会产生残留现象，本品天然无害，绿色环保，保证了人们的身体健康。

配方 45　微乳液型长效可食性洗涤剂

原料配比

原料	配比（质量份）		
	1#	2#	3#
98%食品级月桂酰乳酰乳酸钠	8	4.8	2
98%食品级硬脂酰乳酰乳酸钠	—	0.2	—
99%食品级十聚甘油单月桂酸酯	15	12	20
99%食品级十聚甘油单辛酸酯	—	2	—

原料	配比（质量份）		
	1#	2#	3#
98% 食品级辛酸单甘油酯	8	9	15
食品级植酸	0.02	0.01	0.01
食品级植酸钠	0.02	0.01	0.01
食品级柑橘香精	0.8	—	—
食品级甜橙香精	—	1	—
食品级茉莉香精	—	—	1
去离子水	68.196	71.998	62

制备方法

（1）预配料：在搅拌条件下，按照配方量将食品级脂肪酰乳酰乳酸钠、食品级十聚甘油单脂肪酸酯加入到已加热至 50 ～ 60℃ 的水中，搅拌至完全透明，加入食品级植酸与食品级植酸钠，控温在 50 ～ 60℃，搅拌至完全透明，得到 A 相物料；将食品级中链脂肪酸单甘油酯加热至 50 ～ 60℃，搅拌至完全混匀液状，得到 B 相物料。

（2）微乳液调制：将 A 相物料投入微乳液化锅中，严格控温在 50 ～ 60℃，控制转速在 100 ～ 150 r/min，将 B 相物料倒入 A 相物料中，恒温搅拌 10 ～ 15min；接着对微乳液化锅冷却，将物料冷却至 35 ～ 38℃，搅拌 10 ～ 15min，投入食品级香精，控制转速在 30 ～ 40r/min，边冷却边搅拌至少 20min，至物料达 35℃ 以下，且呈半透明至透明为止。

（3）陈化：将步骤（2）所得物料置于室温下陈化 20 ～ 30h，控 pH 值在 6.9 ～ 7.1，即得到所述的微乳液型长效高泡可食性洗涤剂。

原料介绍　本品微乳液体系使脂肪酰乳酰乳酸钠在水相中能长期稳定存在，这主要是利用十聚甘油单脂肪酸酯中直链型为主并含微量环链的聚合甘油的独特分子结构和中链脂肪酸单甘油酯的趋脂性、亲和性，有效保护了脂肪酰乳酰乳酸钠中的酯基，借助植酸、植酸钠对水溶液的缓冲作用（pH 值恒定作用），使其避免了水解降效，最大限度地发挥脂肪酰乳酰乳酸钠的强劲净洗及高效发泡等优势，并使成品贮藏期超过二百天。

产品应用　本品主要应用于餐具洗涤。

产品特性　天然可食性中链脂肪酸单甘油酯在本品添加量范围内，巧用高油相乳液增稠原理，制得肤感清爽的高稠 O/W 微乳液透明体系，并避开脂类物质的抑泡弊端，制得的可食性洗涤剂稠度理想、质地均匀、洗涤效果强劲、保湿护肤、发泡明显、效果持久且安全无毒，彻底解决了脂肪酰乳酰乳酸钠与聚甘油脂肪酸酯组合物低浓度水剂无法增稠的难题；另外，本品无任何化学防腐剂，从而避开了合成化学防腐剂中微量杂质对健康的隐患。

配方 46　温和不刺激的餐具洗涤剂

原料配比

原料	配比（质量份）	
	1#	2#
脂肪醇聚氧乙烯醚硫酸钠	15	20
椰油酰胺丙基甜菜碱	8	5
辛癸基葡糖苷	4	2
椰油酰羟乙磺酸酯钠	1	2
脂肪酸甲酯磺酸钠	2	4
氯化钠	0.7	1
柠檬酸钠	0.2	0.1
乙醇	0.8	0.9
苯甲酸钠	0.5	0.4
乙二胺四乙酸二钠	0.12	0.16
芦荟提取物	1.5	—
金银花提取物	—	0.5
马齿苋提取物	1.5	0.5
去离子水	加至 100	加至 100

制备方法　取适量去离子水加热至42～45℃，缓慢加入脂肪醇聚氧乙烯醚硫酸钠搅拌至完全溶解；再于45～50℃依次加入辛癸基葡糖苷、椰油酰羟乙磺酸酯钠、椰油酰胺丙基甜菜碱和脂肪酸甲酯磺酸钠，并分别搅拌至完全溶解，冷却至32～35℃；然后依次加入乙醇、乙二胺四乙酸二钠、柠檬酸钠、苯甲酸钠、芦荟提取物、金银花提取物和马齿苋提取物，并分别搅拌至完全溶解；再加入氯化钠和剩余去离子水，用柠檬酸或片碱调节pH至中性。

产品特性

（1）所述配方合理，同时辅以两种提取物使其更温和，使用后皮肤不紧绷、不干燥和不粗糙，且环保性好、去污能力佳、抗菌性能好。

（2）所述餐具洗涤剂制备方法科学、简单、方便。

配方 47　温和无毒型餐具洗涤剂

原料配比

原料	配比（质量份）
烷基糖苷	10
BS-12	1

原料	配比（质量份）
氧化铵	2
食盐	0.2
香料	微量
水	80

制备方法　将各组分混合均匀即可。
产品特性　本温和无毒型餐具洗涤剂具有去污力强、洗涤效果好的特点。

配方 48　稳定性浓缩烷基多糖苷天然餐具洗涤剂

原料配比

原料		配比（质量份）				
		1#	2#	3#	4#	5#
淀粉		30	45	30	45	35
脂肪醇	C₈ 的脂肪醇	10	—	—	10	15
	C₁₂ 的脂肪醇	—	10	—	—	—
	C₁₀ 的脂肪醇	—	—	15	—	—
酸源	硫酸	2	—	—	—	—
	盐酸	—	2	—	2	—
	硝酸	—	—	2	—	—
	磷酸	—	—	—	—	3
硅胶粒		3	10	20	15	30
木槿提取液		5	5	5	15	12
水		50	60	50	80	80
α-淀粉酶		0.03	0.05	0.01	0.01	0.01

制备方法

（1）向水中加入脂肪醇、酸源，开启搅拌并抽真空减压，加热至 $105 \sim 125℃$，然后加入淀粉和 α-淀粉酶，继续反应 $30 \sim 90min$，得到连接淀粉的烷基糖苷；

（2）向步骤（1）的混合体系中加入硅胶粒和木槿提取液，混合均匀后，得到稳定性浓缩烷基糖苷天然餐具洗涤剂。

原料介绍　本品通过将淀粉部分水解为短链的多糖或单糖，再合成烷基多糖苷，在合成过程中加入纳米硅胶粒，在合成后期加入木槿提取液，从而获得超浓缩的强力去污烷基多糖苷天然餐具洗涤剂。

所述脂肪醇为 $C_8 \sim C_{18}$ 的脂肪醇。

本品通过酸源调节溶液的pH值，对其没有特殊的要求，可以为本领域技术人员所知的强酸或者弱酸，例如，所述酸源可以为硫酸、盐酸、磷酸、硝酸中的至少一种。

本品通过在硅胶粒表面负载烷基多糖苷，不仅能够吸附烷基多糖苷，还能提高烷基糖苷在体系中的浓度和稳定性，优选的，所述硅胶粒的粒径为 $50 \sim 300nm$。

产品特性 本品显著的优势是体系中存在的未水解完全的淀粉微粒和纳米硅胶粒组成吸附载体，对烷基多糖苷吸附形成超浓缩性，并在使用时将烷基多糖苷携带至餐具表面黏附摩擦增加去污效果；进一步复配木槿提取液，其中的草苷、异牡荆素、皂苷将烷基多糖苷维持在弱碱性环境，防止其水解，并对金黄色葡萄球菌、伤寒杆菌、大肠杆菌有一定抑制作用。

配方 49 无溶剂高浓缩餐具洗涤剂

原料配比

原料		配比（质量份）			
		1#	2#	3#	4#
阴离子表面活性剂	烷基苯磺酸钠 (LAS)	10	—	—	5
	脂肪醇聚氧乙烯醚硫酸盐 (AES)	—	8	—	—
	α-烯基磺酸盐 (AOS)	—	10	—	—
	脂肪醇聚氧乙烯醚羧酸盐 (AEC)	—	—	25	—
	脂肪酸甲酯磺酸盐 (MES)	—	—	—	10
	烷基糖苷柠檬酸酯	2	—	—	—
非离子表面活性剂	支链醇聚氧乙烯醚	20	—	—	—
	支链烷基糖苷 (APG)	—	—	5	—
	脂肪醇聚氧乙烯醚 (AEO)	—	20	—	—
	烷基糖苷 (APG)	2.5	—	—	—
	脂肪酸甲酯乙氧基化物 (FMEE)	—	—	—	30
两性表面活性剂	椰油丙基甜菜碱	3	—	2	1
	椰油酰胺丙基氧化铵	—	5	3	—
油脂乙氧基化物	椰子油乙氧基化物	—	10	—	—
	棕榈仁油乙氧基化物	13	—	17	—
	大豆油乙氧基化物	—	—	—	11
pH 调节剂	冰醋酸	—	1	—	—
	柠檬酸	0.03	—	—	0.01
	草酸	—	—	3	—

続表

原料	配比（质量份）			
	1#	2#	3#	4#
防腐剂	0.05	0.01	0.1	0.03
香精	0.2	0.4	0.3	0.2
水	加至100	加至100	加至100	加至100

制备方法　在50～70℃下，将阴离子表面活性剂加入水中，在200～500r/min的搅拌速度下搅拌至其完全溶解，依次加入两性表面活性剂、非离子表面活性剂、油脂乙氧基化物，至体系混合均匀呈透明状，用pH调节剂调节pH为6～8，冷却至室温，再加入防腐剂和香精，在200～500r/min的搅拌速度下继续搅拌60～200min，至产品呈均匀透明状态，即得到所要的高浓缩餐具洗涤剂。

原料介绍　所述的防腐剂为尼泊金甲酯、尼泊金乙酯或凯松中的一种。

产品特性

（1）本产品活性物含量可以高达50%左右，不含溶剂，去污力强，具有节省包装材料、降低运输成本以及减少仓储空间等优点；

（2）油脂乙氧基化物、非离子表面活性剂的加入，赋予产品好的低温稳定性和流动性；

（3）产品在使用时，与水以任意比例混合，不会出现凝胶区；

（4）产品具有流动性好、易倾倒、单次洗涤用量更少、泡沫低、易漂洗等优点。

配方 50　餐具果蔬洗涤剂

原料配比

原料	配比（质量份）				
	1#	2#	3#	4#	5#
马铃薯皮提取液	40	50	45	55	60
茶皂素	15	20	18	10	30
茶多酚	10	5	8	15	20
阿拉伯胶	1	—	—	—	1
果胶	—	2	—	—	—
黄原胶	—	—	1.5	—	—
琼脂和瓜尔豆胶	—	—	—	1	—
结冷胶	—	—	—	—	0.5
卡拉胶	—	—	—	—	1
荸荠皮蒲公英提取液	5	6	4	8	10

制备方法

（1）原料处理：将马铃薯皮清洗干净，用水进行提取，过滤，获得马铃薯皮提取液，备用；将荸荠皮、蒲公英按比例混合，经醇提、过滤，获得荸荠皮蒲公英提取液；

（2）混合：按原料配比称取马铃薯皮提取液，然后加入预先称量好的茶皂素、茶多酚溶解混合；

（3）煮胶：向上述混合液中加入增稠剂，然后煮沸1～10min；

（4）调配：降温至60℃以下，加入荸荠皮蒲公英提取液调配，再降至常温即可得到洗涤剂。

原料介绍　所述荸荠皮蒲公英提取液是分别对荸荠皮、蒲公英进行醇提得到荸荠皮提取液和蒲公英提取液，再将两者合并得到的；荸荠皮和蒲公英分别在温度为20～60℃、乙醇浓度为60%～100%，料液比为1:（5～20）；提取时间为2～5h的条件下过滤获得荸荠皮提取液和蒲公英提取液。

所述马铃薯皮提取液是将马铃薯皮与水在料液比为1:（10～30）的条件下，煮沸5～30min提取后，过滤获得的。

所述增稠剂为瓜尔豆胶、阿拉伯胶、快槐豆胶、卡拉胶、果胶、琼脂、海藻酸类、黄原胶和结冷胶中的一种或两种以上混合。

产品应用　本品主要应用于餐具、果蔬清洗。

产品特性

（1）本品以农副废弃物马铃薯皮为主要原料，变废为宝，不仅使得农副废弃物得到综合利用，还大大降低了生产成本，减少了环境污染；马铃薯皮富含淀粉、蛋白质、脂肪、纤维质、矿物质与维生素等，因此，马铃薯皮提取液有良好的洗涤效果、增稠与稳定作用。同时利用了马铃薯皮提取液具有洗涤、乳化及调节黏稠度的作用，提高洗涤剂的清洗效果，降低增稠剂的用量。

（2）本品具有去污力强、温和不伤手、对环境危害小、环保、容易自然降解等特点；特别是荸荠皮、茶多酚、蒲公英中含有微量的天然灭菌抗菌因子和植物天然的芳香，清洁、杀菌、抑菌、增香效果特别显著。

（3）本品中加入了荸荠皮提取液，里面含有具有防腐功效的荸荠英，从而增强了洗涤剂自身的防腐效果，无需额外添加防腐剂，更安全。

配方　51　无患子餐具洗涤剂

原料配比

原料	配比（质量份）			
	1#	2#	3#	4#
无患子果实	42	44	42	44
甘草	3	3	2	3
油酸钾	7	7	6	7

原料	配比（质量份）			
	1#	2#	3#	4#
60% 乙醇溶液	35	40	32	36
香精	2	3	3	3
椰油酰甘氨酸钠	0.9	1.1	1.2	1
甜菜碱	2	2	3	2
防腐剂	1	1	1	2
单硬脂酸甘油酯	3	3	4	3
去离子水	34	32	35	33

制备方法

（1）将无患子果实去除果核后得到无患子果皮，将无患子果皮洗净、沥干表面水分后在粉碎机中加工为浆糊状备用；

（2）将甘草洗净、沥干表面水分后放入40～45℃恒温箱中干燥4～5h，使其水分含量≤11%，取出后粉碎至100目得甘草粉备用；

（3）在60%乙醇溶液中加入浆糊状无患子果皮及甘草粉，用超声提取机提取25～30min，取出，将残渣过滤后得植物提取液；

（4）在去离子水中加入油酸钾、香精、椰油酰甘氨酸钠、甜菜碱、防腐剂和单硬脂酸甘油酯后在100～120r/s的搅拌机中搅拌10～15min，使其混合均匀得部分原料混合液备用；

（5）将部分原料混合液和植物提取液混合，在80～100r/s的搅拌机中搅拌16～20min后即得洗涤剂。

所述超声提取机功率为3kW，频率为3～4MHz。

产品特性

（1）本品稳定性好，不会出现结晶、分层和沉淀等现象；洗涤剂具有去污能力强、泡沫丰富、抗菌、不伤皮肤等特点。

（2）在洗涤剂制备过程中，直接将无患子果皮经粉碎为浆糊状后加入60%乙醇溶液中进行超声提取，可以有效保留无患子果皮中三萜皂苷类、倍半萜糖苷类等有效成分；制备过程均在常温下进行，能耗较低且加工方法简单。

配方 52 洗涤剂组合物

原料配比

原料	配比（质量份）				
	1#	2#	3#	4#	5#
十二烷基葡萄糖苷	4	4	4	4	4
月桂醇聚醚硫酸酯钠	5	5	5	5	5

原料	配比（质量份）				
	1#	2#	3#	4#	5#
α-十六烷基-ω-羟基-聚（氧乙烯）	4	4	4	4	4
柠檬酸钠	2	2	2	2	2
硅藻土	0.8	0.8	0.8	0.8	0.8
山梨酸	0.5	0.5	0.5	0.5	0.5
氯化钾	2	2	2	2	2
甘油	2	2	2	2	2
去离子水	125	125	125	125	125
酶	—	0.8	0.8	0.8	0.8

制备方法　将水加热至40℃，再将其他原料加入，搅拌混合均匀，冷却至室温即可。

原料介绍　所述酶为脂肪酶、淀粉葡糖苷酶、纤维素酶、漆酶、木质素酶、超氧歧化酶、无花果蛋白酶、过氧化氢酶、柚苷酶、菠萝蛋白酶、淀粉酶、橙皮苷酶中的至少一种。

最优的，所述酶为无花果蛋白酶、柚苷酶和橙皮苷酶按质量比为8：（1～3）：（1～3）混合而成。

产品应用　本品主要应用于果蔬、餐具洗涤。

产品特性　本品洗涤剂组合物去污能力强，安全环保，性能温和。

配方 53　餐具洗涤剂组合物

原料配比

原料	配比（质量份）				
	1#	2#	3#	4#	5#
壳聚糖	28	7	16	22	—
苯丙氨酸	5	19	13	13	19
苯磺酸钠	9	3	4	5	6
十二醇聚氧乙烯醚硫酸钠	10	31	12	21	15
羟乙基甲壳素	15	36	27	21	22
脂肪醇硫酸钠	14	4	7	5	7
烷基葡萄糖苷	21	2	16	11	14
柠檬酸钠	3	16	9	6	8
二甲硅油	23	5	13	12	17
三乙醇胺	2	15	7	12	13
水	80	150	125	130	120

制备方法

（1）按质量份数称取各原料，将三乙醇胺溶于水中，得溶液1；

（2）将二甲硅油加入到溶液1中，搅拌并加热至70～85℃，保持20～40min，得溶液2；

（3）将壳聚糖、苯丙氨酸、苯磺酸钠、十二醇聚氧乙烯醚硫酸钠、羟乙基甲壳素、脂肪醇硫酸钠、烷基葡萄糖苷和柠檬酸钠加入溶液2中，搅拌并加热至60～90℃，保持30～50min后，冷却至15～25℃，即得。

产品特性　本品采用合理的配比使得其去污力提高。在本品中壳聚糖和苯丙氨酸对提高洗涤剂组合物的去污力具有协同增效作用。

配方 54 苋菜基环保餐具洗涤剂

原料配比

原料	配比（质量份）		
	1#	2#	3#
粉末A	20	25	30
烷基糖苷	9	10	11
葡萄糖酸钠	1	1.5	2
苋菜酵素粉	0.5	0.8	1
羧甲基纤维素钠	1.5	2	3
苋菜精油微球	0.5	0.8	1
蒸馏水	120	150	180

制备方法

（1）取50～70份蒸馏水加热至40～50℃，依次加入20～30份粉末A和9～11份烷基糖苷，搅拌混合均匀；

（2）冷却至室温，加入1～2份葡萄糖酸钠、0.5～1份苋菜酵素粉和1.5～3份羧甲基纤维素钠，不断搅拌至混合均匀；

（3）加入0.5～1份苋菜精油微球和20～40份蒸馏水，搅拌均匀即得苋菜基环保餐具洗涤剂。

原料介绍　所述粉末A、苋菜酵素粉、苋菜精油微球的制备方法如下。

（1）取新鲜苋菜，绞碎后加水浸泡4～5h，其中料液比为1∶4；

（2）过滤后以水蒸气蒸馏5～6h，用无水乙醚进行萃取，萃取液经无水硫酸钠脱水用旋转蒸发仪浓缩得苋菜精油；

（3）取2～5份乙基纤维素，加入40～60份80%乙醇，搅拌溶解；

（4）加入5～10份苋菜精油和2%的甘油，充分搅拌均匀；

（5）再加入1%滑石粉，搅拌均匀；

（6）喷雾干燥得苋菜精油微球，进料速度为3mL/min，进风温度为100℃，雾化压力为100kPa；

（7）将步骤（2）得到的萃取滤渣进行冷冻干燥；

（8）取出后粉碎过40目筛，加入50%乙醇水溶液，密封混匀，加压500～600MPa，提取2～3min，其中料液比为1∶（70～80）；

（9）过滤，取滤液，进行减压蒸馏，烘干得粉末A；

（10）将步骤（9）得到的滤渣加入蒸馏水搅拌，再加入1.0%～1.5%的纤维素酶、0～0.25%的木聚糖酶和0.5%～0.8%的果胶酶，在温度55℃、pH 5.5的条件下酶解240min，其中滤渣和酶解液的料液比为1∶3；

（11）真空冷冻浓缩至可溶性同形物含量为20%，加入0.2%～0.3%酵母膏、0.8%～1%碳酸铵、1.5%～1.7%磷酸氢钾、0.02%～0.03%磷酸钙和0.01%～0.02%硫酸镁，在温度30℃、pH 3.5的条件下接种0.15%～0.2%酵母菌，发酵16h；

（12）升温至37℃，接种0.5%干酪乳杆菌，静置发酵24～25h；

（13）降温至18～20℃，静置，进行24h的后发酵，取苋菜酵素液，经真空冷冻干燥后得苋菜酵素粉。

产品特性

（1）以最普通的苋菜为原料，大大提高了苋菜的价值。

（2）以苋菜为原料，各个成分都从苋菜中提取，所制备的洗涤剂绿色环保，不伤手。

（3）本品在低温和高温环境中都具有较好的稳定性，生产、销售、运输或者消费者使用的过程中，一般不会因为温度的波动而引起性质改变。

（4）本品方法制备的洗涤剂的去油率最高可达70.46%，具有非常好的去污效果。

配方 55 小苏打洗涤剂

原料配比

原料	配比（质量份）		
	1#	2#	3#
椰油酰胺丙基甜菜碱	5.5	6.5	6
醇醚糖苷	11.5	12.5	12
脂肪醇聚氧乙烯醚硫酸钠	5.5	6	5.5
黄原胶和瓜尔胶	0.8	1.2	1
食用盐	3.2	4	4
食品级碳酸氢钠	26	30	25
防腐剂	适量	适量	适量
香精	适量	适量	适量
去离子水	40	48	46

制备方法

（1）在温度为55～65℃时，将椰油植物活性提取物、醇醚糖苷、阴离子表面活性剂和去离子水加入到搅拌罐中，搅拌直至溶解完全。

（2）将步骤（1）溶解得到的原料转移到真空乳化机中，再加入黏稠剂、食用盐，搅拌并开始乳化，抽真空至0.05～0.06MPa，搅拌乳化时间不少于50min。

（3）乳化完成后排真空，加入小苏打、防腐剂、香精，继续搅拌、乳化，并抽真空至0.01～0.02MPa，搅拌乳化时间不少于40min，即得所述小苏打洗涤剂。

原料介绍　所述椰油植物活性提取物为椰油脂肪酸单乙醇酰胺、椰油脂肪酸二乙醇酰胺、椰油酰胺丙基甜菜碱中的一种或者几种的混合物。

所述小苏打为食品级碳酸氢钠。

所述阴离子表面活性剂为脂肪醇聚氧乙烯醚硫酸钠或醇醚羧酸钠中的一种或者两种的混合物。

所述黏稠剂为黄原胶、瓜尔胶、羧甲基纤维素钠、果胶、卡波胶中的一种或两种以上的混合物。

所述防腐剂和香精均为食品级添加剂。

产品应用　本品主要应用于餐具清洗，也可用于瓜果蔬菜洗涤。使用时，将清涤剂倒入温水中，化开后直接放入餐具清洗，或者放入瓜果蔬菜清洗即可，使用方便。

产品特性　本品能有效清除餐具污物、动物油渍、糖渍等，且使用方便，具有天然、安全、实用、无任何副作用的特点。

配方 56 液体洗涤剂

原料配比

原料	配比（质量份）
AES	8
TX-10	2
尿素	3
乙醇	5
皂基	10
CMC	0.5
柠檬酸钠	2
硅酸钠	1
EDTA	0.2
荧光增白剂	0.6
次氯酸钠	2
甲醛	0.2
去离子水	加至100

制备方法 将各组分混合均匀即可。
产品应用 本品主要应用于餐具洗涤。
产品特性 本液体洗涤剂具有去污力强、洗涤效果好的特点。

配方 57 液体消毒洗涤剂

原料配比

原料	配比（质量份）
脂肪醇聚氧乙烯醚硫酸钠	6
十二烷基苯磺酸钠	4
辛基酚聚氧乙烯醚	适量
烷醇酰胺	2
乙二胺四乙酸	1
氯化钾	1
戊二醛	2
增效剂	适量
稳定剂	适量
去离子水	加至 100

制备方法 将各组分混合均匀即可。
产品应用 本品主要应用于餐具、水果、衣物、被褥和家庭用具等洗涤。
产品特性 本品具有消毒和洗涤的功能，性能优异，成本低廉。

配方 58 用于洗碗机的餐具洗涤剂

原料配比

原料	配比（质量份）		
	1#	2#	3#
甘油	18	15	18
1,2-丙二醇	10	—	10
乙醇	—	—	12
聚乙二醇	—	20	—
异丙醇	—	15	—
脂肪醇聚氧乙烯醚硫酸钠	—	10	—
单乙醇胺	2	—	—
三乙醇胺	3	3	8
十二烷基苯磺酸	10		

原料	配比（质量份）		
	1#	2#	3#
油酸	5	—	20
椰子油酸	8	15	12
异构十三醇聚氧乙烯醚	—	5	—
异构十醇聚氧乙烯醚	—	10	—
脂肪醇聚氧乙烯醚	15	—	—
脂肪酸甲酯乙氧基化物	18	—	—
脂肪醇聚氧乙烯醚-9	—	—	10
氢氧化钠	—	—	0.05
氢氧化钾	—	—	0.05
色素	0.1	—	—
香精	1	1	—
酶制剂	—	3	2
水	9.9	3	7.9

制备方法

（1）按照质量份数计算称取溶剂。

（2）按照质量份数计算称取阴离子表面活性剂溶解在溶剂中，混合搅拌均匀至溶解完全。

（3）加入中和剂，充分搅拌至溶解完全。

（4）加入非离子表面活性剂进行混合搅拌，直至澄清透明。

（5）加入助剂，用水来溶解某些粉状的助剂，进行混合搅拌至均匀，出料即可制备得到洗涤剂。

原料介绍　溶剂包括甘油、1,2 丙二醇、异丙醇、乙醇和聚乙二醇中的至少两种。通过多种溶剂的复配，液体洗涤剂与其他成分具有较好的匹配性和相容性，且注入聚乙烯醇膜内能保持稳定，避免聚乙烯醇膜溶解、胀破。进一步地，液体洗涤剂的溶剂为甘油、1,2-丙二醇和聚乙二醇。

阳离子表面活性剂包括十二烷基苯磺酸、脂肪醇聚氧乙烯醚硫酸钠、油酸、椰子油酸；非离子表面活性剂为脂肪醇聚氧乙烯醚-9、异构十三醇聚氧乙烯醚、异构十醇聚氧乙烯醚和脂肪酸甲酯乙氧基化物中的至少两种。通过多种表面活性剂的复配，提高液体洗涤剂的润湿性。

中和剂包括氢氧化钠、氢氧化钾、单乙醇胺、二乙醇胺和三乙醇胺中的至少一种。

助剂包括酶制剂、香精和色素中的至少一种，色素可选用适用于餐具洗涤剂的水溶性染料。

产品特性 本品通过配方比例调整，控制使用时的泡沫量，使该餐具洗涤剂适用于洗碗机，解决了现有洗涤剂泡沫量过高的问题，同时具备较强的去污力和润湿性，洗涤效果好。

配方 59 鱼油基天然环保果蔬餐具洗涤剂

原料配比

原料	配比（质量份）
巴沙鱼油脂肪酸钾皂	20 ～ 30
烷基糖苷	5 ～ 10
脂肪醇聚氧乙烯醚 -9	3 ～ 5
天然抗菌剂	0.2 ～ 0.5
去离子水	55 ～ 75

制备方法 取巴沙鱼油脂肪酸钾皂、烷基糖苷、脂肪醇聚氧乙烯醚-9、天然抗菌剂，加入温度为45 ～ 50℃的去离子水中，以300 ～ 400r/min搅拌30 ～ 40min，得鱼油基天然环保果蔬餐具洗涤剂。

原料介绍 所述巴沙鱼油脂肪酸钾皂由下述方法制得：

（1）将新鲜的巴沙鱼清洗去除内脏杂质，并用去离子水洗涤后沥干，再转入组织捣碎机中匀浆捣碎搅匀，得原料液；

（2）取原料液与去离子水按1∶1混合，并调节pH至8.0 ～ 8.5，再加入胰蛋白酶在35 ～ 40℃下酶解3 ～ 4h，离心分离取上层油相，得粗巴沙鱼油；

（3）取脂肪酶加入粗巴沙鱼油中，在50 ～ 60℃下搅拌反应3 ～ 4h，再加入质量分数为70% ～ 75%的磷酸溶液，在60 ～ 80℃下搅拌8 ～ 10min后离心分离，取上层油液并加入活性白土，搅拌20 ～ 30min后过滤得滤液，向滤液中加入酵母粉，在40 ～ 50℃下搅拌反应20 ～ 30min后离心分离，取液相得巴沙鱼油；

（4）取乳清分离蛋白加入到pH值为7.0的磷酸盐缓冲液中搅拌20 ～ 30min，再在60 ～ 80℃下边搅拌边加入巴沙鱼油，加入完毕后以20000 ～ 24000r/min乳化3 ～ 5min，并在60 ～ 80MPa下循环均质处理3 ～ 5次，得巴沙鱼油纳米乳；

（5）取巴沙鱼油纳米乳与质量分数为95%的乙醇溶液混合均匀，再加入质量分数为30%的氢氧化钾溶液，在50 ～ 60℃下搅拌反应至黏稠膏状物，再置于保温箱内保温20 ～ 24h，取出置于通风处熟化2 ～ 3周，得巴沙鱼油脂肪酸钾皂。

所述胰蛋白酶用量为原料液质量的2% ～ 8%。

所述脂肪酶用量为粗巴沙鱼油质量的6% ～ 24%，所述磷酸溶液用量为粗巴沙鱼油质量的0.5% ～ 2.0%，所述活性白土用量为粗巴沙鱼油质量的10% ～ 40%，所述酵母粉用量为粗巴沙鱼油质量的2.5% ～ 10%。

所述乳清分离蛋白用量为巴沙鱼油质量的12.5% ～ 50%，所述磷酸盐缓冲液用量为巴沙鱼油质量的10倍。

所述乙醇溶液用量为巴沙鱼油纳米乳质量的10%～40%，所述氢氧化钾溶液用量为巴沙鱼油纳米乳质量的20%～80%。

所述天然抗菌剂为甲壳素、芥末、蓖麻油、山葵油中的一种或多种。

产品特性　本品以巴沙鱼为原料，通过酶解精制后制成巴沙鱼油，并用乳清分离蛋白包埋，改善其易氧化分解，产生醛、酮等对人体有害的物质的问题，并改善鱼油水溶性，提高稳定性，再经皂化反应制成巴沙鱼油脂肪酸钾皂作为主要表面活性剂，与烷基糖苷和脂肪醇聚氧乙烯醚-9进行复配，添加天然抗菌剂和去离子水制成鱼油基天然环保果蔬餐具洗涤剂。所用原料天然环保，不会对人的身体皮肤造成伤害，洗涤废水的排放也不会造成环境污染。

配方 60 植物餐具洗涤剂

原料配比

原料	配比（质量份）				
	1#	2#	3#	4#	5#
茶皂素制品	60	40	50	55	55
腰果酚聚醚类表面活性剂	10	15	12	10	10
葡萄糖苷	5	2	3	4	4
EDTA-2Na	0.5	1	0.7	1	1
柠檬酸	1	0.2	0.5	0.2	0.2
黄原胶	—	2	8	2	2
抑菌剂凯松CG	—	—	0.1	0.5	0.5
柠檬香精	—	—	—	0.1	0.1
橙子香精	—	—	—	—	0.05
菠萝香精	—	—	—	—	0.15
水	100	120	110	105	105

制备方法　将原料混合均匀，根据需求加入防腐剂、pH调节剂以及香精等，冷却，经质量检测合格并静置24h后，即可得到所述植物餐具洗涤剂。

原料介绍　所述茶皂素制品采用以下步骤制备：

（1）将茶麸粉碎过40～70目筛后，在50～70℃下干燥至茶麸的含水率小于12%，得到干燥茶麸原料。

（2）加入碳酸二甲酯进行脱脂，并分离出油脂和杂质，得到脱脂茶麸；所述干燥茶麸原料与碳酸二甲酯的质量比为1∶（0.8～1.2）；碳酸二甲酯加入后通过浸泡进行脱脂，时间为20～50min。

（3）加入热水进行超声浸提，然后过滤、浓缩至茶皂素的浓度为15%，得到所述的茶皂素制品；所述热水的温度为70～90℃，脱脂茶麸与热水的质量比为1：（9～11），超声浸提的超声功率为600～1000W，浸提时间为1～2h。该超声功率和浸提时间可以有效提取脱脂茶麸中的有效茶皂素成分，得到有效成分含量高的茶皂素制品。

茶皂素，是一种绿色植物原料，是一种非离子表面活性剂，能够降低水的表面张力，产生持久的泡沫，并有很强的去污能力，且不受水质硬度影响，具有乳化、分散、湿润、发泡的性能，有抗渗、消炎、镇痛等药理作用，并且有灭菌杀虫和刺激某些植物生长的功能。

腰果酚聚醚类表面活性剂包括腰果酚聚氧乙烯醚、聚醚羧酸盐和聚醚磺酸盐。

葡萄糖苷是由可再生资源天然脂肪醇和葡萄糖合成的，是一种性能较全面的新型非离子表面活性剂，兼具普通非离子和阴离子表面活性剂的特性，具有高表面活性、良好的生态安全性和相溶性。表面张力低、无浊点、HLB值可调、湿润力强、去污力强、泡沫丰富细腻、配伍性强、无毒、无害、对皮肤无刺激，生物降解迅速彻底，可与任何类型表面活性剂复配，协同效应明显，也具有较强的广谱抗菌活性。

产品特性　本品可以有效洗涤餐具油垢或清除果蔬残留农药，且不含磷，对环境无污染，对人体健康不产生损害，属于环境友好型产品。

3 果蔬洗涤剂

配方 1 菠菜洗涤剂

原料配比

原料	配比（质量份）	
	1#	2#
甘油单柠檬酸酯	22	25
中药剂	5	2
大豆卵磷脂	3	7
可溶性淀粉	12	8
三乙醇胺	4	8
香精	0.05	0.02
三梨酸钾	0.1	0.6
颜料	0.08	0.02
去离子水	80	90

制备方法 将各组分溶于水，混合均匀即可。

原料介绍 所述中药剂由以下质量份的成分组成：泽泻5～8份、蜈蚣8～10份、白及3～6份、远志10～14份。其制作方法是：将上述中草药熬煮、蒸发即得。

产品特性 本品添加纯正中草药，配方温和，去污力强，无污染，不刺激皮肤，能够大幅降低菠菜表面抑菌灵等农药的含量。

配方 2 纯天然中草药植物抑菌祛农药洗涤剂

原料配比

原料	配比（质量份）				
	1#	2#	3#	4#	5#
生姜提取物	8	8	8	8	15
玉米提取物	15	18	22	30	15
甘草提取物	10	10	10	10	15
黄芩提取物	20	20	20	20	30
金银花提取物	10	10	10	10	18
黄连提取物	5	5	5	5	10
椰子油衍生物	15	18	20	32	15
去离子水	适量	适量	适量	适量	适量

制备方法

（1）原料准备：将生姜提取物、玉米提取物、甘草提取物、黄芩提取物、金银花提取物、黄连提取物磨碎至30～80目备用；

（2）原料溶解：取出适量的去离子水，将去离子水加热至50℃，然后取出经过步骤（1）磨碎的生姜提取物、玉米提取物、甘草提取物、黄芩提取物、金银花提取物、黄连提取物以及椰子油衍生物全部放入加热后的去离子水中；

（3）调节浓度：向经过步骤（2）溶解后的原料中继续加入部分去离子水，一边加入一边搅拌，调整pH值至7左右；

（4）装罐使用：将步骤（3）中调整后的洗涤剂装罐。

原料介绍　生姜是一种药、食两用的植物，应用十分广泛，而且生姜原汁液还具有很好的抗氧化特性，可以用来防止肉制品及其他一些食品的氧化酸败。生姜提取物具有降血脂、强心、防治心血管疾病、抗衰老、抗氧化、抗肿瘤、止晕、止吐、抑制前列腺素合成、驱虫、防腐杀虫和护肤美容等多方面的生物活性，可以开发适合于不同人群的多种调味品、保健品、药品、化妆品和绿色农药等。

玉米提取物为精细棕黄色粉末，可以用于利尿消肿，利湿退黄。主治水肿、小便淋沥、黄疸、胆囊炎、胆结石、高血压病、糖尿病、乳汁不通，同时玉米提取物中富含淀粉，淀粉对油溶性农药具有很强的吸附作用，可以通过吸附祛除蔬菜和水果表面残留的农药。

甘草提取物，是从甘草中提取的有药用价值的成分。甘草提取物为黄色至棕黄色粉末，一般包含：甘草甜素、甘草酸、甘草苷、甘草类黄酮、后幕比檀素、刺芒柄花素、槲皮素等，有补脾益气、清热解毒、祛痰止咳、缓急止痛、调和诸药的功效。用于治疗脾胃虚弱、倦怠乏力、心悸气短、咳嗽痰多，脘腹、四肢挛急疼痛等病症，同时甘草提取物具有抑菌作用。

黄芩提取物为黄芩经提取干燥制得的淡黄色的粉末；气微，味苦；既可用于医药，也可用于化妆品，是一种很好的功能性美容化妆品原料。黄芩有较广的抗菌谱，在试管内对痢疾杆菌、白喉杆菌、绿脓杆菌、葡萄球菌、链球菌、肺炎双球菌以及脑膜炎球菌等均有抑制作用，对多种皮肤致病性真菌体外亦有抑制力，并能杀死钩端螺旋体，可以起到杀菌作用，对人体起到保护作用。

金银花提取物提取自天然植物金银花，主要成分为绿原酸，为棕色粉末，可作为药品、保健品、化妆品的原料，其作用功效体现在消炎、抗菌两方面。金银花的茎、叶、花中主要成分为绿原酸，绿原酸在临床上具有抗菌消炎的作用。现代医学研究证明，金银花对于链球菌、葡萄球菌、伤寒杆菌、痢疾杆菌、大肠及绿脓杆菌、肺炎双球菌、百日咳杆菌、脑膜炎球菌等，都有较强的抑菌力，对治疗流行性感冒和炎症均有一定疗效，可以用于辅助清洁杀菌。

黄连多集聚成簇，常弯曲，形如鸡爪，单枝根茎长3～6cm，直径为0.3～0.8cm。表面灰黄色或黄褐色，粗糙，用于治疗湿热痞满、呕吐吞酸、泻痢、黄疸、高热神昏、心火亢盛、心烦不寐、血热吐衄、目赤、牙痛、消渴、痈肿疔疮；外治湿疹、湿疮、耳道流脓，可以用于辅助清洁果蔬表面的细菌。

椰子油衍生物是棕榈种植物椰子的胚乳的衍生物，经碾碎烘蒸后所榨取的油，果肉含油量为60%～65%。油中含游离脂肪酸20%、羊油酸2%、棕榈酸7%、羊脂酸9%、脂蜡酸5%、羊蜡酸10%、油酸2%、月桂酸45%。椰子油的甾醇中含豆甾三烯醇4.5%、豆甾醇及岩藻甾醇31.5%、α-菠菜甾醇及甾醇6%、D-谷甾醇58%，与玉米提取物共同用于分解农药残留（简称农残）物和果蔬上残留的果蜡。

产品应用　本品主要应用于果蔬洗涤。使用方法：取出制备完成的洗涤剂，将洗涤剂倒入需要清洗的果蔬中，然后加水与洗涤剂混合，将果蔬在洗涤剂中洗净，并用清水冲洗干净即可祛除果蔬表面残留的农药以及细菌和果蜡，即可安心地食用果蔬。

产品特性　本品采用生姜提取物、玉米提取物、甘草提取物、黄芩提取物、金银花提取物、黄连提取物和椰子油衍生物作为主要成分，玉米提取物中的玉米葡萄糖和椰子油衍生物中的椰子油脂肪醇合成的APG也被称作玉米提取合成物，为可再生天然植物来源，是天然的绿色表面活性剂之一。利用玉米提取物和椰子油衍生物相互反应，从而祛除残留农药和果蜡，利用其他中草药成分进行辅助杀菌清洁作用，同时本洗涤剂中的成分全部为纯天然的中药成分，不会对环境造成损害，是一种环保型洗涤剂。

配方 **3** 瓜果餐具洗涤剂

原料配比

原料	配比（质量份）		
	1#	2#	3#
山茶洗洁粉	20	30	25
蔗糖油酸酯	10	15	15
甘油	5	10	7
氨基磺酸	3	5	4
椰子油烷醇酰胺	5	9	7
香精	0.05	0.1	0.06
薄荷粉	0.1	0.5	0.12
十二烷基苯磺酸钠	3	8	5
珠光砂粉	5	10	8
抑菌肽	1～5	1	5
蛋白酶	0.5	1	0.6
脂肪酶	0.5	1	0.8
去离子水	30	60	47

制备方法 将各组分混合均匀即可。

原料介绍 所述山茶洗洁粉由山区野生纯天然山茶籽，经脱油提纯精研而成。

所述甘油浓度为60%～80%。

所述薄荷粉为薄荷叶晒干之后，研磨粉碎后制得的，其颗粒直径为0.01～0.05mm。

所述珠光砂粉的粒度为0.05～0.5mm。

所述蛋白酶为来源于深海的短小芽孢杆菌发酵制备的蛋白酶、巨大芽孢杆菌菌株发酵制备的蛋白酶中的一种，或两种酶的混合物。

所述脂肪酶为来源于深海的假单胞菌发酵制备的低温脂肪酶、来源于深海的蜡样芽孢杆菌发酵制备的低温脂肪酶中的一种，或两种酶的混合物。

所述抑菌肽为从西伯利亚冻土中分离得到的嗜冷杆菌经发酵、超滤截留、高效液相分离所得的。

本品中各组分其功能如下：

山茶洗洁粉又叫茶籽粉，富含天然茶皂素，能迅速去除油污，可清洗餐具、瓜果等。去油污能力强，易冲洗，不伤手，还可以分解瓜果中的农残。它还有杀菌、解毒、消炎、止痒的药理功能，安全、环保、无残留。

蔗糖油酸酯可以降低表面张力、乳化、抗菌保鲜等。

薄荷既有清凉芳香之功效，又有杀菌消毒的功能。

氨基磺酸广泛应用于清洗剂，可用于清除沉积在烹饪器皿上的蛋白质以及其他肉类加工器械上的沉积物等。

本品中的香精为从水果、花木或者中草药中提取的纯天然香精。

烷基醇酰胺是非离子表面活性剂，能够作为增稠剂和泡沫稳定剂，大量用于洗涤剂中。

十二烷基苯磺酸钠是中性的，对水硬度较敏感，不易被氧化，起泡力强，去污力强，是非常出色的阴离子表面活性剂。

珠光砂粉可以增大洗涤液与污渍之间的摩擦力，从而更好地去除顽固污渍。

本品中还添加了深海来源的微生物发酵制备所得的脂肪酶、蛋白酶等。混合酶最适温度较低，可以在较冷的清水中发挥作用，分解残留的油污，以及肉类加工器皿上的沉积物等。

本品含有从西伯利亚冻土中分离得到的嗜冷杆菌经发酵、超滤截留、高效液相分离所得的抑菌肽，所述抑菌肽可以在餐具表面形成一层保护膜，有效抑制有害病菌的滋生。添加甘油可以使复合酶活性更加稳定。

产品特性

（1）本品不含刺激性化学组分，长期使用不会对人体皮肤造成伤害。

（2）本品不含有毒化学组分，在餐具瓜果上无残留，不会对人体造成伤害。

（3）本品含有低温蛋白酶与脂肪酶，可以在较低温度下强力去除油污。

（4）本品含有薄荷粉，与珠光砂粉协调作用可以洗掉瓜果餐具上凹陷处的污渍，同时使餐具上清香持久。

（5）本品含有抑菌活性组分，对多种常见细菌及致病细菌的抑制作用基本都可以达到90%以上。

配方 4 瓜果蔬菜洗涤剂

原料配比

原料	配比（质量份）		
	1#	2#	3#
氯化钠	5	10	6
油酸钠	5	10	8
乙醇	5	10	7
富马酸	10	20	15
磷酸二氢钠	0.1	0.3	0.2
蔗糖脂肪酸酯	3	5	4
椰子油	5	10	8
柠檬酸钠	10	15	12
油酸三乙醇胺	10	15	12
水	40	60	45

制备方法 先将椰子油溶于乙醇中后加入到50～80℃的水中，再在搅拌状态下加入蔗糖脂肪酸酯和油酸三乙醇胺，最后加入剩余组分，搅拌混合均匀即可。

原料介绍 本品瓜果蔬菜洗涤剂中，氯化钠起到润湿和增稠的作用，使本品能附着于表面光滑的瓜果蔬菜上，与瓜果蔬菜充分接触、润湿，提高洗涤效果；油酸钠有优良的乳化力、渗透力和去污力，同时具有很好的消毒和杀菌性能；乙醇起到助溶的作用；富马酸能使本品产生的泡沫更为持久细腻，便于冲洗；磷酸二氢钠作为稳定剂，同时能洗净瓜果蔬菜表面所带有的重金属离子；蔗糖脂肪酸酯无毒，具有良好的表面性能和乳化性能；油酸三乙醇胺为非离子表面活性剂，具有优异的乳化和分散性能，泡沫细腻，在酸性和碱性介质中稳定性强，与蔗糖脂肪酸酯协同增效，具有更为优异的乳化和洗涤效果，极易用水洗净；椰子油对于瓜果蔬菜上所附着的油污具有很好的清洁效果，且极易清洗；柠檬酸钠作为洗涤助剂，能明显提高本品对瓜果蔬菜上残留农药等污染和有害物质的去除能力。

产品特性

（1）本品配方合理科学，各组分协同增效，使用安全性与洗涤效果好，余液易于用水冲洗干净，具有良好的消毒和杀菌性能，能有效去除瓜果蔬菜上的虫卵、残留农药、灰尘等污染和有害物质；

（2）本品制备工艺步骤简单，易实施，可操作性强。

配方 5 瓜果蔬菜用洗涤剂

原料配比

原料	配比（质量份）			
	1#	2#	3#	4#
月桂酸谷氨酸钠	10	15	12	13
天然甘草精油	3	8	4	6
碳酸氢钠	5	10	6	9
葡萄糖酸钠	10	15	12	14
柠檬酸	4	9	6	8
六聚甘油单油酸酯	20	30	25	28
椰油酸二乙醇酰胺	15	25	18	23
水	60	80	70	75

  制备方法 将各组分溶于水，混合均匀即可。

  产品特性 本品天然无副作用，清洗后的瓜果蔬菜无残留，天然、绿色环保；本品成本低，生产工艺简单。

配方 6 果蔬用洗涤剂（1）

原料配比

原料	配比（质量份）		
	1#	2#	3#
氯化钠	5	10	8
烷基糖苷	3	8	5
聚六亚甲基双胍盐酸盐	1	4	3
月桂酰肌氨酸钠	5	8	6
酶	0.5	1.5	1
增稠剂	0.1	1	0.8
山梨酸钾	0.5	2	1
乙二胺四乙酸钠	0.5	0.5	1
香精	0.1	0.5	0.3
去离子水	加至 100	加至 100	加至 100

  制备方法 将各组分溶于水，混合均匀即可。

  原料介绍 所述酶为淀粉酶和脂肪酶的混合酶，淀粉酶和脂肪酶的质量之比为1∶1。

  所述增稠剂为阿拉伯胶。

  所述香精为柠檬香精。

产品特性 本品将氯化钠、烷基糖苷、聚六亚甲基双胍盐酸盐、月桂酰肌氨酸钠和酶相互结合使用，能够起到很好的协同作用，进一步提高洗涤效果。本品去污能力强，具有良好的抗菌杀菌作用，并且能够去除农药残留，水溶性好，稳定性强，适于长期保存，同时生物降解能力好，对环境无污染，是一种适用于果蔬洗涤的环保型洗涤剂。

配方 7 果蔬用洗涤剂（2）

原料配比

原料	配比（质量份）				
	1#	2#	3#	4#	5#
马铃薯淀粉	28	—	—	32	—
藕淀粉	—	32	—	—	—
玉米淀粉	—	—	26	—	—
菱角淀粉	—	—	—	—	34
大豆皂苷	6	8	8	8	10
脂肪酸甲酯磺酸钠	3	2	1	2	3
烷基酚聚氧乙烯醚	4	2	2	2	4
葡萄糖酸钠	6	5	2	8	6
聚乙二醇	1	3	2	2	1
羟乙基纤维素	2	3	3	3	2
乙二胺四乙酸二钠	1.3	0.9	1.8	1.5	1.3
防腐剂卡松	0.5	0.3	0.6	0.8	0.5
乙醇	37	28	28	36	37
柠檬精油	0.9	—	1.3	1.3	—
薰衣草精油	—	1.6	—	—	0.9
水	50	55	48	55	50

制备方法

（1）将淀粉、葡萄糖酸钠溶解于水中，搅拌20～30min得到混合物a；

（2）将大豆皂苷、脂肪酸甲酯磺酸钠、烷基酚聚氧乙烯醚、羟乙基纤维素、乙醇混合，搅拌均匀，30～40℃反应10～20min后，得到反应物b；

（3）将混合物a、反应物b混合，加入聚乙二醇、乙二胺四乙酸二钠、精油、防腐剂，40～50℃搅拌20～30min，静置1～2h后，得到该果蔬洗涤剂。

原料介绍　淀粉在水中形成胶体，胶体带电，可以吸附水中的杂质；大豆皂苷具有发泡性和乳化性，广泛用作食品的添加剂；脂肪酸甲酯磺酸钠安全无毒，抗硬水能力强，可完全生物降解，是真正绿色环保的表面活性剂；烷基酚聚氧乙烯醚是一种性质稳定、耐酸碱、成本较低的非离子表面活性剂；葡萄糖酸钠具有优异的缓蚀阻垢作用，调节酸碱平衡，降低了洗涤剂的毒性；聚乙二醇具有良好的润滑性、分散性、抗静电性、粘接性，并与许多有机物组分有良好的相溶性，使得果蔬上的杂质污物更容易地随水冲走；羟乙基纤维素具有增稠、悬浮、黏合、乳化、分散、保持水分及胶体等性能，进一步提高了洗涤剂的黏性；防腐剂卡松能有效地抑制和灭除菌类和各种微生物，防腐效果显著，在 1.5×10^{-4} 浓度下可完全抑制细菌、霉菌、酵母菌的生长。

所述淀粉为马铃薯淀粉、菱角淀粉、藕淀粉、玉米淀粉中的一种或多种的组合。

所述精油为柠檬精油或薰衣草精油。

产品特性

（1）本品采用多种天然提取成分与有机化合物的螯合剂、分散剂、增稠剂混合，能够对果蔬的表面和深层进行洁净，活性较高，气味芳香，残留物少，毒副作用小。

（2）本品性能优良，绿色环保。

配方 8 果蔬用洗涤剂（3）

原料配比

原料	配比（质量份）	
	1#	2#
两性表面活性剂	1	1
活性氧化钙	0.8	0.5
草酸	0.4	0.4
碳酸钙	0.3	0.3
香精	0.2	0.8
催化酶	0.5	0.5
水	45	50

制备方法　将各组分混合均匀即可。

原料介绍　所述两性离子表面活性剂包括环氧乙烷缩合物、聚氧乙烯月桂醇醚硫酸钠和烷基苯磺酸乙醇胺盐三种，其配比分别为60%、25%和15%。

所述催化酶为复合酶。

产品特性　本品可以有效地洗涤掉蔬菜表面的残留农药，能够吸附农药这种有机酯类物，使其剥离于蔬菜的表面并漂浮于水面上，去除高达80%以上的残留农药，同时不破坏蔬菜、瓜果的维生素以及其他营养物质。

配方 9 果蔬用洗涤剂（4）

原料配比

原料	配比（质量份）			
	1#	2#	3#	4#
芦荟提取物	7	2	10	5
无患子果皮	30	25	31	40
AES	6	4	8	5
柠檬酸三正丁酯	0.2	0.2	0.8	0.3
AOS	2	1	3	2
EDTA-2Na	0.2	0.2	0.3	0.2
凯松	0.2	0.2	0.4	0.2
香精	0.4	0.4	0.5	0.3
Na_2CO_3	2	1	3	2
碱性蛋白酶	2	1	3	1
去离子水	50	65	40	44

制备方法 将干燥芦荟叶用质量分数为80%～95%的乙醇水溶液浸泡，时间为4～8h；然后加热回流1～2h，过滤，浓缩滤液至原体积的1/10，即得本品的芦荟提取物。制备无患子果皮原浆时，将无患子果皮用清水泡软，捞出，-50℃速冻；接着自然吸热升温，当无患子果皮温度回升到1℃以上时，放入1000～4000r/min的离心机中，边离心脱液边继续升温到40℃，收集溶解流出的离心液，即为无患子果皮原浆。用去离子水和Na_2CO_3兑冲无患子果皮原浆，搅拌；接着依次加入AES、芦荟提取物、柠檬酸三正丁酯、AOS、EDTA-2Na、凯松、香精和碱性蛋白酶，再搅拌成胶乳液；冷却至室温得洗涤剂；经包装、检验后，成品入库。

原料介绍 本品的芦荟提取物富含蒽酮类化合物，具有杀菌、抑菌作用，在本品中与柠檬酸三正丁酯结合起增强杀菌、抑菌作用。

所述的碱性蛋白酶，由于酶的专一性，它只能使蛋白质水解，能去除果蔬上的果蜡和蛋白质污物。

产品应用 本品主要应用于果蔬洗涤。使用本品时，在水中加入上述洗涤剂数滴，将水果或者蔬菜浸泡2～5min，再用清水洗净即可；若用本品滴少许在抹布上，直接擦洗水果或者蔬菜的表面，再用清水洗净，效果更佳。

产品特性 本品采用特殊的无患子有效成分的提取工艺，可以最大限度地提取无患子皂苷等三萜皂苷；本品对人畜无毒性，对环境无污染，对蔬菜水果有机氯农药残留量的清除率可达86.1%，对有机磷农药残留量的清除率可达93.8%，且具有一定的杀菌、络合重金属的作用。

配方 10 果蔬用洗涤剂（5）

原料配比

原料	配比（质量份）				
	1#	2#	3#	4#	5#
纯水	90.90	63.80	77.35	87.64	71.96
脂肪酸甲酯磺酸钠	7	20	13.5	10	17
EDTA-2Na	0.05	0.2	0.125	0.09	0.15
十二烷基硫酸钠	1	10	5.5	1	7
柠檬酸钠	1	5	3	1.2	3.8
柠檬酸	0.05	1	0.525	0.07	0.09

制备方法　按配比将纯水加入搅拌锅后，放入配比的脂肪酸甲酯磺酸钠，搅拌15～20min至完全溶解；将搅拌锅加热至温度为50～60℃后，继续加入配比的EDTA-2Na和十二烷基硫酸钠，搅拌30min至完全溶解；加入配比的柠檬酸钠和柠檬酸调节pH至6.8～7.5，冷却搅拌锅至20～45℃后即可。

产品应用　本品主要应用于果蔬洗涤。经清水稀释后用于清洗果蔬或直接将果蔬洗涤剂涂抹在光滑的瓜果蔬菜表面，用水冲洗即可。

产品特性　本品能够去除果蔬表面的各种残留物，使果蔬能够健康安全地放心使用，且提高果蔬的直接食用口感。

配方 11 果蔬用洗涤剂（6）

原料配比

原料	配比（质量份）
助剂	5～10
表面活性剂	4～8
香精	2～5
预处理淘米水	8～15
水	30～50
复合含巯基微囊	20～40
复合辅剂	16～20

制备方法　将各组分混合均匀即可。

原料介绍　所述复合辅剂的制备方法：于20～25℃，按质量比为3∶1∶0.1∶（8～15）取碳酸钠、苯甲酸钠、谷胱甘肽、水混合搅拌，得搅拌混合液；取搅拌混合液按质量比为（4～8）∶1∶（1～2）加入柠檬酸三甲酯、柠檬酸单甘酯后混合，经微波处理，即得复合辅剂。

所述助剂的制备方法：按质量比为4：1：（1～2）取NaCl、硫化钾、柠檬酸钠混合，即得助剂。

所述表面活性剂的制备方法：按质量比为4：（1～2）取十二烷基二甲基甜菜碱、月桂醇硫酸酯钠混合，即得表面活性剂。

所述复合含巯基微囊的制备方法，包括如下步骤：

（1）按质量比为1：（15～25）取巯基苯甲酸、N，N-二甲基甲酰胺混合，调节pH，通氮气保护，搅拌，得预混液；取预混液按质量比为（5～8）：（2～5）：1加入盐酸多巴胺、N-羟基琥珀酰亚胺混合，密封静置，得预处理物；取预处理壳聚糖液按质量比为（4～8）：（1～3）加入预处理物混合搅拌，调节pH，静置，透析，冷冻干燥，得干燥物。

所述预处理壳聚糖液的制备方法：壳聚糖按质量比为1：（0.2～0.5）：（15～20）加入半胱氨酸、质量分数为8%的乙酸溶液混合，加入壳聚糖质量10%～15%的聚乙烯吡咯烷酮、壳聚糖质量5%～8%的$CaCl_2$混合，即得预处理壳聚糖液。

所述透析为以体积分数为50%的乙醇溶液透析3～5天。

（2）于26～32℃，取牛肾上腺捣碎匀浆，得浆液；按质量比为1：（20～30）取匀浆、胰蛋白酶液混合，酶解，得酶解液；取酶解液加入酶解液质量8%～15%的海藻酸钠混悬，得混液；取混液喷入混液质量2～5倍的$CaCl_2$溶液中，得牛肾上腺细胞-海藻酸钙微球；取牛肾上腺细胞-海藻酸钙微球按质量比为3：（1～2）：1加入辅液、干燥物混合，经超声波处理，静置，过滤，收集滤渣干燥，即得复合含巯基微囊。

所述辅液的制备方法：按质量比为1：（4～8）取ε-聚赖氨酸、柠檬酸钠溶液混合，即得辅液。

所述胰蛋白酶液的质量分数为5%～8%。

所述预处理淘米水的制备方法：按质量份数计，取5～10份大米、30～45份水混合进行淘米；得初淘水；取坡缕石粉碎过筛，取过筛颗粒按质量比为1：（4～6）加入PBS缓冲液混合搅拌，静置，过滤；取滤渣按质量比为1：（4～8）加入初淘水，减压蒸发，真空浓缩，即得预处理淘米水。

产品特性

（1）本品可加强体系对重金属残留的吸附强度，而且所制复合微囊易于洗脱，方便使用和清洁，同时牛肾上腺浆液中含有的有机质可软化果蔬的表皮，便于清洁农药成分，含有的ε-聚赖氨酸成分可提供优秀的抑菌性能，且对人体无害，又可与谷胱甘肽中的氨基酸成分配合，以化学键合的方式竞争重金属成分和残余成分在果蔬表皮组织的物理黏附作用，起到类似于竞争性抑制的作用，可同时补充氨基酸和清除残留农药和重金属成分；

（2）本品以淘米水为原料配合聚乙烯吡咯烷酮、$CaCl_2$可提高淘米水中的蛋白质与农药残留和重金属污染成分的接触，聚乙烯吡咯烷酮具有优良的生理惰性和生物相容性，加快残留物质转化为沉淀便于洗出。以碳酸钠、谷胱甘肽、柠檬酸三甲酯等为原料制复合辅剂，提供与农药残留成分相似的磷酸酯结构、相同的铵根等官能团，有利于农药残留物成分的溶出。谷胱甘肽由谷氨酸、半胱氨酸和甘氨酸结合，含有巯基的三肽，具有抗氧化作用和整合解毒作用；半胱氨酸上的巯基为谷胱甘肽活性基团，易与农药成分、重金属等结合，可整合将其去除；谷胱甘肽中的羧基又可与果蔬表皮中纤维素的羟基结合，又可以参与生物转化作用。

配方 12 果蔬专用洗涤剂

原料配比

原料	配比（质量份）			
	1#	2#	3#	4#
苦卤盐	15	20	17	19
羟基化酰基化大豆磷脂	10	12	11	10
蔗糖脂肪酸单酯	6	10	8	6
壳聚糖	3	5	4	3
表面活性剂	4	6	5	6
十二醇聚氧乙烯醚硫酸钠	5	8	7	8
椰油酸单乙醇酰胺	2	4	3	2
柠檬酸	2	6	4	5
黏度调节剂	0.5	1	0.8	0.6
乙醇	4	6	5	6
螯合剂	0.2	0.8	0.5	0.7
香精	0.3	0.6	0.4	0.5
去离子水	80	90	85	85

制备方法 将苦卤盐溶解在去离子水中，然后向溶液内加入羟基化酰基化大豆磷脂、蔗糖脂肪酸单酯、十二醇聚氧乙烯醚硫酸钠、椰油酸单乙醇酰胺、乙醇和壳聚糖，将混合物送入到反应釜中以15～30r/min的转速搅拌均匀，搅拌的同时逐滴加入螯合剂进行螯合反应，螯合反应完成后加入柠檬酸调节混合物的酸碱度，接着将表面活性剂、黏度调节剂和香精加入到反应釜中以50～80r/min的转速搅拌15～20min，得到所需果蔬专用洗涤剂。

原料介绍 苦卤盐为海水卤液提取氯化钠之后剩余苦卤的提取物，其制备方法为：将苦卤经过100～150℃蒸发浓缩，然后冷却结晶并粉碎，得到所需苦卤盐。苦卤盐是一种天然的洗涤物质，其中含有的多种无机离子可以对多种有毒物质进行毒性解除和性质破坏，从而将有害物质残留物分解和消除，此外，苦卤中还含有多种锶化合物、硼化合物、锂化合物、海藻多糖、褐藻酸钠等物质，这些物质均可发挥良好的清洁效果。

表面活性剂为月桂基丙氨酸钠、脂肪酸甲酯乙氧基化物、聚甘油脂肪酸酯烷基葡萄糖苷中的一种或两种的混合物。表面活性剂用于提高洗涤剂对残留物的亲和性，便于洗涤剂内的有效物质与果实表面的农药残留物有效结合，发挥洗涤剂的分解和去除效果。

黏度调节剂为硫酸钠、氯化钠和异丙苯磺酸钠中的一种。

螯合剂为氨羧络合剂、酒石酸钾钠和柠檬酸钠中的一种。螯合剂可以将本品中的有机物和无机物良好地结合，发挥更好的清洁洗涤效果，将果实表面各种有毒物质和污物分解和去除。

产品特性 本品中使用的各种物质均为天然物质，对人体无毒无害，用于清洁果实后，不会在果实表面残留有害成分，也不会渗入到果实内部，非常绿色健康。

该洗涤剂包含经过螯合处理后的多种有机消毒杀菌成分和无机洗涤物质，对于各种农药残留具有良好的清洁效果，并且可以将果实表面的果蜡类保鲜物质分解和去除，达到更好的清洁效果。

配方 13 含有艾草提取物的果蔬洗涤剂

原料配比

原料	配比（质量份）	
	1#	2#
艾草提取物	10	15
柠檬酸单甘油酯	5	9
大豆卵磷脂	2	4
淀粉	6	10
山梨酸钾	0.5	1.5
乙醇	8	12
丙二醇	1	2
碳酸氢钠	1	3
水	80	100

制备方法 将各组分混合均匀即可。

产品特性 本品采用含有艾草提取物的原料及配合设计合理，能够有效去除果蔬表面存在的农药残留和细菌，且艾草提取物是纯天然安全原料，气味不刺鼻，不会给果蔬带来二次污染，也不会刺激使用者的手部肌肤。

配方 14 含有桂花提取物的果蔬洗涤剂

原料配比

原料	配比（质量份）	
	1#	2#
桂花提取物	10	12
甘油单癸酸酯	10	15

原料	配比（质量份）	
	1#	2#
富马酸	20	25
黄原胶	5	6
乙醇	25	35
可淀性淀粉	5	8
水	90	100

制备方法 将各组分混合均匀即可。

产品特性 本品采用含有桂花提取物的原料及配合设计合理，能够有效去除果蔬表面存在的农药残留和细菌，且桂花提取物是纯天然安全原料，气味不刺鼻，不会给果蔬带来二次污染，也不会刺激使用者的手部肌肤。

配方 15 含有海蜇多糖提取物的果蔬洗涤剂

原料配比

原料	配比（质量份）		
	1#	2#	3#
烷基糖苷	30	40	37
蔗糖脂肪酸单酯	6	10	7.5
十二烷基磺酸钠	4	8	6
羟甲基纤维素	3	7	5
柠檬酸	1	4	2.5
海蜇多糖提取物	12	17	15
润滑剂	2	5	4
黏度调节剂	2	6	3.5
防腐剂	1	1.6	1.5
香精	0.4	0.8	0.6
去离子水	45	60	57

制备方法

（1）按照质量份数，将烷基糖苷、蔗糖脂肪酸单酯和十二烷基磺酸钠加入到去离子水中，在反应釜内以50～55℃的温度充分搅拌均匀；

（2）向步骤（1）的反应釜中加入羟甲基纤维素和柠檬酸，将反应釜内分散液的pH值调节为6.4～6.6，然后将海蜇多糖提取物加入到反应釜中，以45～48℃的温度继续搅拌12～15min；

（3）将反应釜中物质的温度降低至室温，然后将润滑剂、黏度调节剂、防腐剂和香精加入到反应釜中以300～350r/min的转速继续搅拌15～20min，将分散均匀的产物在反应釜中静置，自然老化18～24h，得到黏稠状液体即为所需的果蔬洗涤剂。

原料介绍　海蜇多糖提取物的制备方法包括如下步骤：将海蜇的触手切下，全部干燥后粉碎，研磨得到干粉物质，将干粉加入到6倍体积的1mol/L的氢氧化钠溶液中，以42～45℃的温度搅拌反应3～4h，过滤获取上清液；向上清液中加入0.5倍体积的胰蛋白酶溶液，胰蛋白酶的浓度为1%，以32～35℃的温度搅拌反应25min，过滤并获取上清液；将上清液和三水合乙酸钠按照8:2的质量比混合，加入0.3倍体积的浓度为0.8mol/L的乙酸铜溶液，搅拌混匀；35℃水浴搅拌条件下，滴加10%体积分数的双氧水发生降解反应3h，将反应液减压浓缩，加入2.5倍体积的无水乙醇沉淀，静置、离心，得到的沉淀即为所需的海蜇多糖提取物。

黏度调节剂为黄原胶、乙二醇和海藻酸钠三者的等质量比混合物。

润滑剂为硬脂酸镁或硬脂酸钾：润滑剂可以在洗涤剂清洗时对不溶性杂质具有更好的清洁效果，并且降低洗涤剂的漂洗难度，更加省水，更加环保。

防腐剂为山梨酸、山梨酸钾、山梨酸钠和苯甲酸中的一种。

弱酸性的分散液有利于将海蜇多糖均匀充分地分散于分散液中，并且防止各成分出现自然降解的现象，从而提高洗涤剂中成分的一致性和化学稳定性。

产品特性　本品中使用了烷基糖苷、蔗糖脂肪酸单酯和十二烷基磺酸钠作为洗涤剂的核心成分，其中烷基糖苷具有广谱的抗菌活性，降低了强氧化剂等化学成分的使用，从而降低了洗涤剂的化学刺激性，对人体环境更加绿色安全。洗涤剂中不使用发泡性物质，因此非常易漂洗，清洗后不会产生洗涤剂中的成分残留，可以降低对水资源的利用，更加环保。

本品添加了从海蜇提取出的全部多糖类物质，这种物质对于多种农药残留中的化学成分具有良好的选择吸附性，这可以提高洗涤剂对于农药残留中有毒化合物的清洁效果。

配方　16　含有胡萝卜提取物的果蔬洗涤剂

原料配比

原料	配比（质量份）	
	1#	2#
胡萝卜提取物	10	15
烷基葡萄糖苷	15	22
增溶剂	3	6
乙醇	15	20
体系稳定剂	15	20
柠檬酸钾	5	10
杀菌剂	1	2
水	80	100

制备方法 将各组分混合均匀即可。

产品特性 本品原料及配合设计合理，能够有效去除果蔬表面存在的农药残留和细菌，且胡萝卜提取物是纯天然安全原料，气味不刺鼻，不会给果蔬带来二次污染，也不会刺激使用者的手部肌肤。

配方 17 含有金橘提取物的果蔬洗涤剂

原料配比

原料	配比（质量份）	
	1#	2#
金橘提取物	10	15
蔗糖酯	7	12
苹果酸钠	15	20
乙酸	10	20
双乙酰基酒石酸单甘油酯	1	2
乙氧基化甘油酯	3	5
碳酸氢钠	1	2
水	70	85

制备方法 将各组分混合均匀即可。

产品特性 本品原料及配合设计合理，能够有效去除果蔬表面存在的农药残留和细菌，且金橘提取物是纯天然安全原料，气味不刺鼻，不会给果蔬带来二次污染，也不会刺激使用者的手部肌肤。

配方 18 含有金银花提取物的果蔬洗涤剂

原料配比

原料	配比（质量份）	
	1#	2#
金银花提取物	12	15
月桂醇硫酸钠	1	3
柠檬油	1.5	2
柠檬酸三钠	0.5	1
山梨酸钾	0.5	1.5
双乙酰基酒石酸单甘油酯	0.2	0.5
乙氧基化甘油酯	1	2
乙醇	5	8
丙二醇	0.5	1
碳酸钠	0.1	0.5
碳酸氢钠	0.2	0.5
水	70	100

制备方法 将各组分混合均匀即可。

产品特性 本品原料及配合设计合理，能够有效去除果蔬表面存在的农药残留和细菌，且金银花提取物是纯天然安全原料，气味不刺鼻，不会给果蔬带来二次污染，也不会刺激使用者的手部肌肤。

配方 19 含有柠檬提取物的果蔬洗涤剂

原料配比

原料	配比（质量份）	
	1#	2#
柠檬提取物	10	15
蔗糖油酸酯	15	25
柠檬酸钠	10	20
谷氨酸钠	2	5
甘油	2	4
乙醇	10	20
羧甲基纤维素钠	1	2
水	60	100

制备方法 将各组分混合均匀即可。

产品特性 本品设计合理，能够有效去除果蔬表面存在的农药残留和细菌，且柠檬提取物是纯天然安全原料，气味不刺鼻，不会给果蔬带来二次污染，也不会刺激使用者的手部肌肤。

配方 20 含有石榴提取物的果蔬洗涤剂

原料配比

原料	配比（质量份）	
	1#	2#
石榴提取物	10	15
蔗糖椰油酸酯	8	15
丙二醇	5	10
乙氧基化椰子油基甜菜碱	8	12
油酸钾	2	5
乙醇	5	10
水	80	100

制备方法 将各组分混合均匀即可。

产品特性 本品原料及配方设计合理，能够有效去除果蔬表面存在的农药残留和细菌，且石榴提取物是纯天然安全原料，气味不刺鼻，不会给果蔬带来二次污染，也不会刺激使用者的手部肌肤。

配方 21 含有豌豆提取物的果蔬洗涤剂

原料配比

原料	配比（质量份）	
	1#	2#
豌豆提取物	10	12
甲基羟丙基纤维素	2	4
柠檬酸钠	5	6
双乙酰基酒石酸单甘油酯	1	2
乙氧基化甘油酯	2	5
双酸酯	1	3
乙醇	6	8
丙二醇	1	2
碳酸钠	1	2
碳酸氢钠	1	3
水	40	70

制备方法 将各组分混合均匀即可。

产品特性 本品采用的原料及配方设计合理，能够有效去除果蔬表面存在的农药残留和细菌，且豌豆提取物是纯天然安全原料，气味不刺鼻，不会给果蔬带来二次污染，也不会刺激使用者的手部肌肤。

配方 22 含有无花果提取物的果蔬洗涤剂

原料配比

原料	配比（质量份）	
	1#	2#
无花果提取物	10	15
油酸三乙醇胺	15	20
柠檬酸钾	20	30
肉豆蔻酸钾	5	10
乙醇	5	10
碳酸钾	2	5
水	60	100

制备方法 将各组分混合均匀即可。

产品特性 本品采用的原料及配方设计合理，能够有效去除果蔬表面存在的农药残留和细菌，且无花果提取物是纯天然安全原料，气味不刺鼻，不会给果蔬带来二次污染，也不会刺激使用者的手部肌肤。

配方 23 含有西柚提取物的果蔬洗涤剂

原料配比

原料	配比（质量份）	
	1#	2#
西柚提取物	10	15
脂肪醇聚氧乙烯醚硫酸钠	5	10
直链烷基苯磺酸	10	15
氢氧化钠	2	4
柠檬酸三钠	1	5
乙二胺四乙酸二钠	0.1	0.5
水	80	120

制备方法 将各组分混合均匀即可。

产品特性 本品采用的原料及配方设计合理，能够有效去除果蔬表面存在的农药残留和细菌，且西柚提取物是纯天然安全原料，气味不刺鼻，不会给果蔬带来二次污染，也不会刺激使用者的手部肌肤。

配方 24 含柚皮、柠檬和薏苡仁提取物的天然果蔬洗涤剂

原料配比

原料	配比（质量份）		
	1#	2#	3#
柚皮提取物	20	40	36
柠檬提取物	25	15	14
薏苡仁提取液	25	25	30
乙醇	5	3	3
丝瓜络	7	7	7
茶梗	13	10	10

制备方法

（1）将丝瓜络洗净，晒干，切碎至2～4mm，制得丝瓜络碎末；

（2）将茶梗洗净，晒干，粉碎至1～2mm，制得茶梗碎末；

（3）将丝瓜络碎末和茶梗碎末浸没至薏苡仁提取液中，然后加入乙醇、柚皮提取物和柠檬提取物，搅拌20～30min，灭菌，制得天然果蔬洗涤剂。

原料介绍　所述的柚皮提取物的制备方法为：将新鲜柚皮经−10℃～−5℃真空冷冻干燥6～8h后，粉碎，采用水蒸气法提取挥发油7～9h，将流出液用乙醚提取，用无水硫酸钠干燥后，回收乙醚，得到浅黄色透明油状物，即为柚皮提取物。

所述的柠檬提取物的制备方法为：将柠檬果皮采用水蒸气蒸馏法提取，所得到的挥发油即为柠檬提取物。

所述的薏苡仁提取液的制备方法为：取薏苡仁，用粉碎机粉碎，加入4～6倍质量的磁化水，在80～90℃浸提2～3h，冷却，浓缩至固含量为35%～45%的提取液。

本品的原料功效在于：

（1）柚皮挥发油中含有丰富的柠檬烯、萜烯类物质，柠檬烯是单萜类化合物，具有显著的清洁、抑菌作用，能有效去除农残；萜烯类物质如 α-蒎烯、β-蒎烯、松油烯和白柠檬烯等，具有两个或两个以上的双键，能与OH自由基或臭氧等氧化剂迅速反应，具有保鲜作用。

（2）柠檬中含有丰富的柠檬酸、维生素C，柠檬酸是一种三羧酸类化合物，具有强络合性，能夺走果蔬中的重金属；而维生素C具有抗氧化作用，保鲜效果好。

（3）薏苡仁提取液中富含薏苡仁酯、脂肪油、氨基酸、蛋白质和糖类等，具有表面活性作用，能使丝瓜络、茶梗和柚皮挥发油、柠檬提取物充分融合，并将果蔬表面上的污垢卷曲包裹，去除；同时具有显著的抗敏作用，不伤手。

（4）丝瓜络的每一条细小纤维都是空心管，故对油脂、污垢、化学物质和重金属等有极强的吸附力，能有效地除去果蔬表层的污垢、蜡，以及与柠檬酸配合使用，进一步有效去除果蔬中的重金属。

（5）茶梗富含木纤维，茶梗嫩枝木纤维木栓化程度比较低，较为柔软，柔软的木纤维可以形成多孔、富有剩余力场的强吸附性材料，能有效地除去果蔬表层的农残。

产品特性

（1）本品纯天然无污染，能显著去除果蔬表层的农残、重金属和污垢等杂质，丝瓜络和茶梗的强吸附性，与柚皮、柠檬和薏苡仁的提取物协同作用，使杂质去除效果更彻底，不会残留在果蔬表层，不会造成二次污染；

（2）本品还具有明显的抗氧化、保鲜作用，使水果保鲜；

（3）本品还具有抗敏作用，性能温和，不伤手。

配方 25 环保餐具果蔬洗涤剂

原料配比

原料	配比（质量份）		
	1#	2#	3#
AEO-7	3	2	4
AEO-9	3	2	4
磺酸	10	12	8
二氯异氰酸钠	2	3	4
去离子水	66	64	64
植物精华液	10	12	8

制备方法 首先将AEO-7、AEO-9、磺酸、二氯异氰酸钠用温的去离子水溶解，再添加植物精华液，用高速剪切机剪切30min，过滤、净化后通过臭氧进行处理，最后碳酸钠调节稠稀度。

产品特性 本品具有零污染、无酸、无碱、无毒、对皮肤无刺激性等优点，对各种果蔬具有超强的洁净力，且此洗涤剂还能运用到餐具洗涤领域，适用范围广，洗涤后的水可循环利用，更加高效环保。

配方 26 环保型抑菌洗涤剂

原料配比

原料	配比（质量份）				
	1#	2#	3#	4#	5#
油茶粕提取液	20	22	20	22.5	17.5
虎耳草提取液	7	7.5	7	7	7.5
石碱花提取液	15	15	12.5	15	17.5
扛板归提取液	6	6	7	7.5	6
无患子提取液	3.5	3.5	4	4.5	3.5
去离子水	25	25	27.5	22.5	27.5
氯化钠	1.2	1.25	1.35	1.2	1.25

制备方法 将油茶粕提取液、虎耳草提取液、石碱花提取液、扛板归提取液、无患子提取液、氯化钠、去离子水混合，经加热搅拌均匀后即得产品。

原料介绍 所述油茶粕提取液的制备方法如下：

（1）将100质量份油茶粕粉碎至30～50目，分散于水中，使原料：溶剂的质量比为1:5，充分搅拌混合，于70℃条件下保温0.5h，过滤，滤液备用；

（2）将步骤（1）中的滤渣分散于水中，使滤渣与水的质量比为1:5，在悬浮液中于50℃条件下加入0.35质量份纤维素酶，搅拌，充分反应3h；

（3）加入0.25质量份淀粉酶，搅拌，充分反应2h；

（4）加入0.35质量份蛋白酶，搅拌，充分反应1.5h，过滤，除去滤渣；

（5）将步骤（4）中的滤液与步骤（1）中的滤液合并，浓缩至300质量份，即得油茶粕提取液。

所述虎耳草提取液的制备方法如下：

（1）将虎耳草洗净、粉碎，分散于75%酒精溶液中，使原料与酒精溶液的质量比为1∶10，充分搅拌混合；

（2）在虎耳草悬浮液中于50℃条件下加入0.5质量份纤维素酶，搅拌，充分反应2h，过滤，除去滤渣；

（3）回收酒精，并将滤液浓缩至300质量份，即得虎耳草提取液。

所述无患子提取液的制备方法如下：

（1）将100质量份无患子果皮粉碎至30～50目，分散于水中，使原料与水的质量比为1∶5，充分搅拌混合，于70℃条件下保温0.5h，过滤，滤液备用；

（2）将步骤（1）中的滤渣分散于水中，使滤渣与水的质量比为1∶5，于50℃条件下加入纤维素酶，搅拌，充分反应3h；

（3）加入淀粉酶，搅拌，充分反应2h；

（4）加入蛋白酶，搅拌，充分反应1.5h，过滤，除去滤渣；

（5）将步骤（4）中的滤液与步骤（1）中的滤液合并，浓缩至300质量份，即得无患子提取液。

所述石碱花提取液的制备方法如下：

（1）将100质量份石碱花洗净、粉碎，分散于75%的酒精水溶液中，使原料与酒精水溶液的质量比为1∶6，充分搅拌混合；于45℃条件下保温1.5h，过滤，除去滤渣。

（2）回收酒精，并将滤液浓缩至200质量份，即得石碱花提取液。

所述扛板归提取液的制备方法如下：

（1）将100质量份扛板归洗净、粉碎，分散于75%的酒精水溶液中，使原料与酒精水溶液的质量比为1∶6，充分搅拌混合，于45℃条件下保温1.5h，过滤，将滤液与滤渣分离开，备用；

（2）通过蒸馏回收酒精，并将回收酒精后的滤液备用；

（3）将步骤（1）中的滤渣分散于水中，使滤渣与水的质量比为1∶5，于50℃条件下加入0.3质量份纤维素酶，搅拌，充分反应3h；

（4）加入0.5质量份蛋白酶，搅拌，充分反应2h，过滤，除去滤渣；

（5）将步骤（4）中的滤液与步骤（2）中的滤液合并，浓缩至300质量份，即得扛板归提取液。

产品应用　本品主要应用于果蔬洗涤。

产品特性　本品充分利用油茶粕、虎耳草、扛板归、石碱花、无患子中的皂苷、多糖等抑菌、清洁功能，用天然植物制作而成，来源简单方便，配方温和无刺激性，可快速有效地去除果蔬中的残留农药，而且起泡迅速、泡沫细腻、安全可靠，具有高效、低成本、安全、环保等优势。

配方 27 含植物提取液的环保洗涤剂

原料配比

原料	配比（质量份）		
	1#	2#	3#
橄榄油	8	5	10
椰子油	30	20	38
棕榈油	7	6	10
大豆油	7	5	8
食用碱	5.5	5	6
土豆提取液	40	60	25
去离子水	适量	适量	适量

制备方法

（1）将土豆清洗干净加水混合榨汁，提取上层清液；

（2）将食用碱慢慢加入步骤（1）中的上层清液，并慢慢搅拌使其完全溶解；

（3）将橄榄油、椰子油、棕榈油、大豆油加入到干净的反应缸中，加热熔化，并慢慢搅拌，当温度升高至60～70℃时，慢慢加入步骤（2）中得到的液体，待皂化反应后，自然降温到40～45℃并恒温24h，得到固态皂团；

（4）在室温下放置20天，对皂团进行老化，然后将皂团溶于蒸馏水中，水与皂团比例为1∶1，搅拌至完全溶解，静置过滤包装。

原料介绍 所述食用碱包括食品级氢氧化钾、小苏打、纯碱中的至少一种。

产品应用 本品主要应用于果蔬和餐具洗涤。

产品特性 本品由土豆提取液与纯天然生态原料相复配使用，不含有毒有害、刺激性的化工原料；对人体皮肤完全没有刺激、没有毒害，环保安全。

配方 28 可去除果蔬农药残留物的洗涤剂

原料配比

原料	配比（质量份）				
	1#	2#	3#	4#	5#
600～800μm之间的油茶果壳颗粒	10	10	10	10	10
蒸馏水	30	33	40	40	40
碳酸钠	0.9	1	1	1.1	0.9
茶皂素	0.9	1	1	1.2	1.5
碳酸钠	0.45	0.5	0.6	0.5	0.75

制备方法

（1）将粉碎至粒径在600～800μm之间的油茶果壳颗粒与蒸馏水按质量体积比为1:（2.5～5）混合，置于反应釜中，加入蒸馏水质量2%～5%的碳酸钠，在30～100℃下搅拌1～3h;

（2）过滤，收集滤液，并将滤渣置于炭化炉中，在3～5℃/min的升温速率下，将温度升至300℃进行炭化，保温时间为2.5h;

（3）将炭化后的滤渣粉碎，过200目筛;

（4）将步骤（3）得到的滤渣粉，加入到步骤（2）中的滤液中，搅拌混合均匀;

（5）加入滤液质量的2%～5%的茶皂素与滤液质量1%～2%的碳酸钠，混合均匀后，即得可去除果蔬农药残留物的洗涤剂。

产品特性　本品原料来源广，配方温和，可有效地去除果蔬中的残留农药，具有低成本、安全、环保等优势。

配方　29　绿色环保洗涤剂

原料配比

原料	配比（质量份）				
	1#	2#	3#	4#	5#
水	50	50	50	50	50
柠檬酸钠	0.5	0.5	0.5	0.5	0.5
茶皂素	2	2	2	2	2
2,5-二甲基苯并噁唑	0.5	0.5	0.5	0.5	0.5
1,2-丙二醇	3	3	3	3	3
三乙醇胺	2	2	2	2	2
α-十六烷基-ω-羟基-聚（氧乙烯）	6	6	6	6	6
月桂醇聚醚硫酸酯钠	5	5	5	5	5
N,N-二（2-羟乙基）十二烷基酰胺	1	1	1	1	1
十二烷基葡萄糖苷	5	5	5	5	5
二甲苯磺酸钠	2	2	2	2	2
酶	—	0.1	0.1	0.1	0.1

制备方法　将水加热至40℃，再将其他原料加入，搅拌混合均匀，冷却至室温即可。

原料介绍　所述酶为脂肪酶、淀粉葡糖苷酶、纤维素酶、脱氧核糖核酸酶、漆酶、木质素酶、超氧歧化酶、辅酶A、无花果蛋白酶、过氧化氢酶、柚苷酶、橙皮苷酶、菠萝蛋白酶、淀粉酶、葡糖氧化酶、胃蛋白酶中的至少一种。最优的，所述酶由无花果蛋白酶、柚苷酶和橙皮苷酶按质量比为8:（1～3）:（1～3）混合而成。

产品应用 本品主要应用于果蔬洗涤。

产品特性 本品绿色环保，并且具有良好的去污功能，无皮肤刺激性，并且能够有效去除果蔬上残留的农药。

配方 30 清洗水果表面农药的洗涤剂

原料配比

原料	配比（质量份）	
	1#	2#
油酸三乙醇胺盐	25	30
中药剂	4	2
大豆卵磷脂	3	6
磷酸钾	10	8
乙醇	4	8
香精	0.05	0.02
柠檬酸钾	3	5
颜料	0.08	0.02
水	66	76

制备方法 将各组分溶于水，混合均匀即可。

原料介绍 所述中药剂由以下质量份的成分组成：蜈蚣10～16份、五灵脂8～12份、仙鹤草5～9份、白及8～10份。其制作方法是：将上述中草药熬煮、蒸发即得。

产品特性 本品添加纯正中草药，配方温和、去污力强，无污染，不刺激皮肤，能够大幅降低水果表面农药的含量。

配方 31 山药皮洗涤剂

原料配比

原料	配比（质量份）		
	1#	2#	3#
山药皮活性物混合液	92	96	98
苯甲酸	1.5	1.3	0.5
柠檬酸钠	1	0.7	0.3
无水乙醇	5.5	2	1.2

制备方法 在山药皮活性物混合液中搅拌下缓慢加入柠檬酸钠、苯甲酸，使其充分混匀后，再加入无水乙醇，搅拌使其充分混匀，即得本品山药皮洗涤剂，包装即可。

原料介绍 山药皮活性物混合液制备方法：将干燥后的山药皮粉碎成山药皮粉，过筛后置于碱性溶液内浸泡，每1g山药皮粉加入碱性溶液3～10mL，40～80℃浸泡4～10h，离心过滤，制成山药皮活性物混合液。所述的碱性溶液是每1000mL水中加入0.4～1mg的氢氧化钠（或者氢氧化钙、碳酸钠、碳酸氢钠），搅拌溶解均匀即成。

产品应用 本品主要应用于果蔬洗涤。

产品特性 本品具有良好的稳定性、温和性、易冲洗性，去污力强，泡沫丰富，是一种能够有效清洗油污以及蔬菜和水果的、抗微生物的、环保的绿色餐具洗涤剂，并且原料廉价、产品安全，制作简单。

配方 **32** 深层清洗果蔬的专用洗涤剂

原料配比

原料	配比（质量份）				
	1#	2#	3#	4#	5#
椰油酰胺丙基甜菜碱	7	10	10	12	12
烷基糖苷	15	10	12	10	12
荷叶提取物	3	4	4.5	4	5
仙人掌提取物	7	5	5.5	5	6
甘醇酸	0.6	0.7	0.7	0.7	1
柠檬酸钠	5	4	4	4	4
海藻多糖	0.5	0.8	1.2	1	1
β-环糊精	4	2.5	3.5	3	3
水	60	65	65	65	65

制备方法

（1）将海藻多糖、β-环糊精、荷叶提取物、仙人掌提取物混合，研磨均匀，得物料A；

（2）将椰油酰胺丙基甜菜碱、烷基糖苷、果酸、螯合剂溶于水，搅拌均匀，得物料B；

（3）将物料A加入到物料B中，搅拌溶解，即得。

原料介绍 所述螯合剂为柠檬酸钠、乙二胺四乙酸二钠、乙二胺四乙酸四钠中的至少一种。

所述果酸为甘醇酸或乳酸。

所述荷叶提取物的制备方法如下：取荷叶，加入其质量4～8倍量的水，加热回流提取1～2h，过滤，得水提液和滤渣，向滤渣中加入荷叶初始质量4～8倍量的60%～70%乙醇水溶液，加热回流提取1～2h，过滤，得醇提液，合并水提液和醇提液，回收乙醇，真空减压浓缩至相对密度为1.10～1.20（60～70℃）的浸膏，真空干燥，制得荷叶提取物。

所述仙人掌提取物的制备方法如下：取仙人掌，加入其质量4～8倍量的水，加热回流提取2～3h，过滤，将滤液真空减压浓缩至相对密度为1.10～1.20（60～70℃）的浸膏，浸膏经真空干燥制得仙人掌提取物。

产品特性　本品中椰油酰胺丙基甜菜碱、烷基糖苷复配，协同效应明显，具有高表面活性、良好的生态安全性，能够起到很好的去污效果。荷叶提取物和仙人掌提取物安全绿色，渗透性好；果酸具有溶解作用，不刺激手部皮肤；螯合剂具有螯合吸附性，海藻多糖可以富集农药残留中的重金属离子；β-环糊精吸附固定农药，且进一步减小表面活性剂的刺激作用。本品中各成分协同作用，能够很好地有效去除果蔬表面和表皮深层残留的农药，不导致新的残留，且温和不伤手。

配方　**33**　手洗果蔬的洗涤剂

原料配比

原料	配比（质量份）			
	1#	2#	3#	4#
无患子果皮	30	25	31	40
AES	6	4	8	5
6501	7	2	10	5
柠檬酸三正丁酯	0.2	0.2	0.8	0.3
AOS	2	1	3	2
EDTA-2Na	0.2	0.2	0.3	0.2
凯松	0.2	0.2	0.4	0.2
香精	0.4	0.4	0.5	0.3
Na$_2$CO$_3$	2	1	3	2
乙醇	2	1	3	1
去离子水	50	65	40	44

制备方法　先将无患子果皮用清水泡软，捞出，-50℃速冻；接着自然吸热升温，当无患子果皮温度回升到1℃以上时，放入1000～4000r/min离心机中，边离心脱液边继续升温到40℃，收集流出的离心液；再用去离子水和Na$_2$CO$_3$冲兑，搅拌；接着依次加入AES、6501、柠檬酸三正丁酯、AOS、EDTA-2Na、凯松、香精和乙醇，再

搅拌成胶乳液；冷却至室温得洗涤剂，经包装、检验后，成品入库。

产品应用　本品主要应用于果蔬洗涤。使用本品时，在水中加入洗涤剂数滴，将水果或者蔬菜浸泡2～5min，再用清水洗净即可；若用本品滴少许在抹布上，直接擦洗水果或者蔬菜的表面，再用清水洗净，效果更佳。

产品特性　本品采用特殊的无患子有效成分的提取工艺，可以最大限度地提取无患子皂苷等三萜皂苷；本品对人畜无毒性，对环境无污染，对蔬菜水果有机氯农药残留量的清除率可达86.1%，对有机磷农药残留量的清除率可达93.8%，且具有一定的杀菌、络合重金属的作用。

配方 34 蔬果农药洗涤剂

原料配比

原料	配比（质量份）	
	1#	2#
茶皂粉	10	15
皂角粉	5	7.5
胡椒粉	10	15
卵磷脂	4	7.5
魔芋精粉	5	8
凹叶厚朴酚	10	15
油菜素内酯	1	3
茶籽油	5	10
去离子水	适量	适量

制备方法

（1）将茶皂粉、皂角粉、胡椒粉、凹叶厚朴酚和卵磷脂加入10倍去离子水中，在40℃下恒温搅拌均匀得混合液；

（2）将步骤（1）所得的混合液加热，浓缩至一半，加入油菜素内酯和茶籽油混合均匀，然后加入魔芋精粉搅拌形成均一的液体即可。

原料介绍　本品中的茶皂粉、皂角粉、胡椒粉和凹叶厚朴粉复配提取液能杀灭水果表面的各种病菌，卵磷脂具有乳化及抗氧化的功能，卵磷脂与植物油配伍能有效地清洗掉水果表面的蜡及污物；魔芋精粉具有优良的保湿、成型、成膜、发泡、乳化及稳定等多种界面活性，属于食品级表面活性剂，安全，高效。

产品特性　本品选用绿色植物粉复配与植物油、天然表面活性剂配伍，使得洗涤剂具有较好的杀菌、去表面农药残留的功能，还能有效地洗去水果表面的果蜡，绿色环保，不污染环境。

配方 35 蔬果洗涤剂

原料配比

原料	配比（质量份）				
	1#	2#	3#	4#	5#
水	1000	1000	1000	1000	1000
丝瓜茎汁液	40	70	60	10	80
双乙酰基酒石酸单甘油酯	2	4	3	1	5
柠檬酸	1	2	2	0.5	3
月桂醇硫酸钠	5	10	8	3	12
甘油单柠檬酸酯	15	25	20	10	30
淀粉	10	15	12	5	20

制备方法 将水、丝瓜茎汁液、双乙酰基酒石酸单甘油酯、柠檬酸、月桂醇硫酸钠、甘油单柠檬酸酯和淀粉混合，制得蔬果洗涤剂。

产品特性 采用本品清洗蔬果时，不仅操作简单，且清洗时间较短，大大提高生产效率，降低了人为劳动成本。

配方 36 蔬果用洗涤剂

原料配比

原料		配比（质量份）		
		1#	2#	3#
A 剂	碱性蛋白溶解酶	4.5	6.5	6
	中性蛋白酶	3	5	5
	生物解氢酶	3	1.5	2.5
	蔗糖脂肪酸酯	7	10	8.5
	草酸	5	3	3
	甘油	7	6	8
	烷基葡萄糖	5	4	5
	水	加至 100	加至 100	加至 100
B 剂	非离子表面活性剂	4	6	4
	氢氧化钠	6	3	5
	脂肪醇聚氧乙烯醚硫酸钠	6.5	8	7
	酒精	27.5	38.5	35
	甘油	5.5	7	6
	EDTA-2Na	4	2	3
	水	加至 100	加至 100	加至 100

制备方法 将A剂和B剂分别溶于水，混合均匀即可。

原料介绍 在A剂和B剂中还能加入食用香精，使气味更加怡人，如果选择柠檬香精、黄瓜香精、苹果香精、香橙香精、生姜香精、茶香精作为A剂和B剂的香精，此类常用在日用品中的香精，能消除消费者对该蔬果用洗涤剂的不适感；

另外加入相同的香精在A剂和B剂中，能获得相同气味，能统一消费者对该蔬果用洗涤剂的印象，适合家庭使用；如果加入不同的香精在A剂和B剂中，能获得不同气味，能帮消费者快速区分A剂和B剂，不至于使用错误，更适应于应用在多个消费者使用该蔬果用洗涤剂的场景，如食堂、食品加工厂等。

产品应用 本品主要应用于蔬果洗涤。

本品使用方法：使用时将A剂滴入水中，浸泡和洗涤蔬菜，能够除去蔬果中的农药残留，尤其是带胶水的农药残留。经过浸泡、洗涤，碱性蛋白溶解酶与中性蛋白酶能够除去蔬果表面的胶水物质，使之重新液化，再滴入B剂能有效地去除蔬果表面的农药残留，同时能洁净蔬果，且对人体无危害。

产品特性 本品对于蔬果表面的农药具有较强的清洗能力，且所用的材料对人体健康无害，对人体不会造成不良影响。

配方 37 水果洗涤剂（1）

原料配比

原料	配比（质量份）	
	1#	2#
甘油单柠檬酸酯	28	35
中药剂	5	2
大豆卵磷脂	3	7
可溶性淀粉	12	8
三乙醇胺	4	8
香精	0.05	0.02
山梨酸钾	0.01	0.06
颜料	0.08	0.02
水	60	70

制备方法 将各组分溶于水，混合均匀即可。

原料介绍 所述中药剂由以下质量份的成分组成：薄荷10～15份、柴胡8～12份、羌活3～5份、升麻8～10份。其制作方法是：将上述中草药熬煮、蒸发即得。

产品应用 本品主要应用于水果表面农药的洗涤。

产品特性 本品增加纯正中草药，配方温和、去污力强，无污染，不刺激皮肤，清废能力强。

配方 38 水果洗涤剂（2）

原料配比

原料	配比（质量份）
磷酸	35 ～ 45
椰子油	10 ～ 15
脂肪酰基氨基酸钠	15 ～ 20
大豆卵磷脂	10 ～ 15
水	20 ～ 30
增稠剂	5 ～ 10
油酸钠	5 ～ 10

制备方法

（1）将磷酸、椰子油、脂肪酰基氨基酸钠、大豆卵磷脂和水混合搅匀；

（2）在搅匀的混合液中加入增稠剂；

（3）加入油酸钠，加热至40 ～ 80℃恒温3h。

原料介绍 所述大豆卵磷脂是大豆油在脱胶过程中沉淀出的磷脂再经过加工、干燥后的产物。

所述脂肪酰基氨基酸钠为月桂酰基甘氨酸钠、椰油酰基甘氨酸钠或月桂酰基丙氨酸钠中的一种。

所述增稠剂为淀粉、明胶、海藻酸钠、瓜尔胶、甲壳胺、黄原胶、羊毛脂中的一种或多种。

产品特性 本品采取天然中草药及天然植物提炼制备，不仅能够降低成本而且绿色环保、安全无毒，弥补了传统洗涤剂清洗水果后化学试剂残留现象。

配方 39 水果洗涤剂（3）

原料配比

原料	配比（质量份）		
	1#	2#	3#
烷基葡萄糖苷	20	25	30
明胶水解物	8	15	12
羧甲基玉米淀粉钠	6	8	10
柠檬酸钠	5	7	9
大豆卵磷脂	10	15	20
食盐	6	8	10
三丹油	0.2	0.25	0.3
去离子水	30	40	50

制备方法　将各组分混合均匀即可。

原料介绍　所述明胶水解物的分子量为1000～1200。

所述大豆卵磷脂由乙醇萃取后经分离、真空浓缩、脱油、吸附脱色、过滤浓缩制得。

所述杀菌剂选用三丹油杀菌剂。

本品中采用的烷基葡萄糖苷，具有安全性好、洗涤力强、对皮肤刺激性低、在环境中100%降解等优点，碳原子数为12的产品洗涤能力最强。

明胶水解物可以起到一定的保湿作用，由于其氨基酸的组成与人体皮肤基本相同，所以在洗水果的时候不仅不会伤手而且有一定的护手效果。

羧甲基玉米淀粉钠具有很强的吸湿性，是一种新的增稠剂、稳定剂和品质改良剂，具有较高的黏度、较大的黏着力、较好的乳化性和渗透性，不易腐败霉变，用于洗涤剂中作为抗再沉积剂，增强洗涤效果，用羧甲基玉米淀粉钠代替羧甲基纤维素洗涤效果更好。

本品中的柠檬酸钠的作用是作为络合剂除去重金属离子。

本品中三丹油是一种高效低毒的水溶性杀菌剂，能杀死微生物或抑制其繁殖，是广谱型抗菌剂，推迟因细菌作用而腐败的时间，加入到水果洗涤剂中，可以更好地清除水果表面的细菌。

产品特性　本品能有效清除水果表面的农药和细菌等有害物质，其配方采用天然成分，不用担心化学品残留的问题，配方中的天然中草药及天然植物提炼剂不仅降低了成本，而且安全环保，弥补了传统洗涤剂清洗水果后化学试剂残留的现象，采用本品水果洗涤剂不会伤害人的皮肤。

配方 **40** 水果用天然洗涤剂

原料配比

原料	配比（质量份）
去离子水	60
植物油	10
皂荚	25
金银花	10
柠檬皮	15
丝瓜瓤	8
大豆卵磷脂	2
蔗糖脂肪酸酯	5
椰子油烷醇酰胺	5
尼泊金酯	0.5

制备方法　在皂荚、金银花、柠檬片、丝瓜瓤中加入6倍量的蒸馏水提取1h，过滤，再加入4～5倍量的水提取45min，过滤，合并滤液，浓缩至原体积的0.5倍，脱色后加入尼泊金酯搅拌均匀备用；然后将植物油、大豆卵磷脂、蔗糖脂肪酸酯、椰子

油烷醇酰胺加入到上述的液体中搅拌均匀，直至形成均一的液体即可。

产品特性 本品天然无副作用，清洗后对人体皮肤以及水果均不会产生残留，天然无害，绿色环保，又能够清洗干净水果，保证了水果的卫生以及人们食用的健康，对环境亦无污染。

配方 **41** 温和环保果蔬洗涤剂

原料配比

原料	配比（质量份）
水	120
月桂醇聚醚硫酸酯钠	8
癸基葡糖苷	10
氯化钠	2
香橼果水	2
去污增效剂	1.5
改性蒙脱石	1
羧甲基纤维素钠	1
洋甘菊提取物	0.5
燕麦仁提取物	0.3
氢氧化钠	0.3

制备方法 将水加热至 55 ~ 75℃，加入月桂醇聚醚硫酸酯钠、癸基葡糖苷，以 100 ~ 300r/min 搅拌 10 ~ 20min，再降温至 40 ~ 50℃，加入改性蒙脱石、氢氧化钠、羧甲基纤维素钠、氯化钠、香橼果水、洋甘菊提取物、燕麦仁提取物、去污增效剂，以 100 ~ 300r/min 搅拌 20 ~ 40min，得到温和环保果蔬洗涤剂。

原料介绍 所述去污增效剂为米糠提取物和远志提取物的混合物，所述米糠提取物和远志提取物的质量比为（2 ~ 6）∶1。

所述香橼果水采用下述方法制备得到：将新鲜香橼洗净，沥干表面水分，切成 1 ~ 3mm 的薄片，将 3 ~ 6 份薄片和 10 ~ 20 份水混合，在 40 ~ 60℃超声提取 30 ~ 60min，采用 500 ~ 800 目滤布过滤，滤液减压浓缩至 50℃的密度为 1.05 ~ 1.10g/mL，得到香橼果水。

所述远志提取物采用下述方法制备得到：将远志粉碎，过 40 ~ 80 目筛，得到粉碎物；取 1 ~ 5 份粉碎物，加入 10 ~ 20 份水，在 60 ~ 70℃超声提取 60 ~ 90min，采用 200 ~ 500 目滤布过滤，得滤液 A 和滤饼；将滤饼和 10 ~ 20 份体积分数为 50% ~ 70% 的乙醇水溶液混合，在 60 ~ 70℃回流提取 60 ~ 120min，得到滤液 B；合并两次滤液，减压浓缩至 50℃的密度为 1.08 ~ 1.12g/mL，得到远志提取物。

所述米糠提取物采用下述方法制备得到：将 1 ~ 5 份米糠和 10 ~ 20 份水混合，

加入0.001～0.01份混合酶，用质量分数为5%的柠檬酸溶液调节pH为5.5～6.5，再在45～55℃以100～300r/min搅拌120～180min，在95～100℃以100～300r/min搅拌3～6min，再以3000～6000r/min离心20～30min，得到上清液A和下层沉淀；将沉淀加入到10～20份体积分数为50%～60%的乙醇水溶液中，在60～70℃回流提取60～90min，再以3000～6000r/min离心20～30min，得到上清液B；合并上清液A和上清液B，减压浓缩至50℃的密度为1.08～1.12g/mL，得到米糠提取物。

所述混合酶为50%～70%木瓜蛋白酶和30%～50%纤维素酶的混合物。

所述改性蒙脱石的制备方法，包括以下步骤：

（1）将蒙脱石和1～5mol/L的硫酸按质量比为1:（1～5）混合，在60～80℃以100～300r/min搅拌120～160min，以3000～6000r/min离心20～30min，得到的沉淀用水洗涤至洗液pH值为7，在80～90℃干燥至恒重，得到酸化蒙脱石；

（2）将2～8份改性剂溶于40～60份水中，以100～300r/min搅拌至改性剂完全溶解，加入8～12份酸化蒙脱石，在20～30℃以100～300r/min搅拌20～30h，以3000～6000r/min离心20～30min，得到的沉淀在40～60℃干燥至恒重，得到改性蒙脱石。

所述改性剂为β-环糊精、2,6-二甲基-β-环糊精、2-羟丙基-β-环糊精中的一种。

产品应用　本品主要应用于果蔬洗涤，也可用于婴儿用品如奶瓶、玩具的清洗。

产品特性　本品富含天然植物提取物，去污力强，能有效去除果蔬表面农药残留及果蜡，温和不刺激，健康环保，不会对人体造成伤害。

配方 **42** 温和食物洗涤剂

原料配比

原料	配比（质量份）				
	1#	2#	3#	4#	5#
丝瓜水	10	12	15	11	13
苦瓜水	9	7	10	12	8
淀粉	15	10	18	20	14
小麦粉	7	15	11	13	9
食盐	3	4	2	2	4
苦瓜叶精华	3	2	3	3	3
冬瓜叶精华	5	6	5	5	6
丝瓜叶精华	6	4	5	5	6
柠檬酸	8	5	6	8	7
茉莉花精油	3	5	4	4	5
甘油	7	5	6	5	7
去离子水	68	60	65	70	55

制备方法 将各组分溶于水，混合均匀即可。

产品应用 本品主要应用于果蔬洗涤。

产品特性 本品采用原料易得、配方合理、制备工艺简单、容易操作；采用天然材料，使用更放心，不会破坏食物的原有营养，不造成二次污染，去污能力强，低泡易漂，减少水资源的浪费；呵护双手，避免伤害皮肤，温和无刺激，不干燥，湿润细腻，成本低廉，综合效益高。

配方 43 浓缩蔬果洗涤剂

原料配比

原料	配比（质量份）			
	1#	2#	3#	4#
β-环糊精	35	25	—	—
α-环糊精	—	—	50	—
γ-环糊精	—	—	—	40
氯化钠	2	1	1	2
硬脂酸钠	2	1	—	3
软脂酸钠	—	—	1	—
碳酸氢钠	—	—	1	—
柠檬酸	0.5	—	—	—
碳酸钠	—	—	—	0.5
淀粉	—	—	—	3
纤维素钠	4	—	3	—
海藻酸钠	—	5	—	—
水	加至 100	加至 100	加至 100	加至 100

制备方法 先将分散剂溶于水中并搅拌均匀，然后将稳定剂和包结剂加入到溶液中，室温下搅拌至稳定剂和包结剂完全溶解，再将增稠剂分批加入溶液中，最后用pH调节剂将溶液pH值调节至4～11，得洗涤剂。

原料介绍 包结剂：本品中用到的包结剂应当具有笼状结构，并能对常规农药进行捕捉，使农药进入笼内，以便于对残留农药进行清洗。基于此，包结剂可以为环糊精等，而且为了得到最好的包结效果，包结剂最好采用β-环糊精、α-环糊精或γ-环糊精。

稳定剂：为了使包结剂在保存与使用过程中始终保持其本身的结构，同时使其余组分均匀悬浮，本品添加有稳定剂。本品所选用的稳定剂应当无毒无害，基于此，稳定剂可以从氯化物中选取，如氯化钠等。

分散剂：分散剂与稳定剂共同作用，使洗涤剂中的组分均匀悬浮分散，提升洗涤效果；本品中的分散剂采用硬脂酸钠或软脂酸钠。

增稠剂：增稠剂可以改善洗涤剂的物理性状，使洗涤剂更加稳定，同时可以起到乳化和悬浮作用，进一步提升洗涤剂的洗涤效果。本品所用到的增稠剂可以从纤维素钠、海藻酸钠、淀粉等中选取。

pH调节剂：用于调节洗涤剂的pH值，为了提升包结剂对农药的包结效果，本品所用到的pH调节剂可以从碳酸钠、碳酸氢钠或柠檬酸等中选择。

产品应用　本品主要用于对果蔬的清洗，使用时，先用水将洗涤剂稀释800～1200倍，得到洗涤剂的稀释溶液，然后用稀释溶液清洗果蔬，不仅可以大幅度降低水果表面的农药残余量，而且二次清洁更加彻底。

产品特性　本品中的包结剂选择环糊精，可将水果表面残留的农药包裹进内部空腔中，有别于常规洗涤剂利用浸润性改变果蔬表面残留农药的表面物理特性，从而使农药脱离果蔬表面的方式，水果的清洗效果更好。

配方 **44** 果蔬类杀菌洗涤剂

原料配比

原料	配比（质量份）			
	1#	2#	3#	4#
甘油单柠檬酸酯	5	3	4	3
月桂醇硫酸钠	3	3	2	5
大豆卵磷脂	2	2	2	2
甲基羟丙基纤维素	3	5	3	5
苹果酸钠	1	1	1	1
椰子油脂肪酸二乙醇酰胺	1	2	4	2
杀菌剂聚六亚甲基双胍盐酸	0.2	0.15	0.3	0.3
EDTA-2Na	1	1	1	0.5
去离子水	加至100	加至100	加至100	加至100

制备方法　将各组分溶于水，混合均匀即可。

产品特性　本品清洁效果好、稳定，杀菌抗菌速度快、高效广谱，易于冲洗，安全无毒无残留，对残留农药有较好的去除作用。

配方 **45** 用山药皮制备蔬菜水果洗涤剂

原料配比

原料	配比（质量份）		
	1#	2#	3#
山药皮活性物混合液	55	80	60
苦瓜原液	40	10	30

原料	配比（质量份）		
	1#	2#	3#
茶皂素晶体	1	3	3
柠檬酸钠	0.3	0.3	1
乙二胺四乙酸二钠	0.1	0.3	0.3
柠檬精油	0.1	0.5	0.5
艾叶精油	0.1	0.5	0.2
无水乙醇	0.5	2	2

制备方法　在山药皮活性物混合液中，缓慢加入苦瓜原液、茶皂素晶体、柠檬酸钠、乙二胺四乙酸二钠、柠檬精油、艾叶精油、无水乙醇，充分混匀，包装即可。

原料介绍　山药皮活性物混合液制备方法如下。

（1）收集山药饮片加工后残余的山药皮，将山药皮置于烘箱中以50～60℃干燥，粉碎，过80～100目筛，得山药皮粉；

（2）将山药皮粉浸入0.5～1g/L碳酸氢钠水溶液中，每1g山药皮粉加入4～12mL的碳酸氢钠水溶液，于65～75℃浸泡2～3h，离心过滤，除去残渣，制成山药皮活性物混合液。

苦瓜原液制备方法：将苦瓜洗净后切成碎块，送入匀浆机中，匀浆处理后离心过滤，得苦瓜原液；苦瓜原液中含有的苦瓜皂苷作为一种天然的表面活性剂，可去除蔬菜瓜果上的污渍及农药，同时具有抑菌作用。

所述的茶皂素晶体，是从山茶科植物的种子中提取的一种糖苷化合物，是皂素的一种。茶皂素晶体调配的溶液是一种天然非离子表面活性剂，具有良好的乳化、分散、发泡、润湿等活性作用，作为洗涤剂成分可清除污渍。

产品特性　本品具有良好的稳定性、温和性、易冲洗性、去污力强、有效去除农药残留，且具有一定的杀菌、络合重金属的作用，产品安全环保，对人体无毒害作用。

配方 46 杀菌洗涤剂

原料配比

原料	配比（质量份）
柠檬酸	3
植物提取物	9
皂荚皂苷	20
复合氨基酸	15
壳寡糖	4
茶皂素	20
去离子水	加至100

制备方法　将柠檬酸、皂荚皂苷、复合氨基酸、壳寡糖、茶皂素混合均匀，然后加入预混好的植物提取物，搅拌均匀，最后用去离子水补足100份，即可制得洗涤剂。

原料介绍　所述植物提取物为番荔枝乙醇提取液和芦荟水提取液，其中番荔枝乙醇提取液和芦荟水提取液的质量比为1：3。番荔枝的提取方法为：取番荔枝果实，粉碎，用乙醇浸泡1天，物料质量比为1：（3～5），然后过滤得到乙醇提取液，提取2～4次，浓缩提取液即得；芦荟的提取方法为：将芦荟鲜叶清洗干净，剪成碎片，用水提取2～4次，物料质量比为1：（2～5），浓缩提取液既得。

产品应用　本品主要应用于果蔬和餐具洗涤。

产品特性

（1）采用了番荔枝和芦荟提取物，使产品具有一定的植物清香，同时还可以起到杀菌的效果；

（2）本品含有的去污成分和杀菌成分，均为植物源物质，因此不会对环境和人造成伤害。

配方 47 用于果蔬的洗涤剂

原料配比

原料	配比（质量份）				
	1#	2#	3#	4#	5#
中药提取液	25	30	20	20	30
乳化增溶剂	4	3～5	5	3	5
茶皂粉	8	5	5	5	10
皂角粉	6	8	8	5	8
氯化钠	10	6	6	6	12
油酸三乙醇胺	13	15	15	10	15
二乙二醇单乙烯基醚	10	8	8	8	12
油酸钠	6.5	8	8	5	8
富马酸	5	3	3	3	7
磷酸二氢钠	2	2.4	2.4	1.5	2.4
蔗糖脂肪酸酯	4	3	3	3	6
椰子油	5	7	7	4	7
柠檬酸钠	10	8	8	8	14
聚季铵盐	5	6	6	6	6
乙醇	12	9	9	9	17
去离子水	50	60	60	40	60

制备方法

（1）将乳化增溶剂溶于所述质量份的中药提取液中，充分搅拌混匀，获得第一中间产物；

（2）将茶皂粉、皂角粉、氯化钠、油酸三乙醇胺、二乙二醇单乙烯基醚、油酸钠、富马酸、磷酸二氢钠、蔗糖脂肪酸酯、椰子油、柠檬酸钠、聚季铵盐、乙醇溶于所述质量份的去离子水中，充分搅拌混匀，获得第二中间产物；

（3）边搅拌边将第二中间产物加入至第一中间产物中，充分搅拌混匀，获得用于果蔬的洗涤剂。

原料介绍 所述中药提取液由以下中药原料按质量份数组成：苦参15～25份、金银花15～25份、甘草10～20份、桂花8～18份、荆芥12～20份、黄芩10～20份、鱼腥草5～10份、菊花5～10份、陈皮8～15份。制备方法为：以水为提取溶剂，将所述的中药原料加入水中煎煮3～8h，再提取浓缩，获得浓度为1.5～1.8g/mL的中药提取液。

所述的乳化增溶剂为吐温-80、司盘80、氢化蓖麻油中的一种或多种混合物。

产品特性 本品不仅对各种细菌、致病性真菌有抑制和消杀作用，而且能乳化果蔬表面农残脏污；淡淡菊花香更让人神清气爽、醒脑明目。本品以传统中药深度开发为特色，以有效抑菌杀菌为核心功能，药物残留低，不添加含磷成分，更环保，洗涤剂配方独特简单，能满足天然、环保，高效去污、抗菌的需求，符合绿色环保的生活理念。

配方 48 植物型水果用洗涤剂

原料配比

原料	配比（质量份）
植物油	10
大豆卵磷脂	2
可溶性淀粉	5
椰子油	5
丝瓜瓤	8
精制水	70

制备方法 先将丝瓜瓤加入6～8倍量的蒸馏水中提取1～1.5h，过滤，然后将滤液和其他原料加入到容器中，搅拌，直至形成均一稳定的液体，即得本品。

原料介绍 所述植物油为小麦胚芽油、葡萄籽油、蓖麻油、玫瑰果油、甜杏仁油中的一种或几种。

所述大豆卵磷脂是大豆油在脱胶过程中沉淀出的磷脂质再经过加工、干燥后的产物。

所述精制水是将水经过高温消毒、灭菌、澄清、冷却后加工制成的。

产品应用 本品主要应用于果蔬洗涤。

产品特性 本品采用植物油与可溶性淀粉、表面活性剂复配，能有效地洗去水果表面的蜡及其他污物，配方温和不刺激手部皮肤，大豆卵磷脂能被果皮吸收，增强果实的抗病能力，可保持果皮湿润，防止病菌侵害，抑制病菌生长繁殖，起到灭菌作用，延长水果保鲜期，另外还有防治蔬菜、水稻等农作物病虫害作用；椰子油能使水果具有椰子的清香。本品采取天然中草药及天然植物提炼制备的洗涤剂不仅能够降低成本而且绿色环保、安全无毒，天然无副作用，清洗后对人体皮肤以及水果均不会产生残留现象，天然无害，绿色环保，又能够清洗干净水果，保证了水果的卫生以及人们食用的健康，对环境亦无污染。

配方 49 植物洗涤剂

原料配比

原料	配比（质量份）	
	1#	2#
大米	2	8
决明子	1	5
胡椒	4	8
石英砂	1	5
皂角	1	5
卵磷脂	1	4
丝瓜瓤	5	8
柠檬片	4	7
橙皮	1	5
盐	适量	适量
食用醋酸	适量	适量
去离子水	适量	适量

制备方法

（1）将大米、决明子、胡椒、石英砂、皂角、卵磷脂、丝瓜瓤、柠檬片和橙皮粉碎后加食用醋酸搅拌研磨25～35min，得到浆汁，再对浆汁进行超细研磨，得洗涤剂原浆；所述原料与食用醋酸的用量比为1∶10。

（2）将步骤（1）所得洗涤剂原浆倒入发酵容器内加入糖发酵，发酵45～60天，其间每隔2～3天排气一次，保持发酵容器内压力在0.01～0.1MPa，静置90天后，得到洗涤剂初液；所述洗涤剂原浆和糖的质量比为（1～2）∶（0.4～0.8）。

（3）将盐和水的混合物加入到步骤（2）所得洗涤剂初液中，在30℃条件下，搅拌10～30min，过滤后得到成品的植物洗涤剂；所述洗涤剂初液和盐的质量比为

（1～2）：（0.1～0.5）。

产品应用　本品主要应用于果蔬和餐具的洗涤。

产品特性　本品原料均为天然植物，无毒无害，含有天然的去污成分，具有较强的去污能力，不需要添加化工类表面活性剂；用柠檬片提供天然的香味，不需要添加香精，保证了洗涤剂的生态环保；本植物洗涤剂能够有效洗净餐具表面的油污，去除蔬菜水果残留农药，低泡易冲洗，易生物降解，绿色环保。

配方 50 中药植物洗涤剂

原料配比

原料	配比（质量份）				
	1#	2#	3#	4#	5#
板蓝根	50	55	40	60	45
鱼腥草	8	5	10	4	9
薄荷	15	13	15	10	6
公丁香	10	12	13	8	7
大青叶	8	9	10	8	10
蒲公英	5	2	5	4	3
黄芩	3	4	5	2	4
牛蒡子	4	3	6	5	4
去离子水	61.7	50.8	44	55.5	50.9
植物源表面活性剂	0.3	20	25	18	22
柠檬酸	0.3	0.4	0.5	0.3	0.4
中药提取液	22	28	30	25	26
氯化钠	1	0.8	0.5	1.2	0.7

制备方法

（1）将上述质量份数的去离子水加入调配罐中，开启热水循环通过夹套加热，开启搅拌器，电机转速调至200r/min。温度升至40℃，关闭热水循环。

（2）将上述质量份数的植物源表面活性剂缓慢加入调配罐中，充分搅拌均匀。用柠檬酸调节体系pH值至5.0～6.0，缓慢加入上述质量份数的中药提取液，充分搅拌混匀。

（3）将上述质量份数的氯化钠缓慢撒入调配罐中，充分搅拌均匀，用200目滤布充分过滤，制成中药植物洗涤剂。

原料介绍　中药提取液制备方法如下。

原料预处理步骤：将板蓝根、鱼腥草、薄荷、公丁香、大青叶、蒲公英、黄芩和牛蒡子八味中药进行精选，清洗、烘干备用；

第一次煎煮步骤：将预处理后的原料按所述质量份数称重混合，置于煎煮锅中，加入10倍量去离子水，浸泡30min。加热沸腾后保持微沸状态煎煮60min，用200目筛过滤，滤液存于储液罐中；

第二次煎煮步骤：药渣倒回煎煮锅中，加入8倍量去离子水进行第二次煎煮，加热沸腾后保持微沸状态煎煮60min，用200目筛过滤，滤液存于储液罐中；

混合浓缩步骤：将两次煎煮的药液合并，于煎煮锅中减压真空浓缩至（1.10±0.02）g/mL，用200目筛过滤得中药浓缩液；

再将中药浓缩液于0～4℃的低温冷库中储存，常温下，中药提取液中有效成分以大分子形式存在极不稳定，而在0～4℃的低温下保存可最大程度保持有效成分含量，提升产品功效。使用时用去离子水稀释10倍，并经200目滤布过滤后，得中药提取液投料。

所述的植物源表面活性剂是椰油酰胺丙基甜菜碱、烷基糖苷、甜菜碱、椰油酰胺中的一种或几种的混合物。

产品应用　本品是一种可用于果蔬、婴幼儿奶瓶、碗筷等入口用品的中药植物洗涤剂。

产品特性

（1）本品采用烷基糖苷、甜菜碱等食品级植物源表面活性剂，无毒易降解的同时，再加上板蓝根、鱼腥草等药食两用、具有杀菌抗病毒的中草药成分，制成的洗涤产品在保证洗涤效果的同时，做到放心入口、无毒害物质残留。

（2）此品中药经合理配伍，采用现代制药工艺萃取有效成分，使得本洗涤剂具有良好的抑菌抗病毒效果，又安全无副作用。真正能做到安全、无毒、无副作用。

配方 51 高效无毒洗涤剂

原料配比

原料	配比（质量份）		
	1#	2#	3#
月桂醇硫酸钠	5	3	3
皂角提取液	15	10	10
柠檬酸	3	3	5
蒙脱石	2	2	1
植物油酰基乳酸钠	3	4	3
硫酸钠	1.5	2	3.5
山梨酸钠	4	5	6
烷基磺酸钠	5	5	5
仲烷基磺酸钠	1	1	2
香精	0.5	0.5	1
去离子水	10	15	15

制备方法

（1）在反应釜中将去离子水加热到40～60℃；

（2）将月桂醇硫酸钠、皂角提取液、柠檬酸、蒙脱石、植物油酰基乳酸钠、硫酸钠、山梨酸钠、烷基磺酸钠、仲烷基磺酸钠、香精缓慢加入反应釜中，搅拌制成乳状液；

（3）将上述乳状液在23～25℃均质5～10min得到成品。

产品应用　本品主要应用于果蔬洗涤。

产品特性　本品的各组分绿色无毒，制备方法便于操作，无副产物；去污力可达97%～98%，具有高去污能力、无残留，且对皮肤没有伤害，有利于人体健康，成本低、环保实用。

配方 **52** 农产品无害抗菌洗涤剂

原料配比

原料	配比（质量份）				
	1#	2#	3#	4#	5#
草木灰	25	30	28	26	29
皂角粉	20	30	25	23	27
柠檬酸	10	15	13	12	14
碳酸钠	10	15	12	11	14
桑叶	8	13	10	9	12
抗菌剂	7	11	9	8	10
摩擦料	20	25	23	21	24
乙醇	11	15	13	12	14
氯化钠	14	18	16	15	17
去离子水	25	35	30	28	32

制备方法

（1）将草木灰、皂角粉、碳酸钠、桑叶、抗菌剂和摩擦料按质量配比混合粉碎后，加入到去离子水中混合搅拌30～60min，在搅拌温度为50～60℃的条件下搅拌混合均匀；

（2）将乙醇、柠檬酸依次添加到步骤（1）制备的混合料中，均匀加入并搅拌得混合物；

（3）将步骤（2）制备的混合物装入膜袋，然后放入灭菌锅内，在100℃下进行高温常压灭菌处理12～15h，然后停止加热，在洁净环境下自然冷却至30℃以下，得到黏稠液体，即得到洗涤剂。

原料介绍　所述草木灰是以稻草、麦秆、油菜秆或向日葵秆中的一种或多种为原料，通过控制焚烧制得黑灰，煅烧温度至少达到300℃，但不超过1000℃，将黑灰过100～400目筛网筛除得到。

所述桑叶为将其送进干燥床进行干燥，干燥温度为80～95℃，热风下，干燥2～3h，干燥后的桑叶含水率小于5%，并用破碎机破碎成10～30mm的碎屑。

所述抗菌剂为硝酸锌、氯化锌、硝酸铜、硝酸镁中的一种或多种。

所述摩擦料是指过100目筛的高岭土、二氧化硅、云母石粉或矿物质粉；

所述矿物质粉是采取海洋无脊椎动物外壳，将其置于1000～1500℃中煅烧，再经研磨制成的。

产品应用 清洗农产品的方法包括以下步骤：

（1）将该农产品无害抗菌洗涤剂与20～40℃的温水按照1∶5的比例混合，并搅拌10min至农产品无害抗菌洗涤剂与温水完全混合；

（2）将步骤（1）制得的混合液倒入设置有振荡器的清洗槽体内，振荡器为超声波振荡器，用超声波振荡用于浸泡农产品的所述温水，同时将农产品置于混合液中浸泡3～5min；

（3）将步骤（2）浸泡后的农产品取出，用清水冲洗、沥水、自然晾干后即可。

产品特性 本品可将吸附于农产品表面的化学物质清洗干净，防止带有各种重金属、有害病菌、激素、药物残留物质的农产品经食用进入人体后对人体健康造成损害；充分利用草木灰、皂角粉、碳酸钠、桑叶、抗菌剂和摩擦料的抑菌、清洁功能，用天然植物制作而成，来源简单方便，配方温和无刺激性，可快速有效地去除果蔬中的残留农药，安全可靠，制作成本低，提高了对农产品的清洗效果。

4 衣用洗涤剂

配方 1 纯天然洗涤剂

原料配比

原料	配比（质量份）		
	1#	2#	3#
皂角	58	62	60
水	56	64	60
6501 净洗剂	2.5	3.5	3
十二醇硫酸钠	4.5	5.5	5
食用纯碱	3	4	3.5
烷基苯磺酸钠	4	5	4.5

制备方法

（1）将皂角粉碎；

（2）将步骤（1）中的粉碎的皂角放入锅里熬制成浆糊状；

（3）将步骤（2）中制得的混合物加配比的水稀释过滤，去除滤渣；

（4）向步骤（3）中的滤液加入配比的6501净洗剂、十二醇硫酸钠、食用纯碱、烷基苯磺酸钠，搅拌均匀；

（5）加入氯化钠调整黏度，调制成黏稠状；

（6）采用纯碱来调节pH值为9～11；

（7）加入适量香精勾兑制得成品。

产品应用 本品主要应用于衣物洗涤。

产品特性

（1）本品采用皂角为主要原料，获取容易，取材方便，制作简单，成本低，且天然绿色；采用微量化学添加剂，洗涤效果好，衣服不硬化，也不会腐蚀，不伤手，针对油渍、油漆和血迹的去污效果好。

（2）加入净洗剂、十二醇硫酸钠和烷基苯磺酸钠能够起到发泡作用，提高皂角的有效成分的接触面积，提高去污效果。

原料配比

中草药组合物

原料	配比（质量份）				
	1#	2#	3#	4#	5#
黄连	20	1	20	15	10
黄芩	—	25	5	20	17
大黄	1	—	5	—	5
乌梅	1	—	10	6	—
丁香	3	—	10	12	15
板蓝根	7	20	17	15	20
大青叶	6	2	7	5	3
艾叶	—	6	10	8	—
连翘	10	20	4	—	—
薄荷	5	5	4	1	2

抑菌节水洗涤剂

原料	配比（质量份）				
	1#	2#	3#	4#	5#
无患子提取物	25	10	15	20	18
茶粕提取物	5	15	7	12	10
甜菜碱	10	2	5	8	6
中草药组合物	1	10	5	8	7
螯合剂	0.1	0.5	0.2	0.4	0.3
防腐剂	0.01	0.5	0.1	0.4	0.3
黏度调节剂	5	0.05	1	2	1.5
去离子水	加至100	加至100	加至100	加至100	加至100

制备方法 将去离子水加热至45～55℃后，加入无患子提取物、茶粕提取物和甜菜碱搅拌至溶解后，加入中草药组合物搅拌均匀，然后加入螯合剂并调节pH值为6～8，加入防腐剂和黏度调节剂混合均匀，得到纯天然中草药植物抑菌节水洗涤剂。

原料介绍 中草药组合物的制备方法为：将黄芩、大黄、乌梅和板蓝根粉碎至20～50目，按药水比为1:（5～10）混合，超声20～40min后，使用微波加热至沸腾后，保温0.5～1h，过滤后加入黄连、丁香、大青叶、艾叶、连翘和薄荷，并再次加水至药水比为1:（5～10），混合均匀后在微波下加热至沸腾，保温0.2～1h后过滤，将滤液浓缩至1～2g/mL，在实际生产中，滤液的浓度根据实际需要进行调节。

产品应用 本品主要应用于衣物洗涤，也可用于餐具、果蔬洗涤。

产品特性

（1）本品使用时，起泡量较小，使用后不会有大量泡沫残留在衣物中，较易漂洗，能够节约水资源。

（2）本品对常见病菌如金黄色葡萄球菌、大肠杆菌、白色念珠菌、绿脓杆菌的杀菌效果大于95%，抑菌效果大于96%，具有较好的杀菌抑菌效果。

配方 **3** 多功能洗涤剂

原料配比

原料	配比（质量份）
水	100
月桂酸二乙醇酰胺	50
蓖麻油	6
硅酸钠盐	11
羟甲基纤维素	11
牛脂脂肪酸	25
柠檬酸	10

制备方法

（1）将月桂酸二乙醇酰胺加入水，搅拌均匀；

（2）控制温度为90～120℃时依次加入牛脂脂肪酸、柠檬酸，混合溶解；

（3）加入硅酸钠盐、羟甲基纤维素，在搅拌和加热条件下加入蓖麻油，混合均匀；

（4）常温下静置2h，封存。

产品应用 本品主要应用于纺织工业、酒店、旅游业、家庭、日用化工等的清洗剂。

产品特性 本品清洗效果优异，清洗污垢的速度快，溶垢彻底；清洗成本低，不造成过多的资源消耗；本品可有效去除衣物的顽固油渍、黄斑、锈渍、污渍等，去污能力强，对衣物没有损伤，使衣物色泽鲜艳不掉色。不在清洗对象表面残留不溶物，不产生新污渍。

配方 **4** 多功能羊毛衫洗涤剂

原料配比

原料	配比（质量份）				
	1#	2#	3#	4#	5#
十二烷基硫酸钠	2	10	6	8	6
乙醇	40	90	65	68	70

原料	配比（质量份）				
	1#	2#	3#	4#	5#
丙二醇	50	100	75	82	80
异丙醇	30	50	40	44	44
荧光增白剂	2	4	3	3	3
烷基醇酰胺	3	6	4	4	3
色素	1	3	2	2	1
柠檬酸	10	20	15	11	10
香精	4	6	5	5	4
防腐剂	1	2	1.5	1	1
去离子水	55	75	65	70	66

制备方法　首先，将十二烷基硫酸钠、乙醇、丙二醇、异丙醇、荧光增白剂和烷基醇酰胺放入反应器内混溶，升温至70℃；然后加入50℃的去离子水混合均匀；最后，降温至20℃，加入色素、柠檬酸、香精和防腐剂搅拌即可得到成品。

产品特性　本品去污能力强，洗涤后的羊毛衫蓬松柔软、色泽鲜艳、防尘抗静电和杀菌消毒。同时，该洗涤剂生产成本低，制备工艺简单，适合工业化生产。

配方 5　防沾色丝毛净洗涤剂

原料配比

原料	配比（质量份）		
	1#	2#	3#
脂肪胺聚氧乙烯醚双季铵盐	7	3	10
脂肪醇聚氧乙烯醚	8	5	10
椰油酰胺丙基甜菜碱	2.2	0.5	4
有机硅季铵盐	0.5	0.1	1
咪唑啉两性表面活性剂	0.8	0.5	5
聚乙二醇	3	1	5
pH 缓冲剂	0.5	0.1	1
防腐剂	1	0.01	0.2
水	75	90	60

制备方法

（1）取脂肪胺聚氧乙烯醚双季铵盐、脂肪醇聚氧乙烯醚、椰油酰胺丙基甜菜碱、有机硅季铵盐、咪唑啉两性表面活性剂、聚乙二醇、pH 缓冲剂、防腐剂和水，备用；

（2）将水升温至55～65℃，然后在搅拌条件下依次加入脂肪醇聚氧乙烯醚、脂肪胺聚氧乙烯醚双季铵盐、椰油酰胺丙基甜菜碱、有机硅季铵盐、咪唑啉两性表面活性剂和聚乙二醇，搅拌均匀，制得混合液；

（3）向步骤（2）制得的混合液中在搅拌条件下加入pH缓冲剂，调节pH值至5～7，然后加入防腐剂搅拌均匀，即得防沾色丝毛净洗涤剂。

原料介绍　本品采用表面活性剂脂肪胺聚氧乙烯醚双季铵盐、非离子表面活性剂脂肪醇聚氧乙烯醚、两性表面活性剂椰油酰胺丙基甜菜碱和咪唑啉、阳离子表面活性剂有机硅季铵盐的复配体系，协同作用，共同增强去污、防沾色、抗菌性、抗静电及柔顺效果；添加的聚乙二醇与椰油酰胺丙基甜菜碱共同作用，既能提高体系的分散性和稳定性，又能提高衣物的柔软性、抗静电和润滑性，避免洗涤过程中因机械力导致衣物损伤；采用pH缓冲剂将防沾色丝毛净洗涤剂的pH值调至弱酸性或中性，保持pH缓冲体系，避免碱性体系腐蚀并损伤衣物，洗涤后衣物色泽更鲜亮；添加的防腐剂与椰油酰胺丙基甜菜碱以及有机硅季铵盐共同作用，一方面抑制菌呼吸，另一方面破坏微生物的细胞膜而导致细胞内容物渗出，以达到杀菌效果，提高体系的抗菌性和防腐性。

所述脂肪胺聚氧乙烯醚双季铵盐为二氯化双十六烷基聚氧乙烯醚联苯苄基铵、二氯化双十二烷基聚氧乙烯醚联苯苄基铵、二氯化双十八烷基聚氧乙烯醚联苯苄基铵和二氯化双十四烷基聚氧乙烯醚联苯苄基铵中的至少一种。

所述脂肪醇聚氧乙烯醚为AEO-9、AEO-7和AEO-3按质量比为（3～8）:（1～3）:（1～2）混合而成的。

所述椰油酰胺丙基甜菜碱为CAB-30和/或CAB-35。

椰油酰胺丙基甜菜碱稳定性高，与阳离子和非离子表面活性剂并用，配伍性能好，泡沫多，去污力强，具有优良的增稠性、柔软性、杀菌性、抗静电性、抗硬水性，能显著提高本洗涤剂的柔软性、调理性和低温稳定性。

所述有机硅季铵盐为3-（三甲氧基硅基）丙基十八烷基二甲基氯化铵、3-（三乙氧基硅基）丙基十八烷基二甲基氯化铵和十二烷基二甲基苄基氯化铵中的至少一种。

上述的有机硅季铵盐与椰油酰胺丙基甜菜碱以及防腐剂共同作用，提高了杀菌、防腐效果，还可提高织物抗撕裂性、抗皱性及耐磨强度，改善洗后织物的手感。

所述咪唑啉两性表面活性剂为2-烷基-N-羧甲基-N-羟乙基咪唑啉、1-羧甲基氧乙基-1-羧甲基-2-烷基咪唑啉钠盐和十七烷基羟乙基羧甲基咪唑啉中的至少一种。

上述的咪唑啉两性表面活性剂具有良好的去污性、增溶性、温和调理性、抗静电性，发泡性好，对纤维刺激性小、无腐蚀性。

所述聚乙二醇为PEG-200、PEG-400和PEG-600中的至少一种。

所述pH缓冲剂为pH值在5.5～6.5的柠檬酸-柠檬酸钠缓冲液或pH值在5.8～6.5的磷酸氢二钠-磷酸二氢钠缓冲液。

所述防腐剂为卡松、山梨酸、苯氧乙醇和羟苯甲酯中的至少一种。

产品应用　本品主要应用于衣物洗涤。

产品特性　本品应用于洗涤真丝和羊毛羊绒等材质的衣物，对衣物无腐蚀，能保持衣物柔顺，去污力强，防沾色、抗菌性、抗静电效果好。

本品制备方法操作简单，控制方便，生产效率高，生产成本低，可用于大规模生产，选用的原料绿色环保。

配方 6 防止衣物泛黄及褪色的洗涤剂

原料配比

原料	配比（质量份）
椰子油二乙醇酰胺	2~4
脂肪醇聚氧乙烯醚	1~3
柠檬酸	3~6
羧甲基纤维素钠	0.2~0.5
硫酸铜	0.3~0.9
脂肪醇聚氧乙烯醚硫酸钠	1.2~3
缩水山梨醇月桂醇单脂聚氧乙烯醚	1~4
季铵盐型阳离子表面活性剂	3~5
香精	0.2~0.8
水	100

制备方法 将脂肪醇聚氧乙烯醚加入装有80℃热水的均质器中搅拌令其全部溶解；加入10～30℃凉水搅拌均匀，使温度下降，搅拌至室温，然后向其中加入脂肪醇聚氧乙烯醚硫酸钠、椰子油二乙醇酰胺、缩水山梨醇月桂醇单脂聚氧乙烯醚、TAB-12（1231）季铵盐型阳离子表面活性剂搅拌30min；加入羧甲基纤维素钠、硫酸铜搅拌至全部溶解，然后向其中加入柠檬酸使溶液的pH值调节至2.5～4，搅拌均匀静置10～24h。

产品应用 本品主要应用于衣物洗涤。

产品特性 采用本品洗涤毛线织物的时候，防止毛线褪色，并且减轻散毛现象；洗涤其他毛制品时，防止颜色串染，减轻毛面散损。并且由于组成中不含荧光增白剂、漂白剂等对丝、毛有作用的化学品，能够防止衣物泛黄，能够延长丝绸制品、羊毛制品的使用寿命，而且洗涤剂中含有增柔、抗静电、防污垢再沉积的表面活性成分，不仅对布料具有松软抗皱、抗泛黄的作用，而且对已缩水的羊毛织物具有一定程度的复原作用，还对合成纤维、混纺纤维的平滑性能有显著的提高作用。

配方 7 防蛀型不缩水不变形羊毛绒丝毛专用洗涤剂

原料配比

原料	配比（质量份）		
	1#	2#	3#
脂肪醇聚氧乙烯醚	5	6	4
异构十三醇聚氧乙烯醚	5	5	3
椰油酰胺丙基氧化铵	3	2	1

原料	配比（质量份）		
	1#	2#	3#
十六烷基三甲基氯化铵	3	4	4
氨基聚二甲基硅氧烷	2.5	3	3.5
右旋烯炔菊酯	0.05	0.1	0.1
谷氨酸	0.2	0.3	0.5
羟甲基甘氨酸钠	0.3	0.5	0.2
酒精	2	3	4
香精	0.1	0.2	0.3
去离子水	加至100	加至100	加至100

制备方法 将所述去离子水加入到搅拌锅中，边搅拌边升温至50～55℃，依次加入螯合剂、阳离子表面活性剂、非离子表面活性剂、两性表面活性剂，搅拌均匀后调节pH，当pH在4.0～6.5之间时加入硅表面活性剂，边搅拌边冷却至室温，加入事先用酒精预溶的防蛀剂、杀菌剂、香精，完全搅拌均匀后进行过滤灌装。

原料介绍 所述非离子表面活性剂为脂肪醇聚氧乙烯醚、异构十三醇聚氧乙烯醚、十三醇聚氧丙烯醚中的至少一种。所述非离子表面活性剂优选为脂肪醇聚氧乙烯醚或异构十三醇聚氧乙烯醚，或脂肪醇聚氧乙烯醚和十三醇聚氧丙烯醚的组合。

所述两性表面活性剂为椰油酰胺丙基氧化铵或月桂酰胺丙基氧化铵。

所述阳离子表面活性剂为十六烷基三甲基氯化铵、硬脂基三甲基氯化铵、山嵛基三甲基氯化铵、硬脂酰胺丙基二甲胺、山嵛酰胺丙基二甲胺中的至少一种。

所述硅表面活性剂为氨基聚二甲基硅氧烷、水溶性硅油、自交链硅油中的至少一种。

所述防蛀剂为右旋烯炔菊酯、右旋苯醚菊酯、生物烯丙菊酯、除敌溴氰菊酯中的至少一种。

所述螯合剂为谷氨酸、乙二胺四乙酸四钠、葡萄糖酸钠、柠檬酸钠中的至少一种。

所述杀菌剂为羟甲基甘氨酸钠、碘丙炔醇丁基氨甲酸酯中的至少一种。

产品特性

（1）本品在传统洗涤剂配方的基础上，使用非离子表面活性剂、两性表面活性剂作为去污剂，去污力强，低泡易漂洗；阳离子表面活性剂具有优良的柔软、抗静电效果；硅表面活性剂能赋予织物柔软、平滑手感，增强织物的抗撕裂强度和抗皱性能，改善织物的弹性；杀菌剂和防蛀剂能起到良好的防霉、防蛀作用。

（2）通过控制非离子表面活性剂与离子表面活性剂的比例，从而实现了均衡的HLB值，不易分层，增强了去污能力，增加防蛀剂的停留时间，使其不易挥发，从而实现更好的防蛀效果，不变形，不缩水。

（3）本品配方温和，生物降解性好，洗涤后织物柔软蓬松、不缩水、不变形、不易霉蛀。

配方 8 固色除菌衣用洗涤剂

原料配比

原料	配比（质量份）			
	1#	2#	3#	4#
水溶性聚氨酯型表面活性剂	15	15	13	16
纤维素乙醇酸	32	32	29	34
淀粉乙醇酸钠	8	9	8	8
酶	0.3	0.5	0.4	0.4
大豆卵磷脂	1	2	2	2
迷迭香精油	2	3	2	2
栀子提取产物	5	8	7	7
芒果皮酶解产物	13	15	14	14
醋醅水提取液	32	38	35	35

制备方法　往去离子水中加入水溶性聚氨酯型表面活性剂和纤维素乙醇酸，搅拌均匀，再加入大豆卵磷脂、淀粉乙醇酸钠、酶、迷迭香精油，搅拌均匀，最后加入栀子提取产物、醋醅水提取液、芒果皮酶解产物搅拌均匀即可。

原料介绍　所述的酶为淀粉酶和纤维素酶的组合物，淀粉酶和纤维素酶的质量比为1:1。

所述醋醅水提取液的制备方法为：取醋酸发酵过后的醋醅，按1:6的料液比（g:mL）加入蒸馏水，室温下振荡提取3 h后过滤得滤液，将滤液通过0.22 μm无菌滤膜过滤除菌，得到醋醅水提取液，4℃条件下保存备用。

所述芒果皮酶解产物的制备方法为：芒果皮经切块、搅碎等预处理后，以料液比为1:3（m/V）加水，浸泡过夜，采用纤维素酶和木瓜蛋白酶混合酶解的方式，酶解条件为：温度为45℃、pH＝6.5、水解时间为2.5h、纤维素酶和木瓜蛋白酶的加酶量分别为1500U/g和1300U/g；酶解结束后灭酶，将酶解液在4℃下以5000r/min离心10min，取上清液，再经过微滤获得芒果皮酶解产物。

所述水溶性聚氨酯型表面活性剂的制备方法为：①称取等量的二异氰酸酯、马来酸酐和聚乙二醇，其质量比为3:8:5；②在烧瓶中加入称取好的聚乙二醇和适量的月桂酸二丁基锡，搅拌均匀；③在适量丙酮溶液中加入马来酸酐，搅拌均匀；④在搅拌状态下向步骤②形成的固体中加入步骤③形成的溶液，再将烧瓶放在65℃的条件下反应；⑤4h后，在有氮气保护的条件下同时搅拌加入二异氰酸酯溶液反应；⑥4h后，在烧瓶中加入适量的三羟甲基丙烷，封闭烧瓶瓶口；⑦再经过4h后，向烧瓶中加入适量水封存；⑧半个月后取沉淀物在45℃的丙酮溶液中洗净，干燥即得水溶性聚氨酯型表面活性剂。

所述栀子提取产物的制备方法为：将栀子洗净干燥，再把栀子研磨成粉末并过50目筛，过筛后的栀子粉末中加入70%的乙醇，栀子粉末的质量（g）与乙醇的体积（mL）比为1:13；采用超声波振荡仪（40℃，450W）辅助提取20min；将栀子乙醇液经水浴回流浸提，浸提温度为65℃，浸提3次，每次1.5 h，抽滤离心（5000r /min，

15min），过滤后真空旋转蒸发回收乙醇，得栀子粗提液；将HPD-300大孔树脂用95%乙醇浸泡24 h，用蒸馏水清洗至无乙醇味后放入20 cm×240 cm大孔树脂专用层析柱；栀子粗提液以400 BV/h（BV：大孔树脂的体积）的吸附速率吸附于HPD-300大孔树脂上，上柱量为600 BV；吸附完的树脂用800 BV的蒸馏水以1000 BV/h的流速洗净树脂上的杂质，再用1200 BV的60%乙醇对黏附在树脂上的粗提液进行洗脱，洗脱液冷凝浓缩后得到栀子提取产物。

产品特性 本品可快速与织物上的污渍起作用并将其有效去除，同时各组分协同，体系稳定，可延长产品的保质期。

本品以天然植物成分为主要原料，通过迷迭香精油、栀子提取产物、芒果皮酶解产物、醋醅水提取液中含有丰富的生物活性成分，达到协同增效抗菌除菌的效果，具有天然植物香味，能够去除异味，护肤不刺激，能够最低程度上减少衣物的褪色。

配方 9 含益母草提取物的消毒式衣物洗涤剂

原料配比

原料	配比（质量份）		
	1#	2#	3#
益母草提取物	30	40	36
红花丹提取物	20	10	15
过硫酸钠	15	11	10
香料	25	30	30
植物精油	3	2	2.5
异丙醇	2	1	1.5
水	5	6	5

制备方法 将各组分混合均匀即可。

产品特性 本品配方合理，不仅具备较好的清洁效果，而且具备较好的消毒杀菌效果，有利于维护人们的身体健康。

配方 10 含有天然中药成分的抑菌衣物洗涤剂

原料配比

原料	配比（质量份）				
	1#	2#	3#	4#	5#
无患子提取物	25	10	15	20	18
茶粕提取物	5	15	7	12	10
甜菜碱	10	2	5	8	6
中草药组合物	1	10	20	10	15

原料		配比（质量份）				
		1#	2#	3#	4#	5#
螯合剂		0.1	0.5	0.2	0.4	0.3
防腐剂		0.01	0.5	0.1	0.4	0.3
黏度调节剂		5	0.05	1	2	1.5
去离子水		加至100	加至100	加至100	加至100	加至100
中草药组合物	黄连	20	1	20	15	10
	黄芩	25	25	5	20	17
	大黄	1	1	5	4	5
	乌梅	1	9	10	6	10
	丁香	3	15	10	12	15
	板蓝根	7	20	17	15	20
	大青叶	6	2	7	5	3
	艾叶	10	6	10	8	8
	连翘	10	20	4	7	8
	荆芥	13	5	13	7	6
	薄荷	5	5	4	1	2
	去离子水	适量	适量	适量	适量	适量

制备方法　将去离子水加热至45～50℃后，加入无患子提取物、茶粕提取物和甜菜碱搅拌至溶解后，加入中草药组合物搅拌均匀，然后加入螯合剂调节pH值为7，加入防腐剂和黏度调节剂混合均匀，得到含有天然中药成分的抑菌衣物洗涤剂。

原料介绍

本品中将黄连、黄芩、艾叶和板蓝根混合，使得该提取物中含有黄芩苷、汉黄芩苷、萜品烯醇-4、β-石竹烯、蒿醇、芳樟醇、1-硫氰酸-2-烃基-3-丁烯、棕榈酸和D-谷甾醇等成分中的至少四种，能够有效抑制病毒和细菌的增殖，且能够杀死金黄色葡萄球菌、白色葡萄球菌等衣物上容易沾染，且容易导致皮肤发生炎症的病毒，且上述成分在洗涤衣物时，即使进行漂洗和脱水后，仍然能够黏附在衣物上，与衣物上的细菌作用，保护衣物不被细菌侵害，具有较好的抑菌效果。

中草药组合物的制备方法：将黄芩、大黄、乌梅和板蓝根粉碎至20～50目，按药水比为1:（5～10）混合，超声20～40min后，使用微波加热至沸腾后，保温0.5～1h，过滤后加入黄连、丁香、大青叶、艾叶、连翘、荆芥和薄荷，并再次加水至药水比为1:（5～10），混合均匀后在微波下加热至沸腾，保温0.2～1h后过滤，将过滤液浓缩至1～2g/mL。

产品特性 本品将无患子提取物、茶粕提取物、甜菜碱作为去污的主要成分，由于无患子提取物和茶粕提取物中均含有皂素，甜菜碱在皂素存在的条件下能够较好地保护皮肤，并促进皂的去污效果，能够较好地去除衣物上的污渍的同时，保护皮肤。且上述成分使用时，起泡量较小，使用后不会有大量泡沫残留在衣物中，较易漂洗。

配方 11 环保洗涤剂

原料配比

原料	配比（质量份）
烷基苯磺酸钠	57
羟基亚氨基二琥珀酸盐	28
柠檬酸①	6
羧乙烯聚合物	12
柠檬酸②	6
艾叶提取物	5
水	98

制备方法

（1）将烷基苯磺酸钠加入水中，搅拌均匀；

（2）控制温度在90～120℃时依次加入羟基亚氨基二琥珀酸盐、柠檬酸①混合溶解；

（3）然后加入柠檬酸②、羧乙烯聚合物，在搅拌和加热条件下加入艾叶提取物，混合均匀；

（4）常温下静置2h，封存。

产品应用 本品主要用作衣物洗涤剂。

产品特性 本品清洗效果优异，清洗污垢的速度快，溶垢彻底；清洗成本低，不造成过多的资源消耗；采用本品油清洗衣物的顽固油渍、黄斑、锈渍、污渍等，去污能力强、对衣物没有损伤，使衣物色泽鲜艳不掉色。

配方 12 环保型轻垢液体洗涤剂

原料配比

原料	配比（质量份）			
	1#	2#	3#	4#
十二烷基葡萄糖苷	9	10	8	10
脂肪醇聚氧乙烯醚硫酸钠	5	4	6	6
柠檬酸钠	2	3	2	2
羟甲基纤维素	1.5	1	2	1

原料	配比（质量份）			
	1#	2#	3#	4#
硅藻土	0.8	1	0.5	1
山梨酸	1.5	1	2	2
香精	0.2	0.3	0.1	0.1
天然色素	0.15	0.1	0.2	0.1
酶	0.7	0.8	0.6	0.8
增溶剂	2.5	2	3	3
乙醇	1.5	2	1	1
稳定剂	1	0.8	1.5	0.8
苯乙烯聚合物	1.2	1.5	1	1.5
去离子水	135	120	150	150

制备方法　将各组分溶于水，混合均匀即可。

原料介绍　采用十二烷基葡萄糖苷作为主要表面活性剂，其为一种非离子表面活性剂，无毒无刺激，生物降解迅速而完全，还具有杀菌的能力，添加的脂肪醇聚氧乙烯醚硫酸钠为无毒的阴离子表面活性剂，均符合环保要求。

所述纤维素衍生物为羟甲基纤维素、羟乙基纤维素、羟丙基纤维素中的一种。

所述增溶剂为氯化钠、氯化钾、尿素中的一种或两种的混合物。

所述消泡剂为乙醇或二甲基硅油。

所述酶包括蛋白酶、脂肪酶、淀粉酶。

所述稳定剂为氯化钙、甘油、甲酸钠的混合物。

所述遮光剂为苯乙烯聚合物、聚氯乙烯、聚偏二氯乙烯中的一种。

产品应用　本品主要应用于衣物洗涤。

产品特性　本品添加有酶，可提高洗涤剂的总体洗涤效果，可帮助去除污渍并实现全面清洁，同时添加与其适配的稳定剂，使酶在洗涤剂中具有良好的稳定性。本品安全环保，去污能力强且无化学残留，性能温和，对面料表面无任何损害。

配方 **13** 具有护色效果不损伤衣料的洗涤剂

原料配比

原料	配比（质量份）			
	1#	2#	3#	4#
烷基苯磺酸钠	10	13	11	11
月桂基酰胺丙基甜菜碱	6	8	7	7
脂肪醇聚氧乙烯醚	7	11	9	10
五水偏硅酸钠	4	8	6	7

原料	配比（质量份）			
	1#	2#	3#	4#
乳化剂	1	3	2	2
单酯化壳聚糖	3	5	4	3
明胶	2	4	3	4
柠檬酸钠	2	4	3	3
氢氧化钠	0.8	1.3	1.1	0.9
淀粉酶	0.4	0.6	0.5	0.4
蛋白酶	0.3	0.8	0.5	0.7
脂肪酶	0.4	0.9	0.7	0.6
环氧基硅油	6	9	8	8
增白剂	0.2	0.6	0.4	0.2
固色剂	1.5	1.8	1.7	1.8
渗透剂	2	3	2.5	2.4
去离子水	55	60	57	58
香精	1	1.5	1.3	1.4

制备方法　将烷基苯磺酸钠、月桂基酰胺丙基甜菜碱、脂肪醇聚氧乙烯醚、五水偏硅酸钠混合并加入到去离子水中溶解搅拌均匀，然后将混合物加入到化料釜中，并依次加入柠檬酸钠、环氧基硅油，搅拌均匀，接着加入氢氧化钠调节混合物的pH值至7.5～7.8。加热化料釜内物质的温度至30～35℃，将单酯化壳聚糖、明胶、淀粉酶、蛋白酶、脂肪酶加入到化料釜中，搅拌均匀后，再将乳化剂、增白剂、固色剂、渗透剂和香精加入，并以180～200r/min的转速均匀分散15～20min，得到所需洗涤剂。

原料介绍　单酯化壳聚糖的制备方法如下：按照质量份数，将3份柠檬酸、5份壳聚糖和0.3份甲苯磺酸投入到反应釜中，混合搅拌，以80～90℃的温度保温反应1～2h，然后将混合物的温度降至室温，得到所需单酯化壳聚糖。

乳化剂为阴离子表面活性乳化剂。

增白剂为焦磷酸钠、三氯聚氰和乙醇胺的混合物，三者的质量比为2∶3∶2。

固色剂为双氰胺甲醛或有机硅。

渗透剂选用环氧乙烷或脂肪醇。

产品应用　本品主要应用于衣物洗涤。

产品特性　本品中使用的各种物质的化学性质均相对温和，清洁过程中对衣料的损伤程度较小，因此可以降低织物表面附着的色素分子的破坏；洗涤剂的有效成分中添加的单酯化壳聚糖、明胶、环氧基硅油等物质在衣服洗涤时，对织物表面附着的色素分子进行保护，进一步提高护色效果。

此外，该洗涤剂通过调节自身的酸碱度，使得各种分解酶的活性得到提高，通过分解酶对污渍进行有效分解，从而避免化学物质与植物的纤维本身进行反应，提高清洁效果的同时，也能更好地保护衣料，提高衣服的循环洗涤次数。

配方 14 具有杀菌功能的羊毛织物洗涤剂

原料配比

原料	配比（质量份）		
	1#	2#	3#
乙基甲基苯	15	18	20
聚醚醚酮	3	5	6
杜仲提取物	1	2	3
丁基溶纤剂	1	1.3	2
妥尔油脂肪酸	2	4	5
碳灰石	2	4	5
杜桂提取物	1	2	3
聚三聚氰酸酯	5	7	8
直链烷基苯磺酸钠	5	6	8
角质酶	2	4	6
羌活提取物	1	3	4
低聚木糖	1	3	4
胺菊酯	2	5	6
去离子水	20	21	22

制备方法 将各组分溶于水，混合均匀即可。
产品特性 本品洗涤效果好，且具有一定的杀菌功能。

配方 15 抗菌留香的衣服洗涤剂

原料配比

原料	配比（质量份）
氢氧化钠	4.5
水	50
十二烷基苯磺酸	11
缓释 - 赋形剂 I	5.5
缓释 - 赋形剂 II	5.5
酸性蓝色染料	3
无机纳米抗菌粉	1
元明粉	19
改性纳米香精	0.5

制备方法

（1）制备无机纳米抗菌粉：按锌盐与纳米二氧化钛质量比为55：（10～15）称取原料，溶于乙醇中，用稀硝酸调节pH=1～3，制成澄清溶液，将澄清溶液在磁力搅拌器上充分混合；向氨水中加入硝酸铵形成氨水溶液，再将澄清溶液滴入氨水溶液中，并迅速搅拌，滴定速度小于2 mL/min，搅拌速度保持在50～200 r/min，可滴加少量氨水保持pH=8～9；滴定结束后，静置1～5h；用蒸馏水清洗，再用无水乙醇清洗，得到前驱体；将前驱体在烘箱中干燥、研磨，然后装入坩埚内，在1100～1300℃的温度下煅烧，得到无机纳米抗菌粉待用。

（2）制备改性纳米香精：按纳米氧化硅、纳米二氧化钛、香精与乳化剂的质量比为2：（1.2～1.5）：（0.5～2）：（0.1～0.7）称取原料，将纳米氧化硅、纳米二氧化钛与香精混合均匀后加入乳化剂，用稀盐酸或稀氢氧化钠溶液调节pH至1～4，在8000～15000 r/min下高速乳化分散10～30 min形成黏稠液体，即得到改性纳米香精待用。

（3）用水溶解氢氧化钠，待氢氧化钠固体溶解后，再缓慢倒入具有搅拌加热装置的捏合机中，在缓慢搅拌下，倒入十二烷基苯磺酸；接着依次加入酸性蓝色染料、缓释-赋形剂Ⅰ，缓释-赋形剂Ⅱ、步骤（1）中所得的无机纳米抗菌粉和元明粉，保持加热温度在40～80℃的范围，搅拌捏合时间为0.5～1.0 h，之后自然冷却。

（4）最后加入步骤（2）中所得的改性纳米香精，继续搅拌至均匀，随后静置过夜，得到成品。

原料介绍　所述的酸性蓝色染料为酸性湖蓝、食用亮蓝、考马斯亮蓝、玛雅蓝中的一种或者多种的任意比例混合物。

所述的缓释-赋形剂Ⅰ为黄原胶与硬脂酸的混合物，缓释-赋形剂Ⅱ为黄原胶与硫酸铜的混合物；构成缓释-赋形剂Ⅰ的黄原胶含量为45%～55%，构成缓释-赋形剂Ⅱ的黄原胶的含量为50%～60%。

所述的无机纳米抗菌粉由锌盐和纳米二氧化钛经共沉淀而形成，锌盐可以为溴化锌、氯化锌、硫酸锌、硝酸锌。

所述的用于改性纳米香精制备的香精为日化香精，所述的用于制备改性纳米香精的乳化剂为吐温-20、吐温-80、司盘-20、司盘-80、聚乙二醇-400、二聚甘油中的一种或者多种的任意比例混合物。

产品特性

（1）该衣服洗涤剂产品采用价格比较便宜、易得的一种阴离子活性前体物质十二烷基苯磺酸，与碱性物质进行中和反应而生成一种阴离子表面活性剂，即十二烷基苯磺酸钠；

（2）采用无机纳米抗菌粉作为抗菌材料，采用改性纳米香精，这样组成的本产品新颖、独特，效果明显，而且价格便宜；

（3）为了达到理想的抗菌留香的目的，本产品加入了环保的无机纳米抗菌粉和改性纳米香精。由于其颗粒非常小，表面积很大，因此在水中浸泡后，可以很好地分散于水中，这样就充分地发挥出这些纳米材料的抗菌、留香的良好作用。

配方 **16** 可柔化衣物的洗涤剂

原料配比

原料	配比（质量份）		
	1#	2#	3#
表面活性剂	20	15	35
酯基季铵盐	2	3	3
烷基糖苷	3	5	5
皂粉	1.5	1.5	1.5
鱼腥草提取物	3	1~3	3
酸性催化剂	0.2	0.8	0.8
增稠剂	2	1	2
柠檬酸钠	1	1	1
无水氯化钙	0.01	0.05	0.05
荧光增白剂	0.02	0.5	0.5
茶皂素	4	2	4
丙二醇	0.5	2	2
酶制剂	1.2	1.2	1.2
竹叶黄酮	0.005	0.03	0.03
去离子水	加至100	加至100	加至100

制备方法 将各组分溶于水，混合均匀即可。

原料介绍 所述表面活性剂选自脂肪酸聚氧乙烯酯、椰子油脂肪酸二乙醇胺、脂肪醇聚氧乙烯醚硫酸钠和十二烷基甜菜碱中的至少一种。

所述酯基季铵盐为1-甲基-1-油酰胺乙基-9-油酸基咪唑啉硫酸甲酯铵。

产品特性 本品可对天然纤维织物的衣物进行柔化减少其起皱，对人体无刺激同时具有杀菌的功效。

配方 **17** 离子洗涤剂

原料配比

原料	配比（质量份）			
	1#	2#	3#	4#
积雪草提取物	1	—	—	—
金银花提取液	—	10	—	—

原料	配比（质量份）			
	1#	2#	3#	4#
洋甘菊提取液	—	—	0.1	—
茶叶提取物	—	—	—	2
虎杖根提取物	—	—	—	2
迷迭香提取物	—	—	—	2
光果甘草	—	—	—	2
甘油	5	5	—	—
乙醇	—	—	3	5
脂肪醇聚氧乙烯醚硫酸铵	3	2	—	—
脂肪醇聚氧乙烯醚硫酸钠	—	3	—	—
十二烷基磺酸钠	—	—	1	1
抗氧化剂	—	—	—	0.1
丙二醇	—	2	—	—
烷基糖苷	2	—	2	—
调理剂	—	3	—	—
稳定剂	—	—	2	—
磷酸盐	8	—	—	—
水	40	80	45	70
海水浓缩液	5	3	1	0.1
电气石	0.5	5	1	3

制备方法　将海水浓缩液、活性组分和溶剂混合，40℃水浴加热并搅拌得产物（1）；将表面活性剂、助剂、溶剂和水混合，40℃水浴加热至预设时间，缓慢搅拌冷却至室温得产物（2）；将产物（2）缓慢加入产物（1）中，搅拌均匀；冷却至室温，加入电气石和海水浓缩液的混合物。

原料介绍　所述活性组分为积雪草提取物、金银花提取液、洋甘菊提取液、虎杖根提取物、迷迭香提取物、茶叶提取物和光果甘草中的一种或多种；所述溶剂为乙醇、丙二醇和甘油中的一种或多种；所述助剂为螯合剂、调理剂、稳定剂和抗氧化剂中的一种或多种。

所述表面活性剂为脂肪醇聚氧乙烯醚硫酸钠、十二烷基磺酸钠、月桂醇硫酸钠、脂肪醇聚氧乙烯醚硫酸铵和烷基糖苷中的一种或多种。

所述螯合剂为磷酸盐。

产品应用　本品主要应用于衣物洗涤。

产品特性　本品能有效地减少浸泡时间、节水节能、健康环保，同时减少对环境的污染。

原料配比

原料	配比（质量份）			
	1#	2#	3#	4#
去离子水	61.7	61.5	65	70
异构脂肪醇聚氧乙烯醚	3	5	6	4.1
脂肪醇聚氧乙烯醚	5	5.6	2	2
三氯生	0.1	0.2	0.1	0.1
脂肪醇聚氧乙烯醚硫酸钠	20	20	20	18
丙二醇	3	1.5	2.5	1
柠檬酸钠	0.8	1	0.6	0.4
柠檬酸溶液	2	1.8	1	0.5
遮光剂	0.5	0.5	0.4	0.4
盐	3	2	1.6	1
甲基异噻唑啉酮	0.15	0.12	0.12	0.1
香精	0.45	0.38	0.38	0.2
液体蛋白酶	0.3	0.4	0.3	0.2

制备方法

（1）在室温下，将55.1%～66.5%去离子水加入混料搅拌缸中，开动搅拌；

（2）将异构脂肪醇聚氧乙烯醚缓慢加入到混料搅拌缸中，加热至30℃，并搅拌均匀；

（3）在一个小容器中加入脂肪醇聚氧乙烯醚与三氯生，搅拌至充分混合后加入步骤（2）中的混料搅拌缸中，继续搅拌；

（4）分三次向步骤（3）中的混料搅拌缸中缓慢加入脂肪醇聚氧乙烯醚硫酸钠并搅拌至充分混合；

（5）往步骤（4）中的混料搅拌缸中缓慢加入丙二醇并搅拌均匀；

（6）往步骤（5）中的混料搅拌缸中缓慢加入柠檬酸钠并充分搅拌；

（7）将浓度为10%的柠檬酸溶液加入步骤（6）中的混料搅拌缸中调节pH值至5.5～6.5之间；

（8）在另一个小容器中加入2.9%～3.5%的去离子水与遮光剂，搅拌30min至充分混合后加入步骤（7）中的混料搅拌缸中，继续搅拌；

（9）往步骤（8）搅拌均匀的混料搅拌缸中加入盐，调节黏度至适当的范围内；

（10）往步骤（9）中的混料搅拌缸中先后缓慢加入甲基异噻唑啉酮和香精；

（11）在步骤（10）的混料搅拌缸中加入液体蛋白酶，继续搅拌30min后停止搅拌；

（12）静置2h后灌装。

原料介绍 所述脂肪醇聚氧乙烯醚硫酸钠的浓度为75%。

所述柠檬酸溶液的浓度为10%。

所述遮光剂为聚丙烯酸酯或者乙二醇二硬脂酸酯类化合物或者聚合物乳液。

所述盐为氯化钠。

所述香精为醚类、醇类和饱和烃类香精。

所述液体蛋白酶为SAVINASE ULTRA 16XL赛威超强稳定型液体蛋白酶。

产品特性 本品均采用低刺激性的原料，配方中使用使蛋白酶稳定匹配的原料，如丙二醇、异构脂肪醇聚氧乙烯醚。本配方采用不含氯离子的甲基异噻唑啉酮作防腐剂，其本身几乎无色，由于不含氯离子，刺激性很小；内衣洗涤剂比较稳定，能有效保持乳白色的内衣洗涤剂在保质期内不发生明显的变色现象，从而更好地保证了产品质量。

配方 19 浓缩化液体洗涤剂

原料配比

原料		配比（质量份）				
		1#	2#	3#	4#	5#
脂肪酸甲酯乙氧基化物	MEE	15	15	18	5	10
脂肪酸盐	十二酸钾	2	2.5	3	5	—
	十四酸钾	4	3.5	4	5	4
	十六酸钾	—	—	—	10	6
磺酸盐	LAS	5	6	8	20	15
阴离子表面活性剂	AES	5	7	8	5	3
	K12	2	1	1	1	—
	AOS	—	—	—	2	—
	MES	3	2	1	—	7
非离子表面活性剂	AEO-9	10	13	12	1	—
	APG	—	—	—	—	1
助溶剂	异丙苯磺酸钠	—	—	—	0.5	1
	甲苯磺酸钠	1	2	1.5	—	—
洗涤助剂	荧光增白剂	—	—	—	0.09	0.09
香精		—	—	—	0.01	0.01
防腐剂		—	—	—	0.01	0.01
去离子水		加至100	加至100	加至100	加至100	加至100

制备方法

（1）向配制罐中加入水；

（2）加入脂肪酸甲酯乙氧基化物、脂肪酸盐、磺酸盐；

（3）加入助溶剂，搅拌至溶解完全；

（4）加入其他阴离子表面活性剂、非离子表面活性剂，搅拌至溶解完全；

（5）加入荧光增白剂、香精、色素、防腐剂等洗涤助剂，搅拌溶解完全；

（6）调节pH，搅拌至溶解完全。

原料介绍　所述脂肪酸盐选自碳原子数为10～20的直链烷基脂肪酸的碱金属盐的一种或多种的混合物。

所述磺酸盐选自烷基苯磺酸、α-烯烃磺酸或脂肪酸烷基酯磺酸的碱金属盐的一种或多种的混合物。

所述非离子表面活性剂选自烷基糖苷、直链脂肪醇聚氧乙烯醚（AEO-9）、脂肪酸聚多元酯、蔗糖酯或乙氧基化失水山梨酸醇酯的一种或多种的混合物。

所述阴离子表面活性剂选自十二烷基硫酸钠、α-烯基磺酸盐（AOS）、乙氧基化脂肪醇硫酸钠（AES）、脂肪酸甲酯磺酸钠（MES）、C_8～C_{18}的乙氧基化脂肪醇硫酸钠或乙氧基化脂肪醇醚羧酸钠中的一种或多种的混合物。

所述助溶剂选自甲苯磺酸钠、异丙苯磺酸钠、乙醇、乙二醇或甘油中的一种或多种的混合物。

AOS：α-烯烃磺酸钠。

K12：十二烷基硫酸钠。

AEO-9：乙氧基化脂肪醇，平均乙氧基化度为9。

MEE：脂肪酸甲酯乙氧基化物，脂肪酸碳原子数为6～24，平均乙氧基化度为0.5～30。

APG：烷基糖苷，烷基碳原子数为8～16，平均聚合度为1.1～3。

LAS：直链烷基苯磺酸钠，碳原子数为10～13。

AES：乙氧基化脂肪醇硫酸钠，脂肪醇碳原子数为10～15，平均乙氧基化度为2。

MES：脂肪酸甲酯硫酸钠，脂肪酸碳原子数为8～18。

防腐剂：甲基异噻唑啉酮和氯甲基异噻唑啉酮的混合物。

产品应用　本品主要应用于衣物洗涤。

产品特性　本品为浓缩洗涤剂，使用水稀释三倍后依然具有很好的去污力，从而减少使用量，达到环保节水的目的。

配方 **20** 腔膜稳定的单腔或多腔包装的液体洗涤剂

原料配比

原料	配比（质量份）			
	1#	2#	3#	4#
乙醇	5	—	20	50
丙醇	—	50	—	15
丁醇	—	—	15	5
脂肪醇聚氧乙烯醚-9	30	5	50	24
脂肪酸钠	5	20	8	5
脂肪醇聚氧乙烯醚硫酸盐			2	

原料	配比（质量份）			
	1#	2#	3#	4#
脂肪酸甲酯乙氧基化物	30	—	—	—
甜菜碱	—	5.4	1	—
甘油	—	—	2	—
丙二醇	20	—	—	—
荧光增白剂	—	—	0.1	—
香精	2	4	0.5	0.3
酶	1	—	—	0.5
防腐剂	0.1	0.08	0.1	0.1
色素	—	0.02	—	0.1
水	6.9	15	1.3	—

制备方法

（1）将各组分溶于水，混合均匀。

（2）将混合好的均匀液体加到热封或水封包装机，用PVA水溶膜包装。

原料介绍　所述液体洗涤剂为浓缩洗涤剂，其中的脂肪醇聚氧乙烯醚、脂肪酸盐配比需严格控制在规定范围内，其他成分可按普通浓缩洗衣液配比。所述一元醇包括但不限于乙醇、丙醇、丁醇等。

所述助剂为任何适用于液体洗涤剂的助剂，如丙二醇、甘油、螯合剂、荧光增白剂、抗再沉积剂。

本品除了包含脂肪醇聚氧乙烯醚和脂肪酸盐两种表面活性剂外，还可以包含其他表面活性剂，这些表面活性剂的总含量不超出洗涤剂总质量的30%，包括阴离子表面活性剂、非离子表面活性剂和两性表面活性剂。阴离子表面活性剂包括但不限于脂肪醇聚氧乙烯醚硫酸盐、脂肪酸甲酯磺酸盐、磺酸盐，非离子表面活性剂包括但不限于脂肪酸甲酯乙氧基化物，两性表面活性剂包括但不限于甜菜碱、氧化铵。

所述液体洗涤剂还可以包含香精、酶、防腐剂和色素等常规洗涤剂添加剂，它们的添加量采用常规量即可。

产品应用　本品主要应用于衣物洗涤。

产品特性

（1）本品采用一元醇作为稳定剂，提高了PVA水溶膜的稳定性。

（2）本品适合国产膜包装。

配方 21 强力去油污的衣物洗涤剂

原料配比

原料	配比（质量份）		
	1#	2#	3#
表面活性剂	30	35	33
丙三醇	2	3.5	2.9
三聚磷酸钠	0.4	1.2	0.8
烷醇酰胺	0.4	0.8	0.6
山梨酸钾	0.1	0.3	0.1
强效除油剂	1.5	2.5	2
增香剂	0.2	0.4	0.3
荧光增白剂	0.1	0.3	0.2
复合抑菌剂	0.3	0.6	0.5
去离子水	加至100	加至100	加至100

制备方法 将去离子水加入到乳化釜中，加热至65～70℃，然后将表面活性剂、丙三醇和三聚磷酸钠加入到乳化釜中，充分搅拌至物料分散均匀；再将乳化釜内物料温度升高至75～80℃，加入烷醇酰胺和强效除油剂，继续搅拌20～25min；将物料温度降低至40～45℃，将剩余的山梨酸钾、增香剂、荧光增白剂和复合抑菌剂一起加入到乳化釜中，充分搅拌15～25min；再将产物送入到陈化釜中常温自然陈化2～3d，陈化结束后灌装密封，得到所需衣物洗涤剂产品。

原料介绍 本品中，强效除油剂的制备方法包括如下步骤：

（1）将100份甲基异丁酮溶剂加入到反应釜中，搅拌并加热至116～118℃，加热时向反应釜内充入氮气作为保护气氛，直至反应釜内溶剂回流；再将100质量份的甲基异丁酮溶剂加入到另一反应釜中，置于冰水浴环境下，向反应釜内分别加入7.8份新戊二醇二甲基丙烯酸酯、4.4份甘油三甲基丙烯酸酯、5.5份甲基丙烯酸辛酯、1.3份乙烯基三乙氧基硅烷和5份偶氮二异丁腈，在氮气气氛保护下搅拌均匀，将混合反应物滴加至溶剂回流的反应釜中，滴加完成后继续保温反应1～1.5h，然后用旋转蒸发器将产物中的甲基异丁酮溶剂蒸去，并加入到500份质量比为2:1的乙醇和己烷混合溶剂分散，分散液经减压过滤和真空干燥处理后得到固形物A。

（2）将50份右旋糖酐溶解于1000份去离子水中，向溶液中加入12份1mol/L的氢氧化钠溶液，然后将溶液加热至35～38℃，再向溶液中加入70份氯乙酸钠，将溶液加热至55～60℃，保温反应1.5～2h，加入乙酸调节产物的pH值至中性，用超滤膜过滤得到产物B；将50份产物B溶解于400份N，N-二甲基甲酰胺溶剂中，溶液在冰水混合物中水浴，接着将19份L-天冬氨酸二辛酯对苯甲磺酸钠、2份三乙胺和5份N-甲基吗啉-N-氧化物加入到溶液中分散，得到悬浮液，将悬浮液加热至30～33℃，向悬浮液中加入8份20%的咪唑溶液，搅拌反应30～50min后，产物经超滤膜过滤和冷冻干燥后得到固形物C。

（3）按照5：2：1的质量比将活性白土、α-氧化铝和纳米二氧化硅混合均匀，得到载体物质，然后将25份固形物A、11份固形物C加入到含有800份乙醇溶剂的反应釜中充分溶解；将300份载体物质、3份异丁基三乙氧基硅烷和5份三聚氰胺加入到反应釜中，以60～65℃的温度搅拌反应1.5～2h，然后以79～80℃的温度将产物中的乙醇溶剂蒸发，得到所需粉末状的强效除油剂。

其中，步骤（1）中混合反应物在溶剂回流的反应釜内的滴加时间为25～30min；步骤（3）中的活性白土选用由膨润土经半湿法工艺制备得到的，脱色率大于90%的高效活性白土。

表面活性剂包括阴离子表面活性剂和非离子表面活性剂，二者的质量比为5：1。

阴离子表面活性剂为脂肪醇聚氧乙烯醚磷酸单酯、α-烯基磺酸钠、脂肪醇聚氧乙烯醚硫酸钠和烷基糖苷中的一种，非离子表面活性剂为壬基酚脂肪醇聚氧乙烯醚、月桂酸单乙醇酰胺、乙二醇硬脂酸盐和椰子油单乙醇酰胺中的一种。

复合抑菌剂中含有羟甲基壳聚糖、海藻多糖和抑菌肽。

产品特性 本衣物洗涤剂中的强效除油剂是一种由亲油性聚合物、疏水性聚合物以及吸附性载体物质复合制备而成的组合物。该物质具有良好的拒水性，对油性物质具有显著的选择吸附性，吸附容量较大。而且载体物质不仅包括高效吸附剂，还包括高硬度的微粒，这些微粒在吸油除污过程可以发挥研磨剂的作用，进一步将油污从织物表面脱离，并提高强效除油剂的吸附效率和吸附速率。该强效除油剂的热稳定性非常突出，可以耐受100℃以上的高温，因此能够用于衣物的高温洗涤。

配方 22 清香型衣物洗涤剂

原料配比

原料	配比（质量份）
C$_{14}$~C$_{17}$仲烷基磺酸钠	6
月桂基两性醋酸钠	9
肉豆蔻酰谷氨酸钠	7
肉桂酸甲酯	4.5
异构十醇聚氧乙烯醚	6
桦树汁	5
十二烷基磷酸单酯	11
无患子皂苷	5
椰油酰胺丙基羟磺基甜菜碱	8
溴化十二烷基二甲基苄基铵	9
水	60

制备方法

（1）取1/3～1/2量的水水浴加热至45～50℃，在机械搅拌下依次加入C_{14}～C_{17}仲烷基磺酸钠、异构十醇聚氧乙烯醚和溴化十二烷基二甲基苄基铵，然后在加热功率为300～400W，转速为400～500r/min的条件下磁力搅拌3～6min，得混合料A；

（2）取余下的水水浴加热至50～55℃，在机械搅拌下依次加入月桂基两性醋酸钠、肉豆蔻酰谷氨酸钠和无患子皂苷，然后在微波功率为250～350W，转速为300～400r/min的条件下微波搅拌2～4min，得混合料B；

（3）将混合料A和混合料B混合，在功率为850～950W，频率为30～40kHz的条件下超声搅拌4～8min，然后调整溶液温度至40～45℃，加入余下原料，在转速为500～600r/min的条件下搅拌3～6min，即得成品。

原料介绍　本品添加的C_{14}～C_{17}仲烷基磺酸钠、月桂基两性醋酸钠、肉豆蔻酰谷氨酸钠、无患子皂苷等表面活性剂，可以增强洗涤剂的去污能力；添加的桦树汁、肉桂酸甲酯等原料，可以增加洗涤剂的芳香气味；添加的溴化十二烷基二甲基苄基铵，可以提高洗涤剂的抗菌性和抗静电性。

产品特性　本洗涤剂洗涤效果好，去污能力强，同时具有一定的自然清香和较好的抗菌性和抗静电性，对人体皮肤无刺激性，安全环保。

配方 **23** 去污除菌的衣物洗涤剂

原料配比

原料	配比（质量份）			
	1#	2#	3#	4#
生物酶制剂	5	2	10	8
有机硅调理剂	4	5	3	8
聚羧酸	1.5	3	1	1
PHMG 杀菌剂	7	10	5	3
护色剂	4	3	3	8
香精	0.5	0.1	0.8	0.3
去离子水	78	76.9	77.2	71.7

制备方法　将各组分溶于水，混合均匀即可。

原料介绍　所述生物酶制剂由蛋白酶、脂肪酶、淀粉酶和纤维酶构成，其质量比为2:1:1:1。

所述有机硅调理剂由氨乙基亚胺和甲基硅氧烷构成，其质量比为1:2。

产品特性　本品去污效果好、去污力强、泡沫少易于冲洗、不伤衣服，可避免衣服出现发黄、褐色和板结现象，并能有效去除各种真菌，性质温和不伤手，具有无刺激性、无毒性，不伤皮肤，对人体、环境无毒，符合环保要求。

配方 24 去渍洗涤剂

原料配比

原料	配比（质量份）
水	130
十二烷基胺聚氧乙烯醚	5
生物表面活性剂	5
N,N-二（羟基乙基）椰油酰胺	8
椰油酰胺丙基甜菜碱	8
十二烷基硫酸钠	2
茶皂素	0.8
无患子提取物	0.5
蛇床子提取物	0.7
乙二胺四乙酸二钠	0.2
氢氧化钠	0.15

制备方法 将水加热至60～80℃，依次加入十二烷基胺聚氧乙烯醚、生物表面活性剂、N,N-二（羟基乙基）椰油酰胺、椰油酰胺丙基甜菜碱、十二烷基硫酸钠以转速为100～400r/min搅拌15～25min混合均匀，得到混合液；将混合液降温至40～50℃，再依次加入茶皂素、无患子提取物、蛇床子提取物、乙二胺四乙酸二钠、氢氧化钠以转速为100～400r/min搅拌20～50min混合均匀即得。

原料介绍 所述生物表面活性剂由聚醚型表面活性剂、O-羟丙基-N-烷基化壳聚糖表面活性剂按质量比为（2～4）：1组成。

所述聚醚型表面活性剂的制备方法是：准确称取50～70g香芹酚、15～25g肉桂醇与0.5～1.5g氢氧化钾催化剂，加入2L反应釜中，氮气置换4～8次，升温至40～60℃，以转速为100～400r/min搅拌3～8min；继续升温至80～90℃，保持温度为80～90℃、压力为0.1～0.2MPa，以速度为0.02～0.06g/s滴加35～45g环氧丙烷，滴加完毕后，以转速为100～400r/min搅拌反应20min；保持温度为80～90℃、压力为0.1～0.2MPa，再以速度为3～7g/s加入700～720g环氧丙烷，以转速为100～400r/min搅拌反应8～14h，即得。

产品应用 本品用作衣物洗涤剂，可用于家庭、洗衣厂、酒店洗衣房、饭店等使用。

产品特性 本品有效地解决了衣服上残留污渍的问题，此洗衣液具有超强的去渍效果，能够去渍不留痕，而且性能温和、不伤手、不伤皮肤。

原料配比

原料	配比（质量份）	
	1#	2#
蔗糖脂肪酸酯	20	40
茶籽饼	15	30
硬脂酸	15	30
蛋壳粉	2	5
甘油	6	10
无患子提取物	3	5
去离子水	200	300

制备方法

（1）按各组分的质量份数称取原料；

（2）将茶籽饼粉碎至细度为200～250目的细粉，将去离子水加入到茶籽饼粉中浸泡1～2h，然后将茶籽饼粉和水的混合物加热至沸腾，煮沸5～8min后，冷却至30℃以下，过滤，得到溶液；

（3）将所得溶液加热到70～80℃，加入硬脂酸和蔗糖脂肪酸酯，并不断搅拌使之溶解，完全溶解后停止加热；

（4）待温度下降至50℃时，加入蛋壳粉搅拌均匀；

（5）待温度下降至30℃时，加入甘油和无患子提取物并搅拌均匀，得到成品。

原料介绍 无患子提取物的制备方法：将无患子树的果实通过人工晒制、剥皮，而得到的纯果皮打碎成60目的粉末，加入粉末总质量10倍的水浸泡1～2h后加热煮沸1h，过滤得滤液；取滤渣加入3～5倍量的水煮沸1h后，再过滤得滤液；将滤渣加入2～3倍量的水清洗过滤，得到滤液，滤渣弃去；将3次所得滤液合并，浓缩至相对密度为1.05～1.12，即得。

产品应用 本品主要应用于衣物洗涤。

产品特性 从本品配方成分可知，大多数采用天然的植物原料，所得成品洗涤剂的pH值为6～7，呈弱酸性，对人和衣物基本无伤害，不污染环境。该洗涤剂充分利用同性相溶的原理，去油渍能力强，制作工艺简单经济，成本低。使用时将洗涤剂涂于衣物的油渍处，再搓洗，可用手洗或机洗，与现有的洗涤剂的洗衣方法无异，使用方便。

配方 26 提高化纤抗紫外线能力的洗涤剂

原料配比

原料	配比（质量份）		
	1#	2#	3#
纳米 TiO_2	11	17	13
酯基季铵盐	22	40	30
十二烷基硫酸钠	14	28	24
羧甲基纤维素	9	3	7
乳酸钠	12	20	16
三聚磷酸钠	45	22	32
荧光增白剂	0.2	2	0.5
香精	2	0.1	0.2
乙醇	13	4	6
水	24	46	36

制备方法 将各组分混合均匀即可，得到的洗涤剂为浅黄色透明液体。

原料介绍 所述酯基季铵盐为酰胺酯基季铵盐、三乙醇胺型酯基季铵盐、甲基二乙醇胺型双酯基季铵盐中的任一种。

所述荧光增白剂为二苯乙烯型或二磺基型荧光增白剂。

所述香精为柠檬香精、玫瑰香精、苹果香精中的任一种。

产品应用 本品主要应用于衣物洗涤。

产品特性 本品中添加阳离子表面活性剂酯基季铵盐与阴离子表面活性剂十二烷基硫酸钠，形成囊泡结构，抗紫外线剂纳米 TiO_2 包裹于囊泡内部，在洗涤过程中逐渐向外释放纳米 TiO_2，使化纤织物保持抗紫外线效果，保护穿着者的人体安全。

配方 27 甜瓜香型的衣物洗涤剂

原料配比

原料	配比（质量份）		
	1#	2#	3#
阴离子表面活性剂	17	22	20
非离子表面活性剂	12	15	13
丙三醇	5	8	6
柠檬酸	2	2.4	2.2
pH 缓冲剂	0.8	1.5	1.1

原料	配比（质量份）		
	1#	2#	3#
甜瓜香味剂	0.8	1.3	1
增稠剂	0.2	0.4	0.28
酶解复合物	0.1	0.4	0.26
抑菌组合物	0.4	0.7	0.55
荧光增白剂	0.2	0.3	0.26
去离子水	加至100	加至100	加至100

制备方法 将去离子水加入到乳化釜中，加热至65～70℃，然后将阴离子表面活性剂、非离子表面活性剂、柠檬酸和丙三醇加入到乳化釜中，充分搅拌至其中的物料分散均匀；将乳化釜内物料的温度升高至75～80℃，加入荧光增白剂、增稠剂和pH缓冲剂，继续搅拌20～25min，接着将乳化釜内物料的温度降低至40℃以下，将甜瓜香味剂、酶解复合物和抑菌组合物加入到乳化釜中，充分搅拌8～15min；最后将产物送入到陈化釜中，陈化处理2～3d，陈化结束后得到所需产品。

原料介绍 甜瓜香味剂是从马泡瓜中提取的芳香气味物质，包括由糖苷类物质、呋喃类物质、酶类物质和含硫化合物构成的第一芳香提取物，以及由多种酯类物质构成的第二芳香提取物；甜瓜香味剂中第一芳香提取物和第二芳香提取物的质量比为1:7。

第一芳香提取物和第二芳香提取物的制备方法如下：

（1）将马泡瓜鲜果清洗干净，去除果蒂和种子，将带皮果肉破碎后与0.05倍质量的助研磨剂混合，送入到球磨机中研磨均匀，将球磨混合物加入到10倍体积的无水乙醇溶剂中，升高溶剂温度至45～50℃，在超声波分散装置中处理20～30min，然后经100目的粗过滤网过滤得到分散液；

（2）将步骤（1）的分散液加入到索氏回流装置中，并向索氏回流装置中加入石油醚溶剂，调节索氏回流装置内的溶剂温度至50～55℃，回流提取6～8h，过滤得到回流提取液；

（3）将回流提取液送入到减压旋转蒸发釜中，以0.06～0.08MPa的压力和30～35℃的温度减压蒸发，将回流提取液浓缩，得到粗提物，粗提物中的有效物质含量为12.5%～16%；

（4）在常温下向粗提物中加入2～3倍体积的乙酸乙酯，以40kHz的频率在超声振荡仪中高频振荡20～30min，然后静置3～4h，分离乙酸乙酯层，重复加入乙酸乙酯，反复萃取3~5次，将乙酸乙酯萃取物合并，得到乙酸乙酯萃取物A和剩余提取物B；

（5）将剩余提取物B送入到负压吸附过滤分离器中，负压吸附过滤分离器的压力为-0.04MPa，石油醚蒸气在负压作用下进入冷凝系统，分离出的剩余有机物被吸附性强的层析柱吸附，负压吸附过滤分离器吸附得到剩余精提物C；

（6）将剩余精提物C送入到再沸器加热，然后进入负压精馏塔中精馏，负压精馏塔内蒸馏时的压力为 −0.05MPa，残余的石油醚溶剂被彻底精馏除去，并在负压作用下进入溶剂冷凝系统，精馏并分离、浓缩后得到第一芳香提取物；

（7）将乙酸乙酯萃取物A冷冻干燥得到第二芳香提取物。

制备方法中使用的助研磨剂的组分包括二氧化硅和碳酸钙，二氧化硅和碳酸钙的质量比为 4：3。

组分中，阴离子表面活性剂为脂肪醇聚氧乙烯醚磷酸单酯、α-烯基磺酸钠、脂肪醇聚氧乙烯醚硫酸钠和烷基糖苷中的一种，非离子表面活性剂为壬基酚脂肪醇聚氧乙烯醚、月桂酸单乙醇酰胺、乙二醇硬脂酸盐和椰子油双乙醇酰胺中的一种。

pH缓冲剂是物质的量浓度为 0.2mol/L，pH值为 5.8 ～ 8.0 的磷酸氢二钠-磷酸二氢钠缓冲液。

酶解复合物中含有碱性蛋白酶、脂肪酶、淀粉酶和纤维素酶，抑菌组合物中含有羟甲基壳聚糖、海藻多糖和抑菌肽。

产品特性　本品添加了甜瓜香味剂，在保证能够帮助洗涤剂起到去污、无残留、不伤衣物、增白、除菌、防静电的效果，以及使衣物保持柔软和舒适触感的同时，还可以持续释放如甜瓜一般的芳香气体，给人体带来愉悦的生理感受。

配方　28　顽固油渍洗涤剂

原料配比

原料	配比（质量份）	
	1#	2#
茶皂素	13	4
乙二醇	4	—
烷基糖苷	—	10
二甘醇	—	5
氯化铵	—	2
硫酸铵	2	—
山梨酸钾	0.5	0.5
去离子水	加至 100	加至 100

制备方法　先加入去离子水，然后依次加入非离子表面活性剂、分散剂、稳定剂、防腐剂，搅拌40min，静置消泡后装瓶。成品为无色或淡琥珀色透明液体。

原料介绍　所述天然源或纯天然非离子表面活性剂选用茶皂素、氯化钠、烷基糖苷、失水山梨糖醇酯。

所述分散剂选用碳原子数为 2 ～ 8 的脂肪多醇。

所述稳定剂选用硫酸铵、氯化铵、磷酸二氢铵。

所述防腐剂选用山梨酸盐、尼泊金酯、苯甲酸钠。

产品应用　本品主要应用于衣物洗涤。

产品特性　本品表面活性剂为天然源或纯天然物质，易降解。经用本品洗出的衣物洁白、松散、手感好、损伤小。

配方　29　衣用液体洗涤剂

原料配比

原料	配比（质量份）
表面活性剂	10~15
助剂	10~15
泡沫稳定剂	8~10
香精	1~2
增白剂	1~2
防腐剂	1~2
催化酶	1~2
水	65~75

制备方法

（1）加入适量去离子水到搅拌锅内，同时开启水浴加热；

（2）当搅拌锅内温度达到40℃时，慢慢加入表面活性剂，并保持搅拌锅处于搅拌状态，保持温度在40～45℃之间；

（3）继续向锅内依次加入助剂和泡沫稳定剂；

（4）当表面活性剂完全溶解后温度回到40℃以下，然后加入香精、增白剂和防腐剂；

（5）调节搅拌锅内液体的pH值至指定值；

（6）保持温度在40℃以下，保持搅拌状态加入催化酶；

（7）将搅拌锅冷却到标准黏度所需温度，然后加食盐调节至所需黏度。

原料介绍　所述表面活性剂包括环氧乙烷缩合物、聚氧乙烯月桂醇醚硫酸钠和烷基苯磺酸乙醇胺盐三种，其配比分别为60%、25%和15%。

所述助剂为偏硅酸钠。

所述催化酶为复合酶。

所述泡沫稳定剂为烷基醇酰胺。

产品应用　本品主要应用于衣物洗涤。

产品特性　在采用上述制备方法时，洗涤剂在保持温度40℃以下和直到溶液到达指定pH值时才加入催化酶，保护了酶的活性，而且整个制备过程严格控制温度，使制备效率达到最高。采用同时具有多种功效的配方原料，例如泡沫稳定剂采用具有增溶作用的烷基醇酰胺，减少了原料的使用，简化了制备过程，降低了生产成本。

本品具有去污效果好、对衣物损伤小、亲肤等优点。

配方 30 洗涤剂组合物

原料配比

原料	配比（质量份）		
	1#	2#	3#
月桂酰肌氨酸钠	—	—	8
十二醇聚二氧乙烯醚羧酸钠	12	—	4
异构十三醇聚三氧乙烯醚琥珀酸单酯磺酸钠	—	12	—
椰油酰胺丙基甜菜碱	4	4	4
失水山梨醇月桂酸酯	4	4	4
甘油	3	3	3
维生素 E	1	1	1
苯氧乙醇	1	1	1
柠檬酸	0.5	0.5	0.5
蒸馏水	加至 100	加至 100	加至 100

制备方法 将各组分混合均匀即可。

产品应用 本品主要用作洗衣液。

产品特性 本品具有优异的去污力、乳化力和发泡力，且对人体无毒无刺激。

配方 31 消毒洗涤剂

原料配比

原料	配比（质量份）				
	1#	2#	3#	4#	5#
阴离子表面活性剂	5	12	—	—	6
非离子表面活性剂	5	—	15	12	4
海藻酸钠	1	2	3	2	1
木质素磺酸盐	3	4	5	4	3
聚六亚甲基双胍盐酸盐	5	6	8	6	5
防风提取物	5	8	10	8	5
活性酶	1	2	3	2	1
去离子水	40	45	50	45	40

制备方法 取阴离子表面活性剂、非离子表面活性剂、木质素磺酸盐、去离子水混合，升温至 55 ~ 70℃，搅拌溶解，然后加入海藻酸钠继续搅拌溶解，冷却至温度

为 30 ～ 40℃时，加入按上述配方称取的聚六亚甲基双胍盐酸盐、防风提取物、活性酶并搅拌均匀。

原料介绍　所述阴离子表面活性剂为乙氧基化脂肪醇醚羧酸盐。

所述非离子表面活性剂为烷基糖苷。

所述活性酶为甘露聚糖酶、碱性蛋白酶中的一种或两种。

产品应用　本品主要应用于衣物洗涤。

产品特性　本品具有良好的去污及消毒的双重功效。本品含有海藻酸钠，不但具有增稠的功效，当局部洗涤剂浓度过高时，还能减小洗涤剂对衣服和皮肤的刺激性，起到保护衣服的作用；本品含有防风提取物，其具有较好的杀菌抗病毒作用，可以减少化学消毒剂的使用，对环境友好。

配方 32 羊毛衫洗涤剂

原料配比

原料	配比（质量份）				
	1#	2#	3#	4#	5#
十二烷基硫酸钠	10	5	7	13	15
乙醇	42	45	32	48	30
氧化叔胺	6.27	4	8	7	5
二十烷基甜菜碱	9.8	12	6	10.6	11
荧光增白剂	0.52	0.1	0.32	0.8	0.2
烷基醇酰胺	3.8	2	5	4.5	3
柠檬酸	10.5	15	8	12	9
次氯酸钠	0.65	0.1	0.5	0.9	0.2
香精	1.85	2	1.2	3	2.5
穿心莲	1.53	1.3	1.7	2	1.2
去离子水	52	40	45	70	65

制备方法

（1）将十二烷基硫酸钠、乙醇、氧化叔胺、二十烷基甜菜碱、荧光增白剂、烷基醇酰胺放在反应器内溶解并混合均匀，加热至50~80℃；

（2）加入50 ～ 70℃的去离子水充分混合均匀；

（3）降温至20 ～ 30℃时加入柠檬酸、次氯酸钠、香精和穿心莲搅拌即可得到成品。

原料介绍　所述荧光增白剂的基本结构类型为二苯乙烯基联苯类。

所述烷基醇酰胺为 N, N-双羟乙基十二烷基酰胺。

所述香精带有水果味香气。

产品特性

（1）所述羊毛衫洗涤剂具有良好的起泡和杀菌效果，去污能力强，在清洗过程中，能有效去除羊毛衫上的污渍，抑制羊毛衫上细菌的滋生；所述羊毛衫洗涤剂对人体皮肤有很好的保护作用，不脱皮、不伤手。

（2）使用本品洗涤羊毛衫后，能依然保持羊毛衫色泽鲜艳、蓬松柔软；此外，还能有效降低羊毛衫的收缩率，洗涤后的羊毛衫具备防尘抗静电的功能。

配方 **33** 羊毛衫专用洗涤剂

原料配比

原料	配比（质量份）	
	1#	2#
十二烷醇硫酸钠	10	15
双十八烷基二甲基氯化铵	25	20
咪唑啉	5	6
甜菜碱	20	25
壬基酚聚氧乙烯醚	30	35
羧甲基纤维素	40	45
硅氧烷乳液	10	15
熏衣草香精	5	6
硅油	6	7
去离子水	40	45

制备方法

（1）选用一反应釜，将去离子水的2/3加入反应釜中，然后将十二烷醇硫酸钠加入其中，加热至50～60℃，开启搅拌，使其完全溶解；

（2）待步骤（1）的溶液完全溶解后，将双十八烷基二基氯化铵、咪唑啉和甜菜碱加入溶液中，继续搅拌均匀，而后降温至30～40℃；

（3）待步骤（2）的溶液搅拌均匀后，将壬基酚聚氧乙烯醚加入其中，搅拌至溶液完全澄清后，将羧甲基纤维素和硅氧烷乳液加入其中，搅拌溶解后，降至常温，静置30～40min；

（4）选用一搅拌罐，将剩余的去离子水加入其中，然后将消泡剂和香料加入其中，搅拌均匀后，将所有溶液全部倒入步骤（3）的溶液中，混合搅拌均匀后，过滤，即可。

原料介绍 所述的消泡剂为硅油。

所述的香料为熏衣草香精、柠檬香精和薄荷脑香精中的一种。

产品特性　本品制备方便简单，环保无污染，原料易得，设备投资少，便于操作，制备的羊毛衫洗涤剂使用效果好，去污能力强，安全可靠。

配方 **34** 衣物除螨护理洗涤剂

原料配比

原料	配比（质量份）		
	1#	2#	3#
鼠李糖脂	1	4	3
茶皂素	3	5	4
过硼酸钠	—	3	2
胰酶	2	4	3
抗坏血酸	3	5	4
羧甲基纤维素	0.5	1.5	0.8
防螨活性物	8	12	11
柔软添加剂	5	8	7
亲水纤维结合剂	3	6	5
水	100	200	150

制备方法　将鼠李糖脂、茶皂素、过硼酸钠、胰酶、抗坏血酸、羧甲基纤维素、防螨活性物、柔软添加剂、亲水纤维结合剂、水混合，升温至30~40℃搅拌混合2~4h，即得衣物除螨护理洗涤剂。

原料介绍　所述防螨活性物的制备方法，包括如下步骤：取十二烷基苯磺酸钠按质量比为（2～5）∶（80～100）加入蒸馏水，搅拌混合10～20min，升温至40～45℃，再加入十二烷基苯磺酸钠质量1～3倍的苯甲酸苄酯，超声分散20～30min，得超声分散液；取质量分数为5%的氯化钙溶液按质量比为（8～10）∶（2～5）滴入超声分散液，控制滴加时间为20～30min，得混合物；再加入超声分散液质量1～3倍的质量分数为5.3%的碳酸钠溶液，在25～35℃下搅拌混合20～30min，过滤，取滤渣经蒸馏水、无水乙醇洗涤2～5次，干燥，即得防螨活性物。

所述柔软添加剂的制备方法，包括如下步骤：按质量份数计，取0.5～1.0份异构十三醇聚氧乙烯醚、1～3份吐温-80、2～5份司盘80、80～90份蔗糖聚酯，于35～45℃下搅拌混合，得混合液a；取水按质量比为（12～15）∶（2～4）加入乙二醇，再加入水质量10%～20%的丙三醇，搅拌混合20～30min，得混合液b；于1000r/min条件下取混合液b按质量比为（2～4）∶（1～3）加入混合液a搅拌混合，静置18～24h，即得柔软添加剂。

所述亲水纤维结合剂的制备方法，包括如下步骤：

（1）取1，3-双（3-氨基丙基）-1，1，3，3-四甲基二硅氧烷按质量比为（2～5）∶（1～3）加入十甲基五硅氧烷混合，通入氮气保护，升温至50～60℃，于-0.1MPa

下保持真空20～30min，加入十甲基五硅氧烷质量2%～5%的氢氧化钾，升温至140～150℃保温5～6h，调节pH至7～7.2，过滤，取滤液；

（2）按质量份数计，取8～15份己二酸、7～9份己二胺、5～10份聚醚胺、0.5～1.5份次亚磷酸钠，通入氮气保护，升温至160～170℃保温20～30min，再升温至220～230℃保温1～2h，造粒，得基体物，取滤液按质量比为（8～10）：（3～7）加入基体物混合，通入氮气保护，再加入基体物质量5%～7%的次亚磷酸钠于180～190℃下搅拌混合2～4h，冷却至室温，即得亲水纤维结合剂。

产品应用　本品主要应用于织物洗涤。

产品特性　本品通过界面共沉淀的方法利用十二烷基苯磺酸钠和氯化钙为原料，加入碳酸钠，得到沉淀包覆苯甲酸苄酯，形成微囊结构的防螨活性物，在洗涤的过程中迁移到织物表面，在苯甲酸苄酯加入后，乳化剂的亲油端会吸附在苯甲酸苄酯的表面，亲水端则统一指向水相，在苯甲酸苄酯小液珠表面包覆的一层乳化剂层将小液珠隔离，使苯甲酸苄酯液珠表面聚集一层Ca^{2+}，使其不会团聚，可以均匀地分散在洗涤剂中，而纺织纤维表面羟基等极性基团在水中电离，使纤维带负电荷，与防螨活性物在水中形成静电吸附，使得洗涤过程中防螨活性物吸附嵌入织物空隙，进行防螨缓释，使得织物得到长效防螨的效果，另外也可以提高防螨活性物的耐洗涤性。

配方 **35** 衣物洗涤剂（1）

原料配比

原料	配比（质量份）
水	100
水杨酸	32
香精	6
焦磷酸钾	11
脂肪醇硫酸钠	11
芦荟提取物	25
氨基三乙酸三钠	10

制备方法

（1）将本配方所提供的质量份的水杨酸加入水中，搅拌均匀；

（2）控制温度在90～120℃时依次加入焦磷酸钾、芦荟提取物、氨基三乙酸三钠混合溶解；

（3）加入脂肪醇硫酸钠，在搅拌和加热条件下加入香精，混合均匀；

（4）常温下静置2h，封存。

产品特性 本品清洗效果优异，清洗污垢的速度快，溶垢彻底；清洗成本低，不造成过多的资源消耗；采用本品清洗衣物的顽固油渍、黄斑、锈渍、污渍等，去污能力强，对衣物没有损伤，使衣物色泽鲜艳不掉色。

配方 36 衣物洗涤剂（2）

原料配比

原料	配比（质量份）		
	1#	2#	3#
防霉抑菌功效成分	10	20	15
茶树油	0.5	1	0.8
天然沸石粉	3	10	8
椰油脂肪酸二乙酰胺	8	15	10
N，N-二乙酸-谷氨酸	3	5	4
乙氧基月桂醇醚	1	5	3
海藻酸钠	1	5	3
丙二醇	2	6	4
氯化钠	0.6	0.8	0.7
柠檬酸	3	5	4
去离子水	80	90	80

制备方法 将防霉抑菌功效成分、茶树油、天然沸石粉、椰油脂肪酸二乙酰胺、N，N-二乙酸-谷氨酸、乙氧基月桂醇醚、海藻酸钠、丙二醇、氯化钠、柠檬酸、去离子水混合，并加热至30℃，搅拌30min，即可得到衣物洗涤剂。

原料介绍 所述防霉抑菌功效成分由艾叶、黄花蒿残渣粉、柚子皮和蒲公英组成，这四种功效成分比例为3：3：3：2。

所述防霉抑菌功效成分的制备方法为：将艾叶、黄花蒿残渣粉、柚子皮和蒲公英放入质量份为80～100份的水中煮沸20～30min，去除杂质，冷却，再加入质量份为0.1～0.5份的酵母和质量份为0.1～1份的寡糖，搅拌均匀后，密封发酵，即得。

所述发酵的温度为23～25℃，发酵的时间为20～30天。

所述冷却的温度为40～50℃。

本品所说的黄花蒿，是我国传统药用蒿属植物黄花蒿的干燥地上部分，具有清热解暑、杀菌、杀虫等功效，其主要有效成分为抗疟药青蒿素和挥发油等。挥发性成分主要是挥发油，即青蒿油，含有蒿酮、异蒿酮、桉油精、左旋樟脑、丁香烯、龙脑、反-橙花叔醇等数十种化学成分，是油性混合物，具有一定药用功效，如消炎、止痒、避虫等。

产品特性 本品以黄花蒿提取青蒿素后的残渣、价格低廉且材料易得的艾叶、柚子皮和蒲公英作为防霉抑菌功效成分，其成本低，对衣物具有很强的防霉抑菌功效，且经过发酵后，去污性很强；由于是纯草本成分，降低洗衣液的刺激性，且洗涤后的衣物蓬松柔软、无静电。

配方 37 衣物洗涤剂（3）

原料配比

原料	配比（质量份）				
	1#	2#	3#	4#	5#
脂肪酸甲酯磺酸盐	12	3	10	8	12
α-烯基磺酸钠	4	8	6	5	8
直链烷基苯磺酸钠	18	8	12	15	18
肉豆蔻酸钠	5	5	4	2	5
烧碱	0.5	4	3.5	2.5	3
磺酸	0.5	4	3	2.5	3
纯碱	3	20	16	20	20
元明粉	15	3	12	10	15
水玻璃	15	15	8	10	3
过碳酸钠	20	20	16	15	3
去离子水	7	10	9	10	10

制备方法 将烧碱加入水中后，以40～80r/min的转速搅拌10～20min，再加入磺酸中和烧碱后以30~60r/min的转速搅拌10～30min，加入脂肪酸甲酯磺酸盐、α-烯基磺酸钠、直链烷基苯磺酸钠、肉豆蔻酸钠后以30～60r/min的转速搅拌10～30min，再加入纯碱、元明粉、水玻璃、过碳酸钠以30～60r/min的转速搅拌20～40min，得到衣物洗涤剂。

产品特性 本品具有良好的溶解和起泡特点，去污能力强，且储存稳定性好。本衣物洗涤剂的各组分之间具有协同增效作用，本品制备方法简单，成本低。

配方 38 衣物用增白洗涤剂

原料配比

原料	配比（质量份）
脂肪醇聚氧乙烯醚硫酸三乙醇胺盐	8
十二烷基硫酸钠	10
月桂酰羟乙基磺酸钠	5
C_{12}～C_{18}烷基葡糖苷	4
4,4-双（5-甲基-2-苯并噁唑基）二苯乙烯	5
4,4'-双（2-磺酸钠苯乙烯基）联苯	3

原料	配比（质量份）
椰油酸单甘油酯硫酸铵	11
松香醇聚氧乙烯醚琥珀酸单酯磺酸钠	8
水	70

制备方法

（1）取1/4～1/3量的水水浴加热至45～50℃，在机械搅拌下依次加入月桂酰羟乙基磺酸钠、C_{12}～C_{18}烷基葡糖苷和松香醇聚氧乙烯醚琥珀酸单酯磺酸钠，然后在加热功率为250～350W，转速为200～300r/min的条件下磁力搅拌4～7min，得混合料A；

（2）取余下的水水浴加热至50～55℃，在机械搅拌下依次加入脂肪醇聚氧乙烯醚硫酸三乙醇胺盐、椰油酸单甘油酯硫酸铵和十二烷基硫酸钠，然后在微波功率为350～450W，转速为250～350r/min的条件下微波搅拌2～4min，得混合料B；

（3）将混合料A和混合料B混合，在功率为850～950W，频率为25～35kHz的条件下超声搅拌8～10min，然后调整溶液温度至45～55℃，加入余下原料，在转速为200～400r/min的条件下搅拌7～9min，即得成品。

产品特性 本品具有优异的洗涤性能，能有效且迅速去除污垢，还具有强的增白效果，在冷水及温水中对衣物具有较高的增白作用，无腐蚀，无危害，安全高效，使用方便。

配方 39 以天然原料为主的洗涤剂

原料配比

原料	配比（质量份）				
	1#	2#	3#	4#	5#
AES-2	14	10	—	—	—
SNS-80	4	—	4	8	3
MES	2	3	6	7	10
AEC-9Na	—	—	—	—	2
改性油脂乙氧基化物（1560）	—	5	5	—	3
APG	—	—	2	—	—
蛋白酶	0.1	0.25	0.1	6	—
纤维素酶	—	—	0.1	0.25	0.15
果胶酶	—	—	—	—	0.1
乙二胺四乙酸二钠	0.05	0.05	0.06	0.15	—
谷氨酸二乙酸四钠	—	—	—	—	0.16
山梨酸钾	0.1	0.1	0.1	0.2	0.2
香精	0.2	0.2	0.3	0.35	0.3
去离子水	加至100	加至100	加至100	加至100	加至100

制备方法

（1）在反应釜中加入总水量40%～60%的50～60℃的去离子水，然后按照质量份数依次加入阴离子表面活性剂、非离表面活性剂、两性表面活性剂和助剂搅拌溶解，得到混合液；

（2）待温度降到40℃以下时，按照质量份数加入防腐剂、香精和酶助剂，搅拌均匀；

（3）最后用柠檬酸调pH至5～8.5，过滤即得到所述的以天然原料为主的洗涤剂。

原料介绍　所述阴离子表面活性剂包括脂肪醇聚氧乙烯醚硫酸钠（AES-2）、油脂乙氧基化物磺酸盐（SNS-80）、脂肪酸甲酯磺酸钠（MES）和脂肪醇聚氧乙烯醚羧酸钠（AEC-9Na）。

所述非离子表面活性剂包括脂肪醇聚氧乙烯醚（AEO）、改性油脂乙氧基化物（1560）和烷基糖苷（APG）。

所述两性表面活性剂包括氧化月桂酰胺丙基二甲基胺、月桂酰胺丙基二甲基甜菜碱。

所述酶助剂包括蛋白酶、淀粉酶、纤维素酶、果胶酶、脂肪酶。

所述助剂包括乙二胺四乙酸二钠、谷氨酸二乙酸四钠。

所述防腐剂为山梨酸钾。

产品应用　本品主要应用于衣物洗涤。

产品特性

（1）本品所用原料均安全无毒、性能温和、完全生物降解，为天然植物来源；

（2）来自天然的油脂乙氧基化物磺酸盐的增溶性很好，将其与MES复配，来增加MES在洗涤剂体系中的使用量，可达到0%~13%的使用量。

配方 40　婴儿抗菌生物洗涤剂

原料配比

原料	配比（质量份）			
	1#	2#	3#	4#
茶皂素水提发酵液	2	5	5	7
无患子水提发酵液	3	6	6	8
糖脂类生物表面活性剂	5	8	8	10
纳米降解壳聚糖	5	8	8	10
聚天冬氨酸	0.05	0.08	0.08	0.1
精氨酸	0.57	1.68	2.49	3.02
椰油基葡糖苷	0.3	2.5	3.4	7
包封蛋白酶微胶囊	5	8	8	10
灭活益生菌	2	3	3	4
去离子水	45	52	52	65

制备方法

（1）将纳米降解壳聚糖加入去离子水中，搅拌至溶解得纳米降解壳聚糖溶液；

（2）将所取茶皂素水提发酵液和无患子水提发酵液加入反应釜中，再加入纳米降解壳聚糖溶液搅拌均匀，之后加入聚天冬氨酸、糖脂类生物表面活性剂、椰油基葡糖苷搅拌均匀，最后加包封蛋白酶微胶囊和灭活益生菌，搅拌，加精氨酸调节 pH，继续搅拌均匀即得产品。

原料介绍　本品所用茶皂素水提发酵液和无患子水提发酵液，其整个制备过程未涉及有机溶剂，发酵液中含有天然的非离子表面活性剂茶皂素和无患子皂苷，其毒性和对皮肤的刺激性都很低。并且能降低水的表面张力，泡沫丰富细腻，去污力强，抗硬水性强，溶解性好，脱脂性适中。还可清除人体表面的金属毒物，对铅、汞、锰、铬等重金属的洗脱率高达90%。

本品所用茶皂素水提发酵液和无患子水提发酵液，通过发酵，大大提高了发酵液中优良的天然非离子表面活性剂茶皂素和无患子皂苷的纯度，这两种表面活性剂去污能力强、性质稳定，起泡性好，泡沫消退时间长，对疏水性有机化合物、皮脂、油污等有很好的去除作用，而且成本低、安全，能迅速发酵分解，不会对环境造成任何污染，不会带来荧光剂、表面活性剂、环境荷尔蒙富集，河川富营养化等负面问题。此外，茶皂素水提发酵液中除含有茶皂素外，还含有多种对大肠杆菌、金黄色葡萄球菌、黑曲霉具有强抑制作用的活性成分，无患子水提发酵液中除含无患子皂苷外，还含有大量鼠李糖脂，与无患子皂苷协同，增强其去污功效。

本品所用糖脂类生物表面活性剂，能显著降低表面张力，具有去污、乳化、洗涤、分散、润湿、渗透、扩散、起泡、抗氧化、黏度调节、杀菌、抗静电等多种功能。糖脂类生物表面活性剂具有良好的热及化学稳定性，此外，海藻糖脂耐强酸强碱，鼠李糖脂具有很强的抗霉活性。

本品所用椰油基葡糖苷具有优良的去污、发泡、稳泡、乳化、分散、增溶、润湿、渗透能力，耐酸、耐碱、对电解质不敏感。可降低其他表面活性剂的刺激性，和皮肤的相容性佳，具有更低的刺激性。

本品所用纳米降解壳聚糖，粒径在100～500nm，在水中溶解性很好，能够迅速进入织物内部，并通过其质子化的氨基与织物结合，在织物表面形成一层自组装膜，能够防止织物变硬，提高织物的亲肤性，与皮肤接触时可起到保湿护肤功效。

本品所用聚天冬氨酸，可起到去离子水的作用，还可与壳聚糖协同，对织物起到柔顺作用，对皮肤有一定的保湿、杀菌、柔顺作用，低刺激性，低毒，与眼睛和皮肤有很好的生物相容性。本品将其用作婴儿洗涤剂助剂，具有分散、增稠作用，还能与各项生物非离子表面活性剂协同增效，安全健康。

本品所用包封蛋白酶微胶囊，采用壳聚糖-海藻酸钠作为壁材，碱性蛋白酶为芯材，通过一步乳化法制备，结构可控，成球性好，包埋率高达65%，达到很好的包封效果和释放功能，解决了碱性蛋白酶在洗涤剂的贮存及应用过程中干扰其他洗涤成分和受洗涤环境影响导致活性降低的问题。

灭活益生菌尽管不再具有生物活性，但仍保持细胞的完整，接触皮肤时能在皮肤表层形成生物膜，竞争排斥致病微生物，其细胞中的代谢产物有抑菌功效。将灭活益生菌添加到婴儿洗涤剂中，洗涤过程中，益生菌细胞能够与织物及其表面壳聚糖自组装结合，与皮肤接触时能够黏附在皮肤表面，阻止其他有害菌、重金属等与皮肤结合，从而减少婴儿湿疹、皮炎的发病率。

产品特性

（1）本品所用组分为无毒或毒性极低，对皮肤无刺激，使用安全，低残留，不会对婴儿健康造成威胁，有淡淡的茶油香味。所用纳米降解壳聚糖及聚天冬氨酸能够使织物柔软、亲肤，作为衣物洗涤剂时能防止婴儿衣物洗涤后变硬、磨皮肤，所用纳米降解壳聚糖及灭活益生菌还能对皮肤起到保护作用，减少婴儿湿疹、皮炎的发生率。

（2）本品能降低水的表面张力，泡沫丰富细腻，去污力强，抗硬水性强，溶解性好，对多种细菌、霉菌有很好的杀灭及抑制作用。所用包封蛋白酶微胶囊能够在洗涤剂的贮存及应用过程中保证蛋白酶的活性。对婴儿用品上最常见的奶渍、汗渍等具有极好的去除效果，除了可以应用于婴儿衣物清洁，还可以应用于婴儿餐具、玩具、其他用品的清洁。

配方 41 婴幼儿衣物用浓缩洗涤剂

原料配比

原料	配比（质量份）			
	1#	2#	3#	4#
氢化椰子油脂肪酸	8	10	11	12
氢氧化钾	8	8	9	12
脂肪醇聚氧乙烯醚 AEO3	1	3	3	4
二甲苯磺酸盐	0.5	0.9	0.9	1.2
柠檬酸钠	0.3	0.7	0.4	0.9
二甲基硅油	0.1	0.3	0.5	0.5
蚕丝蛋白	0.05	0.08	0.11	0.15
壳聚糖	10	10	10	10
1% 醋酸溶液	10	13	17	20
羟丙甲基纤维素	0.4	0.8	1.2	1.5
柠檬酸三正丁酯	1.2	1.7	1.7	2
聚乙烯醇	0.6	0.7	0.8	0.9
戊二醛	0.3	0.5	0.7	0.9
二羟甲基丙酸	0.6	0.9	0.9	1.1
卵磷脂	0.3	0.4	0.3	0.5
硬脂酸	0.2	0.5	0.5	0.7
碳酸氢钠	2	5	4	6
水	10	10	10	10

制备方法

（1）将氢化椰子油脂肪酸、氢氧化钾加至水中，升温至65～75℃，搅拌保温40～70min，在搅拌条件下加入脂肪醇聚氧乙烯醚、二甲苯磺酸盐、柠檬酸钠、二甲基硅油、蚕丝蛋白，分散，调节pH至8～8.5，得到混合物A；

（2）将壳聚糖加至醋酸溶液中，再加入羟丙甲基纤维素、柠檬酸三正丁酯、聚乙烯醇、戊二醛、二羟甲基丙酸、卵磷脂、硬脂酸，超声，得到混合物B；

（3）将混合物A加至混合物B中，加入碳酸氢钠，搅拌，升温至45～55℃，保温2~4h，再降温至5～10℃，保温2～4h，即得。

产品特性　本品洗涤的衣物柔软性好，对婴儿皮肤具有很好的亲和力，本品能有效洗去婴幼儿衣物的顽固污渍，显著降低洗涤后的残留。

配方 42 婴幼儿衣物专用洗涤剂

原料配比

原料	配比（质量份）	
	1#	2#
壬基酚聚氧乙烯醚	100	110
十二烷基聚氧乙烯醚	130	140
硫酸钠	120	125
乙醇	60	65
异丙醇	30	35
去离子水	500	525
荧光增白剂	0.5	1
柠檬酸	40	45
无机助剂	5	10
蛋白酶	20	25

制备方法

（1）选用一反应釜，将原料中去离子水的1/3加入反应釜中，然后将原料中的壬基酚聚氧乙烯醚和十二烷基聚氧乙烯醚加入其中，开启搅拌，完全溶解后，静置25min，得到溶液A备用；

（2）选用一反应釜，称取原料中去离子水的1/3加入反应釜中，然后将原料中的硫酸钠加入，开启搅拌，完全溶解后，静置15min，得到溶液B备用；

（3）再次选用一反应釜，将原料中剩余的去离子水加入反应釜中，然后将原料中的乙醇、异丙醇、荧光增白剂、柠檬酸和蛋白酶加入其中，开启搅拌，完全溶解后，静置45min，得到溶液C备用；

（4）选用一搅拌罐，将上述步骤（1）、（2）和（3）中的溶液A、B和C全部加入其中，然后将原料中的无机助剂加入其中，搅拌均匀后，过滤，即可。

原料介绍 所述的无机助剂包括的原料有：硼酸钠1kg、柠檬酸钠1kg、琥珀酸钠2kg、谷氨酸钠2kg、水15kg。

其制备方法为：选用一搅拌釜，将原料的水倒入其中，加热至60～80℃后，将原料中的硼酸钠、柠檬酸钠、琥珀酸钠和谷氨酸钠一次倒入其中，搅拌至完全溶解后，冷却至室温，过滤、出料即可。

产品特性 制备本品方便简单，环保无污染，原料易得；设备投资少，便于操作；制备的婴幼儿衣物洗涤剂使用效果好，去污能力强，安全可靠。

配方 43 羽绒服洗涤剂（1）

原料配比

原料	配比（质量份）		
	1#	2#	3#
水	48	58	52
消泡剂	12	16	14
槐糖脂	3	7	5
丙二醇	4	8	6
聚乙烯苄基三甲基季铵盐	3	7	5
乙二醇单丁醚醋酸酯	20	30	25
羧甲基纤维素钠	3	6	5
壳聚糖	3	6	4
N-苯基-2-萘胺	3	6	4
醇醚羧酸盐	4	7	5
硫酸钡	4	6	5
七水亚硫酸钠	4	8	6
交联剂	1	6	3
基础油	13	20	17

制备方法 将各组分溶于水，混合均匀即可。

原料介绍 所述消泡剂为AFCONA2018、AFCONA2024、AFCONA2290、AFCONA2754中的一种或几种。

所述交联剂为二羟甲基二羟基亚乙基脲、三聚氰胺甲醛树脂或二羟甲基乙烯脲。

所述基础油为玫瑰果油、葡萄籽油、橄榄油中一种或两种的混合物。

产品特性 本品洗涤效果好，尤其是对难以清理的积聚油污洗涤效果更加明显。该洗涤剂对织物伤害小、用量小，对环境影响较小，具有一定的抑菌杀菌效果。

配方 44 羽绒服洗涤剂（2）

原料配比

原料	配比（质量份）		
	1#	2#	3#
双十八烷基二甲基氯化铵	0.05	0.5	0.3
谷氨酰胺	4	6	5
松香酸聚氧乙烯酯	3	4	3.5
甜菜碱	3	4	3.5
月桂酸钠	1	1	1.5
柠檬酸钠	0.01	0.05	0.25
聚异丁烯	2	3	2.5
丙二醇	0.5	2	1.5
三氯生	0.01	0.05	0.03
有机硅柔软剂	0.5	2	1.5
香精	—	0.1	0.05
去离子水	加至 100	加至 100	加至 100

制备方法 将各组分混合均匀即可。

产品特性 本品具有很好的去污性能，泡沫少，易漂洗；中性或弱酸性配方，不会使羽绒服过分脱脂而变硬变脆；长直链高分子聚合物能够在羽绒纤维表面形成疏水保护膜，防止对羽绒表面蜡质的破坏，使羽绒保持蓬松、保暖；分散性能好，冷水、热水洗涤，机洗、手洗均可。

配方 45 预防蚊虫叮咬的洗涤剂

原料配比

原料	配比（质量份）		
	1#	2#	3#
樟木提取液	50	10	30
脂肪醇聚氧乙烯醚硫酸钠	20	10	15
木醋液	15	10	12
脂肪醇硫酸钠	15	10	13
三乙醇胺	12	10	11
薄荷	11	3	7
狼毒	1.5	1	1.2
活性组分	2.5	0.5	1.5

活性组分

原料	配比（质量份）		
	1#	2#	3#
磷酸锆钠银	10	20	15
碳酰二胺	2	5	3.5
氧化锆	0.01	0.03	0.02
平平加	5	10	7
氧化钙	1	3	2
冰醋酸	0.1	0.7	0.4

制备方法　将各组分混合均匀即可。

原料介绍　所述的樟木提取液为将樟木片与乙醇溶液按照质量比为1∶（5～10）混合，保持温度为63～68℃提取2～3h所得。

所述的乙醇溶液体积分数为65%～75%。

产品应用　本品主要应用于衣物洗涤。使用时，将洗涤剂与衣物按照1∶（10～30）的质量比混合，加入水，然后浸泡20～30min，洗涤，阴处晾干，即得。

产品特性　衣物使用本产品浸泡后，能有效地避免蚊虫叮咬。浸泡后的用品在阴处晾干后其上含有的药物气味能有效地预防蚊虫叮咬，且对人体不造成副作用。

配方 46 增强化纤抗菌性的洗涤剂

原料配比

原料	配比（质量份）		
	1#	2#	3#
抗菌剂组合物	18	30	24
酯基季铵盐	25	45	31
十二烷基硫酸钠	16	32	29
硝化纤维素	10	5	7.5
透明质酸	12	20	15
三聚磷酸钠	20	50	33
荧光增白剂	5	1	1.2
香精	0.1	3	0.4
乙醇	15	5	6
水	30	55	40

抗菌剂组合物

原料	配比（质量份）		
	1#	2#	3#
2-巯基吡啶氧化物钠盐	3	7	5
乙酰水杨酸	19	11	14

制备方法 将各组分混合均匀即可。洗涤剂为浅黄色透明液体。

原料介绍 所述酯基季铵盐为酰胺酯基季铵盐或三乙醇胺型酯基季铵盐或甲基二乙醇胺型双酯基季铵盐中的任一种。

所述荧光增白剂为二苯乙烯型或二磺基型荧光增白剂。

所述香精为柠檬香精或玫瑰香精或苹果香精中的任一种。

产品应用 本品主要应用于衣物洗涤。

产品特性 本品在洗涤剂中添加阳离子表面活性剂酯基季铵盐与阴离子表面活性剂十二烷基硫酸钠，形成囊泡结构，将抗菌剂组合物包裹于囊泡内部，在洗涤过程中逐渐向外释放抗菌剂组合物，抗菌、杀菌作用效果显著。经测试，本品增强化纤抗菌性的洗涤剂对大肠杆菌的抑菌率大于99.2%，同时作用效果持久。

配方 47 重垢液体洗涤剂

原料配比

原料	配比（质量份）			
	1#	2#	3#	4#
柠檬酸钠	12	18	13	15
脂肪醇聚氧乙烯醚	3.6	4.8	3.9	4.5
葡萄糖酸钠	2.1	4.3	3.2	3.6
氨基三乙酸二钠	3	9	4	6
蛋白酶	5	12	8	9
月桂酸二乙醇酰胺	1.2	3.5	1.8	2.5
羧甲基纤维素	5	12	6	10
香精	3.2	5.5	3.9	4.6
去离子水	45	70	52	63

制备方法 将各组分溶于水，混合均匀即可。

产品应用 本品主要应用于衣物洗涤。

产品特性 本品表面活性剂含量高，去污能力强，可以减少其他活性物质的添加量，降低成本；另外，本品可以有效减少劳动量、节约水资源以及减少洗涤时间。

配方 48 纺织品衣物用洗涤剂

原料配比

原料		配比（质量份）							
		1#	2#	3#	4#	5#	6#	7#	8#
表面活性剂		30	50	45	45	45	45	45	45
生物酶		5	12	10	10	10	10	10	10
增稠剂	氯化钠	0.1	2	0.5	0.5	0.5	0.5	0.5	0.5

原料		配比（质量份）							
		1#	2#	3#	4#	5#	6#	7#	8#
香精		0.1	0.1	0.1	0.1	0.1	0.1	0.1	0.1
水		加至100	加至100	加至100	加至100	加至100	加至100	加至100	加至100
表面活性剂	椰油酰胺丙基甜菜碱	1	1	1	45	1	1	1	1
	月桂醇聚醚硫酸酯钠	0.5	3.5	2.8	—	2.8	2.8	2.8	1
生物酶	纤维素酶	1	5	1.5	1.5	10	1	—	1.5
	脂肪酶	0.5	0.5	0.5	0.5	—	1	10	0.5

制备方法

（1）将制备原料混合，升温至50～60℃，搅拌至完全溶解；

（2）然后降温至室温，即得。

原料介绍　所述的生物酶选自碱性蛋白酶、果胶酶、淀粉酶、脂肪酶、纤维素酶中的至少一种。若所述生物酶为纤维素酶和脂肪酶，纤维素酶和脂肪酶的质量比为（1～5）：0.5。

所述的表面活性剂选自阴离子表面活性剂、阳离子表面活性剂、非离子表面活性剂和两性表面活性剂中的至少一种。

所述的阴离子表面活性剂选自直链烷基苯磺酸钠、α-烯基磺酸钠、月桂醇聚醚硫酸酯钠、十四醇聚氧乙烯醚硫酸钠、脂肪酸甲酯磺酸钠中的至少一种。

所述的两性表面活性剂选自椰油酰胺丙基甜菜碱、椰油基两性羧基甘氨酸盐、异硬脂基两性丙氨酸盐、椰油基两性甘氨酸盐、月桂基丙氨酸二乙醇胺盐中的至少一种。

产品特性　本品对衣物损伤较少，制备原料天然温和，安全无毒，可以用于婴幼儿衣物的清洗；并且在生物酶、两性表面活性剂和阴离子表面活性剂的协同作用下，可以达到高效快速的去污效果，去污能力强，对洗涤物无任何伤害，还能保证得到的洗涤剂对织物具有更好的保护作用。

配方 **49** 高效去记号笔印的环保清洗剂

原料配比

原料	配比（质量份）				
	1#	2#	3#	4#	5#
异构烷烃溶剂油	50	65	70	80	90
食品级醇醚溶剂	20	15	15	10	10
复合添加剂	10	8	5	3	—
单环单萜溶剂	10	5	5	1	—
卤代烃	10	7	5	6	—

制备方法

（1）调节反应釜温度，使其保持在30～50℃；

（2）分别将单环单萜溶剂和食品级醇醚溶剂按相应质量份加入上述反应釜中，搅拌至混合均匀；

（3）冷却步骤（2）中的溶液至常温，加入相应质量份的复合添加剂、卤代烃、异构烷烃溶剂油，加热至40℃，搅拌30min至混合均匀，即得所述高效去记号笔印的环保清洗剂。

原料介绍　所述异构烷烃溶剂油为异构十二烷或异构十四烷。

所述食品级醇醚溶剂为乙二醇叔丁醚或丙二醇丁醚或3-甲氧基-2-丙基-1-丁醇，所述食品级醇醚溶剂由DMD醇解法和MBD醚化法制成。

所述复合添加剂为纯植物提取。

所述单环单萜溶剂为食品级柠檬烯。

所述卤代烃为一氟二氯乙烷或九氟丁烷。

产品特性　本品高效去记号笔印的环保清洗剂，采用食品级原材料制得，清洗干净彻底，且无味、无残留，安全无污染。

配方 50　环保型衣物用清洗剂

原料配比

原料	配比（质量份）	
	1#	2#
羧甲基壳聚糖	5	8
油酸	1	1
天然精油	0.2	0.5
氧化石墨烯溶液	0.2	0.5
聚乙烯吡咯烷酮	0.2	0.2
聚乙二醇400	10	15
水	加至100	加至100

制备方法　将氧化石墨烯溶液超声分散后，加入羧甲基壳聚糖和油酸混匀，再加入天然精油、聚乙烯吡咯烷酮、聚乙二醇和水后得到所述产品。

原料介绍　所述的氧化石墨烯溶液中氧化石墨烯的浓度为1%～5%。

所述的天然精油为茶树精油或桉树精油，所述茶树精油中茶多酚含量为1%～3%。

产品特性

（1）本品中羧甲基壳聚糖可以与甲醛反应，因而具备去除甲醛的作用。天然精油具备一定的去除甲醛效果，同时还能留香。聚乙烯吡咯烷酮作为乳化剂，油酸作为渗透剂，一起与氧化石墨烯溶液作用时，能够很好地促进氧化石墨烯进入衣物中，去除甲醛，同时较快地溶于溶液中。聚乙二醇对整个体系具备较好的稳定作用，能够协助以上几种物质发挥作用。

（2）本品无毒、无腐蚀性、安全，对衣物本身的去除甲醛效果好，且能保护衣物，同时还具备较好的稳定性，保证较好的去除甲醛和保护衣物效果。

配方 51 抗起毛起球的衣物洗涤剂

原料配比

原料	配比（质量份）						
	1#	2#	3#	4#	5#	6#	7#
烷基葡糖苷	20	15	30	20	20	20	20
脂肪醇聚氧乙烯醚	8	5	10	8	8	8	8
中性纤维素酶	3	1	5	—	3	3	3
聚醚嵌段氨基硅油	5	3	10	5	—	5	5
聚丙烯酸钠	2	1	3	2	2	2	2
乙二胺四乙酸二钠	1	—	2	1	1	1	3
甘油	1	0.5	2	1	1	1	1
芦荟油	1	0.5	2	1	1	1	1
香精	0.5	0.2	1	0.5	0.5	0.5	0.5
异丙醇	—	3	—	—	—	—	—
柠檬酸	0.5	0.2	1	0.5	0.5	0.5	0.5
去离子水	58	73.6	31	61	63	59	56

制备方法 按照配比称取去离子水，并平均分成两份，然后按照配比称取改性硅油、非离子表面活性剂，高速搅拌，将其中一份去离子水缓慢加入其中，得到整理剂乳液；按照配比用量称取纤维素酶、乙二胺四乙酸二钠、聚丙烯酸钠、甘油、异丙醇、芦荟油、香精、柠檬酸溶解于另一份的去离子水中，得到助剂溶液；将助剂溶液缓慢加入到整理剂乳液中，即得到目标产物。

原料介绍 所述非离子表面活性剂为烷基葡糖苷、醇醚葡糖苷、烷基蔗糖酯、脂肪醇聚氧乙烯醚、脂肪酸二乙醇酰胺、嵌段聚醚中的一种或多种组合物。

所述改性硅油为高甲基硅油、氨基硅油或羟基硅油中的一种或多种。

所述纤维素酶为酸性纤维素酶或中性纤维素酶。

所述线性聚醚嵌段氨基硅油制备工艺包括如下步骤：

（1）按照质量分数将4%～10%聚四氢呋喃醚二醇、60%～65%双端环氧基聚醚硅油溶解于25%～36%异丙醇中并加入反应釜中，混合均匀，然后加入

0.05%～0.10%的催化剂二月桂酸 二丁基锡，升温至83～88℃，反应2～3h，得到预聚体系；

（2）将乙二胺加入预聚体系中，继续反应1～2h，得到线性聚醚嵌段氨基硅油；

（3）抽真空，去除异丙醇，调节线性聚醚嵌段氨基硅油的黏度。

产品特性

（1）本品通过在洗涤剂中加入一定量的纤维素酶，让生物酶整理、改善织物表面的光洁程度，从而达到抗起毛起球的效果，同时辅助以少量的高含氢硅油，硅油均匀地交联聚集在织物表面，使纤维末梢黏附于纱线上，摩擦时不易起毛起球。

（2）本品发泡性能较低，在实际的洗涤过程中，更容易被漂洗，能够节约大量的水资源和能耗。本品在对织物进行多次水洗的过程中仍能够保持，甚至提高织物的抗起毛起球性能。

配方 52 柔软毛呢清洗剂

原料配比

原料	配比（质量份）	
	1#	2#
十二烷基甜菜碱	5～9	5
椰油酸二乙醇酰胺	2～6	5
脂肪醇聚氧乙烯醚	2～5	3
渗透剂	1～3	2
磺酸钠	1～5	2
聚乙烯吡咯烷酮	0.1～1	0.5
聚醚	1～3	2
硅油	1～3	2
防腐剂	0.5～1	1
香精	0.1～0.2	0.1
水	加至100	加至100

制备方法

（1）将适量的各组分十二烷基甜菜碱、椰油酸二乙醇酰胺、脂肪醇聚氧乙烯醚、渗透剂、磺酸钠、聚乙烯吡咯烷酮、聚醚、硅油和防腐剂混合，充分搅拌0.5h；

（2）加入水，继续搅拌；

（3）加入香精，继续搅拌0.5h。

产品特性 本品能有效去除污垢，对环境无污染，安全无毒，对人体皮肤无刺激，洗后无残留，且洗后衣物能保持柔软，收缩率小。

原料配比

原料		配比（质量份）			
		1#	2#	3#	4#
A组	肉桂精油	0.2	0.1	0.15	0.2
	肉桂提取液	0.5	2	1	2
	绿豆皮提取物	5	10	8	6
B组	椰子油脂肪酸二乙醇酰胺	1	5	3	5
	聚乙烯吡咯烷酮	6	3	5	3
	脂肪醇聚氧乙烯醚硫酸钠	5	10	8	8
	亚胺磺酸盐	0.5	0.1	0.3	0.2
C组	碱性蛋白酶	0.01	0.03	0.02	0.03
	淀粉酶	0.03	0.01	0.02	0.02
	脂肪酶	0.01	0.03	0.02	0.01
	海藻酸钠	0.1	0.3	0.2	0.5
	亚氨基二琥珀酸	0.5	0.1	0.3	0.3
	聚丙烯酸钠	—	—	5	5
D组	氢氧化钠	0.5	3	1	1
	去离子水	加至100	加至100	加至100	加至100

制备方法

（1）按配方量，将肉桂提取液、肉桂精油、绿豆皮提取物溶解于水中，搅拌混合均匀加热至50～70℃；

（2）按配方量，边搅拌边将B组中的各组分按顺序依次加入步骤（1）得到的溶液中，搅拌混合均匀并加热至40～50℃，保温5～15min后缓慢冷却；

（3）当温度降低至25～35℃时，继续按顺序依次加入C组中各组分，搅拌均匀后，加入D组中的氢氧化钠调节pH值在6.5～7.5，与人体皮肤的酸碱度接近，最后搅拌均匀至透明液体状即得肉桂衣物清洗剂。

原料介绍 所述肉桂精油及肉桂提取液的制备包括如下步骤：将肉桂皮、肉桂树枝、肉桂叶混合后加入水，再采用微波辅助水蒸气蒸馏法提取肉桂提取液，自然静置，分离出肉桂精油与肉桂提取液；所述的肉桂皮、肉桂叶和肉桂树枝的质量比为1：（2～5）：（3～8）；所述肉桂皮、肉桂树枝、肉桂叶的总质量与水的料液比为1g：（6～10）mL。所述微波的功率为100～700W，微波的时间为1～5min；所述蒸馏的功率为200～600W，蒸馏的时间为1～3h。

所述的绿豆皮提取物的制备包括如下步骤：将绿豆皮清洗干净，然后浸泡于水中，并采用超声波辅助水浸提法提取绿豆皮提取物，浸提完成后离心分离，取清液蒸发浓缩，得到绿豆皮提取物；所述绿豆皮与水的料液比为1g∶（4～10）mL。所述超声波的功率为200～400W，超声的时间为15～35min；所述浸提的温度为40～70℃，浸提的时间为2～5h。

产品特性

（1）本品将肉桂精油、肉桂提取液和绿豆皮提取物作为抗菌剂，三者复配，协同增效，不仅使此衣物清洗剂具有良好的抗菌能力，还能增加此产品的特殊芳香气味。

（2）绿豆皮提取物富含黄酮、皂苷、生物碱类等生物活性成分，使肉桂衣物清洗剂保质期长，还具有温和、减少刺激皮肤的效果。

（3）少量碱性蛋白酶、淀粉酶、脂肪酶制剂的加入，与肉桂精油、肉桂提取液和绿豆皮提取物相互配合，使衣物清洗和抗菌的效果得到显著的改善，不仅可以降低相应表面活性剂和某些助剂的用量，而且达到了事半功倍的效果。

（4）本品清洁和抑菌能力强，无磷助剂添加，并且易被生物降解，大大降低对环境的污染。

配方 54 天然抑菌女士衣物洗涤剂

原料配比

原料			配比（质量份）			
			1#	2#	3#	4#
A 相	去离子水		加至 100	加至 100	加至 100	加至 100
	赋脂剂		1.2	1.2	0.5	1.5
	赋脂剂	椰油基葡糖苷	1	1	1	3
		甘油油酸酯	1	1	3	1
B 相	表面活性剂		28	—	—	—
	表面活性剂	椰油酰胺丙基甜菜碱	—	9	10	5
		月桂基葡糖苷	—	10	8	15
		椰油酰谷氨酸二钠	—	10	10	5
C 相	复合防腐剂		1.2	0.8	1.5	0.5
	复合防腐剂	苯甲醇	80	80	77	86
		水杨酸	10	10	15	8
		甘油	4	4	3	5
		山梨酸	3	3	4	1
	乳酸		0.4	0.5	0.3	0.5
	蛋白酶		0.5	0.5	0.6	0.4
	月桂酰精氨酸乙酯盐酸盐		0.2	0.2	0.2	0.5
	茶树精油		—	0.09	0.2	0.02
	柠檬香茅油		—	0.05	0.02	0.2

制备方法

（1）准确称取A相的水，然后投入A相的其他原料，开启搅拌，升温至80～85℃，保温15～30min；

（2）降温到50～65℃，依次加入B相各原料，继续搅拌，搅拌速度为25～35r/min，至完全均匀、无颗粒后，保温10～20min；

（3）降温到30～48℃，将称好的C相原料投入乳化锅中，抽真空搅拌至完全溶解均匀后，继续保温搅拌8～20min；

（4）降温至30～40℃，调节pH在4.5～6.5范围内，调节黏度在500～1000mPa·s，使溶液呈无色至淡黄色且透明均匀，具有特征性气味，合格后出料。

产品特性　本品具有超强去蛋白污渍、去血渍、去内衣分泌物残留能力，对大肠杆菌、金黄色葡萄球菌、白色念珠菌的抑菌性强，作用2min即可对三种菌的抑菌率均≥99.9%；且产品外观清亮透明，天然成分比例高，弱酸性，温和无刺激。

配方 55 无水溶剂型清洗剂

原料配比

原料		配比（质量份）			
		1#	2#	3#	4#
异己烷		75	80	90	88
醇类	乙醇	10	—	—	—
	异丙醇	—	9	—	—
	异丁醇	—	—	4	—
	丙二醇	—	—	—	7
酯类	乙酸甲酯	10	5	—	8
	乙酸乙酯	—	—	3	—
D-柠檬烯		3	3	2	4
表面活性剂		—	2	0.8	—
表面活性剂	脂肪醇聚氧乙烯醚（AEO）	1.5	—	—	—
	烷基糖苷（APG）	—	8	—	—
	脂肪醇聚氧乙烯醚硫酸酯钠（AES）	—	2	—	—
	失水山梨醇脂肪酸酯	—	—	9	—
	脂肪醇聚氧乙烯醚磺基琥珀酸单酯二钠	—	—	1	—
	脂肪酸甲酯乙氧基化物（FMEE）	—	—	—	1.8
净洗剂	椰子油脂肪酸二乙醇酰胺	0.48	—	0.185	—
	油酸酰胺	—	1	—	—
	甲氧基脂肪酰胺基苯磺酸钠	—	—	—	1.19
香精	芦荟香精	0.02	—	—	0.01
	橘子香精	—	—	0.015	—

制备方法

（1）将表面活性剂、净洗剂、香精和醇类充分搅拌混匀，得到混合物T1；混匀的温度为20～40℃，时间为1～3h。

（2）同时将异己烷、酯类和D-柠檬烯充分搅拌混匀，得到混合物T2；混匀的温度为20～40℃，时间为1～3h。

（3）然后将上述混合物T1和混合物T2充分搅拌混匀，得到无水溶剂型清洗剂；混匀的温度为20～40℃，时间为1～3h。

产品特性

（1）本品对油性、水性污渍均有较强的去除效果，并且干燥速度快，表面无残留且不损伤衣物纤维。

（2）本品提供的制备方法简单、易控，适合大规模工业生产应用。

配方 56 血渍清洗剂

原料配比

原料	配比（质量份）	
	1#	2#
椰油基羟乙基磺酸钠	20	20
棕榈酸钠	10	15
月桂醇硫酸酯铵	5	5
脂肪酸	5	5
脂肪醇	5	13
缓血酸铵	6	7.2
柠檬酸	1	3
丙二醇	1	1.5
EDTA-2Na	0.5	0.5
生姜提取物	0.3	0.5
甘油	1	0.5
香精	0.2	0.2
去离子水	45	28.6

制备方法

（1）将水加热后和椰油基羟乙基磺酸钠、棕榈酸钠、脂肪酸、柠檬酸、EDTA-2Na、甘油混合，得到第一混合液；水的加热温度为30～35℃。

（2）将所述步骤（1）所得第一混合液冷却后和月桂醇硫酸酯铵、脂肪醇、缓血酸铵、丙二醇、香精混合，得到第二混合液。

（3）将所述步骤（2）所得第二混合液和生姜提取物混合，得到所述清洗剂。

产品应用　本品是一种女性生理期血渍清洗剂。

清洗剂的使用方法，包括以下步骤：将所述清洗剂涂抹于衣物血渍处，静置或揉搓数分钟后，用水漂洗即可。

产品特性　本品并无特别添加酶制剂和碱性去污剂。因为常规的碱性去污剂与经血结合后，经血中的蛋白质和酶类等结构马上变性，反而生成不易溶于水的顽渍，即使新鲜的血渍，用碱性去污剂后血渍颜色也会立即变深，并且更难以清洗掉；而酶的催化温度一般要求40℃左右效果最好，而此温度对血渍来说太高，反而不易清洗。本品是针对女性生理期血渍的特性产品，配方简单，洗涤效果优异。

配方　**57**　衣物防串色洗涤剂

原料配比

原料	配比（质量份）							
	1#	2#	3#	4#	5#	6#	7#	8#
十二烷基苯磺酸钠	8	5	10	6	8	8	16	8
脂肪醇聚氧乙烯醚	4	2	6	2	4	4	8	4
烷基葡糖苷	16	10	20	13	16	16	—	16
聚乙烯基吡咯烷酮	3	2	5	2	3	—	3	3
防沾染剂	8	4	8	4	—	5	5	4
三聚磷酸钠	5	5	10	5	8	8	15	8
聚丙烯酸钠	3	1	3	2	3	3	3	3
甘油	1	1	3	2	1	1	1	1
芦荟油	1	1	3	2	1	1	1	1
香精	0.4	0.2	1	0.2	0.4	0.4	0.4	0.4
柠檬酸	8	0.2	1	0.2	0.6	0.6	0.6	0.6
去离子水	50	68.6	30	61.6	55	53	54	50

制备方法　按照配比称取去离子水，并平均分成两份，然后按照配比称取十二烷基苯磺酸钠、烷基葡糖苷、聚乙烯基吡咯烷酮、脂肪醇聚氧乙烯醚、防沾染剂混合均匀，在1000r/min左右的转速下高速搅拌，然后将其中一份去离子水分批次缓慢加入其中，得到A溶液；按照配比用量称取三聚磷酸钠、聚丙烯酸钠、甘油、芦荟油、香精溶解于另一份的去离子水中，得到B溶液；将B溶液缓慢加入到A溶液中，冷却至室温后，加入柠檬酸，调节pH至中性或弱酸性，即得到目标产物。

原料介绍　所述防沾染剂的制备工艺如下：在温度为80～100℃的反应釜中，加入一定量的二甲苯，将均苯四甲酸酐和3，6-二羟基-2，7-萘磺酸按摩尔比为1∶4加入反应釜，并加入少量酸性催化剂，搅拌直至混合均匀；然后在100～110℃的条件下，恒温反应2～3h，得到可溶于水的淡棕色结晶状固体，作为防沾染剂。

所述酸性催化剂为盐酸、硫酸等无机酸，也可以为草酸、柠檬酸等有机酸。

产品特性

（1）本品合成的可溶性大分子防沾染剂，较一般直接染料的分子量大，优先吸附在纤维上，由于防沾染剂大分子上的磺酸基与靠近纤维表面的染料阴离子之间存在排斥力，影响了染料的上染，阻止染料向纤维内部扩散，同时占据染料的部分染座，降低对脱离染料的吸附量。辅以聚乙烯基吡咯烷酮作为除色剂，吸附、聚集并去除游离的染料分子，以达到防止织物串色的目的。

（2）在洗涤剂中加入的少量甘油和芦荟油，可以作为保湿剂、渗透剂、皮肤调理剂，对于纤维素酶没有明显的抑制作用。对肌肤而言，甘油和芦荟油具有保湿护手的功效，在洗涤剂中起到降低表面活性剂的刺激性、保护手的作用，使该洗涤剂更加人性化，让人们在清洗衣物的同时得到保护。

配方 58 衣物清洗剂

原料配比

原料		配比（质量份）				
		1#	2#	3#	4#	5#
十二烷基硫酸钠		7	7	7	7	7
椰油酰胺丙基甜菜碱		4	4	4	4	4
月桂醇硫酸酯铵盐		4	4	4	4	4
牡丹皮提取物		—	0.5	0.5	0.5	0.5
甘油		1.5	1.5	1.5	1.5	1.5
螯合剂	肌醇六磷酸钠	—	—	0.4	—	30
	亚氨基二琥珀酸四钠	—	—	—	0.4	70
螯合剂		—	—	—	—	0.4
水		加至100	加至100	加至100	加至100	加至100

制备方法 将水加热至60～80℃，加入十二烷基硫酸钠、椰油酰胺丙基甜菜碱、月桂醇硫酸酯铵盐、甘油和牡丹皮提取物（如果配方中有），搅拌20～60min，冷却至30～40℃，再加入螯合剂（如果配方中有），搅拌5～10min。

原料介绍 所述牡丹皮提取物，也可以由下述方法制备得到：将牡丹皮粉碎，过40目筛，得到牡丹皮粉；将80～120g牡丹皮粉和1000～1500mL水混合，在20～30℃下静置20～40min，超声处理35～55min，采用300目滤布过滤，得到滤液和滤渣；将滤渣和800～1200mL体积分数为70%～80%的乙醇水溶液混合，在60～70℃下回流提取2～4h，采用300目滤布过滤，得到滤液；合并两次滤液，减压浓缩至65℃的密度为1.05～1.10g/mL，得到牡丹皮提取物。所述超声处理的条件为：超声温度为60～70℃，超声功率为100～200W，超声频率为15～25kHz。

产品特性 本品能有效去除污垢，对环境无污染，安全无毒，对人体皮肤无刺激，洗后无残留，又具有抑菌杀菌的作用。

配方 59 衣物用洗涤剂

原料配比

原料			配比（质量份）		
			1#	2#	3#
皂基			90	100	110
表面活性剂			5	6	7
香精	茉莉香精		0.1	—	—
	玫瑰香精		—	0.3	—
	薰衣草香精		—	—	0.5
色素			0.1	0.3	0.5
抗菌微球			5	10	15
水			50	75	100
表面活性剂	阴离子表面活性剂	烷基苯磺酸钠	1	—	—
		脂肪醇硫酸钠	—	1	—
		脂肪酸甲酯磺酸钠	—	—	1
	非离子表面活性剂	脂肪醇聚氧乙烯醚	1	—	—
		异构醇聚氧乙烯醚	—	1	—
		椰油酰二乙醇酰胺	—	—	1

制备方法

（1）将皂基、表面活性剂、水在温度为 60～90℃、搅拌速度为 500～800r/min 的条件下搅拌分散 20～30min；

（2）将步骤（1）中的分散液降温至 25～45℃，向分散液中加入抗菌微球继续搅拌分散 10～20min，之后加入香精、色素搅拌至均匀，得到该衣物洗涤剂。

原料介绍 所述抗菌微球的制备过程如下：

（1）将钛酸四丁酯在温度为 25～35℃，搅拌速度为 100～200r/min 的条件下滴加至一半的无水乙醇中，控制滴加时间为 10～20min，搅拌均匀后得到第一混合液；

（2）将冰醋酸、去离子水在温度为 25～35℃，搅拌速度为 500～800r/min 的条件下加入到另一半的无水乙醇中，搅拌 3～5min，然后调节溶液 pH 小于 3，之后加入硝酸银，继续搅拌 10～20min，得到第二混合液；

（3）将步骤（1）中的第一混合液在搅拌速度为 1000～2000r/min 的条件下滴加至步骤（2）中的第二混合液中，控制滴加速度为 2～3mL/min，之后在温度为 30℃的条件下继续搅拌 10～20min，得到混合液；

（4）将步骤（3）得到的混合液在温度为38～42℃、超声波频率为45～55Hz的条件下进行超声处理，直至混合液形成凝胶且凝胶不流动后，将凝胶放置于真空干燥箱中，在温度为60～70℃的条件下烘干至恒重，得到负载晶体；

（5）将负载晶体研磨成粉末，将粉末放置于马弗炉内，在温度为600℃的条件下焙烧，取出焙烧后的粉末自然冷却后，得到该抗菌微球。

所述钛酸四丁酯、无水乙醇的用量体积比为4:5。

所述冰醋酸、去离子水、无水乙醇以及硝酸银的用量比为16mL:80mL:100mL:2.64g。

产品特性 本品以皂基作为主要原料，阴离子表面活性剂与非离子表面活性剂复配，与皂基配伍性好、溶解速度快，具有良好的乳化、发泡、渗透、去污和分散性能，从而提高了该衣物洗涤剂的去污能力；通过以钛酸四丁酯为原料，使用溶胶凝胶法制备二氧化钛，得到的二氧化钛表面显负电性，在此过程中加入硝酸银，而银离子本身带正电，会吸引迁移到带负电的二氧化钛表面；通过添加抗菌微球至衣物洗涤剂中，赋予洗涤剂杀菌抑菌的效果。

配方 60 用于快速洗衣用制剂

原料配比

原料		配比（质量份）					
		1#	2#	3#	4#	5#	6#
油脂乙氧基化物磺酸盐		30	25	15	15	15	15
烷基苯磺酸钠		15	15	15	20	25	30
椰油酸钾		12	9	6	12	9	6
阴离子清洗表面活性剂	天然皂	12	—	—	—	—	—
	合成皂	—	9	—	—	—	—
	烷基苯	—	—	6	—	—	—
	烯烃磺酸盐	—	—	—	12	—	—
	醇硫酸盐	—	—	—	—	9	—
	醇烷氧基化物硫酸盐	—	—	—	—	—	6
十二烷基苯磺酸钠		3	4	6	3	4	6
草本提取物	薰衣草提取物	3	—	—	—	—	—
	柠檬提取物	—	4	—	—	—	—
	茶叶提取物	—	—	6	—	—	—
	白花蛇舌草提取物	—	—	—	3	—	—
	楮实提取物	—	—	—	—	4	—
	虎杖提取物	—	—	—	—	—	6

原料		配比（质量份）					
		1#	2#	3#	4#	5#	6#
酶制剂	淀粉酶	3	—	—	—	—	—
	植酸酶	—	4	—	—	—	—
	酵素	—	—	6	—	—	—
	水解酶	—	—	—	3	—	—
	果胶酶	—	—	—	—	4	—
	过氧化物酶	—	—	—	—	—	3
青蒿素提取液		1	2	3	1	2	3
助剂		1	2	3	1	2	3
香精		0.5	0.5	1.5	0.5	1	1.5
去离子水		19.5	25.5	32.5	29.5	25	20.5

制备方法　将各组分原料混合均匀即可。

原料介绍　所述助剂为增白剂、色素、防腐剂、柔顺剂和防染剂中的一种或多种。

产品特性

（1）本品具备降黏功能，在不降低去污能力的基础上，水溶分散性好，泡沫低，易快速漂洗。

（2）本品对人体亲和性好、无刺激、无残留，具有强效杀菌效果，极易降解，非常适用于婴幼儿衣物和贴身衣物快速洗涤。

配方 61 高效环保羽绒服清洗剂

原料配比

原料	配比（质量份）		
	1#	2#	3#
三氯乙烯	3	4	5
醋酸钠	4	4	5
乙酸乙酯	4	5	7
甘油	2	3	4
松节油	2	3	4
氢氧化钠	2	2	3
皂角	3	4	5
乙醇	6	7	8
香精	1	2	3
干冰	1	2	3

制备方法 先将三氯乙烯、醋酸钠、乙酸乙酯、甘油和松节油加热熔融，搅拌3h，然后升温并向其中加入氢氧化钠、皂角和乙醇，继续搅拌5h后蒸馏，将未反应的乙醇蒸出，降温，加入香精，最后混入干冰。

产品应用 本品是一种既可以用于洗衣机水洗，也可以直接喷到羽绒服上的去污去泡能力强的高效环保羽绒服清洗剂。

产品特性 本品去污能力强，使用时可溶于水进行水洗，水洗后泡沫很少，很容易去除；也可直接喷到羽绒服上，用毛巾轻轻擦拭即可去污，而且衣服表面不会留下清洗剂的痕迹。清洗后不会释放有毒物质，属于环保产品。

配方 62 广谱灭菌型羽绒服清洗液

原料配比

原料		配比（质量份）				
		1#	2#	3#	4#	5#
抗菌剂		0.01	0.05	0.1	0.1	0.15
脂肪酸皂		7	15	20	20	10
非离子表面活性剂	脂肪醇聚氧乙烯醚	30	—	—	25	—
	椰子油脂肪酸二乙醇酰胺	—	25	25	—	25
阴离子表面活性剂	月桂醇醚磺基琥珀酸单酯二钠盐	40	—	35	—	—
	聚氧乙烯烷基胺	—	40	—	—	35
	烷基糖苷	—	—	35	35	—
聚合物		0.49	0.35	0.4	0.4	0.5
三聚磷酸钠		4.5	4.6	4	4	4
消泡剂	二甲基硅油	5	2	2.5	2.5	3
混合酸	质量分数为15%的透明质酸和质量分数为10%水杨酸的混合物	3	3	3	3	2.35
增稠剂		10	5	10	10	10
聚合物	聚乙烯吡咯烷酮PVP	1	1	1	1	1
	甲基乙烯基醚-马来酸酐共聚物	1	1	1	1	1

制备方法 将各组分原料混合均匀即可。

原料介绍 所述抗菌剂为将经过甘露糖改性的壳聚糖包覆至硒纳米颗粒和三氯生两者复合体的外表面后所获得的。

所述抗菌剂的制备方法具体为：将甘露糖和三乙酰基硼氢化钠溶解于纯水中制得溶液，向该溶液中滴加壳聚糖溶液形成混合溶液，透析、冷冻干燥后获得甘露糖改性壳聚糖；将甘露糖改性壳聚糖溶于乙酸溶液中，再向该溶液中缓慢加入含有亚硒酸钠、抗坏血酸、三氯生的三聚磷酸钠溶液，搅拌后离心洗涤、冷冻干燥即获得抗菌剂。

所述非离子表面活性剂选自脂肪醇聚氧乙烯醚、氧化铵、椰子油脂肪酸二乙醇酰胺中的至少一种。

所述阴离子表面活性剂选自聚氧乙烯烷基胺、月桂醇醚磺基琥珀酸单酯二钠盐、烷基糖苷中的至少一种。

所述聚合物为聚乙烯吡咯烷酮PVP和甲基乙烯基醚-马来酸苷共聚物的混合物，其中，聚乙烯吡咯烷酮和甲基乙烯基醚-马来酸苷共聚物的质量比为1∶1。

所述消泡剂为二甲基硅油。

所述混合酸为质量分数为10%～20%的透明质酸和质量分数为5%～15%水杨酸的混合物。

产品应用　在清洗羽绒服时，该广谱灭菌型羽绒服清洗液的兑水浓度为5%～15%。

产品特性　本品选用性能优良、温和的表面活性剂复配脂肪酸皂、抗菌剂，不但能使得羽绒服长久抑菌，具有广谱灭菌效果，而且具有柔软性和无刺激性的优点。由于聚合物具有良好的黏合性和成膜性，在使用清洗液后，表面活性剂、三聚磷酸钠、抗菌剂随着聚合物黏附在羽绒服面料上并形成薄膜，达到持久清洁和抑菌的效果，羽绒服在放置一段时间后重新拿出可以直接穿着，同时三聚磷酸钠在清洗时还可以对羽绒服上的金属制品进行保护。

配方 63 含有海洋生物成分的羽绒服专用洗涤剂

原料配比

原料	配比（质量份）	
	1#	2#
海洋生物除菌剂	3.5	4
椰子油脂肪酸二乙醇酰胺	10～11	11～12
无患子皂苷	6	7
脂肪醇聚氧乙烯醚硫酸钠	4	5
椰油酰胺丙基甜菜碱	3	4
酯基季铵盐	2	3
柠檬酸	3	4
乙二胺四乙酸二钠	0.5～1.0	0.5～1.0
香精	0～3.0	0～3.0
去离子水	加至100	加至100

原料		配比（质量份）	
		1#	2#
海洋生物除菌剂	羧甲基壳聚糖	1	2
	海藻多糖	2	4
	杀菌肽	6	8
	N-乙酰胞壁质聚糖水解酶	1.5	3.5
	水	89.5	82.5

制备方法

（1）向30～45℃的水中加入配比量的乙二胺四乙酸二钠，进行搅拌混合得混合液A；

（2）向混合液A中加入椰子油脂肪酸二乙醇酰胺、无患子皂苷和脂肪醇聚氧乙烯醚硫酸钠、椰油酰胺丙基甜菜碱，于35～45℃的温度条件下进行搅拌混合得混合液B；

（3）向混合液B中加入配比量的酯基季铵盐，于25～35℃的温度条件下搅拌混合均匀得混合液C；

（4）向混合液C中加入配比量的海洋生物除菌剂，搅拌混合均匀得混合液D；

（5）向混合液D中加入配比量的柠檬酸和香精，混合均匀得所述含有海洋生物成分的羽绒服专用洗涤剂。

原料介绍　所述的海洋生物除菌剂可以按如下步骤制备：

（1）向30～35℃的水中加入配比量的羧甲基壳聚糖和海藻多糖，进行搅拌混合10～20min得混合液A；

（2）往混合液A中加入配比量的杀菌肽，搅拌混合的时间为3～7min，得混合液B；

（3）往混合液B中加入配比量的N-乙酰胞壁质聚糖水解酶，搅拌混合3～7min得所述海洋生物除菌剂。

产品特性

（1）本品不仅具有优异的杀菌性能，利于保存，而且具有很好的去污性能、抗静电性和蓬松性能。

（2）椰子油脂肪酸二乙醇酰胺为非离子表面活性剂，具有润湿、净洗、抗静电和柔软等性能，是良好的泡沫稳定剂。无患子皂苷是一种天然的非离子表面活性剂，纯天然产品，具有很强的降低表面张力的作用，清洁性能好，有效清除污垢，无异味，100%降解，温和无刺激，不会产生有害于人体健康和环境的残留物。

（3）脂肪醇聚氧乙烯醚硫酸钠为阴离子表面活性剂，具有优良的去污、乳化、发泡性能。乙二胺四乙酸二钠属于螯合剂，能使顽固污渍迅速解除表面张力，从而溶解、脱落。添加的酯基季铵盐为天然植物提取的柔顺剂，有柔顺、去静电的性能。海洋生物除菌剂具有较强的除菌抑菌作用，且比较柔和，对皮肤无毒、无刺激。因此，本品含有海洋生物成分的羽绒服专用洗涤剂能够有效杀菌、去污渍，并且对皮肤无毒、无刺激，不影响羽绒服的功能。

（4）本品各物质的混合顺序及混合条件较为合理，使得通过本品的制备方法制得的含有海洋生物成分的羽绒服专用洗涤剂各组分混合均匀，稳定性好。

配方 64 具有抗污功能的羽绒服清洗剂

原料配比

原料	配比（质量份）									
	1#	2#	3#	4#	5#	6#	7#	8#	9#	10#
阴离子表面活性剂十二烷基苯磺酸钠	5	20	8	10	—	—	—	—	2	4
阴离子表面活性剂脂肪醇聚氧乙烯醚硫酸钠	—	—	—	10	—	—	—	—	—	4
非离子表面活性剂烷基糖苷	—	—	—	—	5	20	1	5	—	—
非离子表面活性剂脂肪醇聚氧乙烯醚	—	—	12	—	—	—	4	15	3	4
抗污聚合物	1	2	3	4	1	2	3	4	1	3
三乙醇胺	—	—	—	—	—	—	—	—	1	1.6
柠檬酸	—	—	—	—	—	—	—	—	1	1.6
水	加至100	加至100	加至100	加至100	加至100	加至100	加至100	加至100	加至100	加至100

制备方法 将各组分原料混合均匀即可。

原料介绍 所述的抗污聚合物选用聚醚-聚酯共聚物、聚酯和聚乙二醇-聚酯共聚物中的至少一种。

产品特性 本品的去污效果好，同时具有良好的抗菌性能，洗后羽绒蓬松度较好，不影响羽绒的保暖效果，水溶性好适合水洗；本品添加了抗污聚合物，在洗涤过程中更好地分散污渍从而更快洗净，且洗涤后的羽绒服具有抗污性能而不易再吸附污渍，达到减少洗涤次数保护羽绒服的目的；本品添加绿色新型表面活性剂烷基糖苷，易降解环保性好，能很好地保护羽绒服外壳及内含的羽绒，延长羽绒服使用寿命。

原料配比

原料		配比（质量份）					
		1#	2#	3#	4#	5#	6#
过硼酸钠		10	15	15	20	15	15
非离子表面活性剂		40	40	40	30	35	35
阴离子表面活性剂		40	35	35	30	40	40
甲基乙烯基醚-马来酸苷共聚物		0.1	0.5	0.5	1	1.5	1.5
2-甲基-4-异噻唑啉-3-酮		5	3	3	5	4	4
酸	果酸	2	3	3	—	1	1
	水杨酸	—	—	—	2	—	—
聚乙烯吡咯烷酮		2.9	4.5	4.5	2	3.5	3.5
抗菌剂		—	—	—	—	—	0.01
非离子表面活性剂	聚氧乙烯烷基醇酰胺	1	1	1	1	1	1
	烷基酚聚氧乙烯醚	0.25	0.3	0.35	0.35	0.25~0.35	0.25~0.35
	脂肪酸聚氧乙烯酯	0.5	0.3	0.1	0.1	0.1~0.5	0.1~0.5
阴离子表面活性剂	聚氧乙烯烷基胺	1	1	1	1	1	1
	脂肪酸甲酯磺酸盐	0.2	0.3	0.4	0.4	0.20~0.40	0.20~0.40
	烷基苯磺酸钠	0.25	0.2	0.15	0.15	0.15~0.25	0.15~0.25

制备方法 将各组分原料混合均匀即可。

原料介绍 所述抗菌剂为将经过甘露糖改性的壳聚糖包覆至硒纳米颗粒和三氯生两者复合体的外表面后所获得的。

所述抗菌剂的制备方法具体为：将甘露糖和三乙酰基硼氢化钠溶解于纯水中制得溶液，向该溶液中滴加壳聚糖溶液形成混合溶液，透析、冷冻干燥后获得甘露糖改性壳聚糖；将甘露糖改性壳聚糖溶于乙酸溶液中，再向该溶液中缓慢加入含有亚硒酸钠、抗坏血酸、三氯生的三聚磷酸钠溶液，搅拌后离心洗涤、冷冻干燥即获得抗菌剂。

产品应用 在使用时，所述羽绒服清洗剂的兑水浓度为0.5%～1.2%。

产品特性 本品各种组分协同增效，使其可以快速去污且去污力强，还能使得羽绒服长久抑菌，具有柔软性和无刺激性的优点，通过甲基乙烯基醚-马来酸苷共聚物和聚乙烯吡咯烷酮具有良好的黏合性和成膜性。在使用清洗剂后，表面活性剂过硼酸钠、2-甲基-4-异噻唑啉-3-酮黏附在羽绒服面料上并形成薄膜，达到持久抗污和抑菌的效果。

配方 66 抗菌羽绒面料的免水洗清洁液

原料配比

原料		配比（质量份）			
		1#	2#	3#	4#
去离子水		90	80	70	90
抗菌剂		4	6	8	4
非离子表面活性剂	烷基酚聚氧乙烯醚	20	15	—	—
	聚氧乙烯烷基醇酰胺	—	—	18	20
卡波姆		8	10	10	8
阴离子表面活性剂	聚氧乙烯烷基胺	6	10	—	—
	烷基苯磺酸钠	—	—	8	6
茶多酚		15	20	18	15
消泡剂		1	2	2	1
聚乙烯吡咯烷酮		1	1	2	2
乙醇提取物		16	10	10	12
吡啶硫酮锌		3	4	5	4
聚乙烯吡咯烷酮		1	1	2	2
过硼酸钠		20	16	12	15
聚乙烯吡咯烷酮		1	1	2	2
抛射剂		4	5	5	5

制备方法 将去离子水、抗菌剂、非离子表面活性剂、卡波姆、阴离子表面活性剂、茶多酚、消泡剂加入釜中，搅拌分散至均匀，然后加入三分之一的聚乙烯吡咯烷酮继续搅拌，溶解成黏液；加入乙醇提取物、吡啶硫酮锌、三分之一的聚乙烯吡咯烷酮，搅拌至溶解均匀；再加入过硼酸钠和三分之一的聚乙烯吡咯烷酮搅拌均匀，然后静置至无泡沫，包装即获得免水洗清洁液。在进行包装时，将免水洗清洁液灌装到气雾剂罐中，将阀门放入气雾剂罐中封口，将阀门与气雾剂罐封装成一个整体，然后将抛射剂冲入气雾剂罐中，最后将喷头安装在气雾剂罐上。

原料介绍 所述抗菌剂为将经过甘露糖改性的壳聚糖包覆至硒纳米颗粒和三氯生两者复合体的外表面后所获得的。

所述抗菌剂的制备方法具体为：将甘露糖和三乙酰基硼氢化钠溶解于纯水中制得溶液，向该溶液中滴加壳聚糖溶液形成混合溶液，透析、冷冻干燥后获得甘露糖改性壳聚糖；将甘露糖改性壳聚糖溶于乙酸溶液中，再向该溶液中缓慢加入含有亚硒酸钠、抗坏血酸、三氯生的三聚磷酸钠溶液，搅拌后离心洗涤、冷冻干燥即获得抗菌剂。

所述乙醇提取物是从艾草中提取过滤浓缩所获得的。

所述乙醇提取物的制备方法具体为：称取一定量的艾草，清洗干燥并粉碎成20～80目的颗粒，加入70%～90%乙醇进行加热回流提取，提取温度为80～100℃，提取时间为0.5～2h，提取次数为1～3次，将提取液过滤浓缩，得到乙醇提取物。

产品特性 本品选用性能优良、温和的表面活性剂复配过硼酸钠、吡啶硫酮锌、茶多酚、乙醇提取物，各种组分协同增效，使其可以快速附着在羽绒服面料上，在不添加水的情况下，对绝大部分污渍可予以清除，还能使得羽绒服面料长久抗菌，具有柔软性和无刺激性的优点，便于清洗羽绒服。吡啶硫酮锌快速杀死羽绒服面料上的微生物并能使得微生物和织物剥离，再利用过硼酸钠良好的氧化性和防腐性，消除臭味而且可以使得面料更加洁亮，通过抗菌剂在织物表面洗净后附着在织物上，增强羽绒服面料的抗菌效果，通过乙醇提取物和卡波姆，该清洁液便于挥发，减少残留物。

配方 **67** 快干不留痕高效羽绒服喷雾清洁剂

原料配比

原料		配比（质量份）		
		1#	2#	3#
阴离子表面活性剂		—	4	—
非离子表面活性剂		6	5	9
生物酶		1.5	3	5
溶剂		25	30	30
螯合剂		1.8	2	2
苯并异噻唑啉酮		0.1	0.1	0.1
香薰精油		0.3	0.1	0.5
去离子水		63.3	55.6	52.4
阴离子表面活性剂	（C_{12}～C_{14}）脂肪酸甲酯乙氧基化物磺酸钠	—	7	—
	（C_{12}～C_{14}）脂肪酸甲酯磺酸钠	—	3	—
非离子表面活性剂	（C_{12}～C_{14}）脂肪醇聚氧乙烯（9）醚	2	—	—
	（C_{12}～C_{14}）脂肪醇聚氧乙烯（7）醚	3	5	4
	异构十三醇烷氧化非离子表面活性剂（HIF4100）	5	5	3
	异构十醇烷氧化非离子表面活性剂（HIC 2109）	—	—	3
溶剂	2-甲基-2, 4-戊二醇	5	—	—
	乙醇	2	5	5
	丙二醇	3	5	5
螯合剂	谷氨酸二乙酸四钠	5	2	2
	柠檬酸钠	5		

制备方法

（1）将去离子水加入化料釜中，然后按照上述配比依次加入阴离子表面活性剂、非离子表面活性剂、溶剂，得到混合液A；

（2）向所述的混合液A中加入苯并异噻唑啉酮、螯合剂、香薰精油，搅拌均匀，得到混合液B；

（3）向所述的混合液B中加入生物酶，搅拌均匀，得到混合液C；

（4）对所述的混合液C进行过滤处理，得到所述的快干不留痕高效羽绒服喷雾清洁剂。

原料介绍　所述的阴离子表面活性剂选自脂肪醇聚氧乙烯醚硫酸钠、脂肪酸甲酯乙氧基化物磺酸盐、脂肪酸甲酯磺酸钠、月桂酰基谷氨酸钠中的一种、两种或两种以上；所述脂肪醇聚氧乙烯醚硫酸钠，优选所述脂肪醇基团的碳原子数为10～18，所述脂肪酸甲酯乙氧基化物磺酸盐、脂肪酸甲酯磺酸钠中"脂肪酸"基团的碳原子数优选为12～14。

所述的非离子表面活性剂为脂肪醇聚氧乙烯（3）醚、脂肪醇聚氧乙烯（7）醚、脂肪醇聚氧乙烯（9）醚、异构十醇烷氧化非离子表面活性剂、异构十三醇烷氧化非离子表面活性剂中一种、两种或两种以上混合；进一步，所述异构十醇烷氧化非离子表面活性剂为异构十醇烷氧化非离子表面活性剂（HIC 2109）；所述异构十三醇烷氧化非离子表面活性剂为异构十三醇烷氧化非离子表面活性剂（HIF 4100）；所述脂肪醇基团的碳原子数为12～14。

所述的生物酶为纤维素酶，优选诺维信纤维素酶（4500L）。

所述溶剂选自三丙二醇甲醚、2-甲基-2，4-戊二醇、二乙二醇丁醚、乙醇或丙二醇中的一种或多种的混合物；

所述的螯合剂选自乙二胺四乙酸四钠、柠檬酸钠、谷氨酸二乙酸四钠中的一种或两种。

产品应用　使用方式：直接向有污渍的羽绒服表面喷洒本羽绒服喷雾清洁剂，再用干净毛巾或纸巾擦拭，重复一两次即可。

产品特性　本品特点在于快干，具有用后不留痕、无需过水、高效清洁等特点，使得羽绒服不用整体洗涤而又能去除其污垢，满足人们随时随地，方便快捷清洗要求。

配方 68 绿色环保生物型洗衣液

原料配比

原料	配比（质量份）				
	1#	2#	3#	4#	5#
烷基糖苷0810	6	4.5	5.5	5.8	4.9
烷基糖苷1214	6	4.1	5.3	5.9	4.6
脂肪醇聚氧乙烯醚	5	3.2	4.5	3.9	4.3

原料		配比（质量份）				
		1#	2#	3#	4#	5#
椰子油脂肪酸		1.2	0.9	0.87	0.98	1.15
十二烷基硫酸钠		7	6.3	5.8	6.2	5.4
椰油酰胺丙基甜菜碱		2.5	1.7	2.1	1.9	2.3
香精	自然清香	0.24	—	—	0.18	—
	薰衣草香	—	0.22	0.23	—	0.17
增稠剂	氯化钠	4	3.7	3.8	3.7	3.8
防腐剂	凯松	0.2	0.15	0.19	0.16	0.18
增效增溶剂	尿素	—	1.5	1.8	1.4	—
	二甲苯磺酸钠	1.8	—	—	—	1.2
去离子水		66	73.7	72.7	69.6	72.1

制备方法 将去离子水加入反应釜中，开动搅拌器，转速为 $100 \sim 200 r/min$，搅拌过程中依次按配方量加入烷基糖苷0810、烷基糖苷1214、脂肪醇聚氧乙烯醚、椰子油脂肪酸、十二烷基硫酸钠、椰油酰胺丙基甜菜碱，搅拌至溶解均匀；继续按配方量加入香精、增稠剂、防腐剂和增效增溶剂，搅拌至溶解均匀。

原料介绍 所述脂肪醇聚氧乙烯醚为 AEO-9。

所述椰子油脂肪酸为6501。

产品应用 本品适用于婴儿衣物、羽绒服、羊毛衫等各种衣物的洗涤。

产品特性

（1）本品采用天然绿色环保型表面活性剂，不含磷及苯酚等对人体有害的有机物，安全绿色环保，不会造成环境污染，泡沫丰富细腻且易漂洗，去污能力强，使用后提高衣物的柔软度、蓬松性及抗静电性能，还具有杀菌消毒、降低刺激的特点。

（2）本品降解最终产物为二氧化碳和水，具有良好的生态安全性和相容性。同时，本品的洗衣液具有良好的去污性、起泡性和洁衣护肤的效果。

配方 69 浓缩型低泡沫羽绒服液体清洗剂

原料配比

原料	配比（质量份）			
	1#	2#	3#	4#
脂肪醇聚氧乙烯醚硫酸钠	14	12	12	10
椰油醇二乙醇酰胺	5	5	5	5
异构脂肪醇聚氧乙烯醚	5	7	7	10

原料	配比（质量份）			
	1#	2#	3#	4#
十二烷基二甲基氧化铵	5	5	6	5
去离子水	71	71	70	70
乳化二甲基硅油	0.2	0.2	0.2	0.2
硼砂	0.2	0.2	0.2	0.2
香精	0.5	0.5	0.5	0.5

制备方法　在有加热装置的反应釜中加入去离子水，加热至（60±2）℃，再依次将脂肪醇聚氧乙烯醚硫酸钠、椰油醇二乙醇酰胺、异构脂肪醇聚氧乙烯醚、十二烷基二甲基氧化铵缓慢加入去离子水中。搅拌60min后加入乳化二甲基硅油、防腐剂硼砂和香精。温度降至常温时，过滤装入包装。

产品特性

（1）本品pH值呈中性，对人体皮肤无刺激性，洗后羽绒服没有洗涤剂的痕迹。与以往洗衣粉和普通型洗衣液相比，清洗过程中清洁力强、低泡，不需要清水反复漂洗，节省水资源。

（2）采用本品洗后的羽绒服有很好的柔软性和较好的抗静电效果。

（3）本品外观呈无色透明低黏稠性液体，有愉快的香气。

（4）本品制造过程中，无废气、废水、固体废弃物产生，符合国家环保生产标准。

配方 **70** 羽绒服清洗剂（1）

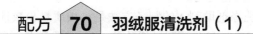

原料配比

原料		配比（质量份）		
		1#	2#	3#
羽绒服洗涤剂助剂 A	聚丙烯酸树脂 Eudragit L100	4	6	5
	磷酸盐缓冲液	30	40	35
	碳二亚胺	5	7	6
	N-羟基琥珀酰亚胺	1	2	1.5
	蛋白酶	2.8	4.8	3.75
羽绒服洗涤剂助剂 B	山茶油	8	12	10
	椰子油	5	7	6
	质量分数为 20% 的 NaOH 溶液	14	15	14.5
	无水乙醇	20	25	22.5
	质量分数为 36% 的氯化钠溶液	70	80	75

原料		配比（质量份）		
		1#	2#	3#
羽绒服洗涤剂助剂 C	麦芽糊精	1	1	1
	去离子水	5	8	6.5
	质量分数为 45% 的 NaOH 溶液	2	3	2.5
羽绒服洗涤剂助剂 D	己二酸	2	2	2
	己二胺	3	3	3
	聚醚胺	5	5	5
	次亚磷酸钠	0.6	0.8	0.7
水		70	80	75
聚甘油脂肪酸酯		4	6	5
柠檬酸钠		2	4	3
蔷薇香精		0.2	0.5	0.35
有机硅消泡剂		0.5	0.8	0.65
聚乙二醇		4	7	5.5
羽绒服洗涤剂助剂 A		15	20	17.5
羽绒服洗涤剂助剂 B		4	9	6.5
羽绒服洗涤剂助剂 C		12	15	13.5
羽绒服洗涤剂助剂 D		8	15	11.5

制备方法 将各组分原料混合均匀即可。

原料介绍 所述羽绒服洗涤剂助剂A的制备方法是：按质量份数计，取4～6份聚丙烯酸树脂EudragitL100、30～40份磷酸盐缓冲液、5～7份碳二亚胺、1～2份N-羟基琥珀酰亚胺混合，调节pH至7.2～7.4，20～25℃下搅拌反应20～25min，再加入聚丙烯酸树脂EudragitL100、质量分数为70%～80%的蛋白酶混合，30～40℃下保持2～3h，调节pH至4～4.5，析出未结合的游离酶，离心，取上清液，得羽绒服洗涤剂助剂A。

所述羽绒服洗涤剂助剂B的制备方法是：取茶籽饼粕按质量比为1:（8～10）加入去离子水，调节pH至8～8.5，于60～65℃下提取4～5h，加入去离子水质量0.8%～1%的十二水硫酸铝钾溶液，搅拌均匀，静置2～3h，离心，取上清液，干燥，得干燥物；按质量份数计，加入8～12份山茶油、5～7份椰子油、14～15份质量分数为20%的NaOH溶液、20～25份无水乙醇、70～80份质量分数为36%的氯化钠溶液混合，于60～70℃下保持20～30min，离心，取沉淀，得羽绒服洗涤剂助剂B。

所述羽绒服洗涤剂助剂C的制备方法是：取麦芽糊精按质量比为1:（5～8）:（2～3）加入去离子水和质量分数为45%的NaOH溶液，升温至60～75℃，通入氧气，保持氧气压力为200～210kPa，反应2～3h，调节pH至8～9，得羽绒服洗涤剂助剂C。

所述羽绒服洗涤剂助剂D的制备方法是：取己二酸、己二胺、聚醚胺按质量比为2：3：5依次加入混合，通入氮气，升温至110～120℃，反应60～70min，再加入己二酸质量的30%～40%的次亚磷酸钠，升温至250～280℃，在-0.1MPa下，真空反应1～2h，降温至180～190℃出料，即得羽绒服洗涤剂助剂D。

产品特性

（1）本品通过蛋白酶分子表面的氨基与聚合物活化羧基反应，生成聚合物蛋白酶，反应结束后，未反应的活化羧基用乙醇胺封端。对蛋白酶进行改性处理，增大蛋白酶分子量，控制改性酶可以进入羽绒纤维内部，经改性后聚合物在蛋白酶外围形成保护层，防止挤压揉搓造成纤维互相缠结，不会损伤羽绒的纤维强度，保持羽绒的柔润、弹性和光泽，解决了羽绒干燥、发硬、枯脆、老化的问题。

（2）本品通过提取茶籽饼粕中的活性成分，含有亲水性的糖体和疏水性的基团，是一种天然非离子表面活性剂，具有发泡性能好、稳泡性强、易降解的特点，而且起泡力不受水质硬度的影响。

（3）本品将玉米淀粉葡萄糖单元上的羟基氧化成羰基甚至羧基，属于羧基型螯合剂。淀粉葡萄糖单元上的羧基在水中能捕捉Ca^{2+}并迅速储存起来，在洗涤剂体系中具有高度的分散性，以便充分发挥洗涤剂的洗净力，而且它的分子中含有多个羧基，对钙镁离子具有较好的螯合作用，分散性能也好，可以防止洗涤剂洗涤后污垢的再次沉积而造成的二次污染，抑制生成的碳酸钙粒子在织物上的再沉积。另外本品具有良好的污垢悬浮能力及良好的对水中重金属离子的螯合能力，能降低水的硬度，减少皂钙的形成，提高洗涤效果，减少洗涤剂用量。

（4）本品以己二酸、己二胺、聚醚胺为缩聚单体，通过缩聚合成共聚物，聚醚链段包覆在纤维的外层，在一定环境湿度下，吸收空气中的水分，使纤维具有导电性，赋予清洗后的羽绒服可持久的抗静电性能。

配方 71 羽绒服清洗剂（2）

原料配比

原料	配比（质量份）		
	1#	2#	3#
烷基糖苷	6	12	8
异构十三醇聚氧乙烯醚	15	20	7
椰子油酸钾皂	5	10	7
异构壬基酚聚氧乙烯醚	10	15	8
月桂醇聚氧乙烯醚	5	10	6
螯合型钛酸酯偶联剂	0.1	0.5	0.3
柠檬酸钠	0.1	5	2
三乙二醇单丁醚	1	5	2
去离子水	加至100	加至100	加至100

制备方法

（1）按照清洗剂配方，配备好相关质量的原料；

（2）在反应釜中，加入三乙二醇单丁醚、异构十三醇聚氧乙烯醚、异构壬基酚聚氧乙烯醚、月桂醇聚氧乙烯醚，混合搅拌2～5min后，得到混合溶液A；

（3）往反应釜中加入烷基糖苷、椰子油酸钾皂，搅拌5～8min，继续加入螯合型钛酸酯偶联剂，搅拌5～10min，加入柠檬酸钠，搅拌均匀后得到混合溶液B；

（4）将混合溶液B降温至室温后，加入去离子水，搅拌均匀，再加入柠檬酸钠，调节pH至中性，用200目尼龙筛网过滤，即得到所述的羽绒服清洗剂。

原料介绍　所述烷基糖苷为烷基碳原子数为12或14的烷基糖苷中的任一种。

产品特性

（1）本品将表面活性剂烷基糖苷、异构十三醇聚氧乙烯醚、椰子油酸钾皂、异构壬基酚聚氧乙烯醚、月桂醇聚氧乙烯醚和螯合型钛酸酯偶联剂，合理配伍起来，形成复配混合表面活性剂，同时加入三乙二醇单丁醚，能够很好地增溶，提高复配表面活性剂的透明度，降低黏性，制备出的清洗剂，能够有效地去除或者清洗衣物上存在的黄斑、色素。

（2）本品中采用的烷基糖苷是一种性能较全面的新型非离子表面活性剂，具有高表面活性、良好的生态安全性和相溶性，是国际公认的首选"绿色"功能性表面活性剂，烷基糖苷可生物降解，且其降解迅速彻底，避免了去污后表面活性剂带来的二次污染问题，对环境友好，实现了可再生生物质资源替代化石原料制备环境友好的表面活性剂的目的。

（3）椰子油酸钾皂属于阴离子表面活性剂类。椰子油酸钾皂易溶于水和醇类有机溶剂，具有较强的润湿、渗透、分散和去污的能力。

（4）异构十三醇聚氧乙烯醚易分散或溶于水，具有优良的润湿性、渗透性和乳化性。

配方　72　羽绒服清洗液

原料配比

原料	配比（质量份）		
	1#	2#	3#
醇醚羧酸盐	11	13	9
椰油酰胺丙基甜菜碱	10	8	12
氨基酸表面活性剂 N-酰基谷氨酸	6	7	5
皂素	2	1	3
硅酸钠	0.2	0.3	0.1
pH 缓冲剂柠檬酸	2	1	3
羧甲基壳聚糖	2	3	1

原料		配比（质量份）		
		1#	2#	3#
三乙醇胺		3	2	4
电解质		0.8	1	0.5
水		63	63.7	62.4
电解质	醋酸钠	1	1	1
	氯化钠	2.5	3	2

制备方法

（1）将醇醚羧酸盐、椰油酰胺丙基甜菜碱、氨基酸表面活性剂、皂素、羧甲基壳聚糖、三乙醇胺加入乳化锅中，加热至 55～65℃，搅拌均匀，得乳液 A；

（2）将硅酸钠、电解质加入水中至完全溶解，加入到步骤（1）得到的乳液 A 中，搅拌均匀，得混合液 B；

（3）使用 pH 缓冲剂调节步骤（2）得到的混合液 B 的 pH 至 6.0～8.0，降至室温即得。

产品特性

（1）醇醚羧酸盐属于多功能阴离子表面活性剂，具有良好的去污性、润湿性、乳化性、分散性和钙皂分散力，可以改善配方的温和性，耐硬水、耐酸碱、耐电解质，具有良好的配伍性能，能与任何离子型表面活性剂配伍，对阳离子的调理性能没有干扰，进一步，易生物降解为 CO_2 和水。椰油酰胺丙基甜菜碱是一种两性表面活性剂，在酸性及碱性条件下均具有优良的稳定性，其配伍性能良好，刺激性小，对酸碱稳定，泡沫多，去污力强，具有优良的增稠性、柔软性、杀菌性、抗静电性、抗硬水性和生物降解性，能显著提高洗涤类产品的柔软性、调理性和低温稳定性。氨基酸表面活性剂具有优良的发泡去污能力，弱酸性的氨基酸表面活性剂，pH 值与人体肌肤接近，加上氨基酸是构成蛋白质的基本物质，所以温和亲肤，能降低配方整体的刺激性，而且具有优异的杀菌抑菌性能和修复化学损伤特性，易降解，对环境无污染。羧甲基壳聚糖具有抗感染作用，吸附和聚沉细菌，同时穿透细胞壁进入细胞内，扰乱细菌的新陈代谢及合成而具有抗菌作用。将电解质应用在洗涤剂中可以增加其抗静电能力，当存在静电时电解质离子可以瞬间将电荷传导散去。三乙醇胺可改进油性污垢，特别是非极性皮脂的去除。N-酰基谷氨酸阴离子表面活性剂，增加和保持羽绒的柔软、蓬松、光泽，性质柔和无刺激，还具有良好的抑菌效果。

（2）本品使用的表面活性剂具有良好的复配性，配合使用具有良好的抗静电性，而电解质的使用，可以促进清洗液的抗静电性能。

（3）本品采用成分简单，温和无刺激，有良好的亲肤效果，同时适合机洗与手洗。

（4）本品具有更好的抗菌和杀螨效果，使用后对金黄色葡萄球菌的杀菌率达到了99%以上，对大肠杆菌的杀菌率达到了100%，对屋尘螨的杀螨率达到了95%以上。

（5）本品具有良好的防静电功效、抗菌和杀螨效果，使用后不影响羽绒的蓬松度。

配方 73 羽绒服洗涤剂（1）

原料配比

原料	配比（质量份）		
	1#	2#	3#
水	48	58	52
消泡剂	12	16	14
槐糖脂	3	7	5
丙二醇	4	8	6
聚乙烯苄基三甲基季铵盐	3	7	5
乙二醇单丁醚醋酸酯	20	30	25
羧甲基纤维素钠	3	6	5
壳聚糖	3	6	4
N-苯基-2-萘胺	3	6	4
醇醚羧酸盐	4	7	5
硫酸钡	4	6	5
七水亚硫酸钠	4	8	6
交联剂	1	6	3

制备方法 将各组分原料混合均匀即可。

原料介绍 所述消泡剂为AFCONA2018、AFCONA2024、AFCONA2290、AFCONA2754中的一种或几种。

所述交联剂为二羟甲基二羟基亚乙基脲、三聚氰胺甲醛树脂或二羟甲基乙烯脲。

产品特性 本品洗涤效果好，尤其是对难以清理的积聚油污洗涤效果更加明显。该洗涤剂对织物伤害小，用量小，对环境影响较小，具有一定的抑菌杀菌效果。

配方 74 羽绒服洗涤剂（2）

原料配比

原料	配比（质量份）		
	1#	2#	3#
双十八烷基二甲基氯化铵	0.05	0.5	0.3
谷氨酰胺	4	6	5
松香酸聚氧乙烯酯	3	4	3.5
甜菜碱	3	4	3.5
月桂酸钠	1	2	1.5
柠檬酸钠	0.01	0.05	0.25
聚异丁烯	2	3	2.5

原料	配比（质量份）		
	1#	2#	3#
丙二醇	0.5	2	1.5
抗菌剂三氯生	0.01	0.05	0.03
有机硅柔软剂	0.5	2	1.5
香精	—	0.1	0.05
去离子水	加至100	加至100	加至100

制备方法　将各组分原料混合均匀即可。

产品特性　本品具有很好的去污性能，泡沫少，易漂洗；中性-弱酸性配方，不会使羽绒服过分脱脂而变硬变脆；长直链高分子聚合物能够在羽绒纤维表面形成疏水保护膜，防止对羽绒表面蜡质的破坏，使羽绒保持蓬松、保暖；分散性能好，冷水、热水洗涤，机洗、手洗均可。

配方 75 除甲醛婴幼儿衣物机洗液

原料配比

原料	配比（质量份）
透骨草提取液	1～1.5
茶皂素	1～2.2
葛根提取物	1.3～1.4
马齿苋提取液	1.5～2
阿魏酸	1～2.4
人参提取物	1.2～2.2
AES	4.8～5.9
益生菌群	3.5～5
丹皮酚	1～1.7
壳聚糖	1.2～2.4
柠檬酸	1～2
氨基酸	1.5～2.3
姜黄提取液	0.7～1.2
植物除螨剂	1.3～2
熊果酸	0.9～1.3
几丁质	1～1.5
苹果精油	1.5～2.1
醋酸	1.3～1.9
香精	1.2～1.8
水	57.2～72.1

制备方法 将具有抗菌功效的透骨草提取液加入水中搅拌均匀，再加入茶皂素、葛根提取物高速搅拌57.9min，并配以马齿苋提取液、阿魏酸、人参提取物、AES、益生菌群、丹皮酚，加热恒温在25.5℃左右均质搅拌6.9h后，将容器恒温在25.5℃左右密封发酵19.9h，再加入壳聚糖、柠檬酸、氨基酸、姜黄提取液、植物除螨剂、熊果酸、几丁质、苹果精油、醋酸、香精高速搅拌6.9h，然后恒温在25.5℃左右容器内，静置23.5h即为成品。

产品特性 本品有效释放活性成分，洗涤后衣物洁净舒适，甲醛被催化降解处理，从而净化衣物中的甲醛，天然温和配方，细腻泡沫有效去除污渍，无残留，织物柔软亲肤。

配方 76 除甲醛婴幼儿衣物手洗液

原料配比

原料	配比（质量份）
透骨草提取液	1～1.9
茶皂素	1.1～2.2
葛根提取物	1.2～1.4
马齿苋提取液	1.7～2.1
艾叶油	1～2.3
人参提取物	1.2～2
AES	4.8～5.9
益生菌群	3.5～4.5
丹皮酚	1～1.5
壳聚糖	1.2～2.3
柠檬酸	1～2
氨基酸	1.5～2.3
椰子油脂肪酸	0.7～1.2
植物除螨剂	1.2～2.1
熊果酸	0.9～1
几丁质	1～1.5
苹果精油	1.5～2
醋酸	1.3～1.8
香精	1.2～1.6
水	58.4～72

制备方法 将具有抗菌功效的透骨草提取液加入水中搅拌均匀，再加入茶皂素、葛根提取物高速搅拌57min，并配以马齿苋提取液、艾叶油、人参提取物、AES、益生菌群、丹皮酚，加热恒温在25℃左右均质搅拌6.7h后，将容器恒温在25℃左右密封发酵19.5h，再加入壳聚糖、柠檬酸、氨基酸、椰子油脂肪酸、植物除螨剂、熊果酸、

几丁质、苹果精油、醋酸、香精高速搅拌5.9h，然后恒温在25℃左右容器内，静置27.5h即为成品。

产品特性 本品有效释放活性成分，避免污渍再沉淀，洗涤后衣物洁净舒适，光亮如新，甲醛被催化降解处理，从而净化衣物中的甲醛，且带有独特的香味，散发出清爽宜人的芬香。

配方 77 防螨婴幼儿衣物机洗液

原料配比

原料	配比（质量份）
野槐根提取物	1.6～2.3
茶皂素	1.9～2.2
葛根提取物	1～1.6
聚季铵盐	1.6～2
艾叶油	1.4～2
人参提取物	1.5～2.2
AES	4.6～6.1
益生菌群	3.7～4.3
丹皮酚	1.2～1.3
壳聚糖	1～2
柠檬酸	1.5～2
氨基酸	1.7～2.1
黄柏提取液	0.7～1
连翘提取液	1.4～2
熊果酸	0.6～1.1
几丁质	1～1.5
芦荟精油	1～1.4
醋酸	1.3～2.6
香精	1.3～2
水	58.3～70

制备方法 将具有抗过敏作用的野槐根提取物加入水中搅拌均匀，再加入茶皂素高速搅拌35.8min，并配以葛根提取物、聚季铵盐、艾叶油、人参提取物、AES、益生菌群、丹皮酚，加热恒温在28℃左右均质搅拌2.8h后，将容器恒温在28℃左右密封发酵18h，再加入壳聚糖、柠檬酸、氨基酸、黄柏提取液、连翘提取液、熊果酸、几丁质、芦荟精油、醋酸、香精高速搅拌6.8h，然后恒温在28℃左右容器内，静置28h即为成品。

产品特性　本品专为婴幼儿衣物洗涤特制，使衣物洁净柔顺，蕴含植物温和洁净因子，温和配方，能深入衣物纤维，添加杀菌防螨因子，有效抵抗细菌及螨虫威胁，具有抑菌防螨双重功效。

配方　78　防螨婴幼儿衣物手洗液

原料配比

原料	配比（质量份）
野槐根提取物	1.5～2
茶皂素	1.8～2
葛根提取物	1.4～1.6
聚季铵盐	1.6～1.9
艾叶油	1.4～2.3
人参提取物	1.1～2.1
AES	4.8～6.7
益生菌群	3.8～4.5
丹皮酚	1～1.3
壳聚糖	1～2.2
柠檬酸	1.5～2
氨基酸	1.7～2
椰子油脂肪酸	0.7～1
羟丙基倍他环糊精	1.2～2
熊果酸	0.4～1
几丁质	1～1.6
芦荟精油	1～1.3
醋酸	1.3～2.5
香精	1.3～1.8
水	58.2～70.5

制备方法　将具有抗过敏作用的野槐根提取物加入水中搅拌均匀，再加入茶皂素高速搅拌35min，并配以葛根提取物、聚季铵盐、艾叶油、人参提取物、AES、益生菌群、丹皮酚，加热恒温在27℃左右均质搅拌2.6h后，将容器恒温在27℃左右密封发酵17h，再加入壳聚糖、柠檬酸、氨基酸、椰子油脂肪酸、羟丙基倍他环糊精、熊果酸、几丁质、芦荟精油、醋酸、香精高速搅拌6.5h，然后恒温在27℃左右容器内，静置27h即为成品。

产品特性　本品专为婴幼儿衣物洗涤特制，植物浓缩配方，不含磷、苯、色素及漂白粉，品质安全纯正，特别添加植物杀菌防螨因子，有效抵抗细菌及螨虫威胁，高效浓缩，具有抑菌防螨双重功效。

配方　79　防霉去霉婴幼儿衣物机洗液

原料配比

原料	配比（质量份）
野槐根提取物	1.6～2.4
茶皂素	1.5～2
葛根提取物	1.2～1.4
葡萄籽提取液	1.6～1.7
丹参提取液	1.6～2
人参提取物	1.3～2
AES	4.8～5.7
益生菌群	3.9～4.7
丹皮酚	1～1.3
壳聚糖	1.6～2.2
柠檬酸	1.5～2
氨基酸	1.7～2
白芷提取液	0.7～1
蜂胶提取液	1.2～2
熊果酸	0.4～1.1
几丁质	1.3～1.6
芦荟精油	1.2～1.5
醋酸	1.5～2.5
香精	1.3～2.2
水	58.7～69.1

制备方法　将具有抗过敏作用的野槐根提取物加入水中搅拌均匀，再加入茶皂素高速搅拌39.8min，并配以葛根提取物、葡萄籽提取液、丹参提取液、人参提取物、AES、益生菌群、丹皮酚，加热恒温在29.9℃左右均质搅拌2.9h后，将容器恒温在27.9℃左右密封发酵17.9h，再加入壳聚糖、柠檬酸、氨基酸、白芷提取液、蜂胶提取液、熊果酸、几丁质、芦荟精油、醋酸、香精高速搅拌6.9h，然后恒温在27.9℃左右容器内，静置20.9h即为成品。

产品特性 本品专为婴幼儿衣物洗涤特制，具有良好的抗硬水性、抗静电性及生物降解性，添加植物防霉去霉因子，深层洁净去除霉点，有效抵抗细菌威胁，具有抑菌防霉去霉多重功效。

配方 80 防霉去霉婴幼儿衣物手洗液

原料配比

原料	配比（质量份）
野槐根提取物	1.5～2.2
茶皂素	1.8～2.3
葛根提取物	1.5～1.7
聚季铵盐	1.6～1.9
艾叶油	1.7～2.3
人参提取物	1.3～2.1
AES	4.8～5.7
益生菌群	3.9～4.7
丹皮酚	1～1.3
壳聚糖	1.6～2.2
柠檬酸	1.5～2.1
氨基酸	1.7～2.1
白芷提取液	0.7～1
蜂胶提取液	1.2～2.2
熊果酸	0.4～1.1
几丁质	1.3～1.6
芦荟精油	1.2～1.4
醋酸	1.3～2.4
香精	1.3～2.2
水	57.5～68.7

制备方法 将具有抗过敏作用的野槐根提取物加入水中搅拌均匀，再加入茶皂素高速搅拌36.8min，并配以葛根提取物、聚季铵盐、艾叶油、人参提取物、AES、益生菌群、丹皮酚，加热恒温在27.9℃左右均质搅拌2.8h后，将容器恒温在27.8℃左右密封发酵17.8h，再加入壳聚糖、柠檬酸、氨基酸、白芷提取液、蜂胶提取液、熊果酸、几丁质、芦荟精油、醋酸、香精高速搅拌6.8h，然后恒温在27.8℃左右容器内，静置27.8h即为成品。

产品特性 本品专为婴幼儿衣物洗涤特制，泡沫丰富而稳定，性质温和无刺激，有优良的抗静电性和柔软性，添加植物防霉去霉因子，有效抵抗细菌威胁，具有抑菌防霉去霉多重功效。

配方 81 纺织衣物用洗涤剂

原料配比

原料		配比（质量份）							
		1#	2#	3#	4#	5#	6#	7#	8#
表面活性剂		30	50	45	45	45	45	45	45
生物酶		5	12	10	10	10	10	10	10
增稠剂	氯化钠	0.1	2	0.5	0.5	0.5	0.5	0.5	0.5
香精		0.1	0.1	0.1	0.1	0.1	0.1	0.1	0.1
水		加至100	加至100	加至100	加至100	加至100	加至100	加至100	加至100
表面活性剂	椰油酰胺丙基甜菜碱	1	1	1	45	1	1	1	1
	月桂醇聚醚硫酸酯钠	0.5	3.5	2.8	—	2.8	2.8	2.8	1
生物酶	纤维素酶	1	5	1.5	1.5	10	1	—	1.5
	脂肪酶	0.5	0.5	0.5	0.5	—	1	10	0.5

制备方法

（1）将制备原料混合，升温至50～60℃，搅拌至完全溶解；

（2）然后降温至室温，即得。

原料介绍 所述的生物酶选自碱性蛋白酶、果胶酶、淀粉酶、脂肪酶、纤维素酶中的至少一种。

所述的表面活性剂选自两性表面活性剂和阴离子表面活性剂。

所述的两性表面活性剂选自椰油酰胺丙基甜菜碱、椰油基两性羧基甘氨酸盐、异硬脂基两性丙氨酸盐、椰油基两性甘氨酸盐、月桂基丙氨酸二乙醇胺盐中的至少一种。所述的两性表面活性剂优选为椰油酰胺丙基甜菜碱，所述的椰油酰胺丙基甜菜碱中游离胺含量≤2%。

所述的两性表面活性剂和阴离子表面活性剂的质量比为1:（0.5～3.5）。

所述的阴离子表面活性剂选自直链烷基苯磺酸钠、α-烯基磺酸钠、月桂醇聚醚硫酸酯钠、十四醇聚氧乙烯醚硫酸钠、脂肪酸甲酯磺酸钠中的至少一种。所述的阴离子表面活性剂优选为月桂醇聚醚硫酸酯钠。

产品特性 本品对衣物损伤较少，制备原料天然温和，安全无毒，可以用于婴幼儿衣物的清洗；并且在生物酶和两性表面活性剂、阴离子表面活性剂的协同作用下，可以达到高效快速的去污效果，去污能力强，对被洗涤物无任何伤害，保证得到的洗涤剂对织物具有更好的保护作用。

配方 **82** 护衣护色婴幼儿衣物机洗液

原料配比

原料	配比（质量份）
野槐根提取物	1.3～1.7
茶皂素	1.4～1.9
艾叶提取液	1.5～1.8
地肤子提取液	1.6～1.9
白术提取液	1.7～2.3
人参提取物	1.3～2.1
AES	5.9～6.9
益生菌群	3.5～4.5
丹皮酚	1.3～1.4
壳聚糖	1.6～2.2
柠檬酸	1.5～2.1
氨基酸	1.6～2
白芷提取液	0.7～1.2
蜂胶提取液	1.3～2
熊果酸	0.8～1.3
几丁质	1.3～1.8
芦荟精油	1.2～1.5
醋酸	1.7～2.3
香精	1.6～2.6
水	56.5～67.2

制备方法 将具有抗过敏作用的野槐根提取物加入水中搅拌均匀，再加入茶皂素高速搅拌23min，并配以艾叶提取液、地肤子提取液、白术提取液、人参提取物、AES、益生菌群、丹皮酚，加热恒温在23℃左右均质搅拌5.5h后，将容器恒温在29℃左右密封发酵19h，再加入壳聚糖、柠檬酸、氨基酸、白芷提取液、蜂胶提取液、熊果酸、几丁质、芦荟精油、醋酸、香精高速搅拌8.5h，然后恒温在28℃左右容器内，静置22h即为成品。

产品特性　本品专为婴幼儿衣物洗涤特制，先进温和配方，去污护色，添加植物护衣护色因子，护色，亮白增艳，衣物洁净清新，持久清香。

配方 **83** 护衣护色婴幼儿衣物手洗液

原料配比

原料	配比（质量份）
野槐根提取物	1.6～2
茶皂素	1.7～2.1
葛根提取物	1.5～1.6
绞股蓝提取液	1.6～1.9
白术提取液	1.7～2
人参提取物	1.3～2
AES	4.9～5.9
益生菌群	3.9～4.9
丹皮酚	1.2～1.3
壳聚糖	1.6～2
柠檬酸	1.5～2
氨基酸	1.9～2.1
白芷提取液	0.7～1
蜂胶提取液	1.3～2.2
熊果酸	0.7～1.2
几丁质	1.3～1.7
芦荟精油	1.2～1.4
醋酸	1.5～2.4
香精	1.3～2.3
水	58～67.6

制备方法　将具有抗过敏作用的野槐根提取物加入水中搅拌均匀，再加入茶皂素高速搅拌43min，并配以葛根提取物、绞股蓝提取液、白术提取液、人参提取物、AES、益生菌群、丹皮酚，加热恒温在29.3℃左右均质搅拌4.8h后，将容器恒温在29.3℃左右密封发酵18h，再加入壳聚糖、柠檬酸、氨基酸、白芷提取液、蜂胶提取液、熊果酸、几丁质、芦荟精油、醋酸、香精高速搅拌8h，然后恒温在29.8℃左右容器内，静置21.8h即为成品。

产品特性　本品专为婴幼儿衣物洗涤特制，有效去除污垢与污渍，先进温和配方，去污护色，添加植物护衣护色因子，护色增艳，令衣物亮丽如新。

原料配比

原料		配比（质量份）								
		1#	2#	3#	4#	5#	6#	7#	8#	9#
植物提取物	无患子果皮提取物	10	20	18	5	5	18	18	18	18
表面活性剂		—	—	—	—	—	18	18	18	—
生物酶		0.5	0.4	0.5	0.5	0.5	0.5	0.5	0.5	0.5
增稠剂	硅酸镁铝	0.4	3	1.8	1.8	1.8	1.8	1.8	1.8	—
	氯化钠	—	—	—	—	—	—	—	—	1.8
络合剂	EDTA 二钠	0.05	0.3	0.1	0.1	0.1	0.1	0.1	0.1	0.4
水		加至100	加至100	加至100	加至100	加至100	加至100	加至100	加至100	加至100
生物酶	蛋白酶	3	5	2.5	2.5	1	2.5	2.5	2.5	2.5
	皮脂酶	1	1	1	1	1	1	1	1	1
表面活性剂	十二烷基羟丙基磺基甜菜碱	—	—	—	—	—	0.3	—	18	—
	AEO-9	—	—	—	—	—	4	18	—	—

制备方法

（1）将植物提取物和助剂加入反应釜中，充分混合，得到混合液A；

（2）向步骤（1）得到的混合液A中加入生物酶，搅拌均匀，即得。

原料介绍　所述的植物提取物包括无患子提取物、无患子果皮提取物、无患子皂苷提取物中的至少一种。

所述的生物酶选自蛋白酶、皮脂酶中的至少一种。

所述的助剂包括表面活性剂、络合剂、香精、增稠剂、溶剂中的至少一种。

所述的表面活性剂选自阴离子表面活性剂、阳离子表面活性剂、非离子表面活性剂、两性表面活性剂中的至少一种。

所述的两性表面活性剂选自十二烷基乙氧基磺基甜菜碱、十二烷基羟丙基磺基甜菜碱、十二烷基磺丙基甜菜碱、十四烷酰胺丙基羟丙基磺基甜菜碱、癸烷基二甲基羟丙基磺基甜菜碱中的至少一种。

所述的非离子表面活性剂为AEO-9。

所述的络合剂包括但不限于EDTA二钠。

所述的增稠剂选自硅酸镁铝、氯化钠、聚丙烯酰胺、羧甲基纤维素钠、羧甲基纤维素钾、气相二氧化硅、卡波姆、羟乙基纤维素、黄原胶中的至少一种。

产品特性

（1）本品原料安全、环保、无毒，适合用于各种衣料的洗涤，尤其对内衣、内裤、婴幼儿衣料等均适用，无皮肤刺激；

（2）本品通过植物提取物和生物酶之间的协同作用，可以大大提高其去污能力和去污效果，能够通过炭黑污布、蛋白污布、皮脂污布的行业标准；

（3）在本品中添加植物提取物和生物酶可以大大提升洗涤剂的去污能力，在无患子提取物和蛋白酶、皮脂酶作用的时候，可以在大大提升洗涤剂的去污能力的同时解决洗涤剂降解问题。

配方 85 婴幼儿衣物生物植物抗菌洗涤液

原料配比

原料	配比（质量份）		
	1#	2#	3#
生物多肽	5.0～7.0	5.0～6.0	6.0～7.0
生物漆酶	4.0～6.0	4.0～5.0	5.0～6.0
溶菌酶肽	2.0～5.0	2.0～4.0	3.0～5.0
柚子提取物	2.0～3.0	2.0～2.5	2.5～3.0
无患子提取物	1.0～2.0	1.0～1.5	1.5～2.0
小麦胚芽蛋白	3.0～5.0	3.0～4.0	4.0～5.0
海茴香提取物	2.0～4.0	2.0～3.0	3.0～4.0
净化水	加至 100	加至 100	加至 100

制备方法

（1）在储备罐中按照比例将生物多肽、生物漆酶、溶菌酶肽充分搅拌均匀；

（2）按照比例向乳化罐中加入净化水，加热至45℃；

（3）将步骤（1）的混合物缓慢地加入至乳化罐中，搅拌10min；

（4）按照比例将柚子提取物、无患子提取物加入至乳化罐中，搅拌15min；

（5）将海茴香提取物按照比例加入至乳化罐中，搅拌10min；

（6）停止加热，按照比例将小麦胚芽蛋白加入至乳化罐中，搅拌20min；

（7）停止搅拌，冷却后分装。

原料介绍　生物多肽是α-氨基酸以肽键连接在一起而形成的化合物，是蛋白质水解的中间产物，运用在洗衣液中可以起到良好的抗菌作用。生物漆酶在洗涤液中起到良好的去污作用，对衣物有一定的护色效果。溶菌酶又称胞壁质酶或N-乙酰胞壁质聚糖水解酶，是一种能水解细菌中黏多糖的碱性酶。溶菌酶主要通过破坏细胞壁中的N-乙酰胞壁酸和N-乙酰氨基葡萄糖之间的β-1，4-糖苷键，使细胞壁不溶性黏多糖分解成可溶性糖肽，导致细胞壁破裂内容物溢出而使细菌溶解。溶菌酶还可与带负电荷的病毒蛋白直接结合，与DNA、RNA、脱辅基蛋白形成复合体，使病毒失活。复合肽类成分增加其抗菌性能，使洗涤液有良好的抗菌性能。柚子提取物是柚子的果实表皮、花、叶提取的优质芳香油，其中柚皮苷具有抗炎镇痛、抗病毒、抑菌及抑制眼醛糖还原酶的作用，对尿酸酶有良好的抑制作用，兼具较广谱的抗菌性；可应用于洗涤产品，有抗菌除味作用；对皮肤无致敏性，对手洗衣物的人来说是良好的主要成分，可增加皮肤的柔润性，对透明质酸分泌有促进作用。无患子提取物入药具有抗菌、杀虫的功效，无患子有一定的抗菌去污垢油腻的作用，无患子果实含有37%的皂素（黄豆含皂素仅0.3%），具有低泡、稳泡、去污的作用，可当成肥皂使用，所以无患子又被称为"肥皂果"或"洗手果"，是天然的洗涤成分。小麦胚芽蛋白是一种完全蛋白，它含有人体必需的8种氨基酸，占总氨基酸的34.7%。特别是在氨基酸中，蛋氨酸占2%，组氨酸占2.5%，而在一般谷物中是短缺的，从中提取有效成分使用在婴幼儿洗涤液中，可以避免皮肤过敏，使洗涤液更加温和，使洗涤后的衣服更加蓬松、柔软有亮度。海茴香提取物有香味，含有丰富的维生素C与矿物质。海茴香提取物使用在洗衣液中可以保护敏感性皮肤，紧致皮肤，对衣物起到护色、防皱的保护作用。以上海洋植物与溶菌酶、酸性活性酶肽、生物酶肽复配后，体现出较强的抗菌、防霉、除味作用，对地板有很强的去污、护理效果，将多种成分有效地螯合，稳定体系配方。

产品应用　本品主要用于婴幼儿衣物、床上用品、口巾、毛巾的清洁柔顺、抗菌防霉、除味留香。

产品特性

（1）本品富含多种生物活性成分，深层洁净婴幼儿衣物常见油脂、奶渍、汗渍、尿便渍，温和不伤肤；

（2）萃取天然植物精华，具有良好的抗菌效果，温和除菌，呵护婴幼儿衣物正常菌群；

（3）蕴含多种植物精粹，亲和滋润宝宝肌肤，使洗后衣物蓬松柔软，有光泽；

（4）富含氨基酸小分子、细腻泡沫，深入渗透，更易漂洗，瓦解顽固污渍；

（5）性质温和，安全无刺激，洗后无残留，无二次污染。

配方 86 婴幼儿衣物用浓缩洗涤剂

原料配比

原料	配比（质量份）					
	1#	2#	3#	4#	5#	6#
氢化椰子油脂肪酸	8	10	11	12	10	10
氢氧化钾	8	8	9	12	8	8
脂肪醇聚氧乙烯醚 AE03	1	3	3	4	—	—

原料	配比（质量份）					
	1#	2#	3#	4#	5#	6#
脂肪醇聚氧乙烯醚 AE07	—	3	—	—	3	3
二甲苯磺酸盐	0.5	0.9	0.9	1.2	0.9	0.9
柠檬酸钠	0.3	0.7	0.4	0.9	0.7	0.7
二甲基硅油	0.1	0.3	0.5	0.5	0.3	0.3
蚕丝蛋白	0.05	0.08	0.11	0.15	—	0.08
壳聚糖	10	10	10	10	10	10
体积分数为1%的醋酸溶液	10	—	17	—	—	—
体积分数为2%的醋酸溶液	—	13	—	—	13	13
体积分数为4%的醋酸溶液	—	—	—	20	—	—
羟丙甲基纤维素	0.4	0.8	1.2	1.5	0.8	0.8
柠檬酸三正丁酯	1.2	1.7	1.7	2	1.7	1.7
聚乙烯醇	0.6	0.7	0.8	0.9	0.7	0.7
戊二醛	0.3	0.5	0.7	0.9	0.5	0.5
二羟甲基丙酸	0.6	0.9	0.9	1.1	0.9	0.9
卵磷脂	0.3	0.4	0.3	0.5	0.4	—
硬脂酸	0.2	0.5	0.5	0.7	0.5	0.5
碳酸氢钠	2	5	4	6	5	5
水	10	10	10	10	10	10

制备方法

（1）将氢化椰子油脂肪酸、氢氧化钾加至水中，升温至65～75℃搅拌保温40～70min，在搅拌条件下加入脂肪醇聚氧乙烯醚、二甲苯磺酸盐、柠檬酸钠、二甲基硅油、蚕丝蛋白，分散，调节pH至8～8.5，得到混合物A；搅拌速度为100～150r/min，分散速度为800～1000r/min，时间为10～15min。

（2）将壳聚糖加至醋酸溶液中，再加入羟丙甲基纤维素、柠檬酸三正丁酯、聚乙烯醇、戊二醛、二羟甲基丙酸、卵磷脂、硬脂酸，超声，得到混合物B；超声条件为70～120W。

（3）将混合物A加至混合物B中，加入碳酸氢钠，搅拌，升温至45～55℃，保温2～4h，再降温至5～10℃，保温2～4h，即得；搅拌条件为200～300r/min、30～60min。

产品特性

（1）本品洗涤的衣物柔软性好，对婴儿皮肤具有很好的亲和力，并能有效洗去婴幼儿衣物的顽固污渍，显著降低洗涤后的残留。

（2）本品具有很好的去污能力，对蛋白类污垢、皮脂类污垢具有良好的乳化能力，去污效果好，能有效去除婴儿衣物的便尿渍、口水渍、食物油污等。

（3）本品泡沫较少，仅需1～2次漂洗即可漂清。具有良好的柔顺效果。

（4）本品采用壳聚糖包覆，将洗涤成分制成缓释洗涤剂，不仅能有效提高洗涤成分的洗涤效果，还能减少洗涤成分的残留量。

配方 87 婴幼儿衣物专用洗涤剂

原料配比

原料		配比（质量份）	
		1#	2#
壬基酚聚氧乙烯醚		100	110
十二烷基聚氧乙烯醚		130	140
硫酸钠		120	125
乙醇		60	65
异丙醇		30	35
去离子水		500	525
荧光增白剂		0.5	1
柠檬酸		40	45
无机助剂		5	10
蛋白酶		20	25
无机助剂	硼酸钠	1	2
	柠檬酸钠	1	2
	琥珀酸钠	2	3
	谷氨酸钠	2	3
	水	15	20

制备方法

（1）选用一反应釜，将原料中去离子水的1/3加入反应釜中，然后将原料中的壬基酚聚氧乙烯醚和十二烷基聚氧乙烯醚加入其中，开启搅拌，完全溶解后，静置25min，得到溶液A备用；

（2）选用一反应釜，量取原料中去离子水的1/3加入反应釜中，然后加入原料中的硫酸钠，开启搅拌，完全溶解后，静置15min，得到溶液B备用；

（3）再次选用一反应釜，将原料中剩余的去离子水加入反应釜中，然后将原料中的乙醇、异丙醇、荧光增白剂、柠檬酸和蛋白酶加入其中，开启搅拌，完全溶解后，静置45min，得到溶液C备用；

（4）选用一搅拌罐，将上述步骤（1）、（2）和（3）中的溶液A、B和C全部加入其中，然后将原料中的无机助剂加入其中，搅拌均匀后，过滤，即可。

原料介绍 所述的无机助剂制备方法为：选用一搅拌釜，将原料中的水倒入其中，加热至60～80℃后，将原料中的硼酸钠、柠檬酸钠、琥珀酸钠和谷氨酸钠一次倒入其中，搅拌至完全溶解后，冷却至室温，过滤、出料即可。

产品特性 本品制备方便简单，环保无污染，原料易得，设备投资少，便于操作，制备的婴幼儿衣物洗涤剂使用效果好，去污能力强，安全可靠。

配方 88 中药植物洗涤剂

原料配比

原料		配比（质量份）				
		1#	2#	3#	4#	5#
中药提取液	板蓝根	50	55	40	60	45
	鱼腥草	8	5	10	4	9
	薄荷	15	13	15	10	6
	公丁香	10	12	13	8	7
	大青叶	8	9	10	8	10
	蒲公英	5	2	5	4	3
	黄芩	3	4	5	2	4
	牛蒡子	4	3	6	5	4
去离子水		61.7	50.8	44	55.5	50.9
植物源表面活性剂		15	20	25	18	22
柠檬酸		0.3	0.4	0.5	0.3	0.4
中药提取液		22	28	30	25	26
氯化钠		1	0.8	0.5	1.2	0.7

制备方法

（1）将上述质量份数的去离子水加入调配罐中，开启热水循环通过夹套加热，开启搅拌器，电机转速调至200r/min。温度升至40℃时，关闭热水循环。

（2）将上述质量份数的植物源表面活性剂缓慢加入调配罐中，充分搅拌均匀。用柠檬酸调节体系pH值至5.0～6.0，缓慢加入上述质量份数的中药提取液，充分搅拌混匀。

（3）将上述质量份数的氯化钠缓慢撒入步骤（2）得到的溶液中充分搅拌均匀，用200目滤布充分过滤，制成本品中药植物洗涤剂。

原料介绍 所述的植物源表面活性剂是椰油酰胺丙基甜菜碱、烷基糖苷、甜菜碱、椰油酰胺中的一种或几种的混合物。

所述的中药提取液制备步骤：

（1）原料预处理步骤：将板蓝根、鱼腥草、薄荷、公丁香、大青叶、蒲公英、黄芩和牛蒡子八味中药进行精选，清洗、烘干备用；

（2）第一次煎煮步骤：将预处理后的原料按所述质量份数称重混合，置于煎煮锅中，加入10倍量去离子水，浸泡30min，加热沸腾后保持微沸状态煎煮60min，用200目筛过滤，将滤液存于储液罐中；

（3）第二次煎煮步骤：将药渣倒回煎煮锅中，加入8倍量去离子水进行第二次煎煮，加热沸腾后保持微沸状态煎煮60min，用200目筛过滤，滤液存于储液罐中；

（4）混合浓缩步骤：将两次煎煮的药液合并，于煎煮锅中减压真空浓缩至（1.10±0.02）g/mL，用200目筛过滤得中药浓缩液；

（5）将中药浓缩液于0～4℃的低温冷库中储存，常温下，提取的中药浓缩液中有效成分以大分子形式存在极不稳定，而在0～4℃的低温下保存可最大程度保持有效成分含量，提升产品功效，使用时用去离子水稀释10倍，并经200目滤布过滤后，得中药提取液投料。

本品中的板蓝根药食同源，具解毒功效。其水浸液对枯草杆菌、金黄色葡萄球菌、八联球菌、大肠杆菌、伤寒杆菌、副伤寒甲杆菌、痢疾（志贺氏、弗氏）杆菌、肠炎杆菌等都有良好抑制作用。

本品中的鱼腥草药食同源，抗菌抗病毒作用颇佳。①抗菌：全草含挥发油，油中含抗菌成分鱼腥草素、甲基正壬基酮、月桂烯、月桂醛、癸醛、癸酸，根茎挥发油亦含鱼腥草素。有效成分鱼腥草素在体外试验对卡他球菌、流感杆菌、肺炎球菌、金黄色葡萄球菌有明显抑制作用，从鱼腥草中提取出一种油状物，对许多微生物生长都有抑制作用，特别是对酵母菌和霉菌。②抗病毒：用人胚肾原代单层上皮细胞组织培养，观察到鱼腥草（1：10）对流感亚洲甲型京科68-1株有抑制作用，也能延缓孤儿病毒的生长。

本品中的薄荷药食同源，抗菌抗病毒作用颇佳。薄荷脑有很强的杀菌作用；薄荷水煎剂1：20浓度，对病毒ECHO11株有抑制作用。

本品中的公丁香为桃金娘科植物丁香（Eugenia caryophllata Thunb）的干燥花蕾。①抑菌性能：对于葡萄球菌及结核杆菌均有抑制作用；丁香油及丁香酚在试管内对布氏杆菌、鸟型结核杆菌的抑制作用较强。②杀虫作用：丁香水煎剂和丁香油对于猪、犬的蛔虫均有去除作用，丁香油的效力更大，对于犬的钩虫病也有一定疗效；在体外，丁香水煎剂、乙醇浸剂和乙醚提取物均有麻痹或杀死猪蛔虫的作用。

大青叶煎剂在试管内对多种痢疾杆菌均有杀菌作用；不论对合霉素、呋喃西林、磺胺噻唑、小檗碱敏感或耐药之痢疾杆菌，对大青叶均很敏感。对脑膜炎球菌亦有杀灭作用，对钩端螺旋体波摩那群、黄疸出血群沃尔登型、七日热型也有杀灭作用。

本品中的蒲公英药食同源，抗菌作用佳。蒲公英醇提液（1：400）能抑制结核菌，其1：80的水煎剂能延缓ECHO11病毒细胞病变，醇提物（31mg/kg）能杀死钩端螺旋体，对某些真菌亦有抑制作用。对幽门螺旋杆菌有良好的杀灭作用。

本品中的黄芩具有良好的抗菌抗病毒作用。黄芩有较广的抗菌谱，在试管内对痢疾杆菌、白喉杆菌、绿脓杆菌、葡萄球菌、链球菌、肺炎双球菌以及脑膜炎球菌等均有抑制作用，煎剂作喉头喷雾，对脑膜炎带菌者亦有效，即使是对青霉素等抗生素已产生抗药性的金黄色葡萄球菌，对黄芩仍敏感。试管内对人型结核杆菌有抑制作用，对流感病毒PR株有抑制作用，试验中给感染病毒PR株的小鼠服用黄芩煎剂，能减轻其肺部损伤和延长存活日期。对多种皮肤致病性真菌，体外亦有抑制效力，并能杀死钩端螺旋体。

本品中的牛蒡子药食同源，解毒功效甚强，又具有一定的抗菌作用，与板蓝根配伍可增强其抗菌性能。

本品中，黄芩中的有效成分通过抑制ATP合成、微生物被膜的形成、TCA循环及某些关键蛋白的表达和核酸的合成来抑制细菌、真菌和衣原体的生长繁殖，通过终止早期阶段DNA的复制、调节病毒蛋白NS1使细胞中干扰素诱导的抗病毒信号上调、PI3K/Akt信号减少，以及抑制表皮生长因子络氨酸激酶IDE的活性、阻断病毒核转位等方式，多靶点作用表现出良好的抗病毒作用；大青叶中的靛玉红能够抑制病毒T细胞的表达和分泌趋化因子，靛玉红-3'-肟可以通过抑制核酸转录调节分子激酶的活性来抑制RANTES的表达；公丁香中的β-派烯、反式肉桂醛、丁香酚等成分可以使微生物细胞膜磷脂双分子层敏感、细胞膜通透性增强，活细胞的组成成分外漏或酶系统受损而造成细胞死亡，特别是丁香酚分子上的-OH使蛋白质凝固和阻碍酶活性，从而抑制微生物的生长；薄荷中的薄荷油对单纯疱疹病毒的HSV21和HSV22两种亚型显示较强的抑制作用；鱼腥草通过干扰病毒包膜可以杀灭流感病毒，同时对幽门螺旋杆菌（HP）、多药耐药菌、耐药结核杆菌、真菌等都有良好的抗菌活性；蒲公英中的咖啡酸和绿原酸有良好的抑菌作用；板蓝根中的有效成分可促进抗流感病毒IgG抗体生成、促进脾细胞增殖及刀豆蛋白诱导的淋巴细胞增殖、抑制Hela细胞病变等方式，对流感病毒、柯萨奇病毒、腺病毒、乙型肝炎病毒、单纯疱疹病毒等有抑制作用。这些中药联合使用，在分子水平上通过终止DNA复制、抑制病毒蛋白及核酸表达、阻断核转位、抑制TCA循环、阻碍酶活性等方式，在细胞水平上通过破坏细胞壁和细胞膜的完整性、增加细胞膜通透性、抑制细菌生物被膜形成，在机体水平上通过提升白细胞吞噬能力、促进免疫球蛋白形成、促进脾细胞增殖和淋巴细胞增殖等方式提升机体免疫功能；从分子到细胞再到机体，多靶点、多途径、协同增效发挥中药抗菌抑菌、抗病毒作用，对于常见病毒、细菌、真菌、部分变异病毒、变异菌都有良好的抑制和杀灭效果。

产品应用　本品是一种安全到可用于婴幼儿奶瓶、果蔬、碗筷等入口用品的中药植物洗涤剂。

产品特性

（1）本品中药经合理配伍，采用现代制药工艺萃取有效成分，使得本品中药洗涤剂具有良好的抑菌抗病毒效果，又安全无副作用。真正能做到安全、无毒、无副作用，入口放心。

（2）本品对细菌、真菌均具有较强的抑制性能，且稳定性良好，保质期可达2年以上。

（3）本品选用具有良好杀菌抑菌、抗病毒等作用的药食两用的中药为原料，选用食品级植物源表面活性剂，真正做到保证洗涤效果的同时，强效抑菌、安全无毒副作用。符合现代人追求绿色环保、高效安全的生活理念。

5 织物洗涤剂

原料配比

原料	配比（质量份）		
	1#	2#	3#
脂肪醇聚氧乙烯醚硫酸钠	15	200	175
椰油酰胺丙基甜菜碱	150	200	175
椰子油单乙醇酰胺	150	200	175
脂肪醇聚氧乙烯醚	150	200	175
聚六亚甲基胍	150	200	175
核黄素	20	30	25
胆碱	20	30	25
蛋白酶	10	20	15
脂肪酶	10	20	15
乙二醇	20	30	25
丙二醇	20	30	25
棕榈酸	10	20	15
月桂酸	10	20	15
云母粉	3	7	5
柠檬酸钠	50	80	65
硅氧烷	50	80	65
聚烯烃蜡	50	80	65
水	500	700	600
玉兰花香精	10	20	15

制备方法 先取蛋白酶、脂肪酶自然溶胀于水中，制得酶水溶液备用；再取脂肪醇聚氧乙烯醚硫酸钠、椰油酰胺丙基甜菜碱、椰子油单乙醇酰胺、脂肪醇聚氧乙烯醚、聚六亚甲基胍、核黄素、胆碱、柠檬酸钠、硅氧烷、聚烯烃蜡和玉兰花香精溶解于水中，加热至75~80℃，加入乙二醇、丙二醇、棕榈酸、月桂酸和200～250目的云母粉，混合搅拌约1h，然后冷却至30℃，加入酶水溶液搅拌均匀，即得。

产品特性 本品组分均选用易生物降解的表面活性剂和生物制剂，无强碱或强酸，安全、中性、温和、环保，在公用纺织品的常温洗涤中，达到和超过了公用纺织品洗涤的卫生防疫标准；节省了能源，对劳动者无安全隐患。采用本品洗涤布草后，不仅外观无污渍、血渍、排泄渍等残留痕迹，洗涤效果好，还能保持布草的柔软与光泽，不变硬不起球，有助于延长布草的使用寿命。

配方 2 除臭抗静电洗涤剂

原料配比

原料	配比（质量份）
松油	8
聚氧乙烯月桂醇醚	10
柠檬酸	5
硬脂酸二乙醇胺	15
甲醛	1
聚氧乙烯十六醇	1
甲基磺酸甲基烷基咪唑啉	3
蒸馏水	50

制备方法 将各组分混合均匀即可。

原料介绍 所述柠檬酸可起到除臭的作用。

产品应用 本品主要应用于织物洗涤。

产品特性 本品可以起到快速清除衣服臭味、防止产生静电、防尘的作用。

配方 3 除螨洗涤剂

原料配比

原料	配比（质量份）		
	1#	2#	3#
去离子水	90	95	100
增效剂脂肪醇聚氧乙烯醚	2	6	8
烷基苯磺酸钠	5	8	10
活性剂花青素	8	9	10
椰油脂肪酸单乙醇酰胺	7	14	16
皂角提取液	20	25	30
抗菌成分	6	10	15
过碳酸盐漂白剂	9	15	20

制备方法 将各组分混合均匀即可。

原料介绍 抗菌成分为丹参提取物和红豆碱的混合物。过碳酸盐漂白剂为过碳酸钠或过碳酸钾。

产品应用 本品主要应用于织物洗涤。

产品特性 本品不仅可以有效去除螨虫，而且不伤害衣物，效果显著。

配方 4 窗帘洗涤剂

原料配比

原料	配比（质量份）		
	1#	2#	3#
高碳脂肪醇聚氧乙烯醚	6	—	—
聚山梨酯-80	—	8	4
茶树油	4	3	5
环氧基二苯甲酮	1.5	1	2
甲壳素	5	6	4
过氧化氢	2.5	2	3
羟基亚乙基二膦酸	2.5	3	2
脂肪酸甲酯磺酸钠	3	2	4
琥珀酸二辛酯磺酸钠	1.1	1.4	0.8
玫瑰香精	0.2	—	—
柠檬香精	—	0.3	—
甜橙香精	—	—	0.1
天然椰子油起泡剂	7.5	9	6

制备方法

（1）将高碳脂肪醇聚氧乙烯醚、聚山梨酯-80、非离子表面活性剂、环氧基二苯甲酮、羟基乙叉二膦酸、脂肪酸甲酯磺酸钠和琥珀酸二辛酯磺酸钠分别逐次加入搅拌罐中，混合后加入去离子水，以70～90r/min的低速搅拌70～80min，同时水浴加热至60～70℃，混合均匀后静置60min，得到混合液A；

（2）将步骤（1）得到的所述混合液A降温至35℃以下，依次加入茶树油、甲壳素、天然椰子油起泡剂、香精和过氧化氢，以100～120r/min搅拌10～15min，混合均匀之后缓慢冷却至室温，得到窗帘洗涤剂。

其中甲壳素在pH为6～6.5的条件下溶解后加入到搅拌罐内。

原料介绍 本品中的环氧基二苯甲酮在光照作用下，能够吸收紫外光，伴随氢键的光致互变结构，能够接受光能而不是氢键断裂，光能转变成热能，从而将吸收的紫外光的能量消耗，使得经本品窗帘洗涤剂清洗过的布料具有防紫外线的功效。

本品的去渍因子主要是过氧化氢和脂肪酸甲酯磺酸钠，过氧化氢是无色透明液体，具有漂白和杀菌作用，为强氧化剂，其性质不稳定，遇热、光，受震动或遇重金属易分解，浓度越高越不稳定，因此，本品选择羟基亚乙基二膦酸作为稳定剂，其作用原理是通过螯合和吸附分散作用，水质中少量的重金属离子稳定地通过螯合物溶于水中，减少重金属对过氧化氢的催化分解。本品采用的脂肪酸甲酯磺酸钠为液体的脂肪酸甲酯磺酸钠，其有优良的去污性、抗硬水性、低刺激性和毒性，表面活性优于烷基苯磺酸钠，但缺点是泡沫较低，因此，本品加入了天然椰子油起泡剂，其为清洁剂，泡沫较为细致，去污力适中，且刺激程度较低，又具有保湿及杀菌功效。

　　琥珀酸二辛酯磺酸钠为阴离子表面活性剂，具有很高的渗透力，渗透得快速均匀；润滑性、乳化性、起泡性均良好，在硬水中稳定。

　　聚山梨酯-80是一种非离子表面活性剂，具有优良的乳化、分散、润湿等性能。对人体没有伤害，因此对于窗帘的材质和人体的皮肤都没有刺激，并且可以达到湿润的效果；在本配方中由于非离子表面活性剂的溶解性较阴离子表面活性剂差，而聚山梨酯-80则可促进各种成分的溶解，使本清洁液体系更加细腻。

　　茶树油广谱抗微生物，具有特征香气及抑菌、抗炎、驱虫、杀螨的功效，无污染、无腐蚀性、渗透性强，本品中茶树油的主要作用是抑菌、杀螨，且具有增强抗静电的功效。

　　产品应用　本品主要应用于织物洗涤。

　　产品特性　本品的稳定性好，去污能力强，温和无刺激，可用于手洗或机洗。

配方 5 低残留洗涤剂

原料配比

原料	配比（质量份）		
	1#	2#	3#
丝瓜络粉	18	15	20
艾叶提取物	4	3	5
毛冬青提取物	4	3	5
三角槭叶提取物	4	3	5
柠檬酸钠	3	2	4
碳酸钠	3	2	4
氯化钠	3	2	4
乙醇	10	8	12
水	加至100	加至100	加至100

　　制备方法　将各组分溶于水，混合均匀即可。

　　原料介绍　所述艾叶提取物通过以下方法制备：取艾叶，加入水和乙醇，加热回流3~5h，过滤取滤液，将滤液在−30~−20℃下冷冻干燥得到冻干物，将冻干物超微粉碎得到冻干粉；按质量计，艾叶、水和乙醇的用量比为1∶（2~4）∶（1.6~2）。

　　所述毛冬青提取物通过以下方法制备：取毛冬青，加入乙酸乙酯、乙醇、水和氯化钠，加热回流2~4h，过滤取滤液，将滤液在−30～−20℃下冷冻干燥得到冻干物，将冻干物超微粉碎得到冻干粉；按质量计，毛冬青、乙酸乙酯、乙醇、水和氯化钠的用量比为1∶（0.08~0.12）∶（0.08～0.12）∶（2～4）∶（0.5~0.8）。

　　所述三角槭叶提取物通过以下方法制备：取三角槭叶，加入乙醚、甲醇和水，加热回流 2～4h，过滤取滤液，将滤液在 −30～−20℃下冷冻干燥得到冻干物，将冻干物超微粉碎得到冻干粉：按质量计，三角槭叶、乙醚、甲醇和水的用量比为 1：（0.04~0.06）：（0.5～0.8）：（2～4）。

产品应用 本品主要应用于织物洗涤。

产品特性 本品去污能力强，抗菌能力强，采用天然成分，低残留。

配方 **6** 低温水洗用超浓缩多功能洗涤剂

原料配比

原料	配比（质量份）				
	1#	2#	3#	4#	5#
仲烷基磺酸钠 SAS 60	20	30	25	15	10
C_{12}～C_{15} 醇聚氧乙烯醚	15	20	18	13	10
C_{10}～C_{14} 醇聚氧乙烯醚	5	10	8	2	1
乙氧基/丙氧基嵌段的 C_{10}～C_{12} 醇醚	10	30	25	15	15
二丙二醇甲醚	5	10	7	3	1
柠檬酸钠	5	10	8	2	1
姜黄乙醇提取物的 β-环糊精包合物	2	5	2	1	0.5
丁香乙醇提取物的 β-环糊精包合物	3	5	6	2	0.5
水	—	—	—	—	5

制备方法 将各组分混合均匀即可。

原料介绍 所述乙氧基/丙氧基嵌段的 C_{10}～C_{12} 醇醚为乙氧基/丙氧基嵌段的 C_{10}～C_{12} 脂肪醇醚，其乙氧基的聚合度为 10～50，其丙氧基的聚合度为 80～200；所述 C_{12}～C_{15} 醇聚氧乙烯醚和 C_{10}～C_{14} 醇聚氧乙烯醚均为脂肪醇聚氧乙烯醚，且其聚氧乙烯醚的聚合度均为 9～20。

所述抗菌剂为中药提取物的 β-环糊精包合物。

抗菌剂可以起到较好的除菌杀螨的作用，可以提高酒店等公共场所的卫生状况。本品的抗菌剂采用中药提取物的 β-环糊精包合物，其通过 β-环糊精包合物将起杀菌作用的中药提取物包裹在内，有利于保存中药提取物中易挥发部分，保证除菌效果。中药提取物来源于自然，无毒无害无刺激，安全环保。使用 β-环糊精作为包合材料，其不溶于有机溶剂但溶于水，因此在未使用洗涤剂时其可以将中药提取物包裹在内，抑制挥发；在使用洗涤剂时，其溶于水，将中药提取物释放溶解在水中，使其起到除菌作用；同时 β-环糊精还能增大本品洗涤剂在水中的溶解度。

所述中药提取物选自姜黄提取物、丁香提取物中的至少一种。

产品应用 本品主要应用于织物洗涤。

产品特性

（1）组合增效，本品具有较好的亲水亲油性，在不含水的有机体系中也能分散均匀，不发生分层，有利于提高其活性成分含量；用水稀释时，能快速溶解均匀，有利于去污除菌。

（2）其久置不发生分层，仍能保持均匀分散，有利于稳定保存。

（3）其具有较好的去污能力、除菌和杀螨能力，且细菌及螨虫不会产生耐药性，有利于长久使用；同时无毒无刺激，安全无污染。

（4）其通过β-环糊精包合物将起杀菌作用的中药提取物包裹在内，有利于保存中药提取物中易挥发部分，保证除菌效果。

（5）其均具有较好的生物降解性，安全无刺激，对水质影响极小，安全环保。

配方 7 涤棉混纺织物洗涤剂

原料配比

原料	配比（质量份）		
	1#	2#	3#
含烷基苯的芳香族化合物	15	16	18
红花提取物	1	2	3
磺胺胍	1	2	3
甲苯二异氰酸酯	5	5.5	6
椰油脂肪酸	5	5.8	6
环糊精	1	1.5	2
苍术提取物	1	1.5	2
茶籽粉	1	2	3
四氢呋喃	2	4	5
荧光增白剂	2	2.5	3
芡实提取物	2	2.5	3
蛋黄卵磷脂	3	5	6
生物酶	1	2	3
去离子水	18	19	20

制备方法 将各组分混合均匀即可。

产品特性 本品成本低，具有较好的洗涤效果。

配方 8 具有织物护理效果的洗涤剂

原料配比

原料		配比（质量份）				
		1#	2#	3#	4#	5#
阳离子聚合物	十二烷基二甲基苄基氯化铵苯扎氯铵	—	—	—	0.1	0.1
	聚羟丙基二甲基氯化铵2521	0.5	0.3	0.5	0.4	0.4

原料			配比（质量份）				
			1#	2#	3#	4#	5#
表面活性剂	非离子表面活性剂	乙氧基化脂肪醇 AEO-9	15	14	12	12	12
	两性表面活性剂	月桂酰胺丙基甜菜碱 LAB	—	—	2	2	3
	阴离子表面活性剂	脂肪醇聚氧乙烯醚硫酸盐 AES	—	2	2	2	—
		直链烷基苯磺酸钠 LAS	—	—	—	—	1
蛋白酶			—	0.2	0.2	0.2	0.2
防腐剂			—	0.05	0.05	0.05	0.05
香精			—	0.2	0.2	0.2	0.2
水			加至100	加至100	加至100	加至100	加至100

制备方法　将各组分原料混合均匀即可。

原料介绍　所述阳离子聚合物的重均分子量为2000～400000。

所述阳离子聚合物常规的为聚羟丙基二甲基氯化铵、环氧氯丙烷和二甲胺共聚物，进一步地可含有其他烷基胺聚合单体，如乙胺、二乙胺、乙二胺等，进一步地，所述阳离子聚合物包括聚羟丙基二甲基氯化铵和其他聚合物结构段的嵌段共聚物。

所述表面活性剂为非离子表面活性剂、阴离子表面活性剂、两性表面活性剂中的一种或多种，其中阴离子表面活性剂为非皂类阴离子表面活性剂，且含量小于60mg/kg×使用稀释倍数。

所述非离子表面活性剂为脂肪醇乙氧基化物、脂肪酸甲酯乙氧基化物、烷基糖苷、烷基醇酰胺、乙氧基化失水山梨醇脂肪酸酯中的一种或多种。

所述阴离子表面活性剂为直链烷基苯磺酸盐、脂肪醇聚氧乙烯醚硫酸盐、脂肪醇聚氧乙烯醚羧酸盐、α-烯基磺酸盐、脂肪酸甲酯磺酸盐中的一种或多种。阴离子表面活性剂优选脂肪醇聚氧乙烯醚硫酸盐或脂肪醇聚氧乙烯醚羧酸盐，其中脂肪醇聚氧乙烯醚硫酸盐含2个或3个EO链，脂肪醇聚氧乙烯醚羧酸盐含7个或9个EO链。

所述两性表面活性剂为甜菜碱型表面活性剂、咪唑啉型表面活性剂、氨基酸型表面活性剂、氧化铵型表面活性剂中的一种或多种。包括但不限制于：烷基甜菜碱、脂肪酰胺甜菜碱、脂肪酰胺丙基甜菜碱、脂肪酰胺丙基羟丙基磺化甜菜碱、烷基乙酸钠型咪唑啉、脂肪酸型咪唑啉、磺酸型咪唑啉、氨基丙酸衍生物、甘氨酸衍生物、烷基二甲基氧化铵、脂肪酰胺基丙基二甲基氧化铵等。

产品特性

（1）本品在低浓度下仍具有优良的杀菌效果，对硬水和表面活性剂的抗干扰能力强。

（2）本品赋予洗涤后织物长效抑菌效果。

（3）本品具有显著降低衣物掉色的护色效果。

配方 9 复合除污去垢洗涤剂

原料配比

原料	配比（质量份）		
	1#	2#	3#
皂基	30	10	20
硅酸盐	5	10	8
偏硅酸钠	5	1	3
甜菜碱	2	10	6
椰子油烷基乙醇二酰胺	8	5	7
碳酸氢钠	2	5	3
纤维素酶	2	1	1.5
增白剂	0.1	0.5	0.3
香料	0.5	0.1	0.3
水	加至 100	加至 100	加至 100

制备方法 将各组分溶于水，混合均匀即可。

产品应用 本品主要应用于织物洗涤。

产品特性 本品配方合理，洗涤效率高，安全无毒，对环境无污染。

配方 10 改性油脂阴离子表面活性剂为主的浓缩洗涤剂

原料配比

原料	配比（质量份）				
	1#	2#	3#	4#	5#
改性油脂聚氧乙烯醚磺酸盐	17	24	25	30	29
改性油脂聚氧乙烯醚	35	33	35	42	38
脂肪醇聚氧乙烯醚	18	13	18	10	—
异构醇聚氧乙烯醚	18	20	10	8	15
烷基糖苷	3	4		5	3
脂肪醇聚氧乙烯醚羧酸盐	—	—	—	—	10
丙二醇	5	3	4		2
酶制剂	1.3	1.5	2	0.8	1.6
香精	0.8	1	0.6	1	0.8
去离子水	加至 100	加至 100	加至 100	加至 100	加至 100

制备方法 在反应釜中加入适量去离子水，依次加入改性油脂非离子表面活性剂、改性油脂阴离子表面活性剂、脂肪醇聚氧乙烯醚、异构醇聚氧乙烯醚、羧酸盐、烷基糖苷、助剂丙二醇，搅拌溶解，再加入酶制剂、香精搅拌均匀，补足去离子水，即得到所述的浓缩洗涤剂。

原料介绍 所述改性油脂阴离子表面活性剂为改性油脂乙氧基化磺酸盐。

所述改性油脂非离子表面活性剂为改性油脂乙氧基化物。

所述异构醇聚氧乙烯醚的R为$C_{10} \sim C_{13}$，EO数为7或9的异构醇聚氧乙烯醚。

所述羧酸盐为脂肪醇聚氧乙烯醚羧酸钠/钾盐。

所述助剂包括有机助剂和无机助剂。

所述酶制剂为蛋白酶、淀粉酶、脂肪酶、纤维素酶中的一种或者几种的混合物。

产品应用 本品主要应用于织物洗涤。

产品特性

（1）本品是一种高浓缩型产品，其中活性物的含量达到45%~90%，活性物含量高，减少包装成本及生产成本，有利于环境保护。

（2）本品中所用的主要原料为改性油脂类表面活性剂，包括改性油脂阴离子表面活性剂、改性油脂非离子表面活性剂，此类表面活性剂是以天然油脂为原料，利用官能团嫁接与改性技术，开发的一款天然油脂表面活性剂。此表面活性剂水溶性好，不凝胶、倾点低、低泡、抗硬水能力好、配伍性好，配制得到的所述浓缩洗涤剂无凝胶相区、低温流动性好，低泡易漂洗，对油脂去污力强，具有很好的抗冻性。

（3）本品所选用的原料均为天然可再生的原料，性能温和，对皮肤无刺激。

配方 **11** 高浓高效精炼洗涤剂

原料配比

原料	配比（质量份）		
	1#	2#	3#
脂肪醇聚氧乙烯醚	250	270	300
冰醋酸	5	8	10
异构C_{10}脂肪醇聚氧乙烯醚	20	23	25
菜籽油脂肪酸二乙醇酰胺	120	130	140
磺酸	150	160	170
尿素	40	45	50
精盐	50	55	60
去离子水	150	200	220
NaOH	20	23	25
苯甲酸钠	5	8	10
聚酯	30	35	40

制备方法 将脂肪醇聚氧乙烯醚、冰醋酸、异构C_{10}脂肪醇聚氧乙烯醚、菜籽油脂肪酸二乙醇酰胺、磺酸、尿素、精盐、水、NaOH、苯甲酸钠以及聚酯加入到容器中，混合均匀，制备得到上述高浓高效精炼洗涤剂。

原料介绍 脂肪醇聚氧乙烯醚是一种性能优异的表面活性剂，易于生物降解，有利于环保，菜籽油脂肪酸二乙醇酰胺具有很强的去污能力，能加强洗涤过程中的清洁效果。

产品应用 本品主要应用于织物洗涤。

产品特性 本品不含有APEO、NPEO等有害物质，更加健康环保，同时，洗涤过程中的清洁效果更佳。

配方 12 高效复合洗涤剂

原料配比

原料	配比（质量份）		
	1#	2#	3#
蒸馏水①	50	60	70
产物C	20	25	30
烷基糖苷	9	10	11
对甲苯磺酸钠	4	4.5	5
葡萄糖酸钠	1	1.5	2
聚阴离子纤维素	1.5	2	3
生姜精油微球	0.5	0.8	1
蒸馏水②	14	17	20

制备方法

（1）取蒸馏水①加热至45～50℃，依次加入产物C、烷基糖苷、对甲苯磺酸钠，搅拌混合均匀；

（2）冷却至室温，加入葡萄糖酸钠和聚阴离子纤维素，不断搅拌至混合均匀；

（3）加入生姜精油微球和蒸馏水②，搅拌均匀即得高效复合洗涤剂。

原料介绍 产物C制备方法如下。

（1）取西瓜皮清洗后绞碎，放入真空冷冻箱中干燥，粉碎得西瓜皮粉，过40目筛；

（2）取5～7份西瓜皮粉，放入索氏提取器中，加石油醚脱脂6～7h，将滤渣挥发干石油醚；

（3）加50～70份70%体积分数的乙醇水溶液进行回流提取2～3h，减压回收乙醇；

（4）加50～70份蒸馏水溶解，转移至分液漏斗中，用水饱和正丁醇萃取3次，每次50～70份；

（5）合并正丁醇层，回收正丁醇后加5～8份甲醇溶解，经0.45μm微孔滤膜过滤，取滤液，烘干得粉末A；

（6）将100～120份0.2mol/L的醋酸水溶液、80～95份无水乙醇、3～3.5份壳聚糖混合，搅拌20～30min；

（7）边搅拌边缓慢地加入10～15份癸醛乙醇溶液，再加入3～5份氰基硼氢化钠，继续搅拌反应24～26h，用氢氧化钠水溶液调节pH至7～8，析出固体颗粒，进行抽滤，用乙醇水溶液洗涤后冷冻干燥得产物B，其中，癸醛和乙醇的体积比为1:3；

（8）在反应釜中加入1～1.5份产物B、3～4份粉末A和30～40份异丙醇水溶液，搅拌均匀后向反应釜中通氮气，在温度115～120℃下反应8～10h，冷却至室温，其中，异丙醇和水的体积比为4:1；

（9）减压蒸馏，产物用冷水洗涤三四次，冷冻干燥得产物C。

所述生姜精油微球的制备方法如下：

第一步，取2～5份乙基纤维素，加入40～60份80%乙醇，搅拌溶解；

第二步，加入5～10份生姜精油和2%的甘油，充分搅拌均匀；

第三步，再加入1%滑石粉，搅拌均匀；

第四步，喷雾干燥即得，进料速度为3mL/min，进风温度为100℃，雾化压力为100kPa。

产品应用　本品主要应用于织物洗涤。

产品特性

（1）以西瓜皮为原料，使废弃物得到了有效利用，提高了价值，保护了环境。

（2）本品具有很好的去污效果和渗透性。

配方 **13** 高效洗涤剂

原料配比

原料	配比（质量份）				
	1#	2#	3#	4#	5#
丙二醇	10	11	14	15	12
甘油	10	11	18	20	13
羧甲基纤维素	5	8	10	12	8
三乙醇胺	4	5	6	8	6
玫瑰油	8	10	13	15	12
二丙二醇乙醚	1	3	5	6	3
硅甲酸	6	8	8	9	8
壬基酚聚氧乙烯醚	7	8	12	13	12
烷基酚聚氧乙烯醚	5	6	8	9	8
聚氧乙烯十六烷基醚	6	7	8	9	7
丙三醇	6	8	7	8	7
助洗剂	6	7	7	8	7
发泡剂	0.3	0.5	0.7	0.8	0.7
去离子水	80	85	88	90	88

制备方法 将各组分混合均匀即可。

原料介绍 所述助洗剂为柠檬酸钠或聚丙烯酸。

所述玫瑰油由白玫瑰和五月玫瑰的鲜花经水蒸气蒸馏取得。

产品应用 本品主要应用于织物洗涤。

产品特性 本品具有清洁能力强、效率高等优点。

配方 14 洗护合一织物洗涤剂

原料配比

原料	配比（质量份）				
	1#	2#	3#	4#	5#
脂肪醇聚氧乙烯醚硫酸盐	10	11	12	14	15
烷基醇酰胺	5	6	7	7	8
碳酸钠	11	11	11.5	11.6	12
氯化钠	0.01	0.05	1	2	2.5
乙醇	4	4.01	4.025	4.05	4.05
增稠剂	10	11	13	14	15
阳离子表面活性剂	20	18	15	10	17
防腐剂	1	2.5	3	4	5
去离子水	加至100	加至100	加至100	加至100	加至100

制备方法 在混合釜中，投入水，在搅拌条件下，加入其他各原料，搅拌均匀，即可得到本品洗护二合一织物洗涤剂。

产品特性 本品配方中使用的主要原料是可降解的原材料，能生物降解，采用天然环保原料，具有良好钙皂分散力且性能温和安全，提高了在硬水中的洗涤效果，提高了织物光亮程度、光滑性、柔软性及弹性。本品无残留、漂洗干净且节约用水，去污能力强。

配方 15 含双子表面活性剂的液体洗涤剂

原料配比

原料	配比（质量份）		
	1#	2#	3#
N,N′-双十二酰基乙二胺二丙酸钠	5	3	8
十二烷基苯磺酸钠	3	6	8
脂肪醇聚氧乙烯醚（9）（AEO-9）	8	9	5
脂肪醇聚氧乙烯醚硫酸钠	8	9	6
卡松	0.05	0.1	0.2
香精	0.1	0.2	0.1
去离子水	加至100	加至100	加至100

制备方法　首先，将阴离子表面活性剂、双子表面活性剂加入水中，加热充分搅拌后加入脂肪醇聚氧乙烯醚（9）（AEO-9），最后加入卡松、香精，搅拌至完全溶解。

原料介绍　双子表面活性剂是一类有别于传统表面活性剂的高效、多功能的新型品种，该类表面活性剂突破了传统表面活性剂的单链结构，具有两个长疏水链和两个亲水基，并且由连接基团通过化学键连接而成。双子表面活性剂的这种独特的结构，使其具有优良的表面化学性能及应用性能，其中N，N'-双十二酰基乙二胺二丙酸钠溶液具有优良的耐硬水洗涤性能，同时亦具有良好的乳化及泡沫性能，因此其在液体洗涤剂领域的应用前景广阔。

阴离子表面活性剂包括十二烷基苯磺酸钠、脂肪醇聚氧乙烯醚硫酸钠。

产品应用　本品主要应用于织物洗涤。

产品特性　本品具有去污力强、抗硬水洗涤的特点。并且制作工艺简单，可在常温或低温下使用。

配方 16　含月桂基羟乙基二甲基氯化铵的消毒杀菌浓缩洗涤剂

原料配比

原料	配比（质量份）		
	1#	2#	3#
月桂基羟乙基二甲基氯化铵	2	3	5
聚六亚甲基胍	3	4	5
聚乙氧基化脂肪醇	10	12	15
古伯特烷氧基化物	12	14	16
羰基醇乙氧基化物	10	11	12
谷氨酸二乙酸四钠	0.2	0.3	0.5
马来酸丙烯酸共聚物	0.4	0.7	1
去离子水	加至 100	加至 100	加至 100

制备方法　将各组分混合均匀即可。

原料介绍　通过添加月桂基羟乙基二甲基氯化铵、聚六亚甲基胍消毒杀菌，根据细菌的细胞壁和细胞膜由磷脂双分子膜组成，根据物理学异性电荷相吸的原理，带负电荷的细胞壁就会被带正电荷的阳离子所吸引，并促使细胞壁和细胞膜彻底变形破裂，细菌失去繁殖和生存能力而死亡，达到消毒杀菌的目的。

聚乙氧基化脂肪醇表面活性剂，能乳化细菌和污垢，通过漂洗能有效地去除细菌和污垢；同时乙氧基化脂肪醇类的表面活性剂能降低洗涤液的表面张力，能清除织物表面附着的细菌和污垢。

古伯特烷氧基化物，由于其含有支链的烷基，赋予本品超强渗透力，能将纤维内部的细菌和污垢连根拔除，有效地清除细菌和污垢。

羰基醇乙氧基化物，使洗涤剂有很好的低温洗涤性能，在北方寒冷冬季仍能发挥优越的乳化、分散作用，在低温下也能有效地清除细菌和污垢，更符合我国消费者的使用习惯。

脂肪醇烷氧基化物，赋予洗涤剂低泡和超强渗透性能，能更好地漂清细菌和污垢；添加的谷氨酸二乙酸四钠，赋予洗涤剂优良的稳定性能，同时由于其是绿色产品，保证本品更环保、更安全。

产品应用　本品主要应用于织物洗涤。

产品特性　本品采用洗涤剂的第四代消毒杀菌技术，并通过科学配伍原料中的关键性组分，将消毒和杀菌功效与洗涤剂有机结合，在正常的洗涤过程中消毒和杀菌一次完成，简化操作，方便消费者使用，解决了第一、二、三代杀菌剂对织物损伤大，损害织物外观，大大减少纺织物的使用寿命，同时对手和洗衣机有腐蚀的弊端。

配方　17　具有护色功能的织物洗涤剂

原料配比

原料		配比（质量份）		
		1#	2#	3#
阴离子表面活性剂	十烷基三甲基氯化铵	6.4	7.2	8
	油酸三乙醇胺	9.6	10.8	12
非离子表面活性剂	蔗糖脂肪酸酯	2.625	3.1875	3.75
	辛基酚聚氧乙烯醚	4.375	5.3125	6.25
护色增效剂	乙二胺四亚甲基膦酸	2	4.5	6
活化剂	四乙酰基乙二胺	1.5	2	3
水软化剂	柠檬酸钠	1.5	3	5
消泡剂	聚氧丙烯氧化乙烯甘油醚	1	2	3
	去离子水	70	62	53

制备方法　将阴离子表面活性剂、非离子表面活性剂、护色增效剂、活化剂、水软化剂和消泡剂加入水中，混合搅拌均匀，即得。

原料介绍　十烷基三甲基氯化铵和油酸三乙醇胺是常见的阴离子表面活性剂，表面活性作用的部分带负电荷，在水中解离后，生成憎水性阴离子；辛基酚聚氧乙烯醚和蔗糖脂肪酸酯是常见的非离子表面活性剂，在水溶液中不产生离子，在水中的溶解度是由于分子中具有强亲水性的官能团；乙二胺四亚甲基膦酸具有很强的螯合金属离子的能力，与铜离子的络合常数是包括 EDTA 在内的所有螯合剂中最大的，它既可以吸附在织物表面起到固定染料的作用，又可以与游离在溶液中的染料络合避免染料再次吸附在织物表面，达到防串色的目的；活化剂四乙酰基乙二胺具有活化作用，能够调节活化洗涤剂各组分以及织物表面的物质，使洗涤剂更好地发挥效果；水软化剂柠檬酸钠可以去除洗涤水中的钙镁等金属离子；聚氧丙烯氧化乙烯甘油醚抑泡时间长、效果好、消泡速度快、热稳定性好、扩散性和渗透性好，不影响起泡体系的基本性质。

产品特性 本品配伍合理、科学，各组分相互作用，护色增效剂的加入使得洗涤剂在有色织物的洗涤过程中护色性增加，并具有良好的去污力和稳定性。

配方 18 具有抗再沉积功能的透明液体洗涤剂

原料配比

原料	配比（质量份）				
	1#	2#	3#	4#	5#
阴离子表面活性剂	11	16	13	12	14
非离子表面活性剂	4	8	6	5	7
聚乙烯醇	0.5	—	1.5	—	—
聚乙烯吡咯烷酮	—	2	—	2.5	—
羧甲基纤维素钠	0.5	—	—	—	0.4
聚丙烯酸钠	—	0.5	0.5	—	—
改性淀粉	—	—	—	0.5	0.1
碳酸钠	0.4	4	1.5	1	1.5
柠檬酸钠	0.1	—	—	—	—
乙二胺四乙酸二钠	—	1	—	—	—
单乙醇胺	—	—	—	0.5	—
三乙醇胺	—	—	—	—	2
层状硅酸钠	—	—	1	—	—
荧光增白剂	0.01	0.04	0.08	0.1	0.05
防腐剂	0.03	0.07	0.01	0.05	0.1
酶	0.5	0.01	0.3	0.7	1
水	加至 100	加至 100	加至 100	加至 100	加至 100

制备方法 在30～80℃下，将洗涤助剂和抗再沉积剂加入水中，充分搅拌至上述物料全部溶解，然后在300～1000r/min的搅拌速度下，加入非离子表面活性剂和阴离子表面活性剂，搅拌均匀后，加入荧光增白剂，继续搅拌30～50min，冷却至室温，加入洗涤用酶和防腐剂，继续搅拌60～240min，至产品呈均匀透明状态，即得到液体洗涤剂。

原料介绍 所述的阴离子表面活性剂选自烷基苯磺酸钠（LAS）、脂肪酸甲酯磺酸盐（MES）、脂肪醇聚氧乙烯醚硫酸盐（AES）、α-烯基磺酸盐（AOS）或脂肪醇聚氧乙烯醚羧酸盐（AEC）中的两种。

所述的非离子表面活性剂选自烷基糖苷APG（C_{12}～C_{14}）、脂肪醇聚氧乙烯醚（AEO-7或AEO-9）、脂肪酸甲酯乙氧基化物（FMEE）或改性油脂乙氧基化物中的一种。

所述的抗再沉积剂选自聚乙烯吡咯烷酮（PVP）、羧甲基纤维素钠（CMC）、聚丙烯酸钠（PAA）、聚乙烯醇（PVA）、改性淀粉中的任意两种组成的混合物。

所述的洗涤助剂选自柠檬酸钠、碳酸钠、层状硅酸钠、单乙醇胺、三乙醇胺、乙二胺四乙酸二钠（EDTA）中的一种或两种组成的混合物。

产品应用　本品主要应用于织物洗涤。

产品特性

（1）本品的溶解性和透明性好，不分层，储存稳定性好。

（2）复配抗再沉积剂的抗再沉积性能优于单一抗再沉积剂。

配方 **19** 抗菌型织物洗涤剂

原料配比

原料		配比（质量份）									
		1#	2#	3#	4#	5#	6#	7#	8#	9#	10#
表面活性剂	乙氧基化脂肪醇 AEO-9	15	15	15	—	8	—	—	—	—	—
	乙氧基化脂肪醇 AEO-7	—	—	—	5	—	10	10	20	5	5
	烷基糖苷 APG	15	15	15	—	—	—	—	—	—	—
	月桂酰胺丙基甜菜碱 LAB	1	1	1	20	5	30	25	15	20	20
	十二烷基二甲基苄基氯化铵 1227	10	10	10	0.5	—	5	7	5	0.5	0.5
	十六烷基三甲基氯化铵 1631	—	—	—	—	2	—	—	—	—	—
双胍类抗菌剂	聚六亚甲基双胍盐酸盐 PHMB	0.01	0.01	0.01	5	—	5	5	5	0.05	3
	盐酸氯己定	—	—	—	—	0.5	—	—	—	—	—
电解质 A	氯化钾	1.5	4	5	—	—	—	—	—	—	—
	乙酸钠	—	—	—	3	—	1.5	3	2	5	4
	硫酸铵	—	—	—	—	2	—	—	—	—	—
乙氧基化聚乙烯亚胺	$PEI_{500}(EO)_{20}$	3	0.5	0.1	—	—	5	2	4	0.2	0.5
	$PEI_{2000}(EO)_{50}$	—	—	—	1	—	—	—	—	—	—
	$PEI_{300}(EO)_2$	—	—	—	—	5	—	—	—	—	—

原料		配比（质量份）									
		1#	2#	3#	4#	5#	6#	7#	8#	9#	10#
螯合剂	柠檬酸钠	2	2	2	—	—	—	—	—	—	—
	谷氨酸二乙酸钠 GLDA	—	—	—	1	—	1	1	1	1	1
	甲基甘氨酸二乙酸钠 MGDA	—	—	—	—	5	—	—	—	—	—
其他助剂	蛋白酶	0.2	0.2	0.2	0.2	0.2	0.2	0.2	0.2	0.2	0.2
	防腐剂	0.1	0.1	0.1	0.1	0.1	0.1	0.1	0.1	0.1	0.1
	香精	0.2	0.2	0.2	0.2	0.2	0.2	0.2	0.2	0.2	0.2
去离子水		加至100	加至100	加至100	加至100	加至100	加至100	加至100	加至100	加至100	加至100

制备方法

（1）向配制罐中加入部分去离子水；

（2）开启加热，加入表面活性剂，搅拌至溶解完全；

（3）停止加热，向配制罐中加入余量去离子水，加速降温；

（4）温度降至40℃以下，加入双胍类抗菌剂、电解质A、乙氧基化聚乙烯亚胺、酶制剂、香精、防腐剂和其他组分，搅拌至溶解完全；

（5）加入黏度调节剂和酸碱调节剂，搅拌至溶解完全，调节pH值和黏度，检测合格后出料。

原料介绍　所述乙氧基化聚乙烯亚胺中聚乙烯亚胺主链的重均分子量为300～2000，平均乙氧基化度为2～50。

所涉及的防腐剂选自1，2-苯并异噻唑啉-3-酮、2-甲基异噻唑啉-3-酮、5-氯-2-甲基异噻唑啉-3-酮、苯氧乙醇、DMDMH中的一种或者多种组成的混合物。

产品应用　本品是一种同时含螯合剂和双胍类抗菌剂且稳定的抗菌型织物洗涤剂组合物。

产品特性

（1）本品通过在组合物中添加由一定比例的电解质A和乙氧基化聚乙烯亚胺组成的稳定促进剂，克服了双胍类抗菌剂与螯合剂的配伍问题，使两者在组合物中可长期稳定共存，解决了织物洗涤剂中双胍类抗菌剂和螯合剂共存会导致出现浑浊、沉淀等稳定性问题；此外，由本品所述比例的电解质A和乙氧基化聚乙烯亚胺组成的稳定促进剂对双胍类抗菌剂的抗菌效果有明显协同促进作用，使组合物中双胍类抗菌剂在较低用量下就能达到很好的抗菌效果，极大地节约了产品成本，且对金黄色葡萄球菌、大肠杆菌、白色念珠菌等致病菌有高效的抗菌作用；再者，由于螯合剂可在组合物中长期稳定存在，保障并提升了组合物的去污性能，有利于改善衣物长期多次洗涤后引起的变黄等问题。

（2）本品的组合物呈弱酸性且无需添加阴离子表面活性剂即具备良好的洗涤性能，降低了组合物对皮肤的刺激性，亲肤温和。

配方 20 抗菌洗涤剂

原料配比

原料	配比（质量份）				
	1#	2#	3#	4#	5#
丙酮	20	26	32	35	21
烷醇酰胺	6	8	11	12	7
EDDS	14	20	23	26	15
聚乙二醇单烷基醚	3	5	5	8	4
脂肪醇聚氧乙烯醚硫酸钠	10	16	18	25	11
抗静电剂	8	12	14	16	9
二甘醇油酸酯	8	10	9	12	9
戊二醛	3	5	4	6	4
盐酸	7	10	13	15	8
仲醇聚氧乙烯醚	3	5	7	8	4
山梨醇酐单硬脂酸酯	3	5	6	8	4
稳定剂	0.6	1.3	1.6	2.5	0.8
柑橘香精	1.5	2	1.5~2.5	2.5	1.7
水杨酸钠	3	4	4	6	4
去离子水	50	65	78	85	55

制备方法 将各组分混合均匀即可。

产品应用 本品主要应用于织物洗涤。

产品特性 本品抗菌洗涤剂具有无毒、安全、抗菌等优点。

配方 **21** 抗菌织物洗涤剂

原料配比

原料	配比（质量份）			
	1#	2#	3#	4#
非离子表面活性剂	10	20	5	40
两性表面活性剂	8	15	15	1
抗菌剂	0.2	0.5	0.05	10
增溶剂	2	4	10	0.5
螯合剂	0.5	2	0.1	10
抗污垢再沉积剂	0.5	2	5	0.1
去离子水	加至 100	加至 100	加至 100	加至 100

制备方法 向反应釜加入去离子水，加热至50℃，在搅拌下，依次加入非离子表面活性剂、两性表面活性剂、增溶剂、抗污垢再沉积剂、螯合剂、抗菌剂，搅拌均匀即成。

原料介绍 非离子表面活性剂选自脂肪醇聚氧乙烯醚、脂肪酸酯乙氧基化物、糖衍生物。

所述的脂肪醇聚氧乙烯醚，烷基链长度为$C_8 \sim C_{16}$，EO数为5～15。

所述的脂肪酸酯乙氧基化物，脂肪酸为单链脂肪酸或三链脂肪酸，脂肪酸链为饱和的或不饱和的，碳链长度为$C_8 \sim C_{22}$，EO数为5～20。

所述的糖衍生物为烷基糖苷、醇醚糖苷或烷基葡萄糖酰胺，其中，烷基糖苷，碳链长度为$C_8 \sim C_{16}$；醇醚糖苷，碳链长度为$C_8 \sim C_{22}$，EO数为2～15；烷基葡萄糖酰胺，碳链长度为$C_8 \sim C_{22}$。

两性表面活性剂为烷基酰胺丙基甜菜碱或烷基二甲基氧化铵。

所述的烷基酰胺丙基甜菜碱，烷基链长度为$C_8 \sim C_{16}$。

所述的烷基二甲基氧化铵，烷基链长度为$C_8 \sim C_{16}$。

抗菌剂选自烷基二甲基苄基氯化铵、双烷基二甲基氯化铵、聚六亚甲基双胍盐酸盐。

所述的烷基二甲基苄基氯化铵，碳链长度为$C_8 \sim C_{16}$。

所述的双烷基二甲基氯化铵，碳链长度为$C_8 \sim C_{16}$。

增溶剂选自$C_1 \sim C_6$烷基醇。

螯合剂选自柠檬酸钠、甲基甘氨酸二乙酸、α-葡庚糖酸钠。

抗污垢再沉积剂为聚乙二醇聚酯共聚物。

产品特性

（1）本产品具有去污、杀菌、抗静电、柔软等多重功效。

（2）本品采用的非离子表面活性剂均为植物来源，为可再生资源，对人体温和，对环境无污染。

（3）本品配方适合冷水洗涤，洗涤泡沫适中，易漂洗。

配方 22 抗硬水织物洗涤剂

原料配比

原料	配比（质量份）
椰油酰两性基二乙酸二钠	12
N-油酰基-N-甲基牛磺酸钠	10
十二酰单乙醇胺	9
椰油基葡糖苷	7
脂肪醇聚氧乙烯醚羧酸钠	11
异构十三醇聚氧乙烯醚磷酸酯	8
月桂酰胺丙基羟磺基甜菜碱	11
脂肪酸甲酯磺酸钠	8
十二烷基二苯醚二磺酸钠	6
去离子水	90

制备方法

（1）取1/4～1/2量的水水浴加热至30～50℃，在机械搅拌下依次加入N-油酰基-N-甲基牛磺酸钠、异构十三醇聚氧乙烯醚磷酸酯、椰油基葡糖苷和脂肪酸甲酯磺酸钠，然后在加热功率为200～300W、转速为200～300r/min的条件下磁力搅拌6～9min，得混合料A；

（2）取余下的水水浴加热至40～60℃，在机械搅拌下依次加入椰油酰两性基二乙酸二钠、脂肪醇聚氧乙烯醚羧酸钠和十二烷基二苯醚二磺酸钠，然后在微波功率为300～400W、转速为300～400r/min的条件下微波搅拌3～6min，得混合料B；

（3）将混合料A和混合料B混合，在功率为700～900W、频率为30～50kHz的条件下超声搅拌6～10min，然后调整溶液温度至40～45℃，加入余下原料，在转速为300～400r/min的条件下搅拌4～6min，即得成品。

原料介绍 十二酰单乙醇胺、脂肪醇聚氧乙烯醚羧酸钠、月桂酰胺丙基羟磺基甜菜碱、十二烷基二苯醚二磺酸钠等原料，可以显著提高洗涤剂的抗硬水性能，在硬水中具有优异的洗涤效果。

产品特性 本品去污力好,抗硬水能力强。

配方 **23** 可消除钙离子沉淀的洗涤剂

原料配比

原料	配比(质量份)			
	1#	2#	3#	4#
阴离子表面活性剂	5	25	20	0.1
非离子表面活性剂	5	25	15	0.1
生物提取螯合降解因子 STB	10	10	8	0.2
螯合剂	5	10	6	0.1
高分子抗污渍再沉积剂	5	10	6	0.1
pH 值调节剂	3	10	3	0.1
水溶助剂	2	5	2	0.1
防腐剂	0.6	1	0.5	0.1
香精	0.4	0.5	0.5	0.1
去离子水	加至 100	加至 100	加至 100	加至 100

制备方法 将各组分溶于水,混合均匀即可。

原料介绍 所述的生物提取螯合降解因子 STB 为海藻酸钠、淀粉-聚丙烯酰胺接枝共聚物中的一种或两种。

所述的螯合剂选自柠檬酸钠、葡萄糖酸钠、甲基甘氨酸二乙酸钠、羟基亚乙基二膦酸(HEDP)、乙二胺二琥珀酸(或其三钠盐)、三聚磷酸钠、焦磷酸钾中的一种。

所述的高分子抗污渍再沉积剂为聚丙烯酸钠和/或丙烯酸-马来酸共聚物(PMA),且其分子量在 3000 ~ 30000 之间。

所述的 pH 值调节剂选自氢氧化钠、氢氧化钾、三乙醇胺、单乙醇胺、异丙醇胺及柠檬酸中的一种或几种,控制和调整衣物预洗剂的 pH 值在 7 ~ 11 之间。

所述的水溶助剂选自二甲苯磺酸钠、对甲苯磺酸钠、异丙苯磺酸钠中的一种或几种。所述的防腐剂选自 1,2-苯并异噻唑啉-3-酮、氯甲基异噻唑啉酮、甲基异噻唑啉酮、三氯羟基二苯醚、三氯均二苯脲、4-氯-3,5-二甲酚、4-氯-间甲苯酚中的一种或几种。

所述的香精为任何可赋予产品良好香气的物质。

产品应用 本品主要应用于织物洗涤。

产品特性 通过螯合剂的螯合作用将水中、衣物表面以及污垢中的钙镁离子溶解消除,并结合生物提取螯合降解因子 STB、高分子抗污渍再沉积剂的悬浮分散作用、抗再沉积作用,避免再次沉积于织物表面。本品组合物与表面活性剂相结合,通过渗透、降解并在液体搅拌流的作用下清除纤维表面的钙离子沉淀,从而达到超洁净的洗涤效果及柔顺效果，本品可消除钙镁离子的沉淀对织物的影响，提高了织物洗涤剂的洗涤效果，解决了衣物经多次洗涤后发黄、褪色以及织物变硬的问题，大大延长了服装的使用寿命。

配方 24 冷水洗涤剂

原料配比

原料	配比（质量份）
二苯乙烯基联苯磺酸盐增白剂	0.02~0.05
氮川三乙酸钠	3~4
十二烷基硫酸钠	3~4
α-烯基磺酸钠	35~45
脂肪醇聚氧乙烯醚	4~6
聚合性增白剂	0.005~0.01
聚丙烯酸钠	2~4
去离子水	加至100

制备方法

（1）将生产设备冲洗干净，加入部分水，升温至45～50℃，加热时间为15～25min，开动搅拌机，搅拌速度为50～60r/min；加入二苯乙烯基联苯磺酸盐增白剂，搅拌时间为2～5min；

（2）加入氮川三乙酸钠，搅拌时间为2～5min；

（3）加入十二烷基硫酸钠，搅拌时间为4～6min；

（4）加入脂肪醇聚氧乙烯醚，搅拌时间为4～6min；

（5）加入上述质量份数的α-烯基磺酸钠，搅拌时间为1～2min；

（6）加入预先用部分水溶解好的上述质量份数的聚合性增白剂，搅拌时间为1～2min；

（7）加入上述质量份数的聚丙烯酸钠，搅拌时间为3～5min；

（8）补齐余量水，搅拌溶解，静置消泡，过滤得冷水洗涤剂。

原料介绍 二苯乙烯基联苯磺酸盐增白剂能增加织物、布草的鲜艳度。

氮川三乙酸钠为软水剂，络合水中的钙镁离子，提高表面活性剂的去污力。

十二烷基硫酸钠为表面活性剂，低温去污力强。

脂肪醇聚氧乙烯醚为表面活性剂。

α-烯基磺酸钠（35%）为表面活性剂，生物降解性能好，低温去污力强。

聚合性增白剂为聚合性环保白度提升添加剂。

聚丙烯酸钠为抗灰、抗再沉积剂。

产品应用 本品主要应用于织物洗涤。

产品特性 本品能快速溶解硬水中所有重污及油渍，不伤布料，高效增白，立竿见影，洗后令毛巾、床单光洁。即使在常温水中也有良好的去污、增白效果。

配方 25 棉毛织物用防蛀柔软型洗涤剂

原料配比

原料	配比（质量份）			
	1#	2#	3#	4#
石菖蒲	15	10	30	20
吴茱萸	18	5	20	12
檀香	13	10	30	18
硬脂酸聚氧乙烯酯	10	5	15	8
油酸聚乙二醇酯	8	5	12	6
聚乙烯吡咯烷酮	13	10	18	14
聚乙二醇	8	5	10	7
柠檬酸钠	6	3	10	6
二甲基硅油烷基咪唑氯代盐	12	5	15	9
脂肪醇聚氧乙烯醚	5	3	8	4
十二烷基三甲基氯化铵	3	2	5	3
去离子水	适量	适量	适量	适量

制备方法

（1）按质量份称取石菖蒲、吴茱萸、檀香，将其洗涤、晾干，然后用粉碎机进行粉碎，筛选出50～150目的粉体；

（2）向粉体中加入10～30倍体积的去离子水，在100℃的条件下煎煮2～6h，将煎煮液自然冷却，然后使用真空泵抽滤去除药渣，得到原料提取物；

（3）将原料提取物经活性炭吸附2～3次，去除溶液颜色，得到无色的原料提取物，再将其纯化后浓缩5倍；

（4）将步骤（3）得到的浓缩提取物与硬脂酸聚氧乙烯酯、油酸聚乙二醇酯、聚乙烯吡咯烷酮、聚乙二醇、柠檬酸钠、二甲基硅油烷基咪唑氯代盐、脂肪醇聚氧乙烯醚、十二烷基三甲基氯化铵混合，再在室温条件下以100～200r/min的转速搅拌20～40min，即得防蛀柔软型洗涤剂。

所述步骤（3）中无色的原料提取物的纯化步骤为：将聚酰胺树脂装入10mm×200mm的分离层析柱中，在室温下将无色的原料提取物以0.5mL/min的速度通过聚酰胺树脂中，吸附20～50min后，对层析柱进行洗脱，洗脱条件为先采用蒸馏水水洗，再用体积分数为50%～70%的乙醇洗脱，洗脱流速为0.5～2mL/min，收集乙醇洗脱液，得到纯化后的提取液。

产品应用 本品主要应用于织物洗涤，可广泛应用于各种衣物、家庭用品、床上用品等的洗涤，特别适用于高档的真丝、棉麻等天然织物的洗涤整理。

产品特性 本品具有杀菌防蛀和柔软整理等多种功能，该洗涤剂具有性能温和、对环境友好、对人体无刺激性、功能显著、绿色环保、配方合理、制备工艺简单等特点。

配方 26 耐硬水洗涤剂

原料配比

原料	配比（质量份）			
	1#	2#	3#	4#
艾叶精油	0.15	0.3	0.1	0.2
香茅精油	0.35	0.2	0.4	0.3
椰子油脂肪酸二乙醇酰胺	20	15	16	18
脂肪醇聚氧乙烯醚硫酸钠	5	8	6	7
柠檬酸钠	3	1	2	2.5
十二烷基葡萄糖苷	4	5	4.4	4.5
去离子水	48	40	50	45
卡松CG	0.2	0.1	0.05	0.15
PEG-60氢化蓖麻油	0.5	0.3	0.2	0.4

制备方法

（1）将PEG-60氢化蓖麻油加入配料罐，边搅拌边加入艾叶精油、香茅精油，搅拌至完全溶解后得到混合溶液A；

（2）将椰子油脂肪酸二乙醇酰胺、脂肪醇聚氧乙烯醚硫酸钠、十二烷基葡萄糖苷混合，搅拌至混合均匀后得到混合溶液B；

（3）将混合溶液A与其他组分一起加入混合溶液B中，搅拌均匀后静置2h得到耐硬水洗涤剂。

原料介绍 所述艾叶精油的制备步骤为：将艾叶用中草药粉碎机粉碎，过60目筛后得到艾叶粉末，将艾叶粉末加入蒸馏水中，调节pH值为4.5，然后加入纤维素酶和氯化钠，搅拌均匀后浸泡4h，装上分馏装置后水蒸气蒸馏提取5h得到艾叶精油，其中艾叶粉末、蒸馏水、纤维素酶、氯化钠的质量比为50∶1000∶1∶30。

所述香茅精油的制备步骤为：将香茅草阴干8h，剪碎至平均长度为0.2cm得到香茅粗粉，将香茅粗粉加入提取器中，将二氧化碳通入提取器中至压力达到12MPa，加热至42℃后超临界二氧化碳萃取110min得到香茅精油。

艾草又叫萧茅、遏草、香艾、艾蒿、灸草等，其叶片部分称为艾叶，含有多种活性成分。将艾叶在纤维素酶和氯化钠的帮助下采用水蒸气蒸馏法提取得到艾叶精油，其去污能力很强，因此能有效提高洗涤剂的去污性能，此外，艾叶精油还具有很强的除螨、抗菌能力，因此还能有效提高洗涤剂的除螨和抗菌性能。

香茅草是禾本科香茅属的一种全草，含有挥发性油，将其阴干后采用超临界二氧化碳萃取法萃取得到香茅精油，其也具有较强的除螨和抗菌能力，能与艾叶精油形成协同增效作用，从而进一步提高洗涤剂的除螨和抗菌性能。

十二烷基葡萄糖苷是一种非离子表面活性剂，其去渍能力非常好，因此能作为去渍因子从而进一步提高洗涤剂的去污性能；此外，十二烷基葡萄糖苷还有很好的耐硬水性能和抑菌活性，因此还能有效提高洗涤剂的耐硬水性能和抗菌性能。

脂肪醇聚氧乙烯醚硫酸钠是一种碱性阴离子表面活性剂，具有优良的去污和抗硬水能力，因此能进一步提高洗涤剂的去污和耐硬水性能。

产品应用　本品主要应用于织物洗涤。

产品特性　本品具有优异的除螨和抗菌性能、耐硬水性能、去污性能。

配方 27　轻垢液体洗涤剂

原料配比

原料	配比（质量份）			
	1#	2#	3#	4#
二甲苯磺酸钠	12	18	13	15
脂肪醇聚氧乙烯醚	3.6	4.8	3.9	4.3
葡萄糖酸钠	2.1	4.3	2.6	3.5
氨基三乙酸二钠	3	9	4	6
月桂酸二乙醇酰胺	1.2	3.5	1.8	2.3
羧甲基纤维素	5	12	6	9
香精	3.2	5.5	3.8	4.3
去离子水	45	70	53	61

制备方法　将各组分溶于水，混合均匀即可。

产品应用　本品适用于去除丝绸、麻等柔软、轻薄以及其他面料服饰上的污渍。

产品特性　本品对织物损伤小，性能温和、稳定性好，另外，本品成本低，工艺简单。

配方 28　去除游离甲醛的织物用洗涤剂

原料配比

原料	配比（质量份）				
	1#	2#	3#	4#	5#
羟基乙酸甲酯	2	6	3	4	4.5
三甲基甘氨酸	1	3	1.4	1.8	2.2
氢化蓖麻油	0.5	1	0.6	0.7	0.8
泡沫控制剂	0.1	0.3	0.15	0.2	0.25

原料	配比（质量份）				
	1#	2#	3#	4#	5#
荧光增白剂	0.2	0.5	0.3	0.35	0.4
表面活性剂	0.2	0.5	0.3	0.35	0.4
乙醇	0.5	0.5	0.5	0.5	0.5
pH 调节剂	0.2	0.5	0.23	0.35	0.4
去离子水	15	100	20	40	60

制备方法 将去离子水加入到反应器中，然后将反应器缓慢升温至60～70℃，依次加入乙醇和羟基乙酸甲酯，混合搅拌30min，缓慢加入表面活性剂，加入完毕后，继续搅拌20min，降温至20～25℃，加入三甲基甘氨酸、氢化蓖麻油、泡沫控制剂、荧光增白剂，搅拌混合30min，最后加入pH调节剂调节pH至7.0～9.0，继续搅拌20min，制得洗涤剂组合物。

原料介绍 所述表面活性剂为十二烷基苯磺酸钠、十二烷基硫酸钠中的一种。

所述pH调节剂为乙醇胺。

所述泡沫控制剂为MQ硅树脂。

所述荧光增白剂为双三嗪氨基二苯乙烯类荧光增白剂。

产品特性 本品中加入的适量羟基乙酸甲酯，其含有活泼氢，可以与游离甲醛结合，形成碳负离子，从而除去游离甲醛；而且本洗涤剂中添加的适量三甲基甘氨酸，有效改善了洗涤剂组合物与织物的润湿性，也可以有效保护织物不受损伤；氢化蓖麻油等的加入，有效提高了洗涤剂的去油污能力，而且本品含有的溶剂都无毒，对织物和人无害，且制备简单，成本低。

配方 **29** 去油洗涤剂（1）

原料配比

原料	配比（质量份）	
	1#	2#
壬基酚聚氧乙烯醚 TX-10	300	330
壬基酚聚氧乙烯醚 TX-4	100	110
脂肪醇聚氧乙烯醚 AEO-7	80	70
脂肪醇聚氧乙烯醚 AEO-9	80	70
烷基糖苷 APG	150	160
四氯乙烯	150	140
二丙二醇甲醚	80	70
乙醇	55	45
二甲基硅油	2	3
香精	3	2

制备方法

（1）取原料壬基酚聚氧乙烯醚TX-10、壬基酚聚氧乙烯醚TX-4、脂肪醇聚氧乙烯醚AEO-7、脂肪醇聚氧乙烯醚AEO-9、烷基糖苷APG置于反应釜内，温度控制在40～50℃，混合搅拌均匀，得到非离子表面活性剂混合剂A。

（2）将四氯乙烯、二丙二醇甲醚、乙醇混合，得到混合剂B。

（3）将二甲基硅油、香精加入混合剂B中，混合搅拌均匀，得到混合剂C。

（4）在搅拌的条件下，将混合剂C加入到非离子表面活性剂混合剂A中，搅拌至充分混合均匀，冷却至常温，制得本去油洗涤剂。

产品应用　本品主要应用于织物洗涤。

产品特性　本产品具有很强的渗透性和溶解性，能快速溶解织物上的油污，表面活性剂全为非离子型，因此具有较强的抗硬水能力，去油污能力强，而且泡沫比较少，非常适合洗涤重油污织物，而且本配方产品具有成本低、效果好、制作简单、便于运输和储存等特点。

配方 **30** 去油洗涤剂（2）

原料配比

原料	配比（质量份）		
	1#	2#	3#
四氯乙烯	5	6	7
过硼酸钠	4	5	6
三乙醇胺	6	8	10
二丙二醇甲醚	1	2	3
乙醇	3	4	5
月桂酸钠	6	7	8
柠檬酸钠	3	4	5
二甲基硅油	4	5	6
不饱和脂肪酸	3	4	5
羟丙基甲基纤维素	6	7	8
大豆皂苷	4	5	6
香精	1	1.5	2

制备方法

（1）取原料四氯乙烯、过硼酸钠、三乙醇胺、二丙二醇甲醚、月桂酸钠置于反应釜内混合搅拌均匀，得到混合剂A；

（2）将柠檬酸钠、二甲基硅油、不饱和脂肪酸、乙醇混合，得到混合剂B；

（3）将大豆皂苷、羟丙基甲基纤维素、香精加入混合剂B中，混合搅拌均匀，得到混合剂C；

（4）在搅拌的条件下，将混合剂C加入到混合剂A中，搅拌至充分混合均匀，冷却至常温，制得本去油洗涤剂。

产品应用 本品主要应用于织物洗涤。

产品特性 本品具有很强的渗透性和溶解性，能快速溶解织物上的油污，具有较强的抗硬水能力，去油污能力强，而且泡沫比较低。

配方 31 多功效复合型液体洗涤剂

原料配比

原料	配比（质量份）		
	1#	2#	3#
茶树油	10	12	10
脂肪酸甲酯磺酸钠	4	8	6
琥珀酸二辛酯磺酸钠	5	8	10
月桂酰肌氨酸钠	1	3	2
月桂酰基谷氨酸钠	2	5	3
超支化双子基季铵盐	2	10	5
烷基糖苷	4	8	10
仲烷基磺酸钠	5	10	4
蛋白酶	0.2	0.7	0.5
脂肪酶	0.2	0.1	0.5
淀粉酶	0.1	0.1	0.5
纤维素酶	0.1	0.1	0.5
去离子水	66.4	35	48

制备方法

（1）将水、脂肪酸甲酯磺酸钠、琥珀酸二辛酯磺酸钠、月桂酰肌氨酸钠、月桂酰基谷氨酸钠、超支化双子基季铵盐、烷基糖苷、仲烷基磺酸钠分别逐次加入搅拌罐中低速搅拌，搅拌速率为80～120r/min，添加原料的同时水浴加热至55～70℃，搅拌时间为120min，之后静置60min，得到混合液A；

（2）当混合液A降温至35℃以下时加入茶树油、蛋白酶、脂肪酶、淀粉酶、纤维素酶，之后缓慢冷却至室温，得到洗涤剂。

产品应用 本品主要应用于织物洗涤。

产品特性 本品采用茶树油和去污成分超支化双子基季铵盐复配抑菌技术，替代化工合成抑菌剂并达到99.9%的抑菌效果。另外，本品中采用的制备工艺操作简单，采用水浴加热，能够防止有效成分流失，进一步提高了洗涤剂的活性。

配方 32 柔软亲水抗静电多功能洗涤剂

原料配比

原料	配比（质量份）
30% 烷基苯磺酸钠	50
两性表面活性剂 CAB	17
非离子表面活性剂 APG	10
1, 2-丙二醇	10
聚硅氧烷季铵盐	6
去离子水	7

制备方法 称好去离子水，然后依次加入烷基苯磺酸钠、CAB、APG、丙二醇充分搅匀后，加入聚硅氧烷季铵盐，搅拌后成为浅黄色透明水溶液，固含量为33%左右。

产品应用 本品主要应用于织物洗涤。

产品特性 本品具有更优良的柔顺性、亲水性、抗静电性。兑水后用于洗涤织物，泡沫丰富，洗净能力强，洗后柔顺效果好。

配方 33 柔软型洗涤剂

原料配比

原料	配比（质量份）		
	1#	2#	3#
烷基苯磺酸钠	10	40	70
椰子油烷基乙醇二酰胺	20	30	50
聚氧乙烯醚	1	20	30
尼纳尔	2	20	20
碱性蛋白酶	5	15	20
去污增效剂	1	5	10
水	加至 100	加至 100	加至 100

制备方法 将各组分混合均匀即可。

产品应用 本品主要应用于织物洗涤。

产品特性 本品去污能力强、效率高，使用时温和无刺激，使用后的物品柔软不僵硬，大大增强了使用其后物品的效果。

配方 34　柔性洗涤剂

原料配比

原料	配比（质量份）
十六烷基三甲基氯化铵	10
羊毛脂	0.2
6501	3
液体石蜡	0.2
甘油	2
乙二胺四乙酸二钠	0.5
增白剂	0.2
消泡剂	0.1
水	加至100

制备方法　将各组分混合均匀即可。
产品应用　本品主要应用于织物洗涤。
产品特性　本品具有去污力强、洗涤效果好的特点。

配方　35　杀菌洗涤剂

原料配比

原料	配比（质量份）		
	1#	2#	3#
妥尔油脂肪酸	5	6	7
芳香剂	1	1.5	2
纤维素酶	10	11	12
乙二醛	6	7	8
硬脂酸二甲基辛基溴化铵	5	6	7
活性甘宝素	3	4	5
蛋白酶	10	11	12
EDTA	14	15	16
去离子水	100	150	200

制备方法　将各组分按照比例混合均匀即可。
产品应用　本品主要应用于织物洗涤。
产品特性　本品配方合理，使用效果好，生产成本低。

配方 36 杀菌型洗涤剂

原料配比

原料	配比（质量份）		
	1#	2#	3#
低聚木糖	10	30	50
蔗糖脂肪酸酯	20	30	60
六聚甘油单油酸酯	1	20	40
柠檬酸	2	10	20
椰油酸	5	10	15
烯酸	1	10	20
水	加至 100	加至 100	加至 100

制备方法 将各组分混合均匀即可。

产品应用 本品主要应用于织物洗涤。

产品特性 本品生产制作的洗涤剂，使用时，去污能力强、效率高，且具有杀菌效果，大大提高了洗涤剂使用的质量和效果。

配方 37 酸性护色洗涤剂

原料配比

原料	配比（质量份）	
	1#	2#
AES	1.5	1.5
MES	0.5	0.5
AEO-9	6.5	6.5
MEE	3.5	3.5
LAB	2	2
1-乙烯基吡咯烷酮-1-乙烯基共聚物	—	0.3
香精	0.01	0.01
防腐剂	0.01	0.01
色素	适量	适量
去离子水	加至 100	加至 100

制备方法

（1）向配制罐中加入水；

（2）加入阴离子表面活性剂，搅拌至溶解完全；

（3）加入非离子表面活性剂和两性表面活性剂，搅拌至溶解完全；

（4）加入1-乙烯基吡咯烷酮-1-乙烯基共聚物，搅拌至溶解完全；

（5）加入香精、色素、防腐剂等洗涤助剂，搅拌至溶解完全；

（6）在25℃时调节pH至5.0～6.5，搅拌至溶解完全。

原料介绍 AES：乙氧基化脂肪醇硫酸钠，脂肪醇碳原子数为10～15，平均乙氧基化度为20，为阴离子表面活性剂。

MES：脂肪酸甲酯硫酸盐，脂肪酸碳原子数为8～18，为阴离子表面活性剂。

AEO9：乙氧基化脂肪醇，平均乙氧基化度为9，为非离子表面活性剂。

MEE：脂肪酸甲酯乙氧基化物，脂肪酸碳原子数为6～24，平均乙氧基化度为0.5～30，为非离子表面活性剂。

LAB：月桂酰胺丙基甜菜碱，为两性表面活性剂。

防腐剂：甲基异噻唑啉酮和氯甲基异噻唑啉酮混合物。

产品应用 本品主要应用于织物洗涤。

产品特性 本品的阴离子表面活性剂在所述酸性护色洗涤剂组合物中稳定存在，不会沉淀析出，借助表面活性剂的复配协同作用本品的去污力大大提升，并降低了洗涤剂的成本。

配方 38 提高化纤柔软度的洗涤剂

原料配比

原料	配比（质量份）		
	1#	2#	3#
聚乙二醇硬脂酸酯	10	30	12
酯基季铵盐	20	40	26
十二烷基硫酸钠	12	30	18
硝化纤维素	14	8	9
透明质酸	15	20	19
三聚磷酸钠	25	40	33
荧光增白剂	1	3	1.6
香精	0.1	5	1.4
乙醇	12	6	8
水	30	50	39

制备方法 将各组分混合均匀即可。

原料介绍 所述酯基季铵盐为酰胺酯基季铵盐或三乙醇胺型酯基季铵盐或甲基二乙醇胺型双酯基季铵盐中的任一种。

所述荧光增白剂为二苯乙烯型或二磺基型荧光增白剂。

所述香精为柠檬香精或玫瑰香精或苹果香精中的任一种。

产品应用　本品主要应用于织物洗涤。

产品特性　本品中添加阳离子表面活性剂酯基季铵盐与阴离子表面活性剂十二烷基硫酸钠，形成囊泡结构，柔软剂聚乙二醇硬脂酸酯包裹于囊泡内部，在洗涤过程中逐渐向外释放柔软剂，来改善化纤表面的柔软度，使化纤织物保持柔软、滑爽、舒适的手感，作用效果持久。

配方　39　毛织物洗涤剂

原料配比

原料		配比（质量份）	
		1#	2#
组分 A	烷基苯磺酸钠	10	15
	十二醇聚氧乙烯醚硫酸钠	5	8
	葡萄糖酸钠	5	3
	过碳酸钠	7	9
	二甲醚	4	2
	水	50	60
组分 B	蛋白酶	0.5	0.8
	淀粉酶	1	2
	荧光增白剂	1	12
	环氧乙烷	3	6
	羟乙基纤维素	0.2	0.5
	羟乙基甲壳素	2	4

制备方法　分别将组分A和组分B混合均匀，然后将组分A和组分B按照1：3的比例混合。

产品特性　本品对织物的洗涤效果好，尤其是对积聚油污难以清理的毛纺织物洗涤效果更加明显；该洗涤剂对织物伤害小，用量小，对环境影响较小，有一定的抑菌杀菌效果。

配方　40　织物用洗涤剂（1）

原料配比

原料	配比（质量份）		
	1#	2#	3#
草酸	5	5~7	7
亚麻油	14	16	18
磷酸钠	9	10	11

原料	配比（质量份）		
	1#	2#	3#
氢氧化钾	10	11	12
吡咯烷酮	8	9	10
蔗糖油酸酯	10	12	14
乙二醛	13	14	15
醋酸钠	14	15	16
去离子水	100	150	200

制备方法　将各组分溶于水，混合均匀即可。

产品应用　本品主要应用于织物洗涤。

产品特性　本品配方合理，工作效果好，生产成本低。本品能提高洗涤剂的去污能力，同时能使洗涤后的织物具有明亮的光泽，从而达到提高洗涤剂的洗涤性能及对人体的亲和性的目的。

配方 41 织物用洗涤剂（2）

原料配比

原料	配比（质量份）				
	1#	2#	3#	4#	5#
草酸	1	2	3	2	3
聚乙二醇-200	3	—	—	—	—
聚乙二醇-400	—	6	—	4	—
聚乙二醇-600	—	—	6	—	5
卡松	0.5	1	1	1	2
对羟基苯甲酸丙酯	0.5	0.8	1	1	0.8
水溶性玫瑰香精	0.1	—	—	—	—
水溶性兰花香精	—	0.5	0.3	0.3	0.3
月桂酰胺丙基氧化铵	10	12	10	12	10
椰油酰胺丙基甜菜碱	5	8	6	6	6
脂肪醇聚氧乙烯醚琥珀酸酯磺酸钠	5	6	8	8	8
甲基羟丙基纤维素	0.1	1	2	3	3
薄荷提取物	1	2	2	2	3
艾蒿提取物	3	4	4	4	5
石榴皮提取物	3	4	3	5	3
去离子水	35	53	53	53	58

制备方法 将草酸、聚乙二醇、卡松和对羟基苯甲酸丙酯分散于1/2体积的去离子水中，加热至30～35℃混合均匀，将温度升高至45～50℃并搅拌加入香精制得第一混合液；将月桂酰胺丙基氧化铵、椰油酰胺丙基甜菜碱、脂肪醇聚氧乙烯醚琥珀酸酯磺酸钠、甲基羟丙基纤维素加入剩余去离子水中，升高温度至35～40℃搅拌均匀；之后降至室温加入薄荷提取物、艾蒿提取物和石榴皮提取物混合均匀，并加入第一混合液制得洗涤剂。

原料介绍 月桂酰铵丙基氧化铵为非离子表面活性剂，其具有一定的乳化、渗透和抗硬水作用。椰油酰胺丙基甜菜碱具有丰富的泡沫，便于将污垢与织物分离，织物表面不容易沉积污垢，不会发硬。脂肪醇聚氧乙烯醚琥珀酸酯磺酸钠具有降低表面张力的作用，其与椰油酰胺丙基甜菜碱和月桂酰胺丙基氧化铵混合，既可以适当减少洗涤剂的泡沫，同时还具有易漂洗的作用，容易带走分离的污垢，以免造成二次污染。

甲基羟丙基纤维素具有较佳的增稠效果，草酸具有一定的抗菌作用，并且还可以适当调节pH值，使脂肪醇聚氧乙烯醚琥珀酸酯磺酸钠稳定存在于洗涤剂中。此外，草酸还可以与洗涤剂中的金属离子发生螯合作用，调节水的硬度，并且促进污垢与织物分离。聚乙二醇与椰油酰胺丙基甜菜碱协同，提高洗涤剂的抗静电性能。聚乙二醇还具有较佳的增溶性能，具有促进洗涤剂分散均匀、软化织物的作用。

卡松和对羟基苯甲酸丙酯结合，提高洗涤剂的杀菌、防腐作用，提高洗涤剂的存放时间，并且具有长久保持洗涤剂有效成分的作用。

香精、薄荷提取物、艾蒿提取物和石榴皮提取物均可以增加洗涤剂的香味。此外，薄荷提取物还可以起到杀菌和长久抑菌的作用。艾蒿提取物可去除大肠杆菌、金黄色葡萄球菌，避免皮肤瘙痒。石榴皮提取物与薄荷提取物和艾蒿提取物协同，提高洗涤剂的杀菌作用，并且对肉汁、牛奶、血等污渍具有持续的分解效力。

薄荷提取物按照以下方法制得：将新鲜薄荷叶剪碎，并与乙醇以质量比为1∶3的比例混合，采用超临界二氧化碳萃取，萃取压力为8～10MPa，萃取温度为40～50℃，二氧化碳流量为20～25L/h。

艾蒿提取物按照以下方法制得：将新鲜艾蒿剪碎，与乙醇以质量比为1∶2的比例混合，采用超临界二氧化碳萃取，萃取压力为25～32MPa，萃取温度为40～45℃，二氧化碳的流量为20～25L/h。

石榴皮提取物按照以下方法制得：将新鲜石榴皮剪碎，与体积分数为85%的乙醇以质量比为1∶1的比例混合，并且在60～75℃下微波20min制得石榴皮溶出物；将石榴皮溶出物减压蒸馏浓缩制得石榴皮浓缩物，将石榴皮浓缩物采用大孔树脂填充物进行洗脱，洗脱剂依次为体积分数为75%～85%的乙醇、体积分数为50%～60%的乙醇。

聚乙二醇的平均分子量为200～600。

产品应用 本品主要应用于织物洗涤。

产品特性

（1）本品制得的洗涤剂具有较佳的去污效果，并且可避免污垢再次沉降至织物表面；此外，洗涤剂的泡沫适当，去除污垢的同时，还方便漂洗，减少残留。

（2）本品具有较好的抗静电性能，椰油酰胺丙基甜菜碱和聚乙二醇协同，使织物柔软，更加亲肤。

（3）本品具有较佳的杀菌性能，对织物具有抗菌、长久抑菌的效果，还可以避免洗涤剂长期放置被氧化。

（4）本品具有怡人香气，添加少量香精，并且配合薄荷提取物和艾蒿提取物，增加洗涤剂的天然香气，提高舒适度。

配方 42 织物用洗涤剂（3）

原料配比

原料	配比（质量份）			
	1#	2#	3#	4#
谷氨酸二乙酸四钠	3	—	—	—
丙氨酸二乙酸三钠	—	5	—	—
天冬氨酸二乙酸四钠	—	—	2	—
天冬氨酸二乙酸四钠和甘氨酸二乙酸三钠混合物	—	—	—	1
聚环氧琥珀酸	2	1.5	1	2
水溶性壳聚糖季铵盐	7	8	5	5
LAS	15	15	20	12
氯化钠	1.5	3	0.2	5
水	71.5	67.5	71.8	75
香精	适量	适量	适量	适量

制备方法 在混合器中加入总质量60%～85%的水，在搅拌状态下加入LAS混合均匀后，加入氨基酸N-羧酸盐、聚环氧琥珀酸和水溶性壳聚糖季铵盐搅拌均匀，然后加入氯化钠，最后加入香精和剩余水搅拌均匀。

原料介绍 氨基酸N-羧酸盐取自谷氨酸二乙酸四钠、丙氨酸二乙酸三钠、天冬氨酸二乙酸四钠、甘氨酸二乙酸三钠中的一种或多种。

产品应用 本品主要应用于织物洗涤。

产品特性 本品无磷，去污力强、对硬水的适应性强、稳定性好，天然温和不刺激皮肤。

配方 43 纤维洗涤剂（1）

原料配比

原料	配比（质量份）
烷基苯磺酸钠	2~4
蛋白酶	10~15

原料	配比（质量份）
甘油	8~20
聚氧乙烯醚	2~5.3
棕榈油柔软剂	3~5.6
表面活性剂	4~7
香精	1.3~1.5
水	20~27

制备方法 先将烷基苯磺酸钠、蛋白酶放入搅拌器中，升温至60℃，关闭蒸汽阀门，加入甘油、聚氧乙烯醚，搅拌30min后加入棕榈油柔软剂、表面活性剂，升温至80℃，关闭热水阀，充分搅拌后继续加入香精、水，打开放料阀，冷却后计量包装。

产品应用 本品主要应用于织物洗涤。

产品特性 本品配方中利用烷基苯磺酸钠与蛋白酶的协同作用实现去污和清洗；可以满足手洗和机洗的要求，不会出现超细纤维织物变硬、变黄和吸水性变差的问题，而且洗后的超细纤维织物还具有一定的抗静电能力，不需要再使用织物柔顺剂。

配方 **44** 纤维洗涤剂（2）

原料配比

原料	配比（质量份）
薰衣草香精	10
烷基糖苷	8
聚氧乙烯醚	2
棕榈油柔软剂	3
乙氧基月桂酯	4
香草提取液	1.3
水	20

制备方法 先将薰衣草香精放入搅拌器中，升温至60℃，加入烷基糖苷、聚氧乙烯醚，搅拌30min后加入棕榈油柔软剂、乙氧基月桂酯，升温至80℃，充分搅拌后继续加入香草提取液、水，混合均匀，冷却后计量包装。

产品应用 本品主要应用于织物洗涤。

产品特性 本品利用烷基糖苷与薰衣草香精的协同作用实现去污和清洗；可以满足手洗和机洗的要求，不会出现超细纤维织物变硬、变黄和吸水性变差的问题，而且洗后的超细纤维织物还具有一定的抗静电能力，不需要再使用织物柔顺剂。

配方 45 羊毛织物专用洗涤剂

原料配比

原料	配比（质量份）		
	1#	2#	3#
1,2-二氧化茚	15	18	20
乙二醛	5	6	8
陈皮提取物	2	3	5
倍半碳酸钠	2	5	6
过氧化二碳酸二环乙酯	2	4	6
聚氧丙烯聚氧乙烯丙二醇酯	3	4	5
青蒿提取物	2	3	4
牛蹄油	1	3	4
碳水化物酶	1	2	4
甲基丙基甲酮	3	5	6
鞣酸酶	1	2	3
薏苡仁提取物	1	2	3
荷荷巴油	2	3	4
去离子水	16	18	20

制备方法 将各组分溶于水，混合均匀即可。

产品特性 本品洗涤效果好，且不会对羊毛造成损伤。

配方 46 氧化石墨烯抑菌消炎洗涤剂

原料配比

中药抑菌组合物

原料	配比（质量份）	
	1#	2#
黄柏	20	17
秦皮	20	17
白及	15	12
金银花	15	13
五味子	15	13
丁香	10	7
苦参	10	8
石草蒲	10	7
番石榴	7	5
仿生提取液	适量	适量

氧化石墨烯抑菌消炎洗涤剂

原料	配比（质量份）				
	1#	2#	3#	4#	5#
氧化石墨烯 - 银锌纳米复合物	0.1	0.2	0.5	0.7	1
中药抑菌组合物	1	5	6	8	10
烷基苯磺酸钠	5	16	10	12	20
脂肪醇硫酸钠	—	16	7	12	20
烷基磺酸钠	6	—	3	11	—
磺化的蓖麻醇钠盐（泡沫稳定剂）	0.1	0.7	0.5	1	2
D1821（柔软剂）	1	3	2	4	5
CBS（荧光增白剂）	0.01	0.07	0.05	0.02	0.1
水玻璃	5	—	—	1	2
纯碱	—	4	2	—	8
羧甲基纤维素	—	3	—	6	—
过氧酸钠	—	—	3	—	—
去离子水	加至 100	加至 100	加至 100	加至 100	加至 100

制备方法　首先，将烷基苯磺酸钠和脂肪醇硫酸钠用作为平衡使用的量的八成的水稀释后，用 0.2mol/L 的硫酸调整 pH 至 7.5。接着，加入氧化石墨烯 - 银锌纳米复合物，超声分散均匀。然后，向其中混合其他的全部成分，在约 50℃ 下搅拌成均匀的液体。随后，添加 0.2mol/L 的硫酸调节 pH 为 7.0 左右，最后添加余量水，配制成氧化石墨烯抑菌消炎洗涤剂。

原料介绍　氧化石墨烯 - 银锌纳米复合物由以下方法制备而成：

（1）硝化的氧化石墨烯制备：采用改进的 Hummers 法制备 1mol 氧化石墨烯，加入 100mL 的浓硝酸和浓硫酸的混酸，室温搅拌反应 10h，过滤，用蒸馏水反复洗涤固体，直至 pH 为 6 左右，干燥得到硝化的氧化石墨烯。

（2）氧化石墨烯 - 银锌纳米复合物的制备：称取 1mol 步骤（1）制备的硝化的氧化石墨烯分散于乙醇溶液中，超声作用下加入 1.5mol/L 氨水溶液，然后逐滴加入溶有乙酸银和乙酸锌的乙醇溶液，在 45℃ 下反应 24h 后离心用乙醇洗涤多次后冷冻干燥，得到氧化石墨烯 - 银锌纳米复合物。

中药抑菌组合物由以下方法制备而成：

（1）称取黄柏、秦皮、白及、金银花、五味子、丁香、苦参、石菖蒲、番石榴晒干、粉碎，过 100 目筛，得到中药粉末；

（2）按照中药粉末和仿生提取液质量比为 1∶10 的比例混合，37℃ 水浴加热，用塑料薄膜密封，提取 3h，过滤，收集滤液，水浴浓缩至 1/4 体积，收集浓缩液；

（3）将步骤（2）中的浓缩液按照体积比为 1∶4 与乙酸乙酯 - 丙酮混合溶液混合，

萃取3次，收集有机相，减压旋蒸除去溶剂，得到淡黄色粉末，即得中药抑菌组合物。

仿生提取液由0.25%氯化钠、0.30%胃蛋白酶及0.025mol/L盐酸和水配制而成。仿生提取液pH为4.5～6.5。

所述表面活性剂体系包括烷基苯磺酸钠、脂肪醇硫酸钠、烷基磺酸钠中的一种或几种，所述泡沫稳定剂为磺化的蓖麻醇钠盐，所述柔软剂为季铵盐型、脂肪酸酯型、聚乙烯型、有机硅树脂型阳离子型柔软剂中的一种，所述荧光增白剂为二苯乙烯基联苯类荧光增白剂，所述辅助原料包括磷酸钠、硅酸盐、纯碱、羧甲基纤维素、硼砂、过氧酸钠、沸石中的一种或几种。

产品应用　本品主要应用于织物洗涤。

产品特性

（1）本品中的中药提取物均来自天然的中药原料，其配制简便、药源广，抑菌消炎效果显著，且无毒副作用；

（2）本品添加具有明显抑菌效果的氧化石墨烯-银锌纳米复合物，与中药抑菌组合物混合使用，具有协同增效的效果，能使得洗涤剂在强效去污的效果上明显抑制细菌、病毒等有害病原体，保护肌肤健康。

配方 47 液体洗涤剂

原料配比

原料	配比（质量份）
氨基醇	25~35
草酸	15~25
乙醇	15~20
香精	10~15
桉油	2~5
柠檬酸	5~10
水	15~35
硅酸盐	5~10
硬脂酸	5~10

制备方法　将氨基醇、草酸、乙醇、香精和水混合加热，然后在40～80℃的温度下，转速不小于8000r/min的高速乳化条件下加入桉油、柠檬酸、硅酸盐以及硬脂酸的混合液，混合均匀得到产品。

原料介绍　所述氨基醇选自2-氨基-3-甲基-1-丙醇、2-氨基-9-甲基-1-丙醇、2-氨基-2-乙基丙二醇和三羟基氨基甲烷中的至少一种。

产品应用　本品主要应用于织物洗涤。

产品特性 本品去污力强，温和不伤手，通过加入抗菌剂，其具有灭菌抗菌功能，制备工艺简单，所用原料易得，成本较低。

配方 48 以天然植物精油为防腐剂的洗涤剂

原料配比

原料	配比（质量份）				
	1#	2#	3#	4#	5#
月桂酰肌氨酸钠	8	10	15	9	10
烷基糖苷	12	6	5	6	4
脂肪醇聚氧乙烯醚	—	5	4	5	5
亚油酰胺丙基乙基二甲基铵乙基硫酸钠	0.5	1.5	2	—	—
月桂酰胺丙基二甲基甜菜碱	9	12	8	8	6
丙烯酸聚合物	1	1	3	—	—
葡萄柚精油	0.8	—	—	0.8	—
葡糖胺	—	—	—	6	8
艾草精油	—	0.5	—	—	—
牡丹皮精油	—	0.5	—	—	0.8
茶树精油	—	—	0.8	—	0.3
氯化钠	3.5	2	2.5	3	1.8
去离子水	65.2	61.5	59.7	62.2	64.1

制备方法

（1）预先将天然植物精油与部分非离子表面活性剂按同等比例进行乳化，得到混合物A；

（2）在反应釜中添加40%～50%的50～60℃的去离子水，按顺序依次加入阴离子表面活性剂、剩余的非离子表面活性剂、两性表面活性剂和助剂，边加入边搅拌，混合均匀即得到混合物B；

（3）待温度降到40℃以下时，将混合物A、阳离子表面活性剂和剩余的去离子水加入混合物B中，再加入氯化钠，搅拌均匀，过滤，静置，即得到所述的以天然植物精油为防腐剂的洗涤剂。

原料介绍 所述的阴离子表面活性剂为月桂酰肌氨酸钠。

所述阳离子表面活性剂为亚油酰胺丙基乙基二甲基铵乙基硫酸钠。

所述的非离子表面活性剂为烷基糖苷、脂肪醇聚氧乙烯醚和葡糖胺中的一种或几种的混合物。

所述的两性表面活性剂为月桂酰胺丙基二甲基甜菜碱。

所述的助剂为丙烯酸聚合物。

所述的无机盐为氯化钠。

所述天然植物精油为艾草精油、牡丹皮精油、洋甘菊精油、茶树精油、檀香精油、葡萄柚精油、罗文莎叶精油中的一种或几种的混合物。

产品应用　本品主要应用于织物洗涤。

产品特性　将天然植物精油作为防腐剂使用，添加到洗涤产品中，代替了目前使用的化学防腐剂，对消费者来说，避免了化学防腐剂的侵害，保护身体健康，对生产企业来说可以降低成本，保护环境。同时天然植物精油具有留香作用，可以起到消除异味的作用，并留下淡淡的清香味，并具有抗菌抑菌、提高免疫力的效果。

配方 49　用于清洗纺织品的高效洗涤剂

原料配比

原料	配比（质量份）		
	1#	2#	3#
脂肪酸二乙醇酰胺	5	8	10
十二烷基二甲基苄基氯化铵	10	7	6
十二烷基二甲基甜菜碱	8	8	10
壳聚糖	6	5	9
脂肪酸甲酯磺酸钠	4	2	5
海藻酸钠	1	1.5	2
硫酸钠	2	2.5	3
过硼酸钠	2	1.5	2.5
柠檬酸钠	3	2.5	3
三乙醇胺	2	1.5	2.5
羟丙基甲基纤维素钠	3	4	2
聚乙烯吡咯烷酮	4	3	5
氧化玉米淀粉	3	2	3.5
茶皂素	0.8	0.6	0.4
杀菌剂	1.2	1.8	0.6
螯合剂	1	1.5	1.8
香精	0.2	0.4	0.3
甘油	6	10	5
乙醇	8	5	10
去离子水	40	35	40

制备方法

（1）按照各组分的用量分别备料；

（2）向配制罐中加入去离子水，并进行加热，温度控制在50～60℃，然后加入脂肪酸二乙醇酰胺、十二烷基二甲基苄基氯化铵、十二烷基二甲基甜菜碱、壳聚糖、脂肪酸甲酯磺酸钠，搅拌至完全溶解；

（3）在搅拌的情况下，加入羟丙基甲基纤维素钠、聚乙烯吡咯烷酮、氧化玉米淀粉、杀菌剂、螯合剂，直至溶解完全；

（4）停止加热，加入海藻酸钠、硫酸钠、过硼酸钠、柠檬酸钠、三乙醇胺、茶皂素，搅拌10～15min；

（5）在持续搅拌的情况下，加入香精、甘油、乙醇，继续搅拌30～60min，即得。

原料介绍 所述螯合剂为酒石酸钾钠。

所述杀菌剂为聚六亚甲基胍。

所述香精为柠檬香精、芦荟香精、薄荷香精或者薰衣草香精。

产品应用 本品主要应用于衣物、毛巾、被褥、床单洗涤。

产品特性 本品能有效除去衣物等纺织品上的污物、油垢、果汁、血迹、咖啡、化妆品渍、有害微生物等，不伤害衣物纤维、保护衣物色彩、低泡易漂洗，洗涤去污能力强、气味清新、不伤皮肤，安全环保、不污染水源。

配方 50 织物顽固污渍洗涤剂

原料配比

原料	配比（质量份）		
	1#	2#	3#
乙氧基化棉籽油烷酰胺基琥珀酸单酯二钠盐	18	15	20
脂肪酰二乙醇胺	10	8	12
双丙酮丙烯酰胺	7	5	8
乙二醇乙醚醋酸酯	6	5	8
大豆卵磷脂	4	3	5
银杏叶多糖	2.5	2	3
环糊精	3.5	3	5
海椰子油	1.5	1	2
藻酸钠	2.5	2	3
色素	0.5	0.5	0.5
香精	0.5	0.5	0.5
去离子水	150	100	200

制备方法 将各组分溶于水，混合均匀即可。

产品特性 本品能够有效快速去除污渍，节省了清洁时间，且使洗涤后的织物柔软。

配方 51 织物液体洗涤剂

原料配比

原料	配比（质量份）		
	1#	2#	3#
直链烷基苯磺酸钠	3	8	5
烷基聚氧乙烯醚硫酸钠	2	6	5
聚氧乙烯醚	2	6	5
二磺酸盐	5	10	8
酶	1	3	2
柠檬酸钠	1	3	2
荧光增白剂	0.2	1	0.5
染料悬浮抑制剂	0.1	1	0.5
黏度剂	0.3	1	0.8
泡沫调节剂	0.1	2	1
香料	0.5	2	1
去离子水	加至 100	加至 100	加至 100

制备方法 将各组分溶于水，混合均匀即可。

原料介绍 所述酶为脂肪酶、蛋白酶、淀粉酶、纤维素酶中的一种或者两种以上的混合物。

所述染料悬浮抑制剂为聚乙烯吡咯烷酮和甜菜碱按质量比为1∶1得到的混合物。

所述黏度剂为丙二醇或二甲苯磺酸钠。

所述泡沫调节剂为硅树脂。

所述香料为天然植物精油。

本品采用复合型表面活性剂，使用阴离子表面活性剂和非离子表面活性剂复配，阴离子表面活性剂有利于去除细小灰尘颗粒，而非离子表面活性剂则有助于清除油脂型污垢，同时能够保持织物的柔软性，二磺酸盐作为阴离子表面活性剂，是一种助水溶物以及偶合剂，在复配表面活性剂中起到协同促进作用。而柠檬酸钠作为一种抗沉积剂，能够起到去污、防止再污染以及抑制染料转移的效果。

产品特性 本品去污能力强，能够使织物光洁柔软，抑制织物褪色，同时具有易溶解、无残留、温和、无刺激、不伤衣物以及不伤手等优点。

配方 52　竹炭纤维织物专用洗涤剂

原料配比

原料	配比（质量份）		
	1#	2#	3#
二乙基苯	20	23	30
甘氨酸铝	3	4	5
茯苓提取物	2	3	4
二氟二氯甲烷	3	4	5
双水杨酸双酚 A 酯	2	3	5
乙二胺四乙酸钠	3	4	6
香橼提取物	2	3	4
软骨素酶	2	3	5
神经酰胺	1	2	5
三醋酸纤维素	3	5	6
印楝叶提取物	1	2	3
三七提取物	1	2	3
半乳聚糖酶	2	3	5
去离子水	20	23	26

制备方法　将各组分溶于水，混合均匀即可。

产品特性　本品去污能力强，不会对竹炭纤维造成损伤，保证竹炭纤维的优良性能。

配方 53　除静电纺织物清洗剂

原料配比

原料	配比（质量份）
皂基	22～28
甘油	8～12
脂肪醇聚氧乙烯醚	6～8
羟乙基纤维素	3～4
磷酸三丁酯	5～6
丙酮	7～9
脂肪酸烷醇酰胺	8～10
氧化锌	3～5
去离子水	12～15

制备方法 将各组分原料混合均匀即可。

产品特性 本品除静电纺织物清洗剂具有配方合理、清洗效果好、能够消毒杀菌的优点。

配方 54 除霉纺织物清洗剂

原料配比

原料	配比（质量份）
皂基	20～35
薄荷油	2～3
生物碱	8～12
羟乙基纤维素	7～11
磷酸三丁酯	3～4
甘油	5～8
卡松	6～9
盐酸羟胺	3～5
去离子水	13～18

制备方法 将各组分原料混合均匀即可。

产品特性 本品除霉纺织物清洗剂具有配方合理、清洗效果好、能够除去纺织物上的霉味和霉点的优点。

配方 55 低泡纺织物清洗剂

原料配比

原料	配比（质量份）
十二烷基苯磺酸钠	15～28
薄荷油	5～8
脂肪醇聚氧乙烯醚	4～5
铵盐	5～8
聚乙二醇二硬脂酸酯	11～16
直链烷基苯磺酸钠	3～5
椰子油	2～4
烷基糖苷	8～16
去离子水	10～15

制备方法　将各组分原料混合均匀即可。

产品特性　本品低泡纺织物清洗剂具有配方合理、清洗效果好、清洗时不易起泡、清洗后纺织物柔顺的优点。

配方 56　纺织品用环保清洗剂

原料配比

原料	配比（质量份）	
	1#	2#
羧甲基壳聚糖	5	8
油酸	1	2
茶多酚	5	6
氧化石墨烯溶液	0.2	0.5
月桂醇	0.2	0.2
聚乙二醇 400	10	10
水	加至 100	加至 100

制备方法　将氧化石墨烯溶液超声分散后，加入羧甲基壳聚糖和油酸混匀，再加入茶多酚、月桂醇、聚乙二醇和水后得到所述产品。

原料介绍　所述的氧化石墨烯溶液中氧化石墨烯的浓度为 1% ～ 5%。

产品特性

（1）本品中羧甲基壳聚糖可以与甲醛反应，因而可达到去除甲醛的目的。茶多酚具备一定的去除甲醛的效果，同时还能杀菌。月桂醇作为乳化剂，油酸作为渗透剂，一起与氧化石墨烯溶液作用时，能够很好地促进氧化石墨烯进入衣物中，去除甲醛，同时较快地溶于溶液中。聚乙二醇对整个体系具备较好的稳定效果，能够协助以上几种物质发挥作用。

（2）本产品无毒，无腐蚀性，安全，对衣物本身的甲醛去除效果好，且能保护衣物，同时还具备较好的稳定性，保证较好的去除甲醛和保护衣物效果。

配方 57　纺织物清洗剂

原料配比

原料	配比（质量份）
皂基	20 ～ 35
柠檬香精	2 ～ 3
阴离子表面活性剂	4 ～ 5
羟乙基纤维素	3 ～ 4

原料	配比（质量份）
磷酸三丁酯	6～8
液碱	7～9
卡松	5～6
盐酸羟胺	3～5
去离子水	10～15

制备方法 将各组分原料混合均匀即可。

产品特性 本品具有配方合理、清洗效果好、能够消毒杀菌的优点。

配方 58 纺织物杀菌消毒清洗剂

原料配比

原料	配比（质量份）
聚丙烯酰胺	13～20
羟甲基纤维素	6～10
碳酸丙烯酯	5～9
十二烷基三甲基氯化铵	12～18
三乙醇胺	9～12
十二烷基苯磺酸	3～5
木质素磺酸钠	6～11
对羟基苯甲酸	5～9
去离子水	11～15

制备方法 将各组分原料混合均匀即可。

产品特性 本品具有配方合理、杀菌消毒效果好、清洗时不易起泡、清洗后纺织物柔顺的优点。

配方 59 高效纺织物清洗剂

原料配比

原料	配比（质量份）
天然皂粉	20～35
芦荟	2～3
阳离子烷基糖苷	30～40
蛋白酶	8～11
磷酸三丁酯	6～8

原料	配比（质量份）
枧油	6～8
甲基甘氨酸二乙酸	12～14
聚酯多元醇	3～5
去离子水	13～16

制备方法 将各组分原料混合均匀即可。

产品特性 本品具有配方合理、清洗效果好、能够消毒杀菌的优点。

配方 60 快速清洗的织物清洗剂

原料配比

原料		配比（质量份）		
		1#	2#	3#
去离子水		105	90	120
失水山梨醇酯聚氧乙烯醚		40	30	50
乙二醇正丁醚		0.7	0.5	1
甲醇		100	75	125
纯碱		20	15	25
亚硫酸钠		25	20	30
烷基二苯醚二磺酸钠	十六烷基二苯醚二磺酸钠	67	45	90
柠檬酸钠		4.2	2.5	6
植物精油	玫瑰精油	1	0.5	1.5
螯合剂	聚丙烯酸钠	7.5	5	8
氧化钠		11	8	14
助洗剂	聚天冬氨酸钠	2.8	1.5	4
松香基咪唑啉聚醚		35	25	45
脂肪酸甲酯磺酸钠		25	20	30
异丙醇		3	2	4
一水合氨		0.15	0.1	0.2
烷基硫酸钠		0.75	0.5	1
非离子表面活性剂	聚乙二醇型非离子表面活性剂	1	0.5	1.5

制备方法 将各组分原料混合均匀即可。

产品特性 本品能够迅速溶解润滑油，从而提高了对润滑油的清洗效率，采用本品首次清洗织物就能清洗掉织物表面90%以上的润滑油，所以织物一般只需1～2次的清洗。表面的润滑油肉眼难以看见，因此本品对织物的清洗效率高。

配方 61 毛织品清洗剂

原料配比

原料	配比（质量份）
含氯漂白剂	2.0
C_{16} 烷基二苯基醚二磺酸盐	2.5
氧化铵	2.5
十六烷基三甲基氯化铵	1.7
氢氧化钠	1.0
去离子水	适量

制备方法 将各组分原料混合均匀即可。
产品特性 本品去污力强，且具有漂白作用。

配方 62 玫瑰香型纺织物清洗剂

原料配比

原料	配比（质量份）
皂基	32～46
玫瑰精油	5～8
脂肪醇聚氧乙烯醚	4～5
铵盐	5～8
磷酸三丁酯	6～8
液碱	7～9
橄榄油	6～9
烷基糖苷	8～16
去离子水	10～15

制备方法 将各组分原料混合均匀即可。
产品特性 本品具有配方合理、清洗效果好、清洗后的纺织物具有玫瑰香气的优点。

配方 63 面料清洗剂

原料配比

原料	配比（质量份）		
	1#	2#	3#
脂肪醇聚氧乙烯醚	15	18	20
乙二胺四乙酸	4	6	7

原料	配比（质量份）		
	1#	2#	3#
脂肪酸二乙醇胺	5	7	8
柠檬酸	3	5	6
六偏磷酸钠	2	4	5
十二烷基苯磺酸钠	6	8	9
烷基酚聚氧乙烯醚	8	10	12
纳米二氧化钛	2	3	4
乙醇	7	9	10
去离子水	90	93	95

制备方法　将所有物质按照对应的质量份投入到搅拌罐内，高速搅拌处理3～5h后取出即可。所述的高速搅拌处理时的搅拌转速控制为2400～2600r/min，搅拌罐内的温度控制为50～55℃。

原料介绍　所述的纳米二氧化钛的颗粒粒径为20～65nm。

产品特性　本品通过多种原料成分的共同搭配，很好地保证了顽固污渍的清除效果，最终制得的清洗剂温和不伤手、对环境友好。

配方 64 耐高温和低泡沫的蛋白质污垢碱性清洗剂

原料配比

原料	配比（质量份）					
	1#	2#	3#	4#	5#	6#
烷基二苯醚磺酸钠	10	18	25	10	15	10
烷基糖苷	7	5	4	10	9	5
醇醚糖苷	10	7	2	4	2	2
偏硅酸钠	2	20	10	8	18	2
氢氧化钠	10	15	10	20	16	10
乙二醇单丁醚	15	5	11	8	5	5
水	加至100	加至100	加至100	加至100	加至100	加至100

制备方法　将10%～25%烷基二苯醚磺酸钠、5%～10%烷基糖苷、2%～10%醇醚糖苷、2%～20%偏硅酸钠、10%～20%氢氧化钠、5%～15%乙二醇单丁醚和水混合搅拌均匀，得到产品。

产品特性　本品耐高温、低泡沫，适用于不同硬度的水质，且安全无污染，具有良好的清洗效果。

配方 65 天然纺织物清洗剂

原料配比

原料	配比（质量份）
草木灰	12～15
薄荷油	2～3
芦荟	4～5
沸石粉	3～4
艾叶提取物	3～6
蛋白酶	7～9
无患子提取物	5～6
皂角蒸馏液	8～12
水	15～18

制备方法 将各组分原料混合均匀即可。
产品特性 本品配方合理、组分天然、去污效果好。

配方 66 纺织物清洗剂

原料配比

原料	配比（质量份）
十二烷基苯磺酸钠	15～28
羟甲基纤维素	7～11
脂肪醇聚氧乙烯醚	4～5
十二烷基二甲基苄基溴化铵	13～19
聚乙二醇二硬脂酸酯	11～16
直链烷基苯磺酸钠	3～5
纳米二氧化钛	8～12
烷基糖苷	5～9
去离子水	12～17

制备方法 将各组分原料混合均匀即可。
产品特性 本品具有配方合理、杀菌消毒效果好、清洗时不易起泡、清洗后纺织物柔顺的特点。

配方 **67** 天然纺织物清洗剂

原料配比

原料	配比（质量份）
皂角蒸馏液	18 ～ 23
栀子花提取物	2 ～ 3
珍珠粉	4 ～ 5
甘油	4 ～ 5
小苏打	6 ～ 8
橙油	3 ～ 4
盐	5 ～ 6
豆粉	5 ～ 7
乙醇	8 ～ 12

制备方法 将各组分原料混合均匀即可。

产品特性 本品具有配方合理、组分天然、去污效果好、清洗后的衣服会散发出栀子花香的特点。

配方 **68** 净白浓缩型布草洗涤剂

原料配比

原料	配比（质量份）		
	1#	2#	3#
脂肪醇聚氧乙烯醚	25	28	30
十二烷基硫酸钠	20	22	25
羧甲基纤维素钠	6	7	8
二乙醇胺	6	8	10
焦磷酸钾	6	8	10
碱性蛋白酶	0.3	0.5	0.6
香精	1	2	3
去离子水	100	100	100

制备方法

（1）将上述的脂肪醇聚氧乙烯醚、十二烷基硫酸钠和去离子水分别倒入反应容器搅拌均匀，并加热至50 ～ 60℃，然后依次加入羧甲基纤维素钠、二乙醇胺和焦磷酸钾，并搅拌20 ～ 30min；

（2）将步骤（1）得到的液体在室温下冷却至35 ～ 40℃，再依次加入碱性蛋白酶和香精，并搅拌15 ～ 20min；

（3）将步骤（2）得到的液体过滤除杂，即得本净白浓缩型布草洗涤剂。

产品特性　本品采用针对布草的非离子表面活性剂和阴离子表面活性剂组合，并加入抗污垢再沉积剂羧甲基纤维素钠，加入二乙醇胺和焦磷酸钾，制备方法简单，提高了单位体积内的有效去污成分的量，减少了洗涤剂的使用量，性质温和不挥发，易清洗不残留，不但可以深入清洁布草面料纤维，还可保持布草的原色，杀菌去味。

配方 **69** 中性洗涤剂

原料配比

原料	配比（质量份）
AEO-9	10
AEO-7	16
TX-10	14
TX-2	10
乙醇	16
磷酸三丁酯	2
水	32

制备方法

（1）将TX-10和TX-2置于反应釜中加热至40℃，搅拌10min。

（2）在上述混合物中加AEO-7，加热至50℃，搅拌10 min。

（3）在上述混合物中加AEO-9，搅拌5min后加水，再搅拌10 min。

（4）在上述混合物中加乙醇和磷酸三丁酯，加热至60℃，搅拌30min，直至自然冷却至30℃，出料。

原料介绍　所述AEO-9和AEO-7均为脂肪醇聚氧乙烯醚中的一种。

所述TX-10和TX-2均为TX乳化剂中的一种。

产品应用　本品主要应用于布草洗涤。

产品特性　本中性洗涤剂无碱、无磷，去油、去污强，增加布草洗涤后的使用寿命，避免布草发灰发黄，pH值在5.5～7之间，生物降解性更强。

6 沐浴剂

原料配比

原料		配比（质量份）		
		1#	2#	3#
阴离子表面活性剂	月桂醇聚醚琥珀酸酯二钠 MES 30	5	10	8
	月桂醇醚硫酸酯钠 AES	10	5	8
两性表面活性剂	月桂酰基甲基氨基丙酸钠 SUR LMA 30	6	8	10
	椰油酰胺丙基甜菜碱 CAPB 35	10	8	6
氨基酸	蛋氨酸	3	4	3
	天冬氨酸	1	1	2
	谷氨酸	1	2	2
改性羟丙基壳聚糖		6	7	8
丙烯酸酯共聚物 SF-1		6	8	7
助剂	香精	0.3	0.3	0.3
	EDTA 二钠	0.1	0.1	0.1
	防腐剂 9010	0.6	0.6	0.6
32% 液碱		适量	适量	适量
水		52	55	54

制备方法 按上述质量份数，往主搅拌釜中加入水、MES 30 和 EDTA 二钠，搅拌至完全溶解；然后升温至80℃，加入 AES、SUR LMA 30、CAPB 35 和氨基酸，搅拌均匀；降温至70℃，加入 SF-1，混合均匀后加入液碱，搅拌30min至透明；最后降温至50℃，加入防腐剂 9010、香精和改性羟丙基壳聚糖，得到氨基酸冰晶沐浴露产品。

原料介绍 所述氨基酸选自天冬氨酸、亮氨酸、蛋氨酸、谷氨酸、甘氨酸、组氨酸、天冬酰胺、谷氨酰胺中的一种或多种。

所述阴离子表面活性剂选自 AOS、AES、MES、AEC 中的一种或多种。

所述两性表面活性剂选自氨基酸型表面活性剂、氧化铵型表面活性剂、甜菜碱型表面活性剂、咪唑啉型表面活性剂中的一种或多种。

所述助剂选自防腐剂、香精、EDTA 二钠、柠檬酸中的一种或多种。

所述改性羟丙基壳聚糖的制备方法为：

（1）将氨基酸加入含 NHS 和 EDC 的 MES 缓冲液中，反应后得到混合溶液1。

（2）将所述混合溶液1加入含羟丙基壳聚糖的MES缓冲液中，反应后得到混合溶液2；反应的时间为24～30h。

（3）调节所述混合溶液2的pH值为8～9，透析后得到所述改性羟丙基壳聚糖。

产品特性 本品以改性羟丙基壳聚糖为保湿剂，改性羟丙基壳聚糖是对羟丙基壳聚糖进行化学改性，使得羟丙基壳聚糖上接有氨基酸基团。改性羟丙基壳聚糖具有较强吸水、保湿能力，还促进了氨基酸成分的溶解，提升了产品的性能。

本品对于皮肤含水量有明显的改善作用。一方面，改性羟丙基壳聚糖与皮肤细胞的亲和性强，溶解度高，具有良好的吸水、保湿性能，提升了氨基酸冰晶沐浴露的保湿效果，保证了皮肤的健康；另一方面，改性羟丙基壳聚糖中含有氨基酸基团，具有一定极性，有利于沐浴露中氨基酸成分的溶解，有效避免了氨基酸团聚、结块的现象，使得冰晶稳定悬浮在配方组合物中，不会出现絮状或沉底的情况，促进了氨基酸冰晶被皮肤吸收。

配方 2 沉香无患子沐浴乳

原料配比

原料	配比（质量份）	
	1#	2#
脂肪醇聚氧乙烯醚硫酸（AES）	7	9
月桂基葡糖苷（APG）	4	4
月桂酰肌氨酸钠（LS-30）	10	10
椰油酰胺丙基甜菜碱（CAB-35）	8	8
椰子油二乙醇酰胺（6501）	1.5	1.5
甘油	6	6
悬浮稳定剂 SF-1	3	3
去离子水	6	6
生育酚	0.1	0.1
苯氧乙醇	0.3	0.3
水溶性红没药醇	0.2	0.2
乙基己基甘油	0.1	0.1
羟甲基纤维素	0.1	0.1
库拉索芦荟	1	1
EDTA 二钠	0.1	0.1
氯化钠	3	3
沉香精油	0.2	0.2

原料	配比（质量份）	
	1#	2#
无患子提取液	20	15
柠檬酸（添加至 pH 值）	5.5 ~ 6.0	5.5 ~ 6.0
沉香纯露	加至 100	加至 100

制备方法

（1）将甘油、椰油酰胺丙基甜菜碱（CAB-35）、月桂酰肌氨酸钠（LS-30）、月桂基葡糖苷（APG）、脂肪醇聚氧乙烯醚硫酸（AES）依次加入部分沉香纯露中，低速搅拌 15min，加入椰子油二乙醇酰胺（6501），加热至 60 ~ 90℃，恒温搅拌 25 ~ 30min 至溶液澄清，降温至 60 ~ 80℃，加入无患子提取液继续恒温搅拌 15 ~ 25min，得溶液 a；低速搅拌时的转速为 20 ~ 50r/min。

（2）选取悬浮稳定剂 SF-1，用去离子水稀释得悬浮稳定剂 SF-1 稀释液，将步骤（1）中的溶液 a 降温至 55 ~ 65℃，加入悬浮稳定剂 SF-1 稀释液、生育酚、苯氧乙醇、水溶性红没药醇乙基己基甘油和沉香精油，高速搅拌 15min，得溶液 b；高速搅拌时的转速为 500 ~ 600r/min。

（3）用部分沉香纯露在 45 ~ 55℃溶解羟甲基纤维素、EDTA 二钠和氯化钠，得溶液 c。

（4）将步骤（2）中的溶液 b 降温至 40 ~ 50℃，加入库拉索芦荟和步骤（3）中的溶液 c，高速搅拌 5 ~ 15min，得溶液 d；高速搅拌时的转速为 500 ~ 600r/min。

（5）采用沉香纯露溶解柠檬酸，得柠檬酸溶液，采用柠檬酸溶液调节溶液 d 的 pH 为 5.5 ~ 6.0，加入剩余的沉香纯露，低速搅拌 5 ~ 15min，即制得沉香无患子沐浴乳；低速搅拌时的转速为 20 ~ 50r/min。

原料介绍 所述沉香精油通过以下方法制备获得：选取沉香木片，粉碎过筛，得沉香木粉末，将沉香木粉末和果胶酶混匀置于无纺布袋中，将无纺布袋没入 50 ~ 60℃水中恒温处理 2 ~ 3h，使果胶酶充分反应完全，然后采用精油机，分别蒸馏出沉香精油和沉香纯露。其中所述果胶酶的用量为沉香木粉末总质量的 0.4% ~ 0.6%。

所述无患子提取液通过以下方法制备获得：选取无患子果皮，粉碎后加入去离子水、纤维素酶和果胶酶，然后加入体积分数为 95% 以上的乙醇，在 45 ~ 55℃恒温水浴中进行提取处理 3 ~ 5h，过滤，取滤液，得皂苷粗提物，静置，取上清液旋转浓缩除去乙醇，得浓缩液，对浓缩液进行脱色处理，得到无患子提取液。旋转浓缩时的温度为 65 ~ 75℃，旋转浓缩时间为 40 ~ 60min。对浓缩液进行脱色处理时，在浓缩液中加入维生素 C 和亚硫酸钠，在 75 ~ 80℃水浴中脱色处理 50 ~ 70min。所述无患子果皮、去离子水、纤维素酶和果胶酶的用量关系为 50g :（300 ~ 320mL）:（0.70 ~ 0.80g）:（0.2 ~ 0.4g）。

产品特性　本品通过在沐浴乳中添加具有良好清洁性及发泡性的"天然表面活性剂"无患子有效成分，将其具有多种有利于人体健康的生物活性的提取液加入沐浴乳中，增强抑菌效果，再加入具有特殊舒缓安神气味的沉香精油和沉香纯露，代替沐浴乳中香精的添加，便可使身体持久保持香味，沉香中的香气成分还有舒缓安神的功效，使产品成分更加安全，避免造成过敏、红斑、皮炎等不良反应。

配方 ③ 除螨沐浴露

原料配比

原料		配比（质量份）			
		1#	2#	3#	4#
表面活性剂	椰油酰谷氨酸二钠	4	4	6	5
	月桂酰两性基乙酸钠	4	4	4	5
	椰油酰胺丙基羟基磺基甜菜碱	2	2	2	1.5
保湿剂	甘油	2	2	4	2.5
	1，2-己二醇	0.5	0.5	0.5	1.0
抗静电剂	丙烯酸（酯）类共聚物	2.4	2.4	1.5	2
抗氧化剂	对羟基苯乙酮	0.5	0.5	0.4	0.2
肉桂树皮提取物		0.075	0.05	0.08	0.065
无患子果皮提取物		0.015	0.04	0.01	0.025
迷迭香提取物		0.005	0.003	0.002	0.004
黄檗树皮提取物		0.003	0.006	0.004	0.003
薄荷提取物		0.002	0.001	0.004	0.003
去离子水		加至100	加至100	加至100	加至100

制备方法

（1）预处理：将抗静电剂加入去离子水中，在室温下搅拌溶解至分散均匀，为A相；

（2）乳化锅中加入去离子水、表面活性剂和保湿剂，搅拌，升温至（85±1）℃，保温至溶解均匀后，开启冷凝水，搅拌降温，为B相；

（3）待B相降温至（65±1）℃，加入步骤（1）的A相，搅拌，保温消泡，继续降温至（45±1）℃，加入剩余组分，搅拌溶解至分散均匀，制得除螨沐浴露。

原料介绍　所述的肉桂树皮提取物的制备方法：将肉桂树皮干燥后研磨粉碎至60目粉末状，加入肉桂树皮质量3倍的去离子水，加热回流，冷凝收集馏出液，冷却后将馏出液再次加热回流，冷凝收集馏出液，再加入有机溶剂萃取馏出液3次（馏出液与有机溶剂体积比为2：1），收集合并有机层，干燥，加热蒸出有机溶剂，制备得到肉桂树皮提取物。

所述的无患子果皮提取物的制备方法：将无患子果皮干燥后研磨粉碎至60目粉末

状，加入70%乙醇水溶液，料液比为1g：30mL，在80℃、超声波频率为35kHz、超声功率为400W下提取2h，结束后抽滤，收集滤液，旋蒸干燥，制备得到无患子果皮提取物。

所述的迷迭香提取物的制备方法：将迷迭香干燥后粉碎至40目粉末状，将迷迭香粉末置于萃取釜中，加热至40℃，通过高压泵调节萃取釜压力至50MPa、分离釜压力至5MPa后，开始循环萃取，调节CO_2动态流量，待系统稳定后，萃取2h，制备得到迷迭香提取物。

所述的黄檗树皮提取物的制备方法：将黄檗树皮干燥后粉碎成60目粉末状，加入70%乙醇水溶液，料液比为1g：15mL，在60℃、超声波频率为35kHz、超声功率为400W下提取2h，结束后抽滤，收集滤液，旋蒸干燥，制备得到黄檗树皮提取物。

所述的薄荷提取物的制备方法：将薄荷干燥后粉碎成20目粉末状，加入50%乙醇水溶液，料液比为1g：80mL，在40℃、超声波频率为35kHz、超声功率为400W下提取2h，结束后抽滤，收集滤液，旋蒸干燥，制备得到薄荷提取物。

产品应用　本品主要是儿童使用的一种除螨沐浴露。

产品特性　本品配伍性好，多种活性成分协同增效，能够对螨体产生多方面的作用，破坏螨体表皮层，使螨体表皮结构纹理疏松，进而进入螨体，引起水分流失，造成染色质与核仁消融，细胞器空泡化，从而影响螨虫的生理活性，致螨虫死亡，达到全面灭螨的效果。

本品具有高效杀灭螨虫的功效，且使用后肌肤滋润不紧绷，安全性高，温和不刺激，特别适合儿童使用。

配方 4 搓泥去角质沐浴露

原料配比

原料		配比（质量份）
A 相	月桂醇聚醚硫酸酯钠	16
B 相	椰油酰甘氨酸钠	12
	甘油	3
	聚丙烯酸钠	2
C 相	丙烯酸（酯）类共聚物	3
D 相	氢氧化钠	0.08
E 相	椰油酰胺丙基甜菜碱	5
	甘露聚糖	0.3
水		加至 100

制备方法

（1）将水分成三部分，第一部分水用于分散丙烯酸（酯）类共聚物制成预分散物，第二部分水用于溶解氢氧化钠制成氢氧化钠溶液；

（2）往反应锅中加入第三部分水、月桂醇聚醚硫酸酯钠，升温至80～85℃，搅拌至料体完全溶解；

（3）往反应锅中继续加入椰油酰甘氨酸钠、甘油、聚丙烯酸钠并搅拌均匀；

（4）将预分散物、氢氧化钠溶液分别投入反应锅中并搅拌均匀；

（5）当温度降至45℃时，将椰油酰胺丙基甜菜碱、甘露聚糖投入反应锅中，搅拌均匀后即可出料。

产品特性

（1）通过复配聚丙烯酸钠和甘露聚糖替代传统的磨砂粒子，降低对皮肤的划伤，且能提供优异的温和清洁去角质的效果。

（2）本品不仅解决了表面活性剂引起的降黏问题，而且提高了其清洁力度，使皮肤洗后没有滑感。

（3）本品解决了以月桂醇聚醚硫酸酯钠为主要表面活性剂的沉淀问题，提供一种体系更为稳定、清洁力更强的搓泥去角质沐浴露。

配方 5 儿童芳香修护沐浴露

原料配比

原料		配比（质量份）		
		1#	2#	3#
椰油酰胺丙基甜菜碱		6	3	9
月桂醇聚醚硫酸酯钠		5.5	4	7
月桂酰两性基乙酸钠		2	1	3
透明质酸钠		2	1	3
牛奶蛋白提取物		9	6	12
乳清蛋白		7	5	9
维生素E		3.5	2	5
植物提取物组合物		4	2	6
植物油脂		2	1	3
pH调节剂		0.75	0.5	1
丁二醇		0.2	0.1	0.3
去离子水		60	50	70
植物提取物组合物	艾草提取物	5	3	7
	薰衣草提取物	4	3	5
	积雪草提取物	3.5	2	5
	虎杖提取物	2.5	1	4
	燕麦仁提取物	2.5	1	4
	葡萄提取物	2	1	3
	母菊提取物	3.5	2	5

原料		配比（质量份）		
		1#	2#	3#
植物油脂	沙棘果油	1	1	1
	罗勒籽油脂	1	1	1
pH 调节剂	天然柠檬酸	3	2	3
	酒石酸	1	1	1

制备方法

（1）将椰油酰胺丙基甜菜碱、月桂醇聚醚硫酸酯钠、月桂酰两性基乙酸钠、丁二醇和去离子水加入混合搅拌罐中，在60～75℃的条件下缓慢搅拌20～30min，得到混合基液。

（2）将透明质酸钠、牛奶蛋白提取物、乳清蛋白和植物提取物组合物加入反应罐中，常温条件下采用超声波处理以促进混合，得到功能性混合液；超声波频率为20～30kHz，功率为500～800W，超声波处理时间为7～10min。

（3）待混合搅拌罐的温度降至35℃时，将功能性混合液加入混合搅拌罐中与混合基液混合，搅拌20～35min后加入维生素E、植物油脂和pH调节剂，继续搅拌20～40min，即可制得儿童芳香修护沐浴露。

产品应用 本品是一种具有抗菌功能和皮肤屏障建立及皮肤屏障修护功能的儿童芳香修护沐浴露。

产品特性 本品通过添加透明质酸钠、牛奶蛋白提取物、乳清蛋白和维生素E，实现了沐浴露的修护功能，并有效建立了皮肤防护屏障，抵抗外界环境对儿童皮肤的损伤；同时，通过植物提取物组合物中多种天然植物的添加，在对儿童皮肤养护的同时，沐浴露味道更加温和且具有天然植物的芳香，具有对皮肤的舒缓功效；并通过天然的pH调节剂的添加，沐浴露呈弱酸性，更适合儿童娇嫩肌肤。

配方 6 富硒生姜保健型生物洗发沐浴露

原料配比

原料		配比（质量份）		
		1#	2#	3#
姜	富硒生姜	800	—	1000
	富硒母姜	—	900	—
水果皮	干橘子皮	90	—	—
	干橙子皮	—	100	110
麦麸		140	150	160
鲜何首乌		90	100	110

原料	配比（质量份）		
	1#	2#	3#
小苏打	90	100	110
元明粉	9	10	11
天意 em 原露	40	50	60
红糖	9	10	11
井水	180	200	220
亚硒酸钠	3	5	7
纤维素	2	3.5	5

制备方法

（1）将9～11g红糖加入180～220g井水中充分混合溶解，得到红糖水溶液；

（2）将40～60g的天意em原露和3～7g的亚硒酸钠依次分别加入到步骤（1）所得的红糖水溶液中，密封发酵活化30天备用，得到混合溶液A；

（3）分别称取含水量为70%的姜800～1000g、水果皮90～110g、鲜何首乌90～110g，用粉碎机粉碎成2～4mm的颗粒，混合搅拌均匀，得到物料B；

（4）称取140～160g的麦麸，与步骤（3）中所得物料B混合，得到物料C；

（5）将步骤（2）中产物混合溶液A与步骤（4）中产物物料C混匀，混匀后密封发酵30天，得到发酵后的物料D；

（6）将步骤（5）得到的物料D与2～5g的洗涤助剂、90～110g小苏打、9～11g元明粉混合，混合均匀后得到洗发沐浴露。

原料介绍　所述洗涤助剂为纤维素或三聚磷酸钠或发泡剂中的任意一种或多种。

产品特性

（1）本品经多次发酵后，由富硒有机生姜、橘皮和何首乌等制成。生姜与何首乌都有护发生发、去屑止痒、白发转黑等作用。

（2）本品工艺简单，生产周期短，生产成本低且营养价值高，洗发沐浴保健性强、效果好。

配方 7 高泡沫型沐浴露

原料配比

原料	配比（质量份）		
	1#	2#	3#
柠檬草精油	10	15	20
罗勒精油	10	15	20

原料		配比（质量份）		
		1#	2#	3#
青蒿油		30	45	60
阴离子表面活性剂	月桂酰基甲基氨基丙酸钠	30	35	40
两性表面活性剂	十二烷基二甲基氧化铵	15	20	25
	椰油酰两性基二乙酸二钠	10	15	20
非离子表面活性剂	椰油酰单乙醇胺	10	15	20
保湿剂	二甲基硅油	2	4	6
防腐剂	羟苯乙酯	2	4	6
金属螯合剂	乙二胺四乙酸	1	2	3
有机酸	水杨酸	1	2	3
去离子水		120	140	160

制备方法

（1）先将柠檬草精油、罗勒精油、青蒿油与月桂酰基甲基氨基丙酸钠、十二烷基二甲基氧化铵、椰油酰两性基二乙酸二钠混合，加热搅拌均匀，搅拌温度为80～85℃，搅拌时间为10～15min，搅拌速度为1000～1500r/min；

（2）将椰油酰单乙醇胺、水杨酸依次加入到步骤（1）的混合物中，搅拌均匀，边搅拌边将水加入，搅拌温度为70～75℃，恒温搅拌30～40min，搅拌速度为2000～2500r/min；

（3）待冷却至50℃以下，将二甲基硅油、羟苯乙酯、乙二胺四乙酸依次加入步骤（2）的混合物中搅拌均匀，边搅拌边冷却至30～40℃，搅拌时间为5～8min，搅拌速度为1500～1700r/min，静置消泡，即得。

产品特性 本品添加十二烷基二甲基氧化铵与椰油酰两性基二乙酸二钠，两者均为两性表面活性剂，两者配伍使用，可以降低阴离子表面活性剂的使用，从而降低对皮肤的刺激性；两者配伍使用可以增强沐浴露的稳定性，对皮肤清洁效果好；此外，两者配伍能增加摩擦时产生的泡沫量，发泡性能优异，泡沫丰富，从而提高使用的舒适感。

配方 8 含迷迭香的除螨虫沐浴露

原料配比

原料	配比（质量份）		
	1#	2#	3#
月桂酰甲基氨基丙酸钠	10	12	13
椰油酰胺丙基甜菜碱	13	15	17
月桂醇聚醚硫酸酯钠	10	12	15

原料		配比（质量份）		
		1#	2#	3#
其他表面活性剂	MES	3	3	3
丙二醇		2	2.5	3
迷迭香		1	1.5	2
芦荟提取物		0.3	0.6	0.4
苯氧乙醇		0.3	0.6	0.4
氯化钠		1.5	1.5	1.5
改性聚硅氧烷		1	1.5	2
助剂	对氯苯酚	0.35	0.35	0.35
	香精	0.5	0.5	0.5
	EDTA 钠盐	0.1	0.1	0.1
	柠檬酸	适量	适量	适量
	氨基酸	0.2	0.2	0.2
增稠剂	羧甲基纤维素钠	0.2	0.2	0.2
水		40	45	50

制备方法 将改性聚硅氧烷与迷迭香、月桂酰甲基氨基丙酸钠、椰油酰胺丙基甜菜碱预混，然后加入其他成分。预混的温度为30～45℃。

原料介绍 所述改性聚硅氧烷是经含氢硅油与聚多元醇单甲醚发生缩合反应而成的产物。所述含氢硅油的含氢量选自0.18%～0.75%。

改性聚硅氧烷的制备方法为：将1mmol含氢硅油（含氢量为0.18%）、0.33mmol的聚乙二醇单甲醚和0.67mmol的聚丙二醇单甲醚，溶于70mL的甲苯中，然后加入醋酸锌作为催化剂，回流8h，然后减压蒸馏除去溶剂，将混合物过柱提纯（流动相为体积比为1：1的石油醚与二氯甲烷），收集产物，得到改性聚硅氧烷。

产品特性

（1）本品中改性聚硅氧烷稳定地分散在表面活性剂中，从而形成均匀、稳定的体系，使得产品在很长一段时间内有灭螨和除螨的效果。

（2）本品中各种表面活性剂与改性聚硅氧烷的协同作用，使得体系对迷迭香各个成分的包裹和增容效果较为理想，可以形成相对稳定的环境，屏蔽掉一部分外温变化对迷迭香的负面影响，从而延长了产品的保质期。

配方 9 含有 NMN 的氨基酸沐浴露

原料配比

原料		配比（质量份）		
		1#	2#	3#
A 相	去离子水	加至 100	加至 100	加至 100
	EDTA 二钠	0.2	0.1	0.3
	椰油酰氨基丙酸钠	10	14	12
	月桂酰两性基乙酸钠	—	—	1
	椰油酰胺丙基甜菜碱	5	2	—
	椰油酰胺羟基磺基甜菜碱	—	1	3
	椰油酰胺 MEA	—	1	0.5
	椰油酰胺甲基 MEA	4	2	3
B 相	对羟基苯乙酮	0.5	0.7	0.8
	1,2-己二醇	1.5	1.2	1
C 相	β-烟酰胺单核苷酸（NMN）	1.5	1	0.5
	蜂蜜提取物	7	8	5
D 相	柠檬酸	适量	适量	适量
	柠檬酸钠	适量	适量	适量

制备方法

（1）将去离子水、螯合剂、氨基酸表面活性剂、两性表面活性剂、非离子表面活性剂投入搅拌锅中，加热至 80 ～ 85℃，搅拌溶解均匀；

（2）将对羟基苯乙酮和 1,2-己二醇在辅助锅中加热溶解至透明；

（3）将搅拌锅降温至 60 ～ 65℃，缓慢加入对羟基苯乙酮和 1,2-己二醇的透明混合物，搅拌溶解均匀；

（4）降温至 40 ～ 45℃，投入 NMN 和蜂蜜提取物，搅拌溶解均匀；

（5）投入 pH 调节剂，将膏体 pH（10% 水溶液）调至 6 ～ 6.5；

（6）过滤，出料。

原料介绍 所述氨基酸表面活性剂为椰油酰氨基丙酸钠。

所述两性表面活性剂为月桂酰两性基乙酸钠、月桂酰胺丙基甜菜碱、椰油酰胺丙基甜菜碱、椰油酰胺羟基磺基甜菜碱、月桂酰胺丙基羟磺基甜菜碱中的一种或几种。

所述非离子表面活性剂为椰油酰胺 MEA、椰油酰胺甲基 MEA 中的一种或两种。

所述蜂蜜提取物采用葡糖杆菌属菌发酵，发酵温度在 15 ～ 40℃，发酵 pH 在 3.0 ～ 8.0，发酵处理后的蜂蜜用 1,3-丁二醇提取，过滤、离心制得。

所述防腐剂为对羟基苯乙酮和 1,2-己二醇复配替代传统防腐剂。

所述螯合剂为 EDTA 二钠。

所述pH调节剂为柠檬酸、柠檬酸钠、乳酸、乳酸钠、精氨酸。

产品特性　本品通过氨基酸表面活性剂与其他非AES的表面活性剂之间的合理搭配，形成温和、泡沫细腻丰富、黏度适宜的氨基酸沐浴露，并搭配NMN和蜂蜜提取物，在合理的搭配下可以使皮肤更加嫩滑、水润。本品通过各组分协同增效作用，具有温和清洁、柔滑嫩肤的功效。

配方 10　含有艾草精油的沐浴露

原料配比

原料	配比（质量份）
天然脂肪醇硫酸铵	1
天然脂肪醇醚硫酸钠	10
珠光浆	3
棕榈酸羟基磺酸钠	2
椰油酸单乙醇酰胺	2
椰油基二乙酸酰胺	2
艾精油	0.1
柠檬酸	0.2
香精	0.4
消毒去离子水	76.3
食盐	3

制备方法

（1）对搅拌釜和加热锅进行清洗和消毒；

（2）称取艾精油、柠檬酸和香精获得第一添加液；

（3）将棕榈酸羟基磺酸钠、椰油酸单乙醇酰胺、椰油基二乙酸酰胺，加入所述加热锅内，加热至70～80℃熔化，获得第二添加液；

（4）向所述搅拌釜内加入消毒去离子水，加热至45～55℃，加入天然脂肪醇硫酸铵、天然脂肪醇醚硫酸钠和珠光浆，恒温下搅拌2h，获得第一混合液；

（5）向所述第一混合液内加入第一添加液，恒温搅拌1h，获得第二混合液；

（6）向第二混合液中加入第二添加液，恒温搅拌30min，获得第三混合液；

（7）向第三混合液中加入食盐，恒温搅拌30min，获得成品；

（8）将成品冷却至30～40℃，取样化验，合格后静置出料。

产品特性　本品在生产过程中混合均匀，且经过长时间的存放后，内部物质稳定，不易分层，能够有效地保证艾精油的活性，不会对艾精油活性造成影响，而且使用过程中发泡时间长，泡沫稳定，去污能力强，在洗澡去污的同时，抚摸按压皮肤，促进艾精油的吸收，清洗后，不仅保持皮肤的洁净，还能去除皮肤异味，保持清香，同时也能驱蚊消毒，预防疾病，安眠助睡缓解疲劳，达到卫生、健康、舒服的目的。

原料配比

原料		配比（质量份）					
		1#	2#	3#	4#	5#	6#
表面活性剂	椰油酰胺丙基甜菜碱（CAB-35）	10.0	10	6	—	5	10
	椰油酸单乙醇酰胺（CMEA）	—	—	2	—	—	—
	月桂醇醚磷酸酯钾（MAEPK）	8.0	4	—	12	—	—
	椰油酰胺丙基羟磺基甜菜碱（CHSB）	7.0	—	—	10	—	—
	脂肪醇聚氧乙烯醚磺基琥珀酸单酯二钠（AEMES）	—	—	9	—	—	12
	单月桂基磷酸酯（MAP）	—	5	—	—	10	—
增稠剂	羟丙基甲基纤维素	—	0.5	—	0.5	—	0.6
	氯化钠	1.0	1.5	13	—	1.5	1.5
珠光剂	乙二醇单硬脂酸酯	—	—	0.8	—	—	—
助溶剂	丙二醇	1.0	1	2	2	2	4
	丙三醇	9.0	6	5	5	5	4
防腐剂	苯甲酸钠	0.1	0.1	0.1	0.1	0.1	0.1
滇重楼提取物		0.1	2	1.1	0.1	2	0.5
赋香剂	玫瑰香精	—	—	—	0.2	—	—
青刺果油		0.1	0.5	1	0.2	0.2	—
pH调节剂	柠檬酸	—	—	—	0.1	—	—
	柠檬酸钠	—	—	—	—	—	0.1
去离子水		加至100	加至100	加至100	加至100	加至100	加至100

制备方法

（1）将所用的原材料滇重楼药用部位块根或滇重楼每年废弃地上部分茎叶通过粉碎机、研磨机研磨成粉，过20～80目筛；

（2）用50%～100%的乙醇溶液提取，加热回流、超声提取中的一种或两种联用，提取2～3次，提取时间为每次1～5h，提取料液比为原材料与溶剂的质量比为1：（2～20）；

（3）将每次提取液过滤，富集滤液，通过旋转蒸发仪除去溶剂，获得不含溶剂的滇重楼提取物；

（4）将沐浴露常规用的辅料固体状的增稠剂在适量水、40～60℃的条件下溶解，加入固体状表面活性剂使其溶解，冷却后加入液体状表面活性剂、助溶剂、防腐剂、其他添加剂混合均匀，然后加入滇重楼提取物和青刺果油，混匀后测定pH值，根据需要添加pH调节剂调节pH值，混匀。

原料介绍　所述的滇重楼提取物由滇重楼块根提取物、滇重楼茎叶提取物中的一种或两种组成；所述的滇重楼块根提取物，所用原材料为干燥块根，所述的滇重楼茎叶提取物所用原材料为每年种子采收后，被直接丢弃的地上茎叶部分。

所述的辅料包括表面活性剂、增稠剂、pH调节剂、助溶剂、防腐剂和其他添加剂。

所述的表面活性剂是指脂肪醇聚氧乙烯醚磺基琥珀酸单酯二钠（AEMES）、单月桂基磷酸酯（MAP）、月桂醇醚磷酸酯钾（MAEPK）、椰油酸单乙醇酰胺（CMEA）、椰油酰胺丙基甜菜碱（CAB-35）、椰油酰胺丙基羟磺基甜菜碱（CHSB）中的两种或多种组合。

所述的增稠剂是指羟丙基甲基纤维素、羧甲基纤维素、羧甲基淀粉钠、阿拉伯树胶、卡波姆、瓜尔胶、氯化钠中的一种或多种组合，其添加范围为0.1%～2.0%。

所述的pH调节剂是指柠檬酸-柠檬酸钠，其添加范围根据所需pH进行选择。

所述的助溶剂是指丙二醇、吐温-80、丙三醇、去离子水中的一种或多种组合，其添加范围根据实际情况进行调节，最终用去离子水补足100%。

所述的防腐剂是指苯甲酸钠、山梨酸、苯甲酸、尼泊金酯类中的一种或多种组合，其添加范围为0.1%～1.0%。

所述的其他添加剂是指调整产品外观的珠光剂、赋香剂、遮光剂、色素、保湿剂、抗氧化剂等。所述的其他添加剂主要是增加产品的附加功能和市场竞争力，添加范围为0%～2%。所述的赋香剂是指用于掩盖基体中部分油脂或表面活性剂的气味，并使产品散发清新愉悦的香气，增加产品的使用感受的香精香料及其提取物中的一种或多种组合。所述的珠光剂是指乙二醇单硬脂酸酯、乙二醇二硬脂酸酯中的一种或两种组合。所述的抗氧化剂是指乙二胺四乙酸二钠、亚硫酸钠中的一种或两种组合。

产品应用　使用方法如下：先用温水打湿身体皮肤，将含有滇重楼提取物的沐浴露借助起泡工具打出丰富的泡泡涂满全身，再用双手适当地按摩皮肤，最后要将身体上的泡泡和含有滇重楼提取物的沐浴露彻底冲洗干净。

产品特性

（1）本品通过在配方中添加滇重楼提取物，可使沐浴露具有良好的抑菌消毒等效果。长期使用本品可改善皮肤状态，缓解一些轻微的皮肤病以及蚊虫叮咬导致的红肿等，并且性质温和，具有抗菌消毒功效，对皮肤刺激小，使用效果好。

（2）本品通过在配方中添加青刺果油，由于其良好的护肤和抑菌活性，在沐浴时以油的相似相溶性，能起到很好的清洁作用；在沐浴后，青刺果油会黏附在皮肤表面，具有良好的锁水保湿功效，对皮肤的刺激作用小，使用效果良好。

配方 12 含有青蒿香精的沐浴露

原料配比

原料	配比（质量份）				
	1#	2#	3#	4#	5#
脂肪醇聚氧乙烯醚硫酸钠	13	16	20	15	18
月桂醇硫酸酯铵盐	3	5	8	3	7
甘油	1.5	3	5	1.5	4.5
椰子油脂肪酸二乙酰胺	5	4	5	2.5	3
聚季铵盐-7	5	5	5	3	3.5
椰油酰胺丙基甜菜碱	4	6	8	4	7
乙二胺四乙酸二钠	0.3	0.2	0.3	0.1	0.25
液体卡波 SF-1	1.0	0.6	1	0.3	0.9
卡松	0.2	0.15	0.3	0.1	0.2
青蒿香精（ZR-Ⅱ）	2	0.8	3	0.5	2
水	66.0	48	70	44.4	66

制备方法

（1）进行准备：向搅拌锅中加入配方量AES，并加入配方量去离子水，然后搅拌直至完全溶解；

（2）制得产品：边搅拌边依次加入上述配方量的原料，并搅拌均匀制得含有青蒿香精的沐浴露，且每添加一种成分均需搅拌均匀使样品完全溶解后再添加下一种成分，并搅拌均匀，全部成分加入后搅拌，搅拌后通过静置24h以上对产品进行消泡；

（3）后续处理：将制备出的含有青蒿香精的沐浴露进行杀菌、封装。

产品特性 本品使用时可以温和清洁皮肤，滋润肌肤，保湿补水，令肌肤柔嫩细腻、紧致鲜活，同时具有独特的纯植物香氛，芳香宜人。

配方 13 花瓣止痒沐浴露

原料配比

原料	配比（质量份）		
	1#	2#	3#
丙烯酸复合共聚物	12	4	15
新鲜玫瑰花瓣	15	12	20

原料		配比（质量份）		
		1#	2#	3#
表面活性剂	月桂酰基谷氨酸	3	—	—
	椰油酰甘氨酸钠	—	1	—
	烷氧基乙基-β-D-吡喃木糖苷	—	—	5
保湿剂	氨甲基丙醇	0.6	—	—
	三乙醇胺	—	0.5	—
	氢氧化钠	—	—	0.7
增稠剂	纤维素	4	—	—
	结冷胶	—	3	—
	黄原胶	—	—	5
碱中和剂	甘油	2	—	—
	聚醚甘油-26	—	1	—
	透明质酸钠	—	—	3
天然植物提取物		15	10	20
水		150	100	200
丙烯酸复合共聚物	10%丙烯酸水溶液	35	20	50
	10%N-乙烯基吡咯烷酮水溶液	15	10	20
	引发剂偶氮二异丁腈	0.03	0.01	0.04
	泥鳅蛋白	6	3	10
	大豆蛋白	6	3	10
	水	90	80	100
天然植物提取物	唐松草提取物	1	1	1
	野菊花提取物	1	1	1

制备方法

（1）按照质量份数，取丙烯酸复合共聚物、表面活性剂、保湿剂、增稠剂、碱中和剂、天然植物提取物、水，升温至50～70℃，在800～1500r/min的条件下搅拌20～60min;

（2）降至室温，加入新鲜花瓣，在100～300r/min的条件下搅拌10～30min，制成。

原料介绍 所述丙烯酸复合共聚物采用如下方法制备：按照质量份数，取10%丙烯酸水溶液20～50份、10%N-乙烯基吡咯烷酮水溶液10～20份，加入偶氮二异丁腈0.01～0.04份作为引发剂，搅拌均匀，制成溶液A;取泥鳅蛋白3～10份、大豆蛋白3～10份，溶解于80～100份水中，加入溶液A，在氮气保护下，升温至30～60℃，继续搅拌反应1～3h;待反应液冷却至室温，用pH=2～6的磷酸溶液透析，得到丙烯酸复合共聚物。

所述天然植物提取物为唐松草提取物和野菊花提取物按照1∶1质量比得到的混合物。

唐松草提取物的提取方法为：取唐松草，晒干，磨成粉末，加3～8倍质量的水回流提取3次，合并滤液，浓缩至滤液体积的1/6，制成。

野菊花提取物的提取方法为：取野菊花，晒干，磨成粉末，加3～8倍质量的水回流提取3次，合并滤液，浓缩至滤液体积的1/6，制成。

产品应用 本品是一种含有完整玫瑰鲜花花瓣的止痒沐浴露。

产品特性 本品采用泥鳅蛋白和大豆蛋白改性的丙烯酸共聚物，使得新鲜花瓣在搅拌过程中不破损，悬浮性能好，天然植物提取物采用唐松草提取物和野菊花提取物按照1∶1质量比得到的混合物，杀菌抗菌性能好，能快速止痒，使得沐浴者感觉舒爽顺滑。

配方 14 含有蜂巢蜂蜜的温和氨基酸沐浴露

原料配比

原料		配比（质量份）
A 相	椰油酰胺丙基甜菜碱	5～10
	月桂醇聚醚硫酸酯钠	10～30
	十二烷基硫酸钠	1～5
	柠檬酸	0.1～0.5
	对羟基苯甲酸甲酯	0.1～0.3
	$C_{14}～C_{16}$烯烃磺酸钠	10～20
	甘油椰油酸酯	0.5～3
B 相	苯氧乙醇	0.1～0.5
	E1008（防腐剂）	0.1～0.5
	L080B-100（香精）	0.1～0.3
C 相	焦糖色素	0.1～0.5
	胭脂红	0.001～0.005
D 相	工业盐	0.5～1.5
E 相	麦卢卡蜂蜜	0.1～1
	蜂王浆提取物	0.1～1
	林兰润露	0.1～1
	CALMYANG（植物防敏剂）	0.1～1
	麦芽四糖	0.1～1
水		25～30

制备方法

（1）将去离子水在乳化锅中升温至85～90℃进行保温杀菌，将月桂醇聚醚硫酸酯钠加入乳化锅中均质搅拌分散均匀，在搅拌均质条件下依次加入A相剩余原料，保温搅拌；

（2）待原料溶解均匀后，85℃下保温消泡15min；

（3）搅拌降温至45℃，依次加入B相原料，搅拌均匀；

（4）分批加入C相色素，调至样板颜色；

（5）分批加入溶解好的D相原料，调至黏度范围；

（6）依次加入E相原料，搅拌均匀；

（7）取样检测，合格后经150目筛过滤出料。

产品特性

（1）通过加入麦卢卡蜂蜜，本品富含活性抗菌成分、UMF独麦素，具有独特的消炎抗菌效果，促进伤口自愈能力，清净护理肌肤。同时直击肌底干燥问题，深层滋润，令肌肤细腻水润。

（2）针对角质层的砖墙结构，通过加入林兰润露全面补水，补液生津，激活水通道蛋白AQP3，打开肌肤水渠道，抑制透明质酸酶活性，巩固肌肤水分，具有抚平干燥细纹和起屑的功效。

（3）本品制作工艺简单，成本低廉，可操作性强，可以有效地解决沐浴露很难将蜂巢蜂蜜加入配方内并对肌肤进行有效防护和滋润的问题。

配方 15 老年人沐浴露

原料配比

原料		配比（质量份）
A料	水	62～65
	甘油	2～5
	椰油酰肌氨酸钠	0.1～6
	月桂酰肌氨酸钠	8～15
	月桂酰两性基乙酸钠	2
	椰油酰胺丙基羟基磺基甜菜碱	15～25
B料	柠檬酸	0.1～0.3
C料	皮肤调理剂一	0.5
D料	皮肤调理剂二	0.3

制备方法

（1）清洗消毒好所需生产设备；

（2）将A料依次加入，加热至80℃溶解均匀透明后，加入提前用水溶解好的B料，搅拌均匀；

（3）降温到45℃时，加入提前用冷却到室温的水溶解完全的C料和D料，搅拌至完全溶解均匀；

（4）停机检测；

（5）半成品检测合格后，予以灌装、封口，充入推进剂，包装、喷码，形成成品，所述灌装需收到质量检测合格通知后，卫生环境要达标，并注意罐体是否有泄漏，是否足够；

（6）成品检验合格后，入成品仓。在入成品仓后，根据数量大小，按随机抽样方法到成品仓进行成品抽样，各项指标合格后方可出厂，所述成品仓环境应干燥、通风、避免阳光直晒，温度不高于38℃，在进行成品堆放时成品必须离地面距离大于20cm，离内墙距离大于50cm。

原料介绍　所述皮肤调理剂一的成分为甘油、辛酸和癸酸甘油酯类、聚甘油-10酯类和氢化棕榈油。

所述皮肤调理剂二的成分为丁二醇、水、仙人掌提取物、芍药根提取物、燕麦麸皮提取物、麦冬根提取物和黄芩根提取物。

产品特性　本品通过利用氨基酸表面活性剂来进行发泡，从而达到去污能力。弱酸性的氨基酸类表面活性剂，pH值与人体肌肤接近，并且氨基酸是构成蛋白质的基本物质，帮助肌肤保持清洁保湿的状态，补充肌肤必要的水分，保持肌肤水嫩、细腻、温和的氨基酸表面活性剂，在清洁肌肤的同时，不紧绷，温和亲肤。

配方 16　迷迭香氨基酸沐浴露

原料配比

原料	配比（质量份）				
	1#	2#	3#	4#	5#
水	70	71	71.5	72	73
月桂醇聚醚硫酸酯钠	9	8	9	10	8
椰油酰胺丙基甜菜碱	5.5	6	5	4	6
甲基椰油酰基牛磺酸钠	7	5	6	7	4
椰油酰胺 MEA	1	1.5	1	0.5	0.8
氯化钠	4.5	5	4.4	4	5
胶原氨基酸类	0.3	0.5	0.4	0.32	0.5
异硬脂醇乙酰谷氨酰胺酯	0.4	0.35	0.35	0.3	0.4
迷迭香提取物	0.6	0.5	0.5	0.3	0.4
迷迭香叶提取物	0.5	0.6	0.5	0.6	0.3
羟丙基甲基纤维素	0.7	1	0.8	0.6	0.9
甘油	0.08	0.05	0.1	0.12	0.1
迷迭香叶油	0.08	0.12	0.1	0.05	0.15
EDTA 二钠	0.12	0.08	0.1	0.05	0.15
1,2-己二醇	0.05	0.06	0.05	0.03	0.04
辛酰羟肟酸	0.12	0.15	0.1	0.05	0.11
柠檬酸	0.05	0.09	0.1	0.08	0.15

制备方法

（1）称取配方量的各组分物料，将生产设备清洁干净并消毒。

（2）将水、月桂醇聚醚硫酸酯钠、椰油酰胺丙基甜菜碱、甲基椰油酰基牛磺酸钠、椰油酰胺MEA、异硬脂醇乙酰谷氨酰胺酯、EDTA二钠加入搅拌锅内，加热至80℃搅拌3～5min使其完全溶解，搅拌20min后继续搅拌使之降温；搅拌速度为750～850r/min。

（3）降温至40℃以下时，再依次加入氯化钠、胶原氨基酸类、迷迭香提取物、迷迭香叶提取物、羟丙基甲基纤维素、甘油、迷迭香叶油、1,2-己二醇、辛酰羟肟酸、柠檬酸，搅拌至均匀后，继续搅拌20min；搅拌速度均为450～550r/min。

（4）取样送检，待检验合格后出锅静置，得到迷迭香氨基酸沐浴露。

原料介绍　所述月桂醇聚醚硫酸酯钠的质量分数为70%。

所述椰油酰胺丙基甜菜碱的质量分数为65%。

所述迷迭香氨基酸沐浴露的pH值为5.5～6.5。

迷迭香植萃精华具有超强抗氧化活性，能有效抑制黑色素的形成，具有极佳的美白保湿效果；迷迭香植萃精华还具有很强的抗炎活性，可以抗菌抑菌，保护和强化皮肤，促进血液循环，舒缓肌肤。

辛酰羟肟酸具有较强的抗菌能力，是新型的防腐剂替代物质，且成分1,2-己二醇也具有抗菌的效果，比较安全，可以放心使用。

甲基椰油酰基牛磺酸钠为氨基酸类表面活性剂，氨基酸精华搭配迷迭香植物精粹，温和洁净不伤肌肤；蕴含甘油、氨基酸、迷迭叶油等滋养保湿成分，补水清润，深层滋润肌肤。

产品特性

（1）本品是氨基酸无皂基配方，洁面级清洁，接近肌肤pH值，温和洁净无刺激，婴儿、孕产妇可以安全使用；起泡快，强效去油，易冲洗不黏腻，清爽而舒适；不添加酒精、防腐剂、激素、荧光剂、重金属和矿物油，安全无刺激。

（2）本品添加迷迭香植萃精华和氨基酸，亲肤配方，清爽怡人，泡沫细腻，易冲洗，让肌肤体验清爽舒适，细腻呵护每寸肌肤，令肌肤自然滑嫩。

配方 **17** 沐浴露（1）

原料配比

原料		配比（质量份）				
		1#	2#	3#	4#	5#
溶剂	水	60	65	70	60	60
表面活性剂	月桂醇聚醚硫酸酯钠	18	15	11	18	18
	月桂醇硫酸酯铵	6	2	8	6	6
	椰油酰胺丙基甜菜碱	1	2	1	1	1

原料		配比（质量份）				
		1#	2#	3#	4#	5#
表面活性剂	椰子油	1	3	4	3	3
	甘油	0.5	2.5	3	0.5	0.5
	椰油酰胺 DEA	3	2	1	1	1
赋脂剂	PEG-7 甘油椰油酸酯	3	2	1	3	3
生物调理剂	火山泥	1	2	3	2	1
	马齿苋提取物	0.3	0.2	0.08	0.08	1
悬浮剂	氢化蓖麻油	0.16	0.2	0.4	0.16	0.16
	甲基椰油酰基牛磺酸钠	0.08	0.1	0.2	0.08	0.08
	月桂酸	0.048	0.06	0.12	0.048	0.048
	苯氧乙醇	0.0072	0.009	0.018	0.0072	0.0072
	乙基己基甘油	0.0008	0.001	0.002	0.0008	0.0008
	丙烯酸（酯）类共聚物	0.5	0.7	1	0.5	0.5
增稠剂	氯化钠	0.1	0.5	0.6	0.1	0.1
pH 调节剂	氢氧化钠	0.7	0.4	0.1	0.7	0.7
螯合剂	EDTA 二钠	0.3	0.2	0.1	0.3	0.3
防腐剂	甲基异噻唑啉酮	0.0001	0.0002	0.0001	0.0001	0.0001
	甲基氯异噻唑啉酮	0.0001	0.0002	0.0001	0.0001	0.0001
	氯化铵	0.0001	0.0002	0.0001	0.0001	0.0001
	硝酸镁	0.0001	0.0002	0.0001	0.0001	0.0001
	DMDM 乙内酰脲	0.1	0.15	0.2	0.1	0.1
芳香剂	日用香精	2	1.5	0.2	0.1	0.1

制备方法　将沐浴露的制备原料混合，得到所述沐浴露。

产品特性　本品用于肌肤时，易冲洗，能快速获得清爽感，尤其适用于油性肌肤；该沐浴露用于肌肤时，沐浴露的绵柔、细腻给肌肤带来微妙的磨砂感觉，带走毛孔中的污垢以及油脂分泌物，令肌肤焕发新姿。同时，本品含丰富的稀有矿物元素，能够滋润肌肤，补充人体所需矿物质，长期使用对身体大有裨益。

此外，本品在去油清洁皮肤的同时还能保护皮肤角质层，防止水分的过多流失，不干燥，修护皮脂层，泡沫丰富，无刺激，无不良作用。

原料配比

原料		配比（质量份）						
		1#	2#	3#	4#	5#	6#	7#
A 相	月桂醇聚醚硫酸酯钠	10	4	20	10	10	10	4
	羟丙基甲基纤维素（粒径为 0.3mm，甲氧基含量为 20%，羟丙氧基含量为 26%）	0.2	0.05	0.5	0.2	0.1	0.2	0.2
	魔芋葡甘聚糖（聚合度为 180，分子量为 550000）	0.1	0.02	0.2	0.05	0.1	0.1	0.1
	氢氧化钾	0.0002	0.0001	0.0004	0.0002	0.0002	0.0002	0.0002
	EDTA 二钠	0.1	0.05	0.4	0.1	0.1	0.1	0.1
	去离子水	81.21	92.79	61.52	81.26	81.31	82	90.28
B 相	甲基椰油酰基牛磺酸钠	0.2	0.1	0.5	0.2	0.2	0.2	0.1
	椰油酰胺丙基甜菜碱	3.175	1.2	6	3.175	3.175	3.175	1.2
	月桂酸	0.15	0.1	0.4	0.15	0.15	0.15	0.15
	氢化蓖麻油	0.275	0.1	0.6	0.275	0.275	0.275	0.275
	苯氧乙醇	0.015	0.005	0.045	0.015	0.015	0.015	0.015
	乙基己基甘油	0.015	0.005	0.045	0.015	0.015	0.015	0.015
C 相	椰油酰胺 DEA	1.5	0.5	4.5	1.5	1.5	1.5	0.5
	云母	0.1	0.02	0.45	0.1	0.1	0.1	0.1
	氯化钠	1.8	0.5	3	1.8	1.8	1.0	1.8
	甘油	0.2	0.05	0.45	0.2	0.2	0.2	0.2
	柠檬酸	0.01	0.005	0.035	0.01	0.01	0.01	0.01
	香精	0.6	0.4	0.8	0.6	0.6	0.6	0.6
	DMDM 乙内酰脲	0.35	0.1	0.55	0.35	0.35	0.35	0.35

制备方法

（1）根据组分比例称取各 A 相组分并混合，获得第一混合物；

（2）根据组分比例称取各 B 相组分并混合，将混合后的 B 相组分加入至第一混合物中，获得第二混合物；

（3）根据组分比例称取各 C 相组分并混合，将混合后的 C 相组分加入至第二混合物中，获得第三混合物，所述第三混合物的黏度范围调节至 5000～10000mPa·s，获得所述沐浴露。

原料介绍 魔芋葡甘聚糖是一种高分子量水溶性非离子葡甘聚糖，具有较好的水溶性，由于 A 相中含有氢氧化钾，魔芋葡甘聚糖会在碱的存在下脱去乙酰基，使得魔芋葡甘聚糖中氢键的数量增加，形成三维网络结构，增强对沐浴露内悬浮云母的支撑性；羟丙基甲基纤维素和魔芋葡甘聚糖会形成复配体系，两者之间存在相互协同作用会产生增稠的效果，由于两者的分子链都具有一定的柔性，分子链之间会相互缠结到一起形成螺旋状互穿网络物理互锁结构，互穿网络物理互锁结构的存在会使得当一个组件膨胀或收缩时，另一个组件可以强制合作以吸引和排斥，从而显著提高云母在沐浴露中的悬浮稳定性。

产品特性

（1）本品采用羟丙基甲基纤维素和氯化钠作为增稠剂代替丙烯酸酯类共聚物，羟丙基甲基纤维素原料丰富，可再生，安全无毒，成本较低，具有优良的水溶性。羟丙基甲基纤维素的长链通过水合膨胀会与周围的水分子通过氢键缔合，使得溶液不仅透明度好，而且黏度稳定，可使云母稳定悬浮。

（2）由于沐浴露中加入了多种表面活性剂，会形成阴离子/两性表面活性剂复配体系、阴离子/非离子表面活性剂复配体系、两性离子/非离子表面活性剂复配体系等多种复配体系进行加和增效，增强和提高了表面活性剂降低液体表面张力的能力和效率。而且表面活性剂会自组装形成胶束结构，由于沐浴露中加入了氯化钠，胶束会转变成具有一定柔性且较大尺度的柱状胶束，胶束相互缠绕形成具有黏弹性的三维网状结构，进一步丰富沐浴露内的网络结构，从而显著提高云母在沐浴露内的悬浮稳定性。

（3）本品能够实现云母在沐浴露内的稳定悬浮，丰富沐浴露的色彩，同时发挥云母对皮肤清洁的益处；在使用沐浴露时能够减少涩感，温和滋润皮肤，具有良好的清洁力。而且相比于传统的丙烯酸酯类共聚物的增稠剂，采用羟丙基甲基纤维素和氯化钠作为增稠剂复配使用，协同增稠，不仅使得配方稳定，而且起泡速度较快，制备时无需升温消泡，生产效率高，简单易操作，制出的沐浴露配方稳定，成本低，可推广性强。

（4）本品具有优良的清洁效果，能够减少清洁时皮肤的涩感，易冲洗干净不残留在皮肤上，滋润温和皮肤，而且使用的配方稳定性好，在制备沐浴露时无需升温消泡，生产效率高，制备工艺简单，不容易因为操作不当引起配方的不稳定，制作成本较低。

配方 19 泡沫细腻清爽保湿的沐浴露

原料配比

原料		配比（质量份）					
		1#	2#	3#	4#	5#	6#
脂肪酸	月桂酸	5	12	11	12	12	12
	肉豆蔻酸	8	5	6	5	5	5
	SA1840（棕榈酸：硬脂酸=58：42）	2	1	2	1	1	1

原料		配比（质量份）					
		1#	2#	3#	4#	5#	6#
中和剂	氢氧化钾	4.6	5.7	5.94	5.7	5.7	5.7
多元醇	甘油	3	5	7	5	5	5
金属螯合剂	EDTA 二钠	0.01	0.05	0.1	0.05	0.05	0.05
悬浮稳定剂	丙烯酸（酯）/C_{10}～C_{30} 烷醇丙烯酸酯交联共聚物	0.8	0.9	1	0.9	0.9	0.9
非离子表面活性剂	椰油酰胺MEA	0.5	1	1.5	1	1	1
珠光剂	乙二醇二硬脂酸酯	2	1	0.5	1	1	1
两性表面活性剂	椰油酰胺丙基甜菜碱	9	6	3	6	6	6
聚季铵盐	聚季铵盐-39（30%）	1	3	2	—	0.5	3
	聚季铵盐-7（40%）	—	—	—	2.25	—	—
酸乳粉	酸乳粉	1	5	3	5	5	0.5
香精	香精	0.5	1	0.8	1	1	1
防腐剂	甲基异噻唑啉酮	0.06	0.07	0.08	0.07	0.07	0.07
水	去离子水	加至100	加至100	加至100	加至100	加至100	加至100

制备方法

（1）将中和剂与水混合搅拌，加入甘油和EDTA二钠，升温至70～75℃，得到混合液A；

（2）将混合脂肪酸升温至70～75℃，加入丙烯酸（酯）/C_{10}～C_{30}烷醇丙烯酸酯交联共聚物分散搅匀后，得到混合液B；

（3）将混合液B缓慢加入混合液A中，并在75～80℃下恒温搅拌20～30min，进行皂化反应；

（4）皂化反应完成后停止加热，加入椰油酰胺MEA、乙二醇二硬脂酸酯，搅拌均匀；

（5）降温至65～60℃时，加入椰油酰胺丙基甜菜碱，搅拌均匀；

（6）降温至50～45℃时，加入聚季铵盐和酸乳粉，搅拌均匀；

（7）降温至45～40℃时，加入香精和防腐剂，搅拌均匀，得到所述泡沫细腻清爽保湿的沐浴露。

产品应用　本品是一种滋润富泡且泡沫细腻清爽保湿的沐浴露。

产品特性

（1）本品泡沫细腻清爽保湿，可以克服皂基沐浴露洗后皮肤的紧绷感和涩感。本品将聚季铵盐-39和酸乳粉作为皮肤调理剂，降低皂基本身带来的刺激感，减少皮肤经表皮水分流失带来的紧绷感和涩感，泡沫丰富更细腻，同时酸乳粉的加入有利于泡沫稳定，最终使沐浴露易冲洗的同时具有良好的肤感及丰富的泡沫。

（2）本品能有效减少皂基体系在清洗过程中因表皮水分流失过多而给皮肤带来的涩感和紧绷感，改善肤感体验的同时仍具有良好的泡沫体验。沐浴后，易冲洗不黏腻，没有假滑，带来清爽快感。

配方 20 清爽沐浴露

原料配比

原料	配比（质量份）		
	1#	2#	3#
乳化硅油	23.2	23.5	23.8
樟树叶提取物	2	6	8
水杨酸	1.2	1.4	1.6
冰片	5.54	5.56	5.58
薄荷提取物	2	5	8
鹿蹄草提取物	2	5	8
香精	1	3	5
防腐剂	1	2	3
去离子水	60.3	60.4	60.5
苹果提取物	12.3	12.5	13.7
白羽扇豆蛋白发酵产物	1	13	5
杏仁油	2	4	6
油菜籽油酸甲酯发酵产物	1	3	5

制备方法　将各组分混合，加热到75～85℃，加入真空均质器中进行乳化，冷却到45℃即可灌装成品。

产品特性　本品具有杀菌的作用，对皮肤表面附着的细菌和螨虫进行清除，因此可以减少细菌对皮肤造成的伤害，而且该沐浴露具有柔和洁净、匀净通透的作用。

配方 **21** 清爽易冲洗润肤沐浴露

原料配比

原料		配比（质量份）		
		1#	2#	3#
基液	牛奶	30	4	38
	水	20	22	25
润肤剂	白芷提取液	4	6	8
去污起泡剂	小苏打	4	4.5	6
	无患子提取物	3	4	5
	椰油酰甘氨酸钠	4	5	8
植物酵素	山竹提取物	3	3.5	5
	去离子水	15	18	20
	糖	2.5	2.8	2.5～4
辅助剂	柠檬酸	0.8	1.5	1.7
	二硬脂醇聚醚	4.2	4.5	6.3
保湿剂		10	10.5	12

制备方法

（1）去污起泡剂的制备：

① 取无患子果皮，浸泡于植物酵素内，20～24h后捞出，并烘干；

② 将烘干的无患子果皮研磨，得无患子粉末；

③ 通过超临界萃取工艺萃取无患子粉末，得无患子提取物；

④ 将无患子提取物和小苏打、椰油酰甘氨酸钠混合均匀，即得所述去污起泡剂。

（2）润肤剂的制备：

① 白芷取其根，洗净后，烘干；

② 将烘干的白芷研磨成粉，过200目筛，得白芷粉；

③ 通过超临界萃取工艺萃取白芷粉，得白芷提取液，该白芷提取液即为所述润肤剂。

（3）将所述基液和润肤剂倒入搅拌设备，以75～85℃搅拌25～30min。

（4）将所述去污起泡剂、保湿剂、植物酵素和辅助剂倒入搅拌设备，以20～35℃搅拌25～30min，即得清爽易冲洗润肤沐浴露。

原料介绍 所述保湿剂包括甘油、透明质酸钠和硅烷三醇海藻糖醚中的一种或多种。

所述植物酵素的制备方法如下：

（1）于酵素容器内加入糖和水，搅拌至糖溶化，形成糖水；

（2）取山竹果肉加入所述酵素容器内，搅拌至山竹果肉和所述糖水混合均匀后，将所述酵素容器密封；

（3）5～7天后将所述酵素容器解封，将无患子果皮浸泡在所述酵素容器内，到达浸泡时间后再将无患子果皮捞出，并过滤所述酵素容器内的山竹果肉，即得所述植物酵素。

产品特性 本品中，去污起泡剂中的无患子提取物采用无患子的果皮制作而成，无患子果皮中的茶氨酸是水溶物，有利于去除皮肤中的油脂，无患子果皮中的水杨酸可以帮助皮肤去除沉积在皮肤表面的脆弱角质层，使皮质清爽且不油腻，同时所述植物酵素可有效地去除无患子提取物对人体的刺激，从而使本品的沐浴露在使用后不会产生刺激性。

配方 22 温和舒缓型儿童洗发沐浴露

原料配比

原料		配比（质量份）		
		1#	2#	3#
月桂醇磷酸酯钾		12	8	16
月桂酰谷氨酸钠		9	6	12
$C_{12} \sim C_{20}$ 烷基葡糖苷		7.5	5	10
精氨酸		5	3	7
海藻糖		5	3	7
金黄洋甘菊提取物		7	4	10
库拉索芦荟提取物		6.5	4	9
成膜剂	聚季铵盐-10	4	——	4
	羧甲基脱乙酰壳多糖	——	3	4
增稠剂黄原胶		4	2	6
pH 调节剂柠檬酸		2	1	3
去离子水		47.5	40	55

制备方法

（1）将月桂醇磷酸酯钾、月桂酰谷氨酸钠、$C_{12} \sim C_{20}$ 烷基葡糖苷加入均质机内，加热至 80 ~ 85℃，均质 5 ~ 8min，同时启用搅拌器进行搅拌，至其溶解完全；

（2）将溶解完全的月桂醇磷酸酯钾、月桂酰谷氨酸钠、$C_{12} \sim C_{20}$ 烷基葡糖苷使用冷却的去离子水降温，降温至 45 ~ 50℃，依次加入金黄洋甘菊提取物、库拉索芦荟提取物、精氨酸和海藻糖，搅拌均匀，搅拌过程中采用自然降温；

（3）待温度降到 40℃，加入成膜剂、增稠剂、pH 调节剂和剩余的去离子水，搅拌均匀后，自然冷却至室温，静置 2 ~ 3h，出料即可。

原料介绍 本品中各组分作用如下。月桂醇磷酸酯钾：表面活性剂，有良好的清洁、起泡功能，与皮肤有一定的相容性，其刺激性很低；月桂酰谷氨酸钠：表面活性剂、抗静电剂、清洁剂、皮肤调理剂，发泡力强，耐硬水，手感极其温和、舒适；

C_{12}～C_{20}烷基葡糖苷：一种比较温和的清洁剂，有一定的清洁效果，用在清洁类的产品中，还有一定的增稠能力；精氨酸：身体必需的氨基酸之一，具有抗氧化的作用，能促进伤口的愈合、干燥性皮肤的调理；海藻糖：保湿剂，可增加皮肤的水化功能，起增湿和抗静电效果，还有抗炎作用，与精氨酸协同，可保持皮肤水分，柔滑肌肤，并减少皮屑的剥落；金黄洋甘菊提取物：可以分离出27种抗炎作用的三萜类化合物，可治疗皮炎，对皮肤的诱导性过敏有抑制作用，可增强毛细血管的抵抗力，抑制毛细血管通透性而具有抗炎作用；库拉索芦荟提取物：具有对纤维蛋白增长的促进、对弹性蛋白的抑制、对胶原蛋白的合成以及对自由基的清除作用，有很好的活肤、抗老化作用，对胆甾醇合成有促进作用，有助于改变皮脂的组成，减少油光和增加皮肤的柔润程度，同时具有抗菌消炎和保湿的作用；聚季铵盐-10：作抗静电剂和成膜剂使用，能使皮肤光滑细嫩柔润，并提高肌肤抵抗紫外线能力，且能够起到修护头发开叉的作用，保湿效果好；羧甲基脱乙酰壳多糖：成膜剂，用于洗发沐浴露的黏度控制，具有抗炎、抗刺激、舒缓的功能，有抗菌性，与头发的角质层可结合成一层均匀、致密的膜，使得头发更易于梳理，也提高了头发的色泽，其中的氢键可结合和保持水分，有优良的保湿性能；黄原胶为天然胶质，主要用作增稠剂、乳化稳定剂使用，黄原胶可在食品中使用，故该成分安全性较高；柠檬酸：pH调节剂、抗菌剂，也是天然防腐剂，可加快角质更新。

产品特性 本品通过多种温和低刺激的成分组合，保证了洗发沐浴露本身的温和性能，并通过金黄洋甘菊提取物、库拉索芦荟提取物和羧甲基脱乙酰壳多糖的添加，实现了洗发沐浴露的舒缓功能。该洗发沐浴露具有皮肤调理功能，且具有抗炎、舒缓、抗敏、保湿作用。

配方 23 无刺激洗发沐浴露

原料配比

原料	配比（质量份）					
	1#	2#	3#	4#	5#	6#
水	84.03	82.39	80.39	83.71	84.46	84.56
PEG-80 失水山梨醇月桂酸酯	3.60	3.60	3.60	3.60	3.60	3.60
月桂基葡糖苷	3.00	3.00	3.00	3.00	3.00	3.00
月桂基葡萄糖羧酸钠	2.00	2.00	2.00	2.00	2.00	2.00
椰油酰胺丙基甜菜碱	1.5	1.5	1.5	1.5	1.5	1.5
2-磺基月桂酸二钠	1.00	1.00	1.00	1.00	1.00	1.00
椰油酰水解燕麦蛋白钾	1.50	3	5.00	0.90	0.90	0.90
PEG-150 硬脂酸酯	0.60	0.70	0.70	1.45	0.70	0.6
PEG/PPG-120/10 三羟甲基丙烷三油酸酯	0.68	0.63	0.63	0.63	0.63	0.63
月桂醇聚醚-2	0.68	0.63	0.63	0.63	0.63	0.63

原料		配比（质量份）					
		1#	2#	3#	4#	5#	6#
防腐增强剂	1，2-己二醇	0.50	0.50	0.50	0.5	0.5	0.5
	对羟基苯乙酮	0.50	0.50	0.50	0.50	0.50	0.5
库拉索芦荟叶水		0.50	—	—	—	—	—
糖类同分异构体		0.20	0.20	0.20	0.20	0.20	0.20
柠檬酸		0.11	0.15	0.15	0.13	0.15	0.15
香精		0.10	0.10	0.1O	0.15	0.15	0.15
螯合剂	EDTA 二钠	—	0.05	0.05	0.05	0.05	0.05
头发调理剂	聚季铵盐-10	0.10	0.05	0.05	0.03	0.03	0.03

制备方法

（1）先称取水，加入到配料罐中，将聚季铵盐-10缓慢加入到水中，开启搅拌以25～30r/min的速率搅拌10～15min至完全溶解，再加入EDTA二钠、椰油酰水解燕麦蛋白钾、椰油酰胺丙基甜菜碱、月桂基葡萄糖羧酸钠、月桂基葡糖苷、2-磺基月桂酸二钠、1，2-己二醇、对羟基苯乙酮、PEG-150硬脂酸酯，加热到70～75℃，保温10～30min，搅拌至完全溶解，随后70℃保温10min后降温，采用柠檬酸调节混合液的pH至5.5～6.5，得混料1；

（2）将PEG-80失水山梨醇月桂酸酯、月桂醇聚醚-2、PEG/PPG-120/10三羟甲基丙烷三油酸酯混合均匀，并在65～70℃下加入到配料罐中，以25～35r/min的速率搅拌10～15min至完全溶解，降温至40～45℃后将库拉索芦荟叶水、糖类同分异构体、香精加入到配料罐，以25～35r/min的速率搅拌10～15min至均匀，冷却至38℃，即得所述无刺激洗发沐浴露。

原料介绍　在本品组分中，PEG-80失水山梨醇月桂酸酯由于本身分子量较大，因此在体系中相比于其他表面活性剂的刺激性更低，而该组分的引入可有效降低产品体系的临界胶束浓度，减少游离表面活性剂的含量，可进一步降低刺激性。此外，该组分相比于本品组分中含有的阴离子表面活性剂、非离子表面活性剂和两性表面活性剂可在使用时迅速迁移至皮肤或黏膜表面，避免其他表面活性剂或者头发调理剂对皮肤或黏膜的直接接触，使得产品在起泡丰富的情况下也可达到无刺激的效果，而在保存过程或使用过程中也具有良好的稳定性。

椰油酰胺丙基甜菜碱、月桂基葡糖苷、椰油酰水解燕麦蛋白钾、月桂基葡萄糖羧酸钠、2-磺基月桂酸二钠这几种组分相互间存在着协同增加起泡效果的作用，其中椰油酰水解燕麦蛋白钾可提升产品在硬水中的起泡效果，自身的温和性也可协同降低整体产品的刺激性；月桂基葡糖苷和月桂基葡萄糖羧酸钠相互搭配可令产品发出的泡沫致密且呈奶油状，使用完后皮肤更加柔软爽滑。

在本品的组分中，PEG/PPG-120/10三羟甲基丙烷三油酸酯分子量较大，其可以连接产品体系中形成的胶束，建立更大的胶束团；而PEG-150硬脂酸酯则可以在水相中形成三维水化网络，两者的搭配可有效形成足以包覆各表面活性剂的胶束网络；月桂醇聚醚-2可在体系中形成棒状胶束，这种胶束的形态稳定性更高。通过上述三种组分的协同搭配，所得产品具有良好的增稠效果。

产品特性

（1）该产品克服了二合一洗发沐浴产品无法兼顾最佳洗浴及洗发效果的缺陷，洗涤效果好，同时具有无刺激性、稳定性好、起泡效果好、使用体验好的特点。

（2）本品对于发丝的亲和性强，可有效在头发上形成透明、连续的薄膜，修复头发开叉症状；同时作用于皮肤上时，也具有一定的滋润效果。

配方 24 洗发沐浴露

原料配比

原料		配比（质量份）										
		1#	2#	3#	4#	5#	6#	7#	8#	9#	10#	11#
第一表面活性剂	椰油酰胺丙基甜菜碱	5	3.1	3	5	5	5	5	5	5	5	5
	第一表面活性剂用水	6	3.6	3.5	6	6	6	6	6	6	6	6
第二表面活性剂	失水山梨醇月桂酸酯	1	2	1.6	1	1	1	1	1	1	1	1
	第二表面活性剂用水	0.4	0.8	0.5	0.4	0.4	0.4	0.4	0.4	0.4	0.4	0.1
第三表面活性剂	月桂酰两性基乙酸钠	—	—	—	—	—	—	3	2	2	2	2
	油酰两性基乙酸钠	2	4	6	2	2	—	—	—	—	—	—
	第三表面活性剂用水	4	3.4	3.4	4	4	6.4	4	4	4	4	4
第四表面活性剂	癸基葡糖苷	—	—	—	—	—	—	—	1	0.5	0.5	0.5
	乙基葡糖苷	1	0.4	0.4	1	1	1	1	—	—	—	—
	第四表面活性剂用水	0.8	0.7	0.8	0.8	0.8	0.8	0.8	0.8	0.6	0.6	0.6
皮肤调理剂	肥皂草提取物	0.1	—	1	0.4	0.6	0.6	0.6	0.6	0.6	0.6	0.6
	皱波角叉菜	0.5	0.4	0	0.4	0.4	0.4	0.4	0.4	0.4	0.4	0.4
保湿剂	海藻糖	0.6	—	0.3	0.6	0.6	0.6	0.6	0.6	0.6	0.1	0.3
	甘油辛酸酯	—	0.2	—	—	—	—	—	—	—	0.3	0.1

原料		配比（质量份）										
		1#	2#	3#	4#	5#	6#	7#	8#	9#	10#	11#
头发调理剂	硬脂基二甲基铵羟丙基水解蚕丝蛋白	0.3	—	0.2	0.3	0.3	0.3	0.3	0.3	0.3	0.3	0.3
	龙头竹提取物	—	0.1	—	—	—	—	—	—	—	—	—
螯合剂	辛酰羟肟酸	—	—	0.15	—	—	—	—	—	—	—	—
	EDTA 二钠	0.2	0.11	—	0.2	0.2	0.2	0.2	0.2	0.2	0.2	0.2
防腐剂	对羟基苯乙酮	0.2	0.3	0.4	0.2	0.2	0.2	0.2	0.2	0.2	0.2	0.2
pH调节剂	苹果酸	0.5	0.3	0.25	0.5	0.5	0.5	0.5	0.5	0.5	0.6	0.6
香精	丁香花香精	0.08	0.1	0.12	0.08	0.08	0.08	0.08	0.08	0.08	0.08	0.08
水		77.32	80.09	78.38	77.32	76.92	73.52	76.92	76.92	77.62	77.82	77.82

制备方法

（1）将第一表面活性剂、第二表面活性剂、第三表面活性剂、第四表面活性剂、皮肤调理剂、保湿剂、螯合剂、头发调理剂、pH调节剂、防腐剂、水混合搅拌，搅拌均匀后得到第一混合物；搅拌速度为40～50r/min，搅拌时间为30～40min。

（2）在第一混合物中加入香精混合搅拌，搅拌均匀后经过灌装得到洗发沐浴露；搅拌速度为40～50r/min；搅拌时间为4～6min。

原料介绍　皮肤调理剂中的肥皂草提取物、皱波角叉菜两者均为天然物质，无刺激性；两者和表面活性剂配合，具有较好的清洁作用，同时对皮肤胶原蛋白的生成具有促进效果，保湿效果也较好，从而进一步提高洗发沐浴露的保湿性能。第一表面活性剂选用两性表面活性剂椰油酰胺丙基甜菜碱和水的组合，椰油酰胺丙基甜菜碱主要由古柯叶和甜菜碱制成，具有清洁作用的同时，对皮肤的刺激性较小。第二表面活性剂采用非离子表面活性剂失水山梨醇月桂酸酯与水的组合，失水山梨醇月桂酸酯具有较好的乳化、渗透性能，清洁作用较好。将椰油酰胺丙基甜菜碱、失水山梨醇月桂酸酯分别与水混合均匀，从而有效分散；将两种不同类型的表面活性剂混合，并和第三表面活性剂、第四表面活性剂复配，在提高洗发沐浴露清洁效果的同时，进一步降低对皮肤和头皮的刺激性。

癸基葡糖苷作为一种新型非离子表面活性剂APG中的一种，兼具非离子和阴离子表面活性剂的特性，同时由于从植物中提取，刺激性相对较小。当癸基葡糖苷和椰油酰胺丙基甜菜碱、失水山梨醇月桂酸酯等表面活性剂复配后，有效降低其他表面活性剂的刺激性，也可和保湿剂、皮肤调理剂配合，增强洗发沐浴露的保湿效果。海藻糖具有较高的保湿性能和防紫外线性能，与同样具有保湿性能的甘油辛酸酯配合，在保证洗发沐浴露的清洁能力的同时，对皮肤进行补水，解决由于沐浴露对皮肤过度清洁，而造成皮肤干燥的问题；同时保湿剂也与皮肤调理剂相互配合，进一步增强洗发沐浴露的保湿性能。

产品特性

（1）通过采用多种表面活性剂相互配合，对皮肤进行有效清洁的同时，减少对皮肤的刺激。

（2）本品的制备方法为，分步加入各类原料，同时控制第一混合物的降温速度，保证相溶性的同时，提高生产效率。

配方 25 香氛温和抑菌沐浴露

原料配比

原料		配比（质量份）		
		1#	2#	3#
阴离子表面活性剂	脂肪醇聚氧乙烯醚羧酸钠	180	180	—
	椰子油脂肪酸酰基谷氨酸二钠	120	120	—
	脂肪酸甲酯磺酸钠和脂肪醇聚氧乙烯醚硫酸钠	—	—	300
	肉豆蔻酰谷氨酸钠	—	—	100
植物精油	玫瑰精油	30	30	—
	薄荷精油	—	—	20
阳离子型抑菌按摩粒子		20	20	15
保湿剂	凡士林	30	—	—
	聚二甲基硅氧烷	—	20	—
	羊毛脂	—	—	20
增稠剂	阿拉伯胶	20	—	—
	果胶	—	30	—
	明胶	—	—	15
水		600	600	530

制备方法

（1）将阴离子表面活性剂和水混合均匀，得到表面活性剂溶液；

（2）向表面活性剂溶液中添加植物精油并搅拌均匀，得到混合液；

（3）将阳离子型抑菌按摩粒子分散于水中，得到分散液；

（4）将所述混合液与所述分散液混匀，最后添加保湿剂和增稠剂并混匀，制得香氛温和抑菌沐浴露。

原料介绍　所述抑菌按摩粒子呈核壳包覆结构，核为负载有硫磺的竹质粒子，壳层为壳聚糖/海藻酸钙复合水凝胶薄层。

所述阴离子表面活性剂包括A和B，其中，A包括脂肪醇聚氧乙烯醚羧酸钠、脂肪酸甲酯磺酸钠和脂肪醇聚氧乙烯醚硫酸钠中的至少一种；B包括椰子油脂肪酸酰基谷氨酸二钠和肉豆蔻酰谷氨酸钠中的至少一种。

所述阳离子型抑菌按摩粒子的粒径为60～80μm。所述阳离子型抑菌按摩粒子的制备方法如下：

（1）将竹材切片后加工粉碎为粒径为20～40μm的竹质粒子，先将其浸渍于4%～8%的氢氧化钠水溶液中，在40～60℃下加热处理1～3h，然后过滤取出，清洗至中性后添加至高压蒸煮设备中，加水，加热至200～250℃、加压至1～2MPa，蒸煮处理10～30min，过滤取出，干燥，过筛，获得粒径为30～50μm的膨化竹质粒子。

（2）在无氧条件下，取硫磺粉加热至120℃以上至完全熔化，将所述膨化竹质粒子完全浸没于液态的熔化的硫磺中，搅拌处理，待负载饱和后，分离，获得负载有硫磺的竹质粒子。

（3）按固液比为10～20g/100mL将负载有硫磺的竹质粒子均匀分散于含1%～3%水溶性壳聚糖和4%～8%的海藻酸钠水溶液中，再将所得分散液用针头孔径为60μm的注射器吸取后逐滴滴入至50～70℃的1%～3%的氯化钙水溶液中，交联反应生成沉淀后，离心、过滤、无氧干燥，获得阳离子型抑菌按摩粒子。

产品特性

（1）本品选择竹质粒子作为硫磺的载体和按摩粒子，相较于活性炭等多孔吸附载体来说，其优点是质地更为柔和，不易对皮肤造成刺激和损伤。并且在上述制备过程中，首先对竹质粒子进行碱化处理以去除结构内部的杂质，释放出吸附空间，然后进一步对其进行加压蒸煮处理，使纤维素发生疏松膨化，增大竹质粒子的表面孔隙尺寸，不仅更有利于吸附，且使其质地更为柔软。

（2）本品通过对硫磺的"负载+包覆"双重预处理，再辅以本品配方中的植物精油，能够有效掩盖硫磺的刺激性气味，大幅提升消费者的使用体验；同时也能够对硫磺起到保护作用，防止提前过度氧化。

（3）首先，本品对硫磺进行包覆处理，能够增加其在液态产品中的添加量。其次，本品在配方中加入适量的增稠剂，可在体系中构建起三维凝胶网络，将抑菌按摩粒子"锁定"在三维凝胶网络的网格中，防止下沉。最后，本品采用阴离子表面活性剂，同时使抑菌按摩粒子为阳离子型（壳聚糖为阳离子多糖），在体系中，同为阳离子的抑菌按摩粒子之间互相排斥，不易团聚；而阴阳离子的吸引可使得抑菌按摩粒子与阴离子表面活性剂紧密"抱团"，从而抑菌按摩粒子可均匀分散于体系中。

原料配比

原料		配比（质量份）					
		1#	2#	3#	4#	5#	6#
A 相	去离子水	加至 100	加至 100	加至 100	加至 100	加至 100	加至 100
	乙二胺四乙酸二钠	0.1	0.1	0.1	0.1	0.1	0.1
	月桂酰两性基乙酸钠	5	9	13	12	8	5
	椰油酰胺丙基甜菜碱	4	7	10	9	8	4
	椰油酰基谷氨酸 TEA 盐	0.5	1.5	2.5	0.5	1.5	2.5
	椰油酰甲基牛磺酸钠	1	2	4	3	4	1
	十二烷醇聚醚硫酸钠	2	4	6	4	5	2
	PEG-150 二硬脂酸酯	1.2	1.2	1.2	0.5	2	1
B 相	甘油	7	7	7	10	7	4
	乙基己基甘油	0.25	0.25	0.25	0.1	0.3	0.4
	辛甘醇	0.25	0.25	0.25	0.4	0.3	0.1
	海藻糖	1	1	1	0.5	1	1.5
	PPG-10 甲基葡糖醚	0.6	0.6	0.6	0.3	0.6	0.9
	对茴香酸	0.35	0.35	0.35	0.2	0.35	0.45
C 相	PEG-40 氢化蓖麻油	0.2	0.2	0.2	0.2	0.3	0.25
	大红橘果皮油	0.05	0.05	0.05	—	0.05	0.05
	玉兰花油	0.01	0.01	0.01	0.01	0.01	0.01
	柠檬酸	适景	适量	适量	适量	适量	适量

制备方法

（1）将 A 相依次投入乳化锅中，升温至 73 ～ 78℃，均质搅拌使其完全溶解透明，保温搅拌 15 ～ 20min 消泡；

（2）开启冷却水冷却至 60℃，将 B 相投入乳化锅中，均质搅拌溶解完全后，保温搅拌 15 ～ 20min；

（3）开启冷却水冷却至 40℃，投入 C 相，用柠檬酸调节 pH。

原料介绍　保湿剂采用甘油、1，3-丁二醇、海藻糖、PPG-10 甲基葡糖醚中的任意几种搭配。在肌肤的角质层存在次级结合水，约存在 40% 的水分，但与角质层结合较疏松，因此容易脱失也容易水合，可通过添加多元醇如甘油和 1，3-丁二醇，增强皮肤角质层的吸水性和结合水的能力，且多元醇对于防腐具有协同增效的作用；此外，皮肤还存在约占比 40% 的游离水，其流失速度更快，但可通过添加一些糖类如海藻糖，能够在皮肤表面形成一层膜，其具有将外来的热量辐射出去的功能，在短时间内可以防止皮肤水分的蒸发，达到增加角质层中游离水的含量，并且海藻糖具有帮助头发保持天然结构的功能，加上海藻糖天然保湿，具有良好的护发效果。PPG-10甲基葡糖醚可以减缓肌肤水分的流失，同时能够改善表面活性剂冲洗后的黏腻感，保持肌肤的轻柔光滑的感觉，此外能改善洗后发质的柔顺性等。优先采用大红橘果皮油、香柠檬果油、玉兰花油等中的任意几种搭配，润肤的同时因本身带有独特芳香，提供使用过程中的愉悦芳香，气味清新且鲜明，给人温和轻柔感。

产品特性 本品通过采用不同表面活性种类和用量，以及在保湿和调理等成分的协同下，保证了优良的洁净力和发泡力，并且入水好消泡，可冲洗性高，也减弱表面活性剂对皮肤的显著刺激性，对于0～3岁婴童浸泡沐浴清洁更友好和方便。本品所述的配方成本低，制备方法简易，操作简单，适合规模化生产。

配方 27 婴童用的护肤沐浴露

原料配比

原料	配比（质量份）		
	1#	2#	3#
椰油酰胺丙基甜菜碱	13	15	10
牛奶蛋白	10	14	5
油橄榄叶提取物	6	8	3.2
燕麦提取物	3.5	5	2
母菊花提取物	3	5	2
椰油酰基苹果氨基酸钠	3	4.5	2
金盏花提取物	1.8	2.6	1
增稠剂	22	25	18
保湿剂	6.5	8	4
稳定剂	3	4.3	1.5
螯合剂	0.07	0.1	0.02
水	加至100	加至100	加至100

制备方法 将各组分原料混合均匀即可。

原料介绍 所述增稠剂为卡波姆、黄原胶和果胶中的一种或多种。

所述保湿剂为甘油和丁二醇。

所述稳定剂为月桂酰肌氨酸钠。

所述螯合剂为EDTA二钠。

产品特性 本品配方中各种物质性质温和且安全性高，可以有效地避免对婴童皮肤的刺激，并且各种物质在沐浴露中使用可以有效地对婴童的皮肤起到清洁、滋润和光滑肌肤的作用。

原料配比

原料		配比（质量份）						
		1#	2#	3#	4#	5#	6#	7#
A相	月桂醇聚醚硫酸酯钠	10	10	10	10	10	10	10
	椰油酰胺丙基甜菜碱	10	10	10	10	10	10	10
	椰油酰两性基二乙酸二钠	4	4	4	4	4	4	4
	椰油酰甘氨酸钠	5	5	5	5	5	5	5
B相	椰油酰羟乙基磺酸酯钠	2.5	2.5	2.5	2.5	2.5	2.5	2.5
	硬脂酸	1.0	1.0	1.0	1.0	1.0	1.0	1.0
	氢氧化钠	0.3	0.3	0.3	0.3	0.3	0.3	0.3
	甘油	7	7	7	7	7	7	7
	羟丙基淀粉磷酸酯	2	2	2	2	2	2	2
C相	烟酰胺	0.8	0.8	0.8	0.8	0.8	0.8	0.8
	植物油	2.6	0.5	5	2.6	2.6	2.6	2.6
	丙烯酸（酯）类共聚物	2.5	2.5	2.5	2.5	2.5	2.5	2.5
	苯氧乙醇	0.5	0.5	0.5	0.5	0.5	0.5	0.5
	柠檬酸	0.15	0.15	0.15	0.15	0.15	0.15	0.15
植物油	大豆油	1	1	1	0.1	0.1	2	2
	向日葵籽油	1	1	1	1	1	1	1
	牛油果树果脂	1.25	1.25	1.25	0.1	2	0.1	2

制备方法

（1）将月桂醇聚醚硫酸酯钠、椰油酰胺丙基甜菜碱、椰油酰两性基二乙酸二钠、椰油酰甘氨酸钠加入到去离子水中，混合均匀后，制得A相；

（2）将A相升温至80～87℃，加入椰油酰羟乙基磺酸酯钠、硬脂酸、氢氧化钠，搅拌溶解均匀，将预先用甘油分散的羟丙基淀粉磷酸酯加入，搅拌后制得B相；

（3）将B相降温至65～75℃后，将烟酰胺、大豆油、向日葵籽油、牛油果树果脂加入B相中，混合均匀后加入预先用水分散的丙烯酸（酯）类共聚物并搅拌均匀，制得C相；

（4）将C相降温至40～45℃后，将苯氧乙醇、柠檬酸加入C相中，调节pH至6.5～7.5，制得滋润保湿沐浴乳。

原料介绍 本品中各组分的作用：向日葵籽油包含丰富的亚油酸、亚麻酸和油酸等脂肪酸，具有软化皮肤、锁住皮肤水分的能力，使皮肤维持重要的屏障功能。大豆油有丰富的亚油酸和亚麻酸等不饱和脂肪酸，作为可食用油，安全性高，在润肤的同时不会产生过敏等风险。牛油果树果脂是从牛油果树的果实中提取而来的，其不可皂化物质量分数高达9%～13%，而且牛油果树果脂中的天然保湿因子和从皮脂中提取的保湿剂具有相同的成分，具有较强的锁水能力，对皮肤有良好的亲和性，被视为最有效的皮肤保湿剂和调理剂。月桂醇聚醚硫酸酯钠是一种常用于沐浴露配方中的阴离子表面活性剂，具有清洁力强、起泡迅速、价格便宜的特点。椰油酰胺丙基甜菜碱和椰油酰两性基二乙酸二钠是两性表面活性剂，在宽广pH的条件下均具有优良的稳定性，与阴、阳离子和非离子表面活性剂配伍性能良好，同时可以降低阴离子表面活性剂的刺激性，具有增泡稳泡的优点，椰油酰两性基二乙酸二钠具有增稠稳泡、耐硬水优点。椰油酰羟乙基磺酸酯钠是一种温和的阴离子表面活性剂，可以增加体系泡沫，具有耐硬水、易冲洗等优点。椰油酰甘氨酸钠是一种温和的氨基酸表面活性剂，可以提供细腻丰富的泡沫，具有易冲洗、类似皂的清爽感等优点。丙烯酸（酯）类共聚物是一种增稠剂。甘油分子能与水分子形成氢键，能在皮肤上形成一层薄膜，有隔绝空气和防止皮肤水分蒸发的作用，使皮肤保持柔软，有良好的保湿功效。烟酰胺能加速新陈代谢，促进含黑色素的角质细胞脱落，作用于已经产生的黑色素，减少其向表层细胞转移，促进表皮层蛋白质的合成，改善肌肤质地。

产品特性　本品温和，深层清洁皮肤，滋润肌肤，保湿补水，令肌肤柔嫩细腻。多种成分协同作用可修复皮肤的脂质屏障，调和老化或干燥的皮肤，达到长效保湿滋润的效果。

7　洗发香波

原料配比

原料	配比（质量份）						
	1#	2#	3#	4#	5#	6#	7#
桂花精油	2.5	2.5	2.5	2.5	2.5	2.5	2.5
乳酸	4.0	4.0	4.0	4.0	4.0	4.0	4.0
聚季铵盐-7	0.7	0.7	0.7	0.7	0.7	0.7	0.7
瓜尔胶羟丙基三甲基氯化铵	1.6	1.6	1.6	1.6	1.6	1.6	1.6
月桂醇聚醚硫酸酯钠（AES）	4.6	4.6	4.6	4.6	4.6	4.6	4.6
十二烷基苯磺酸钠	5.2	5.2	5.2	5.2	5.2	5.2	5.2
聚二甲基硅氧烷	3.1	3.1	3.1	3.1	3.1	3.1	3.1
聚乳酸	5.2	5.2	5.2	5.2	5.2	5.2	5.2
去离子水	71.6	71.6	71.6	71.6	71.6	71.6	73.1
β-环糊精	1.5	1.5	1.5	1.5	1.5	1.5	—

制备方法

（1）取去离子水，加入经辐照处理后的β-环糊精、桂花精油搅拌制备为β-环糊精包合物，加热使其完全溶解；

（2）加入聚季铵盐-7和瓜尔胶羟丙基三甲基氯化铵搅拌至完全溶解；

（3）加入月桂醇聚醚硫酸酯钠和十二烷基苯磺酸钠，搅拌至混合均匀；

（4）加入乳酸和聚二甲基硅氧烷并混合均匀；

（5）加入聚乳酸并混合均匀，剪切5～20min，剪切速度为10000r/min左右即可。

原料介绍

所述的桂花精油、去离子水、β-环糊精包合物制备方法如下：称取β-环糊精，置于锥形瓶中，加入蒸馏水，在水浴上加热至60℃使β-环糊精溶解，取出，冷却至50℃并转移至恒温磁力搅拌器中恒温，搅拌下逐滴加入桂花精油，搅拌3h；放冷至室温，于4℃冰箱中冷藏12h以上；再将其密封分装，利用电子束辐照技术，对其进行辐照处理。所述辐照处理剂量为：20～60kGy。

产品特性

（1）本品突出的特点是桂花香味散发时间长，有助于镇静安神、促进头皮血液循环、减缓疲劳。

（2）本品选用多种表面活性剂搭配，泡沫性能和清洁性能好，温和低刺激，清洁后表面活性剂残留量少，多种成分组合协同增效，抑菌消炎，改善头皮微生态，促进血液循环，缓解疲劳，桂花香味清新，使人感到舒适。

（3）本品桂花香味留香时间长，可缓解头痛，让皮肤细嫩，延缓衰老，促进头皮血液循环，抗菌，均衡油脂分泌。本品利用环糊精对桂花精油进行适当处理，所得产品桂花香味留香时间更长，有助于桂花精油更好地被头皮和头发所吸收，并起到保护头皮的作用。

（4）本品温和不刺激，能在一定的时间范围内维持良好的桂花香味，抑菌消炎，改善头皮环境，消除疲劳。桂花的主要有效成分桂花精油香味易挥发，不能维持长时间香味且又对热不稳定，因此利用桂花精油-β-环糊精包合物使其固化稳定，维持长时间的留香。

配方 2 多效修护洗发水

原料配比

原料	配比（质量份）
水	58.41
甘油	3
海藻胶	0.2
$C_{12} \sim C_{14}$ 烯烃磺酸钠	18
椰油酰胺丙基羟基磺基甜菜碱	8
$C_{12} \sim C_{16}$ 烷基葡糖苷	1
吡罗克酮乙醇胺盐	0.2
椰油酰胺甲基 MEA 混合物	1
聚季铵盐-10	0.3
柠檬酸	0.08
神经酰胺混合物	0.11
Ucare UA1210	6
维生素 B3	0.2
T5	0.1
红参提取物	0.1
复合氨基酸	0.1
季铵盐-80	0.5
水解小麦蛋白提取物	0.2
决明子提取物	0.2
氯化钠	1.5
苯甲醇	0.4
苯甲酸钠	0.3
香精	0.1

原料		配比（质量份）
海藻胶	丙二醇	12～14
	小叶海藻提取物	4～8
	苯氧乙醇	14～16
	氯苯甘醚	11～13
	脱氢乙酸钠	14～16
椰油酰胺甲基 MEA 混合物	椰油酰胺甲基 MEA	25～38
	甘油	5～10
神经酰胺混合物	油橄榄果油	18～21
	蓖麻籽油	3～5
	神经酰胺 NG	25～30
Ucare UA1210	库拉索芦荟叶汁	25～30
	苯氧乙醇	12～16
	氯苯甘醚	22～25
T5	甘油	32～38
	氢化卵磷脂	11～13
	神经酰胺 NP	10～15
	神经酰胺 EOP	10～15
	神经酰胺 NS	10～15
	神经酰胺 AS	10～15
	神经酰胺 AP	10～15
复合氨基酸	水	50～70
	丁二醇	11～14
	乳酸	5～8
	乳酸钠	12～15
	甘油	18～22
	丝氨酸	6～10
	丙氨酸	6～10
	天冬氨酸	6～10
	谷氨酸	6～10
	脯氨酸	6～10
	异亮氨酸	3～5
	精氨酸	6～10
	亮氨酸	9～14
	甘氨酸	6～10
	缬氨酸	6～10
水解小麦蛋白提取物	丁二醇	10～14
	水解小麦蛋白	30～35
	苯氧乙醇	5～8

原料		配比（质量份）
决明子提取混合物	水	50 ～ 60
	丁二醇	12 ～ 16
	决明提取物	30 ～ 35
	苯氧乙醇	5 ～ 8

制备方法　按照质量份数准确称量以上各原料，将水、甘油、海藻胶、C_{12} ～ C_{14} 烯烃磺酸钠、椰油酰胺丙基羟基磺基甜菜碱、C_{12} ～ C_{16} 烷基葡糖苷、吡罗克酮乙醇胺盐、椰油酰胺甲基 MEA 混合物、聚季铵盐 -10、柠檬酸、神经酰胺混合物、Ucare UA1210、维生素 B3 投入主锅内高速均质 5 ～ 10min，并升温至 80 ～ 85℃保温 20min 备用。将 T5、红参提取物、复合氨基酸、季铵盐 -80、水解小麦蛋白提取物、决明子提取物、氯化钠、苯甲醇依次加入油锅，升温到 75 ～ 80℃，抽入主锅中，恒温 80℃ 的条件下进行乳化，并高速均质 3 ～ 5min。加入苯甲酸钠再高速均质 3 ～ 5min，以 800 ～ 1000r/min 搅拌 10min 后降温。待温度降到 45℃，加入香精，以 800 ～ 1000r/min 搅拌均匀，检测合格后获取产品。

产品特性

（1）由于神经酰胺由长链脂肪酸组成，与其他重要分子相连，具有促进细胞功能，所以神经酰胺有助于形成防止渗透的屏障。对细胞的锁水性具有显著的功效，有助于防止干燥和刺激。可以对头发结构修护调理，抵抗外来环境污染和紫外线伤害，能修复头发结构受损细胞并能有效补充水分，改善秀发结构。

（2）本品能够对头皮和头发的干燥、pH 值不正常进行修复修护，通过多种神经酰胺制备而成的 T5，使洗发水能够对头发进行深层次的锁水，从而对头发有效地补充水分，改善秀发结构。通过复合氨基酸的添加，本品使头皮呈现健康的状态。结合多种神经酰胺的功能，实现在头皮、头发上进行全方位的多效修护。

配方 3　二硫化硒去屑洗发露

原料配比

原料		配比（质量份）
水		66.25
A 相表面活性剂	月桂醇聚醚硫酸酯钠	9.8
	水	4.2
B 相表面活性剂	椰油酰胺丙基甜菜碱	3
	水	7
发用调理剂	椰油酰胺 DEA	0.8
	柠檬酸	0.8
	PEG-150 二硬脂酸酯	0.2
	磷酸二氢钠	0.2

续表

原料		配比（质量份）
增稠剂	氯化钠	1
悬浮剂	膨润土	1
保湿剂	甘油	1
填充剂	二氧化钛	1
二硫化硒		0.95
香精		0.2
防腐剂	DMDM 乙内酰脲	0.2
螯合剂	EDTA 二钠	0.2

制备方法　将各组分原料混合均匀即可。

原料介绍　在洗发水中增加二硫化硒，具有抗皮脂以及抑制油脂等作用，是一种皮肤科常见的非处方药，具有抗皮脂溢出的作用，也有抗真菌作用，主要用于去除头皮屑、头皮脂溢性皮炎和花斑癣。二硫化硒洗发水还具有控油效果。EDTA 二钠是一种金属离子络合剂，对硬水有软化作用，洗发水有EDTA能使清洗效果更好。EDTA同系物对人体健康和毛发代谢没有影响。发用调理剂采用椰油酰胺DEA、柠檬酸、PEG-150二硬脂酸酯与磷酸二氢钠。椰油酰胺DEA具有润湿、净洗、乳化、柔软等性能，对阴离子表面活性剂有较好的稳定作用。柠檬酸与磷酸二氢钠有利于维持头皮酸碱平衡，保护头皮健康；此外，它还能解决头发静电干枯问题，使发质变得更顺滑服帖；同时洗发水中添加柠檬酸能改变洗发水的pH值，从而起到杀菌抑菌的效果。PEG-150二硬脂酸酯用于洗发香波、液体皂、液体洗涤剂的增稠，能显著增加香波的稠度，对毛发有调理、柔软作用，防止毛发干枯，同时还有减低静电作用。通过该比例的发用调理剂能够产生对头发良好的顺滑效果，能够有效解决头发静电、干枯等问题，同时通过柠檬酸调节头皮酸碱度。采用本品中提供的发用调理剂能够使得头发更加顺滑，不会因使用强清洁力的二硫化硒而对头皮产生不适的作用，同时有助于洗发水起泡。

产品特性　本品维持头皮酸碱平衡，保护头皮健康，解决头发静电干枯问题，使发质变得更顺滑服帖。

配方 4　防脱健发去屑止痒植物洗发水

原料配比

原料	配比（质量份）		
	1#	2#	3#
水	47.6	57.6	62.6
植物组合提取物	30	20	15
$C_{12} \sim C_{15}$ 烷醇聚醚硫酸钠	11	11	11
椰油酰胺 DEA	3	3	3
月桂醇硫酸酯钠	3	3	3
椰油酰胺丙基甜菜碱	2	2	2

原料		配比（质量份）		
		1#	2#	3#
氯化钠		1	1	1
PCA 钠		1	1	1
椰油酰胺丙基 PG-二甲基氯化铵磷酸酯		0.5	0.5	0.5
吡罗克酮乙醇胺		0.25	0.25	0.25
香精		0.25	0.25	0.25
聚季铵盐-10		0.2	0.2	0.2
柠檬酸		0.1	0.1	0.1
EDTA 二钠		0.05	0.05	0.05
卡松		0.05	0.05	0.05
植物组合提取物	何首乌	20	15	20
	川芎	10	10	15
	黑芝麻	10	10	10
	当归	10	10	10
	人参	15	10	15
	鸡血藤	15	10	15
	侧柏叶	20	20	20
	皂角	10	10	15
	肉苁蓉	10	10	10
	甘草	20	20	20
	干姜	10	10	15
	蔓荆子	15	10	15
	桑椹	20	20	20
	芦荟胶	10	10	10
	旱莲草	20	20	20
	马齿苋	15	10	15
	厚朴	15	15	10
	桑叶	20	20	15
	透骨草	20	20	20
	蒲公英	15	15	15
	蛹虫草	10	10	10
	水蛭	10	10	8
	三七	10	7	10
	海马	10	8	8
	冬虫夏草	4	3	2
	乙醇	适量	适量	适量
	水	适量	适量	适量

制备方法

（1）配制植物组合提取物，将初始本草，按照比例称量，用水清洗干净，加入提取设备，按照比例加入水，煮沸回流提取，提取时间达到2h，允许适当延长。冷却、过滤，补足水损耗，备用。

（2）关闭乳化锅的出料阀门。准确称量香精和水，香精加入乳化锅前使用适量水分散，之后全部加入到乳化锅，开启搅拌，设定转速为15r/min。

（3）开启蒸汽发生器，将原料温度升到55℃。

（4）关闭搅拌。准确称量$C_{12} \sim C_{15}$烷醇聚醚硫酸钠、月桂醇硫酸酯钠、植物组合提取物、氯化钠、聚季铵盐-10加入到乳化锅中。

（5）关闭锁紧乳化锅口，开启搅拌，设定搅拌转速为15r/min。

（6）开启蒸汽发生器，将料温升高到85℃时，关闭蒸汽发生器，此时预热将料温升高并保持在85～95℃，保持在这个区间的温度，保持搅拌1h，允许适当延长。

（7）关闭蒸汽进出阀门，开启冷却水进出阀门。

（8）降温到50℃，关闭冷却水进出阀门。

（9）关闭搅拌，准确称量椰油酰胺DEA、椰油酰胺丙基甜菜碱、PCA钠、椰油酰胺丙基PG-二甲基氯化铵磷酸酯、吡罗克酮乙醇胺、柠檬酸、EDTA二钠、卡松加到乳化锅。

（10）关闭锁紧乳化锅口，开启搅拌，设定搅拌转速为l5r/min。开启均质，设定转速为1300r/min。

（11）均质时间达到1h，搅拌时间达到1h。允许适当延长。

（12）关闭均质和搅拌，过滤出料、称重。

（13）静置达到12h，灌装。

原料介绍 所述植物组合提取物的制备方法包括以下步骤：

（1）将配方量的何首乌、川芎、黑芝麻、当归、人参、鸡血藤、侧柏叶、皂角、肉苁蓉、甘草、干姜、蔓荆子、桑椹、芦荟胶、旱莲草、马齿苋、厚朴、桑叶、透骨草、蒲公英、蛹虫草、水蛭、三七、海马、冬虫夏草粉碎至120目，得到植物组合物。

（2）向植物组合物中按照1:10的质量比，加水，在100℃下煎煮2h（煮沸后计时），得到植物组合物的提取液1。

（3）用同样的方法，按照1:8的质量比，加水，在100℃下煎煮2h（煮沸后计时），得到植物组合物的提取液2。

（4）将两次提取液（提取液1、提取液2）混合在一起。将液体浓缩至相对密度为1.16，得浓缩液。

（5）在常温状态下，将50%～60%乙醇与浓缩液混合在一起（备注：混合的时候，轻轻倒入乙醇，慢慢搅拌均匀。加乙醇的量，用测量计测量以得到40%～50%含有乙醇量为准），得到40%～50%的含有乙醇的植物组合液。

（6）将40%～50%的含有乙醇的植物组合液醇沉24h后（乙醇沉淀法，可去除提取物中的杂质），过滤得上清液。

（7）最后用水蒸气法，分离出乙醇，得到不含有乙醇的植物组合提取物。

产品应用　防脱健发、去屑止痒植物洗发水的用法：

（1）先用温水打湿头顶。冷水会刺激头皮，而热水会损伤发质，所以温水往往是最好的选择。头发偏长的人可以将所有头发都聚拢到头顶，方便抹洗发水。

（2）待头发与头皮充分湿润后，取适量的防脱健发、去屑止痒植物洗发水，在手掌打好泡沫后再均匀地涂抹在头皮和发根上。

（3）轻柔地揉搓头发和头皮，给头部做一个全方位的按摩。

（4）按摩三五分钟后，就可以使用温水冲洗了，注意一定要把洗发水冲干净。虽然洗发水中含有很多对头皮头发有益的营养成分，如可以平衡头部菌群的益生菌发酵精华和强健发丝的侧柏叶、干姜植物提取物等等，但是这些有效成分在之前按摩的过程中就已经充分滋养头皮了。

（5）用温水冲洗干净后，还可以再用冷水重复清洗。因为这样做可以帮助牢固发根，巩固头皮，并且加速头发对之前营养的吸收。

（6）整个过程结束后，可以使用毛巾轻柔地擦拭头发，等待头发自然晾干。如果要使用吹风机，尽量选择冷风。普通的吹风机很容易损伤发质，吹出来的头发会显得特别毛躁。

产品特性

（1）本品，无毒无副作用，见效快，效果明显。

（2）具有祛屑、消炎、止痒、营养毛囊、修复发质等多重功效。在防脱健发功效之外，更有调理皮脂腺分泌油脂逐步正常、祛屑、消炎止痒、营养毛囊、修复发质等多重功效，使各类受损头发逐渐恢复韧性、乌黑亮泽、滋润顺滑。对于头皮的脂溢性皮炎，一般使用数次即可痊愈。本品防脱健发、去屑止痒植物洗发水实现了标本兼治，互相兼容促进，对头皮有意想不到的护理功能，使毛囊处于健康状态。

（3）本品通过各类天然植物草本的复配制得，所得到的产品具有较好的安全性，能够有效地防脱健发、去屑止痒。

配方 5　富硒米淘米水洗发水

原料配比

原料		配比（质量份）		
		1#	2#	3#
富硒米淘米发酵液		10	15	12
阴离子表面活性剂	月桂醇聚醚琥珀酸酯二钠 MES 30	5	6	7
	月桂醇醚硫酸酯钠 AES	5	9	6
两性表面活性剂	月桂酰基甲基氨基丙酸钠 SUR LMA 30	10	12	11
	椰油酰胺丙基甜菜碱 CAPB 35	10	13	12

续表

原料		配比（质量份）		
		1#	2#	3#
改性羟丙基壳聚糖		1	2	1.5
EDTA 二钠		0.1	0.1	0.1
丙烯酸聚合物	PA-25	2	4	3
香精		0.3	0.3	0.3
防腐剂	9010	0.6	0.6	0.6
柠檬酸		适量	适量	适量
水		55	62	58

制备方法 按上述质量份数，往搅拌釜中加入水、富硒米淘米发酵液、MES 30 和EDTA二钠，搅拌至完全溶解；然后升温至80℃，加入AES、SUR LMA 30、CAPB 35，搅拌均匀；降温至70℃，加入PA-25，混合均匀后搅拌30min至透明；最后降温至50℃，加入9010、香精和改性羟丙基壳聚糖，并加入柠檬酸调节pH，得到富硒米淘米水洗发水。

原料介绍 所述的改性羟丙基壳聚糖的制备方法如下：

（1）将蛋氨酸加入含NHS和EDC的MES缓冲液（MES浓度为25mmol/L，pH为4.5，蛋氨酸、NHS、MES的摩尔比为1:4:4）中，反应2h后得到混合溶液1；

（2）将所述混合溶液1加入含羟丙基壳聚糖的MES缓冲液（MES浓度为25mmol/L，pH为4.5，羟丙基壳聚糖与步骤（1）中所述蛋氨酸的质量比为1:1）中，反应24h后加入25mg盐酸羟胺终止反应，得到混合溶液2；

（3）用32%液碱调节所述混合溶液2的pH至9，装入透析袋中透析48h后得到理想分子量的所述改性羟丙基壳聚糖。

所述阴离子表面活性剂选自AOS、AES、MES、AEC中的一种或多种。

所述两性表面活性剂选自氨基酸型表面活性剂、氧化铵型表面活性剂、甜菜碱型表面活性剂、咪唑啉型表面活性剂中的一种或多种。

所述富硒米为有机硒含量≥0.2mg/kg的大米。

所述富硒米淘米发酵液的制备方法如下：

（1）精选富硒米（有机硒含量经测试为0.250mg/kg），浸泡于3倍质量的蒸馏水中，搅拌均匀，然后用120目筛网过滤掉滤渣，得到滤液；

（2）将上述滤液，进行抽真空处理，抽真空时间为0.5h，得到前驱体；

（3）将上述前驱体在30℃下，用指定菌种（嗜酸乳杆菌，其为前驱体的0.4%）发酵120h，然后用120目筛网过滤，除去滤渣，得到富硒米淘米发酵液。此发酵液在2℃下存放。

所述富硒米与蒸馏水的质量比为1:（3～10）。

产品特性 本品以富硒米淘米发酵液、改性羟丙基壳聚糖作为功能性成分进行复配，二者具有协同效应，加上产品组分中的表面活性剂、分散剂等其他成分的增溶分散作用，使得产品具有很强的稳定性和功效性。该洗发水也能在较长一段时间内，依然保留固发护发的功效且衰减程度轻微，从而产品的保质期大大延长了。

配方 6 含多肽洗发水

原料配比

原料	配比（质量份）		
	1#	2#	3#
油茶籽多肽	60	50	56
芦荟提取物	30	50	40
桑叶提取物	20	30	24
黑豆提取物	10	20	15
针叶樱桃提取物	5	10	8
蚕丝水解蛋白胶体	3	6	5
三肽-1	0.1	2	1
三肽-1铜	0.5	1	0.8
芳香剂	0.05	2	0.4
乳化剂	0.05	2	0.8
助剂	1	3	2
水	适量	适量	适量

制备方法

（1）分别按比例称取油茶籽多肽、芦荟提取物、桑叶提取物、黑豆提取物、针叶樱桃提取物、蚕丝水解蛋白、三肽-1、三肽-1铜、芳香剂、乳化剂和水。

（2）将油茶籽多肽放入水浴中，然后加入助剂搅拌均匀后，再依次加入三肽-1、三肽-1铜和蚕丝水解蛋白胶体搅拌分散；搅拌分散是通过超声波搅拌分散，搅拌分散的时间为0.5～1h。

（3）向步骤（2）得到的溶液中加入芦荟提取物、桑叶提取物、黑豆提取物、针叶樱桃提取物的混合提取液进行混合后，再加入芳香剂和乳化剂，在30～40℃的温度下搅拌混合均匀后，调节pH值为6.2～6.8，即可得到多肽洗发水。

原料介绍 所述芦荟提取物、桑叶提取物、针叶樱桃提取物的提取过程为：分别取新鲜的芦荟、桑叶、针叶樱桃，然后分别加入适量的水进行榨汁和过滤，将过滤后的滤渣用5～10倍质量的乙醇溶液进行回流提取，乙醇溶液的浓度不低于60%，再将所有提取液与滤液置于反应罐内进行混合，并将所有回流提取后的回流滤渣用纱布袋包装好，投入至反应罐内于混合液中浸泡和酶解3～5h，将反应罐内的混合液体排出并进行离心过滤，得到混合提取液。离心过滤的转速为3000～5000r/min，离心时间为10～20min。

所述黑豆提取物的制备过程为：将黑豆烘干研磨至粒径不超过0.1μm后，再加入5～10倍质量的乙醇溶液至黑豆粉末中并在45～65℃下继续研磨20min，其中乙醇溶液的浓度不低于60%，然后取出黑豆粉末加入至80～90℃的水浴中酶解1～2h，酶解后提取1～3次得到黑豆酶解提取液，其中，酶解使用的酶为纤维素酶、果胶酶、淀粉酶、蛋白酶中的一种或几种；再将黑豆酶解提取液过滤、浓缩、灭菌后，得到黑豆提取物。

所述蚕丝水解蛋白胶体的制备过程为：将蚕丝加入反应器中，再加入水和柠檬酸钠并在搅拌条件下升温到60～80℃浸泡20～30min后，在高频交变电场作用下逐渐降温至32～40℃并水解5～10min，使高频交变电场作用下的蚕丝蛋白在升温过程中与逐渐降温的溶液进行热量交换和抵消，然后冷却至常温，调节pH值至中性，脱色、除杂、过滤、浓缩、灭菌后，于2～6℃下保存制备得到的蚕丝水解蛋白胶体。加入水和柠檬酸钠时，柠檬酸钠的质量分数为2%～4%。所述高频交变电场的频率为100～2000MHz，蚕丝蛋白在1～10kV/m的场强下处理3～10min。

所述助剂为EDTA二钠、椰油酰胺丙基甜菜碱、月桂醇聚醚硫酸酯钠、烷基葡萄糖苷、烷基糖苷和乳化硅油中的一种或多种。

本品中的芦荟提取物、桑叶提取物、针叶樱桃提取物易降解，对皮肤刺激性小，本品中又含有丰富的氨基酸、维生素等多种天然营养调理物质，还具有抗菌、消炎等功效。黑豆补肾益阴，健脾利湿，乌发抗衰老效果明显。黑豆提取物中含有丰富的大豆黄酮、大豆皂醇、蛋白质、维生素、多种矿物质和微量元素，具有解表清热、养血平肝、补肾壮阴、补虚黑发的功效，对皮肤和毛发能够起到抗氧化和清除自由基的作用。蚕丝水解过程中在高频交变电场的作用下，蚕丝蛋白分子不断扭转、拉伸，使蚕丝蛋白分子中的肽链也会在交变电场的作用下发生震动，将其分子断裂逐渐分解成不同等级分子量的小分子蚕丝蛋白，从而提高蚕丝蛋白水解效率，这些蚕丝蛋白具有表面活性成分，小分子蚕丝蛋白能够降低其他成分对头皮和头发的刺激，蚕丝小分子肽和氨基酸能快速地被头皮吸收利用，达到有效修复受损毛发的功效，具有生发固发的功能和效果。

产品应用　使用方法如下：洗头时将头发润湿均匀，用本品多肽洗发水3～5mL置于手心轻揉几次后，抹在整个头部轻度按摩2～3min；用水洗净之后，可重复1～2次。

产品特性

（1）本品调节毛发机体平衡，提高身体免疫力，可以将皮肤所缺营养带到皮肤深层，抑制头发中真菌滋生，清除头皮污垢，疏通毛孔，洗去沉积残留物，对头发具有很好的修护能力。

（2）本品中的各提取物含有丰富的小分子多肽，肽为小分子氨基酸，有利于头皮和毛发吸收，具有良好的抗自由基、抗氧化的作用，保证提取物中各成分功能因子的活性。同时还具有修复毛囊的功效，可以修复和改善头发生长环境。

（3）本品能抑制头发和头皮中的细菌生长，能够保证头发充分吸收营养，可促进细胞生长与修复，产生很好的清洁和护理效果，而且安全性也相对较高，无任何副作用。

配方 **7** 护发去屑洗发水

原料配比

原料	配比（质量份）
月桂醇聚醚硫酸钠	15 ～ 25
精油	10 ～ 15
葫芦巴种子提取液	10 ～ 20
维生素E	0.5 ～ 1.5
去离子水	加至 100

制备方法

（1）将鳄梨果油、芒果脂、榛果油和甜杏油混合获得精油；

（2）将葫芦巴种子粉碎并置于60 ～ 100℃水中加热，加热过程中利用超声提取，利用护发去屑洗发水原料制备装置过滤获得葫芦巴种子提取液，所述精油也采用护发去屑洗发水原料制备装置过滤；

（3）将全部原料，去离子水、维生素E、月桂醇聚醚硫酸钠、所述精油和葫芦巴种子提取液混合，混合方式采用热混合。

原料介绍 所述鳄梨果油在精油中的含量为40% ～ 60%，甜杏油在精油中的含量为20% ～ 30%，芒果脂和榛果油的质量比为1：1。

所述葫芦巴种子提取液含量为5% ～ 10%，葫芦巴种子与水的质量份数比为1：2 ～ 1：5。

产品应用 本洗发水可以与其他清洗能力强的洗发水混用，使用时以1：1混合或根据清洁和养护效果随意搭配。

产品特性 本洗发水清洗后头发柔顺，无需使用护发素，对头皮刺激性小，能够减少头皮屑的滞留与产生。

配方 **8** 兼具控油及除螨功效的洗发水

原料配比

原料		配比（质量份）		
		1#	2#	3#
植物提取物	白鲜皮	1	1	2
	侧柏叶	3	4	7
	蛇床子	5	6	9
	百部	1	3	3
	生苍术	2	3	3
	白果紫草	3	4	4
	百脉根	1	4	3

原料		配比（质量份）		
		1#	2#	3#
A	水	加至 100	加至 100	加至 100
	聚季铵盐-10	0.15	0.2	0.2
	瓜尔胶羟丙基三甲基氯化铵	0.35	0.4	0.35
B	EDTA 二钠	0.1	0.1	0.15
	椰油酰胺丙基甜菜碱（30%）	4	5	7
	月桂醇聚醚硫酸酯钠（70%）	16.0	15	13
	椰油酰胺 MEA	1	0.8	1.3
	鲸蜡硬脂醇	0.4	0.3	0.6
	乙二醇二硬脂酸酯	0.75	0.7	0.9
	烟酰胺	0.1	0.1	0.1
	尿囊素	0.1	0.1	0.1
C	丙烯酸（酯）类共聚物（30%）	1.5	1.6	2.0
	氢氧化钾或柠檬酸	适量	适量	适量
D	聚乙二醇（5%）	1.0	0.7	0.7
	甲基氯异噻唑啉酮	0.1	0.1	0.1
	香精	0.5	0.3	0.6
	聚二甲基硅氧烷醇	2.5	2.4	2.8
	聚二甲基硅氧烷	1.0	0.8	0.8
E	植物提取物	0.3	0.2	0.6

制备方法

（1）将包含有白鲜皮、侧柏叶、蛇床子、百部、生苍术、白果紫草、百脉根在内的组分经粉碎成植物粉末，经碱性溶液浸泡、超声、酶解、醇提、过滤，得到提取液，提取液经浓缩、活性炭脱色，最后通过喷雾干燥、粉碎得到提取物粉末；所述的粉碎为液氮冷冻粉碎；碱浸泡时间为 1 ～ 6h，处理温度为 30 ～ 60℃；超声的步骤为频率 50kHz 保持 10 ～ 30min，上升至 100kHz 保持 10 ～ 30min，再上升至 200kHz 保持 30 ～ 60min，温度为 25 ～ 30℃；酶解的步骤为在 pH 为 4 ～ 7、温度为 40 ～ 60℃的条件下酶解 2 ～ 8h；醇提的温度为 40 ～ 60℃，提取时间为 2 ～ 6h，提取 2 ～ 3 次；醇提后过滤得到滤液，合并滤液；活性炭脱色温度为 30 ～ 60℃；提取液经过活性炭脱色处理后用滤纸过滤，收集滤液。

（2）将聚季铵盐-10、瓜尔胶羟丙基三甲基氯化铵和水混合均匀，升温至60 ～ 80℃，依次加入乙二胺四乙酸二钠、椰油酰胺丙基甜菜碱、月桂醇聚醚硫酸酯钠、椰油酰胺、鲸蜡硬脂醇、乙二醇二硬脂酸酯、烟酰胺和尿囊素，搅拌均匀。

（3）降温至 40 ～ 60℃，加入丙烯酸（酯）类共聚物，搅拌均匀，用 pH 调节剂调节溶液的 pH 至 4 ～ 8。

（4）降温至30～45℃，依次加入聚乙二醇、甲基氯异噻唑啉酮、香精、聚二甲基硅氧烷醇、聚二甲基硅氧烷和步骤（1）得到的提取物粉末，搅拌均匀即得所述的洗发水。

原料介绍　所述碱性溶液选自氢氧化钠溶液、氢氧化钾溶液中的至少一种；

所述的植物粉末与碱性溶液的质量比为1：（2～15）；

所述酶解采用的酶为纤维素酶、半纤维素酶、淀粉酶和果胶酶组成的复合酶，纤维素酶、半纤维素酶、淀粉酶和果胶酶的酶活比为（0.8～1.5）：（0.6～1.2）：（1.0～1.5）：（0.5～1.2）。

产品应用　使用方法：将头发弄湿后，取一元硬币大小的洗发水放在手心中，揉搓出气泡后，均匀涂抹在头上，揉搓2～4min后，用清水冲洗干净。

产品特性　本品采用的提取物对5α-还原酶的抑制效果极为显著，具有较好的控油及除螨效果。本品通过添加部分酶达到破坏植物细胞壁的作用，提高活性成分的有效浸出，同时优选植物配方，调配出的洗发水功效明显。

配方 ⑨ 控油去屑氨基酸洗发水

原料配比

原料		配比（质量份）				
		1#	2#	3#	4#	5#
橄榄油酰谷氨酸钠		8	9	10	12	6
月桂酰肌氨酸钠		8	7	6	6	12
沙棘酰胺丙基甜菜碱		4	6	5	1	6
椰油酰胺丙基胺氧化物		4	3	4	5	1
辛基/癸基葡糖苷		2	3	3	1	4
去屑组合物	二氢杨梅素	3.8	5	4.4	2.8	2.8
	四羟丁基噻莫西酸	2.2	3	2.6	2	1.2
页岩油磺酸酯钠		3	2	1	2	0.5
调理剂	角鲨烷	2	2	1	3	0.5
	生育酚磷酸酯钠	1	2	1	2	0.5
防腐剂	euxyl@PE9010	0.5	0.5	0.5	1	1
金属螯合剂	EDTA-2Na	0.05	0.05	0.05	0.1	0.01
pH调节剂	柠檬酸钠	0.2	0.1	0.2	0.05	0.15
	柠檬酸	0.3	0.2	0.3	0.1	0.25
水		加至100	加至100	加至100	加至100	加至100

制备方法 将橄榄油酰谷氨酸钠、月桂酰肌氨酸钠、沙棘酰胺丙基甜菜碱、椰油酰胺丙基胺氧化物、水依次加入反应釜中，搅拌均匀，加热至60～75℃，保温20～30min，降温至50～55℃，加入辛基/癸基葡糖苷、去屑组合物、页岩油磺酸酯钠、调理剂、pH调节剂和金属螯合剂，搅拌30～60min，继续降至室温后，加入防腐剂，搅拌均匀，出料即得。

原料介绍 所述的防腐剂为德国舒美的euxy®PE 9010。

二氢杨梅素对头屑主病菌——马拉色菌具有一定的抑菌活性，但其抑菌活性有待提高。四羟丁基噻莫西酸是一种具有抗氧化性的物质，对马拉色菌并不具备抑菌活性。将二氢杨梅素和四羟丁基噻莫西酸以一定配比进行复配，可显著提高二氢杨梅素对马拉色菌的抑制作用，两者复配产生了协同的抑菌活性。二氢杨梅素和四羟丁基噻莫西酸的组合可作为去屑活性成分用于制备洗发水并获得出色的去屑效果。

产品特性

（1）本品通过优化体系的表面活性剂组成，从而获得一种黏度适宜、泡沫丰富、易于冲洗的氨基酸洗发水，克服了传统氨基酸洗发水普遍存在的难增稠、泡沫性能抑制、冲洗不干净的缺点。

（2）本品具有优异的杀菌、控油、去屑、止痒功效。头发清洁效果突出，且泡沫极为丰富，易于冲洗，冲洗后没有假滑感，滋润性好，使用的主观感觉良好。

（3）本品体系黏稠度适宜，外观细腻柔滑、无颗粒感，体系易于增稠，生产便捷，增稠体系稳定，满足长货架期的要求。

（4）本品性质温和，不会引起过敏反应，不刺激皮肤和眼睛，安全性高。

配方 **10** 控油去屑洗发水

原料配比

原料			配比（质量份）			
			1#	2#	3#	4#
去离子水			30	40	50	60
A相	发用调理剂	聚季铵盐-10	0.5	0.2	—	0.3
		山嵛酰三甲基氯化铵	—	0.5	0.5	0.3
B相	表面活性剂	月桂醇聚醚硫酸酯钠	40	20	—	50
		椰油酰胺丙基甜菜碱	10	20	50	—
	螯合剂	EDTA二钠	0.5	0.7	1	1.5
C相	表面活性剂	癸基葡糖苷	0.5	1	1.5	1
	乳化剂	甘油硬脂酸酯	0.1	0.5	0.2	0.3
	防腐剂	甲基异噻唑啉酮	0.5	0.3	0.1	—
		甲基氯异噻唑啉酮	—	0.3	0.2	0.5

原料			配比（质量份）			
			1#	2#	3#	4#
D相	去屑剂	水杨酸	0.2	0.25	0.4	0.5
E相	表面活性剂	椰油两性二醋酸钠	5	10	15	20
F相		香精	0.2	0.5	1	0.5
	氯化钠	化学纯级氯化钠	0.5	0.8	1	1.2
G相	皮肤调理剂	水解玉米蛋白	0.1	0.3	0.3	0.5
		水解酵母蛋白	—	0.05	0.1	0.4
		西班牙鼠尾草籽提取物	0.5	0.1	0.05	0.05
		豌豆提取物和椰油酰基谷氨酸TEA盐	0.05	0.1	0.2	—
	保湿剂	1，3-丙二醇	0.1	0.4	0.5	0.3
		甘油	—	0.2	0.1	0.5

制备方法　将A相与去离子水混合后加热至50～75℃，搅拌溶解后加入B相，搅拌保温1～5h，降温至45～40℃后分别加入C相与D相，搅拌降温至不高于30℃后分别加入E、F、G相，并搅拌混匀，测试pH并调节至6.2±0.5后出料。

原料介绍　本品通过月桂醇聚醚硫酸酯钠复配椰油酰胺丙基甜菜碱与癸基葡糖苷的联合作用，解决了现有SLS表面活性洗发水刺激性强，长时期使用会降低皮肤防御力引起皮肤皮炎、老化，以及清洁力不够、洗完头皮很容易痒、头发很容易油等不足。其中，月桂醇聚醚硫酸酯钠起泡性好，清洁力优良，复配其他表面活性成分，可以在保持清洁力的前提下，温和不刺激，使本品洗发水适用于敏感肤质用户；椰油酰胺丙基甜菜碱具有良好的去污、乳化、润湿、抗静电、柔软的作用，洗完头发不毛躁；癸基葡糖苷具有表面张力低，清洁力、润湿和起泡性能优良等特点。三者复配，保证清洁力的同时，温和不刺激，长期使用能达到改善头皮环境的作用。

采用聚季铵盐-10和山嵛酰三甲基氯化铵复配形成发用调理剂，从而有效提高头发的抗静电能力，并且，山嵛酰三甲基氯化铵对于受损发质也有一定修复作用。

产品特性

（1）本品是一种无硅油的洗发水配方，解决了硅油类洗发水堵塞毛孔的问题，具有减少毛孔堵塞的效果。

（2）本品采取温和清洁配方，各组分之间协调增效，能够温和地清洁头皮和头发，减少头痒和发丝掉落，添加水杨酸，有效减少头屑，并促进活性成分的高效吸收，从而实现养发、护发、固发，适合长期使用。

配方 **11** 控制水油平衡的温和洗发剂

原料配比

原料		配比（质量份）									
		1#	2#	3#	4#	5#	6#	7#	8#	9#	10#
月桂酰胺丙基甜菜碱		17	23	20	20	20	20	20	20	20	20
月桂醇聚醚硫酸酯钠		5	8	7	7	7	7	7	7	7	7
椰油酰胺甲基 MEA		3	8	5	5	5	5	5	5	5	5
椰油酰基谷氨酸 TEA 盐		2	5	3	3	3	3	3	3	3	3
棕榈酸乙基己酯		0.05	0.2	0.1	0.1	0.1	0.1	0.1	0.1	0.1	0.1
氢化马铃薯淀粉		2	5	3	3	3	3	3	3	3	3
水解角蛋白		0.05	0.2	0.1	0.1	0.1	0.1	0.1	0.1	0.1	0.1
透明质酸钠		0.01	0.05	0.01	0.01	0.01	0.01	0.01	0.01	0.01	0.01
日本獐芽菜提取物		0.01	0.1	0.05	0.05	0.05	0.05	0.05	0.05	0.05	0.05
绿豆芽提取物		0.03	0.1	0.08	0.08	0.08	0.08	0.08	0.08	0.08	0.08
螯合剂	EDTA 二钠	0.1	0.2	0.15	0.15	0.15	0.15	0.15	0.15	0.15	0.15
调理剂	聚季铵盐-10	0.2	0.8	0.6	—	—	—	—	—	—	—
	甘草酸二钾	—	—	—	0.6	—	—	—	—	—	—
	聚季铵盐-10 与甘草酸二钾为 4:1	—	—	—	—	0.6	—	—	—	—	—
	聚季铵盐-10 与甘草酸二钾为 6:1	—	—	—	—	—	0.6	—	—	—	—
	聚季铵盐-10 与甘草酸二钾为 3:1	—	—	—	—	—	—	0.6	—	—	—
	聚季铵盐-10 与甘草酸二钾为 7:1	—	—	—	—	—	—	—	0.6	—	—
	聚季铵盐-10 与甘草酸二钾为 5:1	—	—	—	—	—	—	—	—	0.6	0.6
保湿剂		0.05	0.2	0.1	0.1	0.1	0.1	0.1	0.1	0.1	0.1
防腐剂		0.3	0.8	0.55	0.55	0.55	0.55	0.55	0.55	0.55	0.55
pH 调节剂	苹果酸	0.01	0.1	0.05	0.05	0.05	0.05	0.05	0.05	0.05	0.05
芳香剂	日用香精	0.3	0.6	0.5	0.5	0.5	0.5	0.5	0.5	0.5	0.5

原料		配比（质量份）									
		1#	2#	3#	4#	5#	6#	7#	8#	9#	10#
薄荷醇		—	—	—	—	—	—	—	—	0.1	0.5
溶剂	水	69.89	47.65	59.7	59.7	59.7	59.7	59.7	59.7	57.61	54.21
	双丙甘醇	—	—	—	—	—	—	—	—	2	5
保湿剂	吡咯烷酮羧酸钠	130	160	150	150	150	150	150	150	150	150
	乳酸钠	100	150	120	120	120	120	120	120	120	120
	精氨酸	50	100	80	80	80	80	80	80	80	80
	天冬氨酸	40	70	52	52	52	52	52	52	52	52
	吡咯烷酮羧酸	30	50	42.7	42.7	42.7	42.7	42.7	42.7	42.7	42.7
	甘氨酸	10	30	12.8	12.8	12.8	12.8	12.8	12.8	12.8	12.8
	丙氨酸	10	30	12	12	12	12	12	12	12	12
	丝氨酸	5	15	8	8	8	8	8	8	8	8
	缬氨酸	2	10	6.4	6.4	6.4	6.4	6.4	6.4	6.4	6.4
	脯氨酸	3	8	4	4	4	4	4	4	4	4
	苏氨酸	2	7	4	4	4	4	4	4	4	4
	异亮氨酸	2	9	4	4	4	4	4	4	4	4
	组氨酸	1	5	1.6	1.6	1.6	1.6	1.6	1.6	1.6	1.6
	苯丙氨酸	1	4	1.6	1.6	1.6	1.6	1.6	1.6	1.6	1.6
	水	614	352	500.9	500.9	500.9	500.9	500.9	500.9	500.9	500.9
防腐剂	苯氧乙醇	8	10	10	10	10	10	10	10	10	10
	防腐组合物	1	1	1	1	1	1	1	1	1	1
防腐组合物	甲基氯异噻唑啉酮	10	30	11.5	11.5	11.5	11.5	11.5	11.5	11.5	11.5
	甲基异噻唑啉酮	1	6	3.5	3.5	3.5	3.5	3.5	3.5	3.5	3.5
	氯化镁	100	150	120	120	120	120	120	120	120	120
	硝酸镁	100	150	110	110	110	110	110	110	110	110
	水	789	664	755	755	755	755	755	755	755	755

制备方法

（1）在乳化锅中加入水、双丙甘醇、EDTA二钠，聚季铵盐-10，搅拌均匀并分散完全，然后边搅拌边升高温度至75～85℃，保温15～25min，使物料完全溶解，形成预混合物；

（2）在油相溶解锅中加入月桂酰胺丙基甜菜碱、月桂醇聚醚硫酸酯钠、椰油酰基谷氨酸TEA盐、氢化马铃薯淀粉以及棕榈酸乙基己酯，升高温度至75～85℃，搅拌均匀后，加入至乳化锅中与预混合物搅拌混合均匀，形成中间混合物；

（3）降低中间混合物的温度至50～55℃，依次加入椰油酰胺甲基MEA、苯氧乙醇、芳香剂以及保湿剂，搅拌混合均匀，并使物料完全溶解；

（4）继续降低温度至40～45℃，依次加入水解角蛋白、薄荷醇、苹果酸、甘草酸二钾、透明质酸钠、防腐组合物、日本獐芽菜提取物以及绿豆芽提取物，搅拌混合均匀，使物料完全溶解；

（5）继续降低温度至30～35℃，出料，静置20～28h，即得控制水油平衡的温和洗发剂。

原料介绍 所述保湿剂的制备方法如下：按上述质量份数称量各组分，然后在搅拌釜中依次加入上述物质，并升高温度至55℃，以120r/min的转速搅拌混合均匀，使得物料完全溶解并分散均匀，降低温度至室温，即得保湿剂。

所述防腐组合物的制备方法如下：按上述质量份数称量各组分，然后在搅拌釜中依次加入上述物质，并升高温度至45℃，以120r/min的转速搅拌混合均匀，使得物料完全溶解并分散均匀，降低温度至室温，即得防腐组合物。

通过加入日本獐芽菜提取物、绿豆芽提取物与氢化马铃薯淀粉、水解角蛋白以及透明质酸钠协同复配，有利于更好地调节头皮的水油平衡，使得头皮不容易因过度滋养而出现油腻的情况，从而有利于洗发剂在保持较强的清洁力的同时使得头发更加清爽顺滑，还有利于更好地养护头发；另外，头皮的水油平衡还在一定程度上有利于更好地强根固发，使得脱发的情况得以缓解，从而有利于更好地减少脱发。

产品特性 本品去屑效果好，在保持洗发剂的清洁力的同时不容易对头发造成损伤，使得头发更加不容易出现干燥开叉的情况。

配方 12 迷迭香氨基酸洗发水

原料配比

原料	配比（质量份）			
	1#	2#	3#	4#
水	72	74	75	78
月桂醇聚醚硫酸酯钠	7	7	6	5
椰油酰胺丙基甜菜碱	7	5	6	6
椰油酰谷氨酸二钠	2	2	1.8	1.5
月桂醇硫酸酯钠	1.7	1.8	1.6	1.5
聚二甲基硅氧烷	1.8	1.5	1.6	1.6
聚二甲基硅氧烷醇	1.6	1.5	1.5	1.2
椰油酰胺DEA	1.4	1.6	1.5	1.2

原料	配比（质量份）			
	1#	2#	3#	4#
环聚二甲基硅氧烷	1.6	1.5	1.4	1.2
水解角蛋白	0.8	0.8	0.6	0.4
氯化钠	0.3	0.5	0.4	0.5
月桂酰基胶原氨基酸 TEA 盐	0.25	0.2	0.2	0.15
甘氨酸	0.2	0.1	0.15	0.15
谷氨酸	0.15	0.05	0.1	0.05
聚季铵盐 -6	0.3	0.6	0.5	0.4
迷迭香提取物	0.5	0.6	0.5	0.3
迷迭香叶提取物	0.6	0.3	0.5	0.4
月桂基吡啶氮鎓氯化物	0.3	0.25	0.2	0.1
瓜尔胶羟丙基三甲基氯化铵	0.2	0.15	0.1	0.05
迷迭香叶油	0.1	0.15	0.1	0.05
羟乙二磷酸	0.05	0.15	0.1	0.1
1，2-己二醇	0.1	0.1	0.05	0.05
辛酰羟肟酸	0.05	0.15	0.1	0.1

制备方法

（1）称取配方量的各组分物料，将生产设备清洁干净并消毒。

（2）将水、月桂醇聚醚硫酸酯钠、月桂酰基胶原氨基酸 TEA 盐、椰油酰胺丙基甜菜碱、椰油酰谷氨酸二钠依次投入搅拌锅内，加热至85℃搅拌 2 ～ 3min，使其完全溶解，继续搅拌使之降温；搅拌速度为 750 ～ 850r/min，搅拌时间为 30 ～ 50min。

（3）降温至55 ～ 65℃时，依次加入月桂醇硫酸酯钠、聚二甲基硅氧烷、椰油酰胺 DEA、环聚二甲基硅氧烷、瓜尔胶羟丙基三甲基氯化铵，搅拌25 ～ 35min 至乳化均匀；搅拌速度均为 400 ～ 600r/min。

（4）降温至45℃以下时，再依次加入聚二甲基硅氧烷醇、水解角蛋白、氯化钠、聚季铵盐-6、迷迭香提取物、迷迭香叶提取物、月桂基吡啶氮鎓氯化物、迷迭香叶油、甘氨酸、谷氨酸、羟乙二磷酸、1，2-己二醇、辛酰羟肟酸，搅拌均匀，继续搅拌25 ～ 35min 使之降温；搅拌速度均为 400 ～ 600r/min。

（5）降温至40℃以下时，取样送检。

（6）检验合格后出锅静置，得到迷迭香氨基酸洗发水。

原料介绍 所述月桂醇聚醚硫酸酯钠的质量分数为70%。

所述椰油酰胺丙基甜菜碱的质量分数为65%。

所述迷迭香氨基酸洗发水的pH 值为 5.5 ～ 6.5。

椰油酰谷氨酸二钠具有良好的去污、增泡的能力，在酸性条件下还有一定的抗静电、杀菌的能力，该成分温和低刺激，对肌肤无伤害；成分迷迭香精华具有很好的调节水油平衡、抑制头螨的作用，还能促进头皮血液循环，改善脱发现象，减少头皮屑的产生，改善头皮问题；成分辛酰羟肟酸具有较强的抗菌能力，是新型的防腐剂替代物质，成分1，2－己二醇也具有抗菌的效果，比较安全，可以放心使用；成分水解角蛋白可以快速渗入发芯，补充发丝内部流失的营养，令发丝更加饱满健康；成分甘氨酸被称为"氨基酸保湿剂"，可以帮助头发吸收并保持水分，滋养干燥受损的头发；成分谷氨酸可以帮助头发及肌肤抵抗自由基，提高抗氧化能力，延缓秀发衰老，有效延长秀发生命力，增加秀发弹性，防止头发脱落。

产品特性

（1）本品添加迷迭香植萃精华和氨基酸，滋补秀发，为发丝健康提供营养动力；本品为弱酸性温和配方，亲近酸性头皮减少刺激，呵护发丝，健康头皮，孕妇、婴幼儿适用；不添加酒精、激素、动物性原料、石油性表面活性剂、香精和防腐剂，使得该洗发水安全、无刺激。

（2）本品添加迷迭香植萃精华和多种氨基酸，能洁净秀发，清爽头皮，令头发蓬松自然；同时能柔顺呵护发丝，改善毛躁发质，使秀发丝滑亮泽，飘逸自然。

（3）本品不添加香精和防腐剂，安全无刺激，添加了迷迭香植萃精华和多种氨基酸，清洁效果、去屑止痒效果、防脱发效果、保湿性以及柔顺效果好，可以改善头皮屑、脱发、发质毛躁受损等问题。

配方 13 去屑控油洗发乳

原料配比

原料		配比（质量份）					
		1#	2#	3#	4#	5#	6#
溶剂	水	79.3878	79.3638	79.1718	79.1398	76.013271	75.716809
表面活性剂	月桂醇聚醚硫酸酯钠	11.312	11.312	11.312	11.312	11.312	11.313
	月桂醇硫酸酯铵	2.08	2.08	2.08	2.08	2.08	2.12
	椰油酰胺丙基甜菜碱	0.862	0.862	0.862	0.862	0.862	0.863
	月桂酰两性基乙酸钠	0.618	0.618	0.618	0.618	0.618	0.622
	椰油酰胺MEA	0.964	0.964	0.964	0.964	0.964	0.966
	乙醇胺	0.014	0.014	0.014	0.014	0.014	0.016
	椰子油	0.018	0.018	0.018	0.018	0.018	0.022
保湿剂	甘油	0.06	0.06	0.06	0.06	0.06	0.062
	丁二醇	0.448	0.448	0.448	0.448	0.448	0.452
发用调理剂	何首乌根提取物	—	—	0.108	0.112	0.108	0.112
	侧柏叶提取物	—	—	0.108	0.112	0.108	0.112
	聚季铵盐52					0.011	0.013

原料		配比（质量份）					
		1#	2#	3#	4#	5#	6#
发用调理剂	月桂醇聚醚-16	—	—	—	—	0.017	0.019
	聚季铵盐-53	—	—	—	—	0.148	0.152
	聚季铵盐-28	—	—	—	—	0.148	0.152
	聚二甲基硅氧烷	—	—	—	—	0.99	1.01
	十二烷醇聚醚-3	—	—	—	—	00.009	0.011
	十三烷醇聚醚-10	—	—	—	—	0.0028	00032
	乙基己基甘油	—	—	—	—	0.00173	0.00177
	生育酚	—	—	—	—	0.000009	0.000011
	聚二甲基硅氧烷醇	—	—	—	—	1.124	1.126
	十二烷基苯磺酸 TEA 盐	—	—	—	—	0.028	0.032
	氯苯甘醚	—	—	—	—	0.0018	0.0022
	PEG-20 油酸酯	—	—	—	—	0.148	0.152
	$C_{12}\sim C_{13}$ 烷醇聚醚硫酸钠	—	—	—	—	0.118	0.122
	聚季铵盐-7	—	—	—	—	0.0493	0.0495
	羟苯丙酯	—	—	—	—	0.00009	0.00011
	瓜尔胶羟丙基三甲基氯化铵	—	—	—	—	0.281	0.283
	蛇床果提取物	0.39	0.41	0.39	0.41	0.39	0.41
	乳酸杆菌/豆浆发酵产物滤液	0.009	0.011	0.009	0.011	0.009	0.011
	菊薯根汁	0.018	0.02	0.018	0.02	0.018	0.02
	1，2-戊二醇	—	—	—	—	0.0019	0.0021
	α-葡聚糖寡糖	—	—	—	—	0.069	0.071
	麦芽糊精	—	—	—	—	0.009	0.011
	乳酸杆菌	—	—	—	—	0.0009	0.0011
防腐剂	苯氧乙醇	0.0226	0.0226	0.0226	0.0226	0.0226	0.0228
	羟苯甲酯	0.0028	0.0028	0.0028	0.0028	0.0028	0.0032
	甲基异噻唑啉酮	0.0074	0.0074	00074	0.0074	0.0074	0.0076
	苯甲醇	0.04	0.04	0.04	0.04	0.04	0.042
	丙二醇	0.044	0.044	0.044	0.044	0.044	0.046
芳香剂	香精	0.49	0.49	0.49	0.49	0.49	0.51
珠光剂	乙二醇二硬脂酸酯	1.48	1.48	1.48	1.48	1.48	1.52
增稠剂	氯化钠	0.728	0.728	0.728	0.728	0.728	0.732
	羟丙基甲基纤维素	0.09	0.09	0.09	0.09	0.09	0.11
悬浮剂	三羟基硬脂精	0.29	0.29	0.29	0.29	0.29	0.31
pH 调节剂	柠檬酸	0.09	0.09	0.09	0.09	0.09	0.11
螯合剂	EDTA 二钠	0.0444	0.0444	0.0444	0.0444	0.0444	0.0446
去屑剂	吡罗克酮乙醇盐	0.49	0.49	0.49	0.49	0.49	0.51

制备方法

（1）将水、月桂醇聚醚硫酸酯钠、月桂醇硫酸酯铵、甘油、月桂酰两性基乙酸钠、丁二醇、苯氧乙醇、羟苯甲酯、乙二醇二硬脂酸酯、EDTA二钠投入搅拌锅中，转速为120r/min，搅拌升温至85℃，搅拌5min。

（2）向搅拌锅内投入柠檬酸，转速为120r/min，85℃恒温，搅拌5min。

（3）向搅拌锅内投入椰油酰胺MEA、乙醇胺、椰子油，85℃恒温，搅拌30min。

（4）将搅拌锅内物料降温至45℃，加入香精、发用调理剂，转速为120r/min，搅拌5min。

（5）向搅拌锅内投入椰油酰胺丙基甜菜碱、吡罗克酮乙醇盐、三羟基硬脂精、甲基异噻唑啉酮、苯甲醇、丙二醇、羟丙基甲基纤维素、氯化钠，转速为120r/min，搅拌5min，得去屑控油洗发乳。

原料介绍 所述乳酸杆菌/豆浆发酵产物滤液的制备方法如下：

（1）将红豆、黑豆、黄豆混合，加水研磨成豆浆；

（2）将豆浆加热至沸腾，维持5～10min；

（3）将豆浆冷却至38～40℃，投入乳酸杆菌，38～40℃恒温，发酵72～76h；

（4）38～40℃恒温，0.02～0.03MPa下发酵72～76h；

（5）过滤，浓缩，得乳酸杆菌/豆浆发酵产物滤液。

产品特性

（1）本品能快速打开头皮的皮肤通道，使得洗发乳中的有效成分快速被皮肤吸收，从而对皮肤具有更好的调理效果，从而更好地提升去屑、控油的持久性。

（2）本品通过特殊的发酵工艺，获得的发酵产物滤液与蛇床果提取物、菊薯根汁配合后，调理头皮的效果更好，调节头皮微生态平衡的效果更佳，尤其是促进益生菌生长繁殖的效果更佳，持久去屑控油的效果更佳。

配方 14 去屑洗发水

原料配比

原料		配比（质量份）		
		1#	2#	3#
烷基酚醚磺基琥珀酸酯钠盐和十二烷基醚硫酸钠		25	26	27
烷基酚醚磺基琥珀酸酯钠盐和十二烷基醚硫酸钠	烷基酚醚磺基琥珀酸酯钠盐	1	1	1
	十二烷基醚硫酸钠	0.8	0.95	1.1
聚季铵盐-7和瓜尔胶羟丙基三甲基氯化铵		2	2.5	3
聚季铵盐-7和瓜尔胶羟丙基三甲基氯化铵	聚季铵盐-7	1.7	1.95	2.2
	瓜尔胶羟丙基三甲基氯化铵	1	1	1

原料		配比（质量份）		
		1#	2#	3#
纳米硫化硒/多孔微米碳球去离子水	十水硒酸钠	30	35	40
	硫氢化铵	90	105	120
	二乙烯三胺五羧酸盐	0.03	0.04	0.05
增稠剂	羧甲基纤维素钠	1	1.25	1.5
香料	香茅醇	0.1	0.15	0.2
护理剂	辛酸/癸酸三甘油酯	0.5	0.625	0.75
乳化稳定剂	十六醇	0.4	0.5	0.6
单酯乳化剂	甘油	0.6	0.65	0.7
凯松		0.03	0.04	0.05
pH 调节剂	柠檬酸	5.5	5.75	6
去离子水		加至 100	加至 100	加至 100

制备方法

（1）将烷基酚醚磺基琥珀酸酯钠盐和十二烷基醚硫酸钠阴离子表面活性剂以 1：（0.8～1.1）的质量比溶解于纳米硫化硒/多孔微米碳球去离子水中，搅拌均匀，溶解温度为 70～75℃，搅拌速度为 100～200r/min，搅拌时间为 4～5h，获得溶液 A；

（2）将聚季铵盐-7 和瓜尔胶羟丙基三甲基氯化铵按质量比为（1.7～2.2）：1 混合于去离子水中，搅拌均匀，溶解温度为 50～60℃，搅拌速度为 100～200r/min，搅拌时间为 0.5～1h，获得溶液 B；

（3）将步骤（1）获得的溶液 A 降温至 50～60℃，然后加入溶液 B，搅拌均匀，依次加入柠檬酸 pH 调节剂、羧甲基纤维素钠增稠剂、香茅醇香料、辛酸/癸酸三甘油酯护理剂、十六醇乳化稳定剂、甘油单酯乳化剂，搅拌均匀，搅拌速度为 400～500r/min，搅拌时间为 1～2h，降温至 30～40℃后，加入凯松防腐剂，搅拌均匀后降至常温，补足余量水。

原料介绍 所述纳米硫化硒/多孔微米碳球去离子水的制备过程如下。

（1）预处理多孔微米碳球：在多口烧瓶中加入适量多孔微米碳球，然后加入 200～300mL 1～2mol/L 的氢氧化钠水溶液，在搅拌条件下加热至 97～100℃，用冷却水冷凝回流处理 40～60min，自然冷却，用大量去离子水洗涤过滤至 pH 为 7.5±0.3，配制为 10～12g/L 羟基化多孔微米碳球悬浮液。

（2）通过电化学合成纳米硫化硒/多孔微米碳球，制备过程如下。

① 将 30～40 mmol/L 十水硒酸钠、90～120 mmol/L 硫氢化铵溶解于去离子水中，加入 0.03～0.05g 二乙烯三胺五羧酸盐，搅拌均匀，使用盐酸调节 pH 值为 8～9，获得电解液；

② 在上述电解液中插入惰性阳极和阴极，使用离子交换膜将电解液分为阴极液

和阳极液，然后将步骤（1）获得的羟基化多孔微米碳球悬浮液引入阴极室，调节阴极液的pH为7.5±0.3，在搅拌条件下，接通电源，实施阴极电解还原，电解电压为3～5V，时间为15～20min，搅拌速度为300～500r/min，电解过程中实时监测阴极液的pH，在合适时间添加硫酸维持pH值恒定为7.5±0.3；

③ 关闭电源，引出阴极液。

（3）将阴极液过滤、洗涤，获得纳米硫化硒/多孔微米碳球去离子水。

所述的硫化硒的纯度大于99.99%，纳米硫化硒的颗粒尺寸为20～200nm。

所述多孔微米碳球具有D_{90}为7～12μm的粒径分布。

产品特性

（1）本品整体制备方法简单，原料易得，洗护效果好。

（2）本品洗发水具有洗护功能，能够赋予头发优越的润湿和可梳理性，令头发亮泽滑爽、湿润、柔滑。

配方 15 去屑洗发液

原料配比

原料	配比（质量份）		
	1#	2#	3#
纯水	64.78964	63.40963	62.21964
丙烯酸（酯）类/C_{10}～C_{30}烷醇丙烯酸酯交联聚合物	0.2	0.15	0.25
月桂醇聚醚硫酸酯钠	15	16	16
月桂醇硫酸酯 TEA 盐	2	2.5	2
山嵛酰胺丙基二甲胺	0.3	0.25	0.3
瓜尔胶羟丙基三甲基氯化铵	0.5	0.55	0.7
谷氨酸钠	1	1	1
椰油酰胺丙基羟基磺基甜菜碱	6	6	7
柠檬酸	0.15	0.17	0.13
椰油酰胺 MEA	1	1	1.2
羟苯基丙酰胺苯甲酸	0.01	0.01	0.01
氧化聚乙烯	0.05	0.06	0.04
羟乙基脲	2	1.8	2
环五聚二甲基硅氧烷	1	1	1
聚二甲基硅氧烷	1	1	1
聚二甲基硅氧烷醇	1.5	1.8	1.5
羟乙二磷酸	0.1	0.1	0.15
CriniPan® ADS	0.8	1.2	1.5
防腐剂	0.2	0.2	0.2
香精	0.4	0.4	0.4
当归根提取物	0.2	0.25	0.3

原料		配比（质量份）		
		1#	2#	3#
北美金缕梅提取物		0.2	0.2	0.25
褐藻提取物		0.2	0.15	0.15
侧柏叶提取物		0.2	0.3	0.2
薄荷脑		0.2	0.2	0.2
色素	柠檬黄 CI19140	0.00021	0.00025	0.00022
	亮蓝 1 号 CI42090	0.00015	0.00012	0.00014
月桂醇聚醚硫酸酯钠	水	30	30	30
	月桂醇聚醚硫酸酯钠	70	70	70
椰油酰胺丙基羟基磺基甜菜碱	椰油酰胺丙基羟基磺基甜菜碱	29.5	29.5	29.5
	氯化钠	4.5	4.5	4.5
	苯甲酸钠	0.5	0.5	0.5
CriniPan® ADS	水	65.5	65.5	65.5
	氯咪巴唑	40	40	40
	癸二醇	15	15	15
	1，2-己二醇	5	5	5
防腐剂	水	94	94	94
	甲基异噻唑啉酮	2.5	2.5	2.5
	2-溴-2-硝基丙烷-1，3-二醇	3.5	3.5	3.5
当归根提取物	水	93	93	93
	苯氧乙醇	0.45	0.45	0.45
	乙基己基甘油	0.05	0.05	0.05
	对羟基苯乙酮	0.2	0.2	0.2
	丁二醇	1	1	1
	当归根提取物	5.3	5.3	5.3
北美金缕梅提取物	水	93	93	93
	苯氧乙醇	0.45	0.45	0.45
	乙基己基甘油	0.05	0.05	0.05
	对羟基苯乙酮	0.2	0.2	0.2
	丁二醇	1	1	1
	北美金缕梅提取物	5.3	5.3	5.3
褐藻提取物	水	93	93	93
	苯氧乙醇	0.45	0.45	0.45
	乙基己基甘油	0.05	0.05	0.05
	对羟基苯乙酮	0.2	0.2	0.2
	丁二醇	1	1	1
	褐藻提取物	5.3	5.3	5.3

原料		配比（质量份）		
		1#	2#	3#
侧柏叶提取物	水	93	93	93
	苯氧乙醇	0.45	0.45	0.45
	乙基己基甘油	0.05	0.05	0.05
	对羟基苯乙酮	0.2	0.2	0.2
	丁二醇	1	1	1
	侧柏叶提取物	5.3	5.3	5.3

制备方法

（1）按配方量，将相应质量份数的丙烯酸（酯）类/C_{10}～C_{30}烷醇丙烯酸酯交联聚合物浸泡于相应质量份数的纯水中，获得丙烯酸（酯）类/C_{10}～C_{30}烷醇丙烯酸酯交联聚合物分散溶液；向乳化锅中加入相应质量份数的纯水并加热至75～85℃，将所述丙烯酸（酯）类/C_{10}～C_{30}烷醇丙烯酸酯交联聚合物分散溶液加入到所述乳化锅中，20r/min的转速下乳化均质0.5～1h，获得第一混合物。

（2）向步骤（1）装有第一混合物的乳化锅中加入相应质量份数的月桂醇聚醚硫酸酯钠和月桂醇硫酸酯TEA盐，在75～85℃和20r/min的转速下乳化均质3～8min，获得第二混合物。

（3）将相应质量份数的山嵛酰胺丙基二甲胺加入到步骤（2）装有第二混合物的乳化锅中，在75～85℃和20r/min的转速下乳化均质1～3min，混合均匀，获得第三混合物。

（4）按配方量，将瓜尔胶羟丙基三甲基氯化铵分散溶于冷纯水中，获得瓜尔胶羟丙基三甲基氯化铵水溶液；将所述瓜尔胶羟丙基三甲基氯化铵水溶液加入到步骤（3）装有第三混合物的乳化锅中，在75～85℃和20r/min的转速下乳化均质2～5min，混合均匀，获得第四混合物。

（5）向步骤（4）装有第四混合物的乳化锅中加入相应质量份数的谷氨酸钠、椰油酰胺丙基羟基磺基甜菜碱和柠檬酸，在75～85℃和20r/min的转速下乳化均质1～2min后，继续加入相应质量份数的椰油酰胺MEA和羟苯基丙酰胺苯甲酸乳化均质，将乳化锅抽真空至−0.05MPa和15r/min的转速下，保温10～20min进行消泡，获得第五混合物。

（6）将步骤（5）装有第五混合物的乳化锅降温至40～50℃，依次向所述降温后的乳化锅中加入相应质量份数的氧化聚乙烯、水和羟乙基脲，继续乳化均质，搅拌均匀，获得第六混合物。

（7）从步骤（6）装有第六混合物的乳化锅中放出第六混合物，并转移到真空均质乳化机中，向所述真空均质乳化机中依次加入相应质量份数的环五聚二甲基硅氧烷、聚二甲基硅氧烷、聚二甲基硅氧烷醇、羟乙二磷酸、CriniPan®ADS和纯水，混合均质15～20min，获得第七混合物。将直尺插入到所述第七混合物中并拿起，检测所述直尺上是否有大小分布不均的颗粒，若无，则检测合格；若有，则继续混合均质直至检测合格。

（8）向步骤（7）装有检测合格的第七混合物的真空均质乳化机中继续加入相应质量份数的防腐剂、香精、当归根提取物、北美金缕梅提取物、褐藻提取物、侧柏叶提取物、薄荷脑、椰油酰胺丙基羟基磺基甜菜碱、柠檬黄 CI19140 和亮蓝 1 号 CI42090，均质 15min 后再抽真空 2min，检测样品，检测合格后用 100 目滤网过滤出料，制得去屑洗发液。

原料介绍 所述月桂醇聚醚硫酸酯钠具体由 30% 水和 70% 月桂醇聚醚硫酸酯钠复配组成；

所述椰油酰胺丙基羟基磺基甜菜碱具体由 29.5% 椰油酰胺丙基羟基磺基甜菜碱、4.5% 氯化钠、0.5% 苯甲酸钠和 65.5% 水复配组成；

所述 CriniPan ® ADS 具体由 40% 苯氧乙醇、40% 氯咪巴唑、15% 癸二醇、5% 1，2-己二醇复配组成；

所述防腐剂的组分为 94% 水、2.5% 甲基异噻唑啉酮和 3.5% 2-溴 -2-硝基丙烷 -1，3-二醇。

所述当归根提取物具体由 93% 水、0.45% 苯氧乙醇、0.05% 乙基己基甘油、0.2% 对羟基苯乙酮、1% 丁二醇和 5.3% 当归根提取物复配组成；

所述的北美金缕梅提取物具体由 93% 水、0.45% 苯氧乙醇、0.05% 乙基己基甘油、0.2% 对羟基苯乙酮、1% 丁二醇和 5.3% 北美金缕梅提取物复配组成；

所述的褐藻提取物具体由 93% 水、0.45% 苯氧乙醇、0.05% 乙基己基甘油、0.2% 对羟基苯乙酮、1% 丁二醇和 5.3% 褐藻提取物复配组成；

所述的侧柏叶提取物具体由 93% 水、0.45% 苯氧乙醇、0.05% 乙基己基甘油、0.2% 对羟基苯乙酮、1% 丁二醇和 5.3% 侧柏叶提取物复配组成。

所述色素为柠檬黄 CI19140 和亮蓝 1 号 CI42090。

所述当归根提取物、北美金缕梅提取物、褐藻提取物和侧柏叶提取物均是基于以下提取工艺步骤制备而成的，具体包括：

（1）去除植物原料中的杂质，并用水清洗干净后置于 50～55℃的鼓风干燥箱进行干燥处理，得到净制的植物原料；

（2）将步骤（1）中净制的植物原料置于高速粉碎机中粉碎，经 50～60 目的筛网，获得植物原料粉末；

（3）室温下，将步骤（2）中获得的植物原料粉末置于超声波提取设备中，按照 1：（15～30）的料液比加入 80%～100% 的乙醇水溶液，进行超声波辅助浸提，浸提时间为 30～50min，得到植物原料提取液；

（4）将步骤（3）获得的植物原料提取液置于旋转蒸发仪中进行真空浓缩，再转移至真空干燥箱中，40～50℃下干燥，制得植物原料提取物。

产品特性

（1）本品具有良好的深层清洁及护理作用，同时具备长效去屑、控油止痒和舒缓头皮的作用，洗后的头发柔顺有光泽；

（2）本品温和不伤发，在保证去屑效果的同时降低了洗发液对头皮的刺激性；

（3）本品呈弱酸性，降低了洗发液对头发和头皮的刺激性。

配方 **16** 去屑抑菌洗发水

原料配比

原料		配比（质量份）		
		1#	2#	3#
植物提取物	徐长卿	1	2	2
	黄连	7	5	10
	蔓荆子	4	4	3
	五倍子	3	2	3
	白车轴草	5	2	5
	百金花	4	6	5
A	去离子水	加至 100	加至 100	加至 100
	瓜尔胶羟丙基三甲基氯化铵	0.3	0.4	0.2
	聚季铵盐-10	0.1	0.1	0.1
B	乙二胺四乙酸二钠	0.1	0.1	0.1
	椰油酰胺丙基甜菜碱 (50%)	3.2	3	4
	十二烷基醇醚硫酸钠 (70%)	14	12	16
	十二烷基硫酸铵 (70%)	2.8	2.5	3
	乙二醇二硬脂酸酯	1.5	1.2	1.2
	椰油酰单乙醇胺	1	0.8	0.8
C	丙烯酸（酯）类共聚物	2.5	2	2.5
D	氢氧化钾 (45%) 或柠檬酸 (50%) 调节 pH	5.0	5.0	5.0
E	聚二甲基硅氧烷醇	1.5	1.3	1.5
	聚二甲基硅氧烷	1.5	1.5	1.3
	聚乙二醇 (5%)	0.6	0.5	0.5
F	卡松	0.1	0.1	0.1
	香精	0.7	0.6	0.6
G	发酵液提取物	0.2	0.4	0.4
	植物提取物	0.2	0.1	0.4

制备方法 将聚季铵盐-10、瓜尔胶羟丙基三甲基氯化铵和水混合均匀，升温至 75 ~ 85℃，依次加入乙二胺四乙酸二钠、椰油酰胺丙基甜菜碱、十二烷基醇醚硫酸钠、十二烷基硫酸铵、乙二醇二硬脂酸酯和椰油酰单乙醇胺，搅拌均匀，降温至 55 ~ 65℃，加入丙烯酸（酯）类共聚物，搅拌均匀，用氢氧化钾或柠檬酸调节溶液 pH 至 4.0 ~ 8.0，降温至 40 ~ 50℃，依次加入聚二甲基硅氧烷醇、聚二甲基硅氧烷、聚乙二醇、卡松、香精、发酵液提取物和植物提取物，搅拌均匀即得所述的洗发水，稀释成微乳制剂后出料。

原料介绍 发酵液提取物制备方法如下。

将保藏编号为 CGMCC No.9580 的菌种采用平板划线法分别接种到固体活化培养基

表面，37℃恒温倒置培养22～24h后得到活化菌株；将活化菌株扩大培养后混合得到混合菌液，将所述混合菌液以1%～1.5%的质量分数加入发酵基质中38～42℃摇床发酵培养60～70h，将灭菌后的发酵液离心后收集上清液，将上清液加入体积分数为60%～80%的乙醇水溶液浸提1～6h，60～70℃下超声处理，取上清液蒸发掉乙醇，获得粗提物；用单蒸水溶解蒸发掉乙醇的粗提物，用乙酸乙酯萃取1～3h，得到发酵液提取物；灭菌条件为灭菌温度100～125℃，灭菌时间15～30min。

植物提取物制备方法如下。将徐长卿、黄连、蔓荆子、五倍子、白车轴草和百金花洗净后粉碎过筛；加入酶进行酶解，酶解过程中同时超声处理；然后循环冷冻和解冻数次，通过水蒸气提取法提取，获得的挥发相油水分离得到的油层为植物提取物；酶解条件为酶解pH为4～7，酶解温度为30～60℃，酶解时间为3～5h；冷冻温度为−18～−8℃，时间为8～12h；解冻温度为25～30℃，时间为12～15h；冷冻和解冻循环至少一次；水蒸气提取在−0.5～−0.3MPa的负压下进行。

产品特性 本品筛选出兼具显著功效和药效温和的几味中药，以达到既能有效止痒去屑，又具有促进头皮生态维持稳定的效果。

配方 17 去油洗发液

原料配比

原料		配比（质量份）		
		1#	2#	3#
水		61.7175	62.6245	60.5565
月桂醇聚醚硫酸酯钠		16	15	16
柠檬酸		0.05	0.06	0.05
椰油酰胺 MEA		2	2	2.2
尿囊素		0.2	0.25	0.22
聚季铵盐-10		0.25	0.27	0.25
甜菜碱水杨酸盐		0.32	0.33	0.31
月桂酰谷氨酸钠		6.3	6.1	6.2
椰油酰胺 DEA		2	2	2.1
月桂醇硫酸酯 TEA 盐		4	3.8	4.3
椰油酰胺丙基羟基磺基甜菜碱		2	2	2.5
TRH-80		2	2	2
聚季铵盐-6		1	1.3	1.1
防腐剂		0.2	0.2	0.2
植物止痒素		0.5	0.6	0.55
香精	小苍兰	0.3	0.3	0.3
当归根提取物		0.25	0.2	0.3

原料		配比（质量份）		
		1#	2#	3#
褐藻提取物		0.25	0.3	0.25
山茶叶提取物		0.25	0.25	0.2
黄连提取物		0.25	0.25	0.25
色素	柠檬黄 CI19140	0.154	0.157	0.155
	红 40 CI16035	0.0085	0.0085	0.0085
月桂醇聚醚硫酸酯钠	水	30	30	30
	月桂醇聚醚硫酸酯钠	70	70	70
椰油酰胺丙基羟基磺基甜菜碱	椰油酰胺丙基羟基磺基甜菜碱	29.5	29.5	29.5
	氯化钠	4.5	4.5	4.5
	苯甲酸钠	0.5	0.5	0.5
	水	65.5	65.5	65.5
TRH-80	水	70	70	70
	油酰胺丙基 PG-二甲基氯化铵	20	20	20
	乳酸钠	8.5	8.5	8.5
	异硬脂酰乳酰乳酸钠	1.5	1.5	1.5
防腐剂	水	94	94	94
	甲基异噻唑啉酮	2.5	2.5	2.5
	2-溴-2-硝基丙烷-1，3-二醇	3.5	3.5	3.5
植物止痒素	秦艽提取物	0.135	0.135	0.135
	獐芽菜提取物	0.75	0.75	0.75
	龙胆提取物	0.135	0.135	0.135
	水	59.98	59.98	59.98
	丙二醇	39	39	39
当归根提取物	水	93	93	93
	苯氧乙醇	0.45	0.45	0.45
	乙基己基甘油	0.05	0.05	0.05
	对羟基苯乙酮	0.2	0.2	0.2
	丁二醇	1	1	1
	当归根提取物	5.3	5.3	5.3
褐藻提取物	水	93	93	93
	苯氧乙醇	0.45	0.45	0.45
	乙基己基甘油	0.05	0.05	0.05
	对羟基苯乙酮	0.2	0.2	0.2
	丁二醇	1	1	1
	褐藻提取物	5.3	5.3	5.3

原料		配比（质量份）		
		1#	2#	3#
山茶叶提取物	水	93	93	93
	苯氧乙醇	0.45	0.45	0.45
	乙基己基甘油	0.05	0.05	0.05
	对羟基苯乙酮	0.2	0.2	0.2
	丁二醇	1	1	1
	山茶叶提取物	5.3	5.3	5.3
黄连提取物	水	93	93	93
	苯氧乙醇	0.45	0.45	0.45
	乙基己基甘油	0.05	0.05	0.05
	对羟基苯乙酮	0.2	0.2	0.2
	丁二醇	1	1	1
	黄连提取物	5.3	5.3	5.3

制备方法

（1）将装有相应质量份数纯水的乳化锅加热至80～90℃，向所述乳化锅中投入相应质量份数的月桂醇聚醚硫酸酯钠，400r/min的转速下均质搅拌，充分溶解，获得第一混合物；

（2）依次将相应质量份数的柠檬酸、椰油酰胺MEA和尿囊素加入到步骤（1）获得的第一混合物中，均质搅拌3～8min，获得第二混合物；

（3）按配方量，向冷纯水中缓慢加入聚季铵盐-10，混合均匀，获得聚季铵盐-10分散液，将所述聚季铵盐-10分散液加入到步骤（2）获得的第二混合物中，在乳化锅中继续均质搅拌3～8min，充分混合，并在80～85℃下保温混合5～15min后，降温至40～60℃，获得第三混合物；

（4）向步骤（3）装有第三混合物的乳化锅中加入相应质量份数的甜菜碱水杨酸盐和月桂酰谷氨酸钠，均质搅拌3～8min，获得第四混合物；

（5）向步骤（4）获得的第四混合物中依次加入相应质量份数的椰油酰胺DEA、月桂醇硫酸酯TEA盐、椰油酰胺丙基羟基磺基甜菜碱、TRH-80、聚季铵盐-6、防腐剂、植物止痒素、香精、当归根提取物、褐藻提取物、山茶叶提取物、黄连提取物、柠檬黄CI19140和红40CI16035，均质搅拌5～15min后，取样送检，制得去油洗发液。

原料介绍 所述月桂醇聚醚硫酸酯钠具体由30%水和70%月桂醇聚醚硫酸酯钠复

配组成。

所述椰油酰胺丙基羟基磺基甜菜碱具体由29.5%椰油酰胺丙基羟基磺基甜菜碱、4.5%氯化钠、0.5%苯甲酸钠和65.5%水复配组成。

所述TRH-80的组分为70%水、20%油酰胺丙基PG-二甲基氯化铵、8.5%乳酸钠和1.5%异硬脂酰乳酰乳酸钠。

所述防腐剂的组分为94%水、2.5%甲基异噻唑啉酮、3.5% 2-溴-2-硝基丙烷-1,3-二醇。

所述植物止痒素的组分为0.135%秦艽提取物、0.75%獐芽菜提取物、0.135%龙胆提取物、59.98%水和39%丙二醇。

所述当归根提取物具体由93%水、0.45%苯氧乙醇、0.05%乙基己基甘油、0.2%对羟基苯乙酮、1%丁二醇和5.3%当归根提取物复配组成。

所述褐藻提取物具体由93%水、0.45%苯氧乙醇、0.05%乙基己基甘油、0.2%对羟基苯乙酮、1%丁二醇和5.3%褐藻提取物复配组成。

所述山茶叶提取物具体由93%水、0.45%苯氧乙醇、0.05%乙基己基甘油、0.2%对羟基苯乙酮、1%丁二醇和5.3%山茶叶提取物复配组成。

所述黄连提取物具体由93%水、0.45%苯氧乙醇、0.05%乙基己基甘油、0.2%对羟基苯乙酮、1%丁二醇和5.3%黄连提取物复配组成。

所述香精为小苍兰,所述色素为柠檬黄CI19140和红40CI16035。

所述当归根提取物、褐藻提取物、山茶叶提取物和黄连提取物均是基于以下提取工艺步骤制备而成的,具体包括:

(1)去除植物原料中的杂质,并用水清洗干净后置于50～55℃的鼓风干燥箱进行干燥处理,得到净制的植物原料;

(2)室温下,将步骤(1)中净制的植物原料置于闪式提取器中,按照1:(10～30)的料液比加入80%～100%的乙醇水溶液,在200～230V的电压和7500～10000r/min的转速条件下,利用闪式提取器对所述净制的植物原料进行提取,提取时间为50～100s,制得的提取液经50～60目筛网后,收集,获得过滤后的植物原料提取液;

(3)将步骤(2)获得的植物原料提取液置于旋转蒸发仪中进行真空浓缩,再转移至于真空干燥箱中,40～50℃下烘干,制得植物原料提取物。

产品应用 本品主要是油性发质人群使用的一种去油洗发液。

产品特性

(1)本品温和不伤发,在具有优异的去油和去污功能的同时,对头发还具有一定的滋养修护作用,补充头发所需养分,平衡水油,特别适用于油性发质人群使用。

(2)本品制备工艺简单,在能够深层清洁油垢的同时,对头发甚至头皮还具有一定的滋养修护作用,紧致毛孔。

(3)本品可补充头发所需养分,平衡油脂分泌,疏通毛孔,强健毛根。

原料配比

原料		配比（质量份）			
		1#	2#	3#	4#
氨基酸表面活性剂	月桂酰肌氨酸钠	50	50	50	50
	肉豆蔻酰谷氨酸钠	50	50	50	50
	椰油酰基谷氨酸钠	50	50	50	50
非离子表面活性剂	癸基葡糖苷	50	50	50	50
阳离子表面活性剂	十八烷基三甲基氯化铵	30	30	30	30
调理剂	田菁胶	5	—	1	—
	γ-聚谷氨酸钠	—	5	4	—
	γ-聚谷氨酸钠改性田菁胶	—	—	—	5
去屑剂	甘宝素	3	3	3	3
营养剂	季铵化水解小麦蛋白	5	5	5	5
防腐剂	苯氧乙醇	2	2	2	2
螯合剂	EDTA 二钠	3	3	3	3
pH 调节剂	柠檬酸	5	5	5	5
水		750	750	750	750

制备方法

（1）按配方称取各原料。

（2）将螯合剂、阳离子表面活性剂、调理剂、部分水在转速300 ～ 500r/min 下搅拌5 ～ 10min，将体系温度升至80 ～ 90℃得到溶液Ⅰ；部分水占总水质量的 60% ～ 70%。

（3）将氨基酸表面活性剂、非离子表面活性剂、剩余水在转速300 ～ 500r/min 下搅拌5 ～ 10min，得到溶液Ⅱ；将溶液Ⅱ加入到溶液Ⅰ中得到混合体系，在80 ～ 90℃ 下以8000 ～ 12000r/min 均质2 ～ 5min，得到体系Ⅰ。

（4）将步骤（3）得到的体系Ⅰ自然降温至20 ～ 30℃，加入去屑剂、营养剂、防腐剂、pH调节剂，在转速100 ～ 300r/min 下搅拌10 ～ 20min，得到柔顺氨基酸洗发水。

原料介绍 田菁胶是由豆科植物田菁的种子胚乳中提取的一种天然多糖类高分子物质，是我国独有的植物胶。田菁胶的结构，主链由D-甘露糖以β-1，4苷键连接组成，支链由D-半乳糖以α-1，6苷键连接在部分甘露糖主链上，其中甘露糖与半乳糖的摩尔比为 2.1∶1；田菁胶溶于水中可形成水溶性亲水胶，可使体系的稠度、稳定性和乳化性明显增高。γ-聚谷氨酸钠是一种微生物发酵合成的均聚氨基酸类化合物，由谷氨酸单体以羧基和氨基两基团缩聚而成，γ-聚谷氨酸钠具有优良的水溶性、较强的吸附性和生物可降解性。在洗发水体系中加入田菁胶或γ-聚谷氨酸钠有助于提升洗发水体系的稳定性。

所述的调理剂γ-聚谷氨酸钠改性田菁胶，其制备步骤为：在20～30℃下，将0.5～1质量份田菁胶、1～2质量份γ-聚谷氨酸钠、100～150质量份水搅拌10～30min形成溶液A；在溶液A中加入0.02～0.05质量份冰醋酸，随后超声处理20～40min，得到溶液B，将溶液B在−45～−55℃下冷冻干燥24～30h，得到γ-聚谷氨酸钠改性田菁胶。

产品特性

（1）本品兼具去污、去屑、护理的多重效果。

（2）添加γ-聚谷氨酸钠和田菁胶，增强了阴离子类氨基酸表面活性剂与发质调理剂中阳离子表面活性的配伍性，提高了其稳定性，降低了彼此间的电荷抵消作用，提高了洗发水的起泡性能，降低了表面张力；并将γ-聚谷氨酸钠改性田菁胶，添加到洗发水体系中，进一步增强了表面活性剂的作用，提高了洗发水长期存储的稳定性。

配方 19 柔顺滋养洗发水

原料配比

原料	配比（质量份）		
	1#	2#	3#
淘米水发酵物	30	35	40
甘草提取物	0.06	0.06	0.08
丁香提取物	0.04	0.04	0.05
冰片	0.04	0.06	0.06
黄柏提取物	0.5	0.8	1.2
黄芩提取物	0.6	0.7	0.8
茶麸提取物	0.8	1.0	1.2
油患子提取物	0.5	0.6	0.6
何首乌提取物	1	1, 2	1.8
茯苓提取物	0.7	0.8	1.0
菟丝子提取物	0.7	0.9	1.1
兔毛角蛋白	0.4	0.5	0.6
表面活性剂	4	6	7
氢化蓖麻油	0.1	0.2	0.3
增稠剂	0.7	1.2	1.5

制备方法

（1）淘米水发酵液温度在（40±1）℃时，将各中药提取物组分混入，搅拌20min混合均匀。

（2）将表面活性剂、增稠剂、氢化蓖麻油等依次加入至上述中药混合液中，搅拌40min混合均匀，即为洗发水。

原料介绍 所述的黄柏、黄芩、甘草提取物混合液的制备方法：将黄柏、黄芩、甘草以质量比为（10～12）：（10～12）：（0.06～0.2）的比例混合在4～6倍的水中，浸泡2h后，接种5%～8%的黑曲霉进行发酵，发酵温度为28～30℃，转速为180～220r/min，发酵时间为40～60h均可，之后灭菌，过滤得到发酵液，浓缩至药草质量的1～2倍即为提取物混合液。

所述的淘米水发酵液的制备方法：淘米水中加入质量2%～5%的酵母菌株，在25～32℃发酵50～70h，灭菌过滤后即为淘米水发酵物。淘米水如以大米或糯米洗刷后得到，在20～22℃，以质量计，将占比20%～35%的大米浸入，搅拌40～80min后，过滤得到淘米水，淘米水在120℃下高压灭菌10min以上，之后即可接种2%～5%的酵母菌株，发酵温度为25～32℃，保持转速180～220r/min进行搅拌发酵50～70h，灭菌后得到淘米水发酵液。

所述的茶麸提取物的制备方法：将经0.8～1.0MPa加压处理后的茶麸以水浸提，过滤分离后得到浸提液，浓缩至茶麸质量的0.5～0.8倍即为茶麸提取物。

所述的何首乌提取物的制备方法：将何首乌粉碎成颗粒状，之后与蒸馏水混合形成3%～8%浓度的混悬液，经高压灭菌后，即可接种米根霉菌种，在25～28℃下发酵，转速为100～150r/min，时间为40～50h，灭菌过滤后，浓缩至药物质量的1～2倍即为何首乌提取物。

所述的菟丝子、油患子、丁香与茯苓提取物的制备方法：将菟丝子、油患子、丁香与茯苓以水提的方式制备提取物，该混合水提方式有助于减少时间，节省工序，如将菟丝子、茯苓、油患子、丁香，按照（10～26）：（10～26）：（12～18）：1的质量比混合，加入5倍质量的水浸泡4h后，煎煮浓缩至药物质量的2.5倍左右，过滤，将滤液加热浓缩至药物质量的0.6～0.8倍即可。

所述表面活性剂包括月桂醇聚氧乙烯醚硫酸钠、椰油酰胺基丙基甜菜碱、椰子油二乙醇酰胺，以多种表面活性剂搭配组成，以质量计，月桂醇聚氧乙烯醚硫酸钠、椰油酰胺基丙基甜菜碱、椰子油二乙醇酰胺依据（12～18）:（2～4）:（4～8）的比例混合即可。

所述增稠剂为氯化钠与Versath ix复配组成，Versath ix即禾大制备，在行业内较为常用的PEG-150季戊四醇四硬脂酸酯和PPG-2羟乙基椰油酰胺的混合物，氯化钠与Versath ix的质量比为1：1。

产品特性

（1）本品具有快速滋养发质、深层除菌、长效保湿兼具去屑、止痒等多重功效。

（2）本品改进淘米水发酵物与中药的搭配组合，可有效护理滋养柔顺发丝，且具备起效快等优点。

原料配比

原料		配比（质量份）				
		1#	2#	3#	4#	5#
中药提取液	侧柏叶	30	15	15	15	15
	制首乌	15	15	15	15	15
	生姜	10	10	10	10	15
	女贞子	15	20	15	15	15
	旱莲草	15	20	15	15	15
	透骨草	15	20	15	15	15
	白鲜皮	15	15	20	15	15
	地肤子	15	15	20	15	15
	制百部	15	15	20	15	15
	骨碎补	10	10	10	10	10
	桑寄生	30	30	30	30	30
	白蒺藜	15	15	15	20	15
	苦参	15	15	15	20	15
	防风	6	6	6	6	6
	白僵蚕	10	10	10	10	15
	蝉蜕	10	10	10	10	15
	黄芪	30	30	30	30	30
	当归	20	20	20	20	20
	仙鹤草	30	30	30	30	30
	丹参	15	15	15	20	15
	红景天	20	20	20	20	20
	去离子水	适量	适量	适量	适量	适量
中药提取液		500（体积份）	500（体积份）	1000（体积份）	1000（体积份）	500（体积份）
发酵辅料	茶麸	50	50	50	50	
	大米	20	20	20	20	20
	糯米	20	20	20	20	20
	红曲米	30	30	30	30	30
	马尾松针	50	50	50	50	50

原料		配比（质量份）				
		1#	2#	3#	4#	5#
辅料	氨基酸发泡剂 LS-30	30	30	30	30	30
	聚季铵盐-10	0.5	0.5	0.5	0.5	0.5
	氨基酸保湿剂 NMF-50	6	6	6	6	6
	甘油	6	6	6	6	6
	增稠剂 PEG6000	3.5	3.5	3.5	3.5	3.5
	抗菌剂苯氧乙醇	0.5	0.5	0.5	0.5	0.5

制备方法

（1）取侧柏叶、制首乌、生姜、女贞子、旱莲草、透骨草、白鲜皮、地肤子、制百部、骨碎补、桑寄生、白蒺藜、苦参、防风、白僵蚕、蝉蜕、黄芪、当归、仙鹤草、丹参和红景天，加入2～5倍中药材质量的蒸馏水煎煮，过滤，浓缩至加入蒸馏水体积的一半，制得中药提取液；

（2）分别取茶麸、大米、糯米、红曲米和马尾松针与步骤（1）中的中药提取液充分混合后室温发酵3周，过滤，煮沸杀菌，加入氨基酸发泡剂、聚季铵盐、氨基酸保湿剂、甘油、增稠剂和抗菌剂，即得。

产品特性

（1）本品均采用天然的中药原料，其配制方法简单、原料药来源广泛、成本低，无毒副作用，适合白发患者长期使用。

（2）本品配伍组方科学合理，各原料药材作用各不相同却又相辅相成，具有补气养血、补肾乌发、祛风除湿、去污的良好疗效。

配方 21 无刺激性高效去头屑洗发水

原料配比

原料		配比（质量份）									
		1#	2#	3#	4#	5#	6#	7#	8#	9#	10#
去头屑组合物	苦参提取物	3	3	3	3	3	3	3	3	3	3
	花椒提取物	2	2	2	2	2	2	2	2	2	2

原料		配比（质量份）									
		1#	2#	3#	4#	5#	6#	7#	8#	9#	10#
去头屑组合物	分子量小于 300000 的水解角蛋白	1	1	1	1	1	1	1	1	1	1
	去头屑组合物	0.2	0.5	1	1.5	2	2.5	3	3.5	4	5
表面活性剂	月桂醇聚醚硫酸铵	7.5	—	—	—	—	—	—	—	—	4
	月桂醇聚醚硫酸酯钠	—	7.2	—	—	—	—	—	—	—	—
	月桂基硫酸铵	7.5	—	—	6.4	—	—	—	—	5	—
	月桂醇聚醚羧酸钠	—	7.1	6.8	—	—	—	—	—	—	—
	月桂酰肌氨酸钠	—	—	6.8	6.5	6.1	—	5.4	—	—	4
	月桂酰基甘氨酸钾	—	—	—	—	6.1	—	—	5	4.4	—
	月桂醇硫酸酯钠	—	—	—	—	—	5.8	—	5.1	—	—
	月桂醇聚醚磺基琥珀酸钠	—	—	—	—	—	5.7	5.4	—	—	—
柔顺调理剂	聚二甲基硅氧烷	0.5	—	0.8	1.2	—	—	—	—	—	2.5
	聚二甲基硅氧烷醇	0.5	—	—	1.4	—	—	—	—	—	—
	氨端聚二甲基硅氧烷	—	0.8	—	—	—	1.6	—	—	—	—
	氨基双丙基聚二甲基硅氧烷	—	0.7	—	—	—	—	—	—	—	—
	聚季铵盐-10	—	—	0.6	—	—	—	—	—	—	—
	聚季铵盐-7	—	—	0.6	—	—	—	—	—	—	—
	聚季铵盐-47	—	—	—	1.2	—	—	—	—	—	—
	PEG-7 甘油椰油酸酯	—	—	—	—	1.4	—	—	—	—	—
	瓜尔胶羟丙基三甲基氯化铵	—	—	—	—	—	1.6	—	—	—	—
	氨基双丙基聚二甲基硅氧烷	—	—	—	—	—	—	2	—	—	—
	聚乙二醇-90M	—	—	—	—	—	—	1.6	2	—	—
	聚乙二醇-7M	—	—	—	—	—	—	—	1	—	2.5
	聚乙二醇-14M	—	—	—	—	—	—	—	1	2	—
	环五聚二甲基硅氧烷	—	—	—	—	—	—	—	—	2.4	—
酸碱调节剂	柠檬酸	0.5	—	—	—	—	—	0.3	0.2	0.1	—
	柠檬酸钠	0.5	—	—	—	—	—	0.2	0.2	0.2	—
	乳酸	—	0.45	—	—	0.3	—	—	—	—	—
	乳酸钠	—	0.45	—	—	0.3	—	—	—	—	—
	EDTA 及其钠盐	—	—	0.8	0.7	—	—	—	—	—	0.1
	月桂酸甘油酯	—	—	—	—	—	1	—	—	—	—
	月桂醇乳酸酯	—	—	—	—	—	1	—	—	—	—

原料		配比（质量份）									
		1#	2#	3#	4#	5#	6#	7#	8#	9#	10#
增稠剂	椰油酸烷基酰胺	0.5	—	—	—	—	—	—	—	—	—
	椰油酰胺 DEA	0.5	—	—	—	—	—	—	—	—	—
	椰油酰胺 MEA	—	0.6	—	—	—	—	—	—	—	1.5
	椰油酰胺甲基 MEA	—	0.6	—	—	—	—	—	—	—	—
	椰油酰胺 MIPA	—	—	0.7	—	—	—	—	—	—	—
	椰油酰胺丙基甜菜碱	—	—	0.7	—	—	—	—	—	—	—
	月桂基甜菜碱	—	—	—	0.8	—	—	—	—	—	—
	月桂基羟磺甜菜碱	—	—	—	0.8	—	—	—	—	—	—
	月桂基葡糖苷	—	—	—	—	0.9	—	—	—	—	—
	月桂酰两性基乙酸钠	—	—	—	—	—	0.9	—	—	—	—
	鲸蜡硬脂醇	—	—	—	—	—	—	1.2	—	—	—
	鲸蜡醇	—	—	—	—	—	—	1	—	—	—
	羟乙基纤维素	—	—	—	—	—	—	—	1.2	—	—
	羟丙基甲基纤维素	—	—	—	—	—	—	—	1.2	—	—
	聚丙烯酸	—	—	—	—	—	—	—	—	1.3	—
	卡波姆	—	—	—	—	—	—	—	—	1.3	—
	黄原胶	—	—	—	—	—	—	—	—	—	1.5
香精		—	—	—	—	—	—	—	0.3	0.25	—
防腐剂	甲基异噻唑啉酮溶液	—	—	—	—	—	—	—	—	0.05	—
	甲基氯异噻唑啉酮与甲基异噻唑啉酮按质量比为 3∶1 配制的混合溶液	—	—	—	—	—	—	—	—	—	0.1
去离子水		81.8	81.6	81.2	80.9	80.6	80.3	79.9	79.3	79.0	78.8

制备方法 将去离子水总量的 75%～85% 加入反应器中，再将表面活性剂、柔顺调理剂、酸碱调节剂、增稠剂依次加入反应器中，在搅拌下于常压加热至 60～80℃，待各组分溶解或分散后停止加热，得到混合液；将所得混合液冷却至 45℃，在搅拌下依次加入水解角蛋白、苦参提取物、花椒提取物、香精（若有此组分）、防腐剂（若有此组分），再加入剩余的去离子水，并继续搅拌至各组分混合均匀，然后冷至 40℃以下即得到高效去头屑洗发水。

原料介绍 所述苦参提取物的制备方法：将苦参粉碎，以石油醚为提取剂循环提取，即将粉碎后的苦参置于循环提取器中，将石油醚置于回流烧瓶中，石油醚与苦参的质量比为 5～10∶1，然后在常压、40～70℃循环提取 2～3h，再将提取液浓缩至石油醚的质量分数低于 5%，得到苦参提取物。或者将苦参粉碎，以石油醚为提取剂浸提，即将石油醚与粉碎后的苦参按体积与质量之比为 10～15∶1（石油醚的体积单位为升或毫升，苦参的质量单位为公斤或克）置于回流反应器中，加热至沸并回流至少30min，然后冷却至室温并过滤，将所得滤液储存；再将石油醚与滤渣按体积与质量之比为10～15:1（石油醚的体积单位为升或毫升，滤渣的质量单位为公斤或克）置于回流反应器中，重复上述操作；将两次所得滤液合并，再将滤液浓缩至石油醚的质量分数低于5%，得到苦参提取物。

所述花椒提取物的制备方法：采用超临界CO_2萃取制备法，具体操作是将花椒粉碎，放入超临界CO_2萃取釜中，在温度45℃、压力32MPa下进行萃取，CO_2流量控制在20～25kg/h，萃取时间为2～3h，得到花椒提取物。

所述水解角蛋白可以通过市场购买，也可以自行制备。自行制备可采用以下方法：将动物毛发用自来水清洗干净并将清洗后的动物毛发放入pH=8～12、浓度为0.3～1.0mol/L的巯基乙酸钠碱溶液（用NaOH溶液调节）中，在常压、室温下浸泡1～3h，然后加入尿素（尿素的加入量以其浓度达到6.0～8.0mol/L为限），在常压、20～60℃下反应3～28h，反应时间届满后，滤去未溶解的原料，离心分离获得角蛋白溶液，将所获角蛋白溶液装入截留分子量为300000的渗析袋中，在质量分数为0.08%的巯基乙醇水溶液中渗析至少40h，继后冷冻干燥，即获得分子量小于300000的水解角蛋白。

产品特性　本品各组分之间具有协同作用，不仅能有效抑制马拉色菌的生长及皮肤的炎症，而且对皮肤无刺激性，安全性好，因而用其配制的洗发水不仅能高效去屑，而且能有效减少头皮的红肿、发痒等致敏性病灶，即使长期使用也不会产生明显脱发的问题。

配方 **22** 无硅油去屑洗发水

原料配比

原料		配比（质量份）
氨基酸表面活性剂	椰油酰甘氨酸钠	4
阳离子调理剂	聚季铵盐-10	0.1
两性表面活性剂	椰油酰胺丙基甜菜碱	4
非离子表面活性剂	椰油酰胺 MEA	1
阴离子表面活性剂	甲基椰油酰基牛磺酸钠	1
增稠剂	638 增稠剂	3
螯合剂	EDTA 二钠	0.05
pH 调节剂	柠檬酸	0.02
发用调理剂	植物甾醇 / 辛基十二醇月桂酰谷氨酸酯	2
防腐剂	DMD MH	0.5
去离子水		加至 100
植物表面活性剂	无患子果提取物	5
复合植物去屑剂		1

原料		配比（质量份）
复合植物去屑剂	水	77.06 ～ 86.4
	PEG-40 氢化蓖麻油	10 ～ 15
	欧百里香提取物	1.5 ～ 2.5
	丁香花蕾提取物	0.5 ～ 2
	苦参根提取物	0.1 ～ 0.2
	山鸡椒果油	0.5 ～ 2
	1,2-己二醇	0.8 ～ 1
	辛甘醇	0.2 ～ 0.24

制备方法　在反应容器中加入去离子水、EDTA二钠，搅拌至完全溶解后继续加入聚季铵盐-10并分散均匀，升温至80℃，待其溶解至透明状态，加入植物甾醇类、椰油酰胺MEA搅拌混合均匀；降温至45℃，加入椰油酰甘氨酸钠、甲基椰油酰基牛磺酸钠、椰油酰胺丙基甜菜碱并搅拌均匀直至料体透明；继续加入无患子果提取物、复合植物去屑剂、增稠剂，搅拌均匀；加入pH调节剂调节pH至5.5 ～ 6.5时加入防腐剂，出料。

产品特性

（1）本品通过聚季铵盐-10调控植物甾醇类在头皮上形成薄膜从而替代硅油，避免硅油沉积造成毛孔的堵塞，而且具有良好的梳理性能。

（2）本品的复合植物去屑剂全面取代ZPT、OCT等化学合成抑菌型去屑剂，天然绿色，长期使用无抗药性，在去屑的同时从根本上解决头皮健康问题，抑制瘙痒，温和的植物性成分减轻对头皮和发质的化学性伤害，避免发质受损带来的毛糙、梳理性差，保护发质。

配方 23 洗发水（1）

原料配比

原料	配比（质量份）		
	1#	2#	3#
水	52	59	68
甘油	2	5	8
发泡剂	9	15	23
椰油酰胺	0.5	1	1.5
增稠剂	3	5	11
聚季铵盐-10	0.15	0.3	5.5

原料		配比（质量份）		
		1#	2#	3#
瓜尔胶羟丙基三甲基氯化铵		0.15	0.3	5.5
羟苯甲酯		0.05	0.1	0.15
乙二醇二硬脂酸酯		0.2	0.5	1
柠檬酸		0.02	0.05	0.1
柔顺剂		0.5	3	5.5
增稠悬浮剂		0.8	2.5	3.8
三乙醇胺		0.08	0.15	2.1
氯化钠		0.4	0.85	1.3
防腐剂		0.05	0.1	0.5
皮肤调理剂		3	6	11
CI42090		0.08	0.2	0.5
香精		0.01	0.05	0.08
发泡剂	水	7	7	7
	月桂醇聚醚硫酸酯钠	3	3	3
增稠剂	椰油酰胺丙基甜菜碱	6	6	6
	氯化钠	1	1	1
	水	13	13	13
柔顺剂	第一柔顺剂	2	2	2
	第二柔顺剂	1	1	1
第一柔顺剂	聚二甲基硅氧烷	700	700	700
	十三烷醇聚醚-6	30	30	30
	十三烷醇聚醚-3	30	30	30
	硬脂醇聚醚-6	30	30	30
	甲基氯异噻唑啉酮	0.010	0.010	0.010
	甲基异噻唑啉酮	0.03	0.03	0.03
	硝酸镁	0.010	0.010	0.010
	氯化镁	0.010	0.010	0.010
	苯甲醇	0.080	0.080	0.080
	水	209.887	209.887	209.887
第二柔顺剂	聚二甲基硅氧烷醇	1000	1000	1000
	十二烷基苯磺酸钠	80	80	80
	苯氧乙醇	12	12	12
	羟苯甲酯	2	2	2
	羟苯乙酯	2	2	2
	丙二醇	1	1	1
	水	903	903	903

原料		配比（质量份）		
		1#	2#	3#
增稠悬浮剂	水	315.988	315.988	315.988
	丙烯酸（酯）类共聚物	150	150	150
	月桂醇聚醚-7	20	20	20
	月桂醇聚醚硫酸酯铵	5	5	5
	1,2-己二醇	5	5	5
	苯氧乙3醇	4	4	4
	氯化镁	0.003	0.003	0.003
	硝酸镁	0.009	0.009	0.009
防腐剂	甲基异噻唑啉酮	39	39	39
	水	361	361	361
皮肤调理剂	水	465	465	465
	丁二醇	6	6	6
	对羟基苯乙酮	1	1	1
	提取物	7	7	7

制备方法

（1）将按照质量份数称取的水、甘油、发泡剂、椰油酰胺、增稠剂、聚季铵盐-10、瓜尔胶羟丙基三甲基氯化铵、羟苯甲酯、乙二醇二硬脂酸酯以及柠檬酸加入乳化锅内，升温至85℃，搅拌溶解保温30min；

（2）将搅拌结束的上述原料在乳化锅内降温至50℃；

（3）将按照质量份数称取的柔顺剂、增稠悬浮剂、三乙醇胺以及氯化钠预先溶解分散后加入乳化锅内并与上述原料搅拌至完全溶解并混合均匀；

（4）将搅拌结束的上述原料在乳化锅内降温至45℃；

（5）将按照质量份数称取的防腐剂、皮肤调理剂、CI42090以及香精加入乳化锅内并与上述原料搅拌至完全溶解并混合均匀，然后搅拌冷却至30℃；

（6）将搅拌结束的上述原料经300目不锈钢过滤器过滤，并进行感官理化指标的检测；

（7）检测合格后，进行灌装。

原料介绍 所述皮肤调理剂由多组皮肤调理剂成分组成，单组所述皮肤调理剂成分包括水、丁二醇、对羟基苯乙酮以及提取物。

所述提取物为枣提取物、栽培黑种草籽提取物、马蓝提取物、桃核仁提取物、杏仁提取物、杏提取物、黑芝麻提取物、何首乌提取物、油橄榄叶提取物、罗勒叶提取物、无花果提取物以及姜根提取物中的一种。

产品特性 本品通过合理的配比，使得各配料的效果得到提高，具有较理想的补水锁水效果。

原料配比

原料		配比（质量份）		
		1#	2#	3#
主要成分	水	55	56	58
	月桂醇聚醚硫酸酯钠	7	8	10
	椰油酰胺丙基甜菜碱	7	8	10
	月桂醇硫酸酯铵	7	8	10
	糖脂	3	5	8
	大米发酵产物	3	3~5	5
	乳酸杆菌发酵产物	3	3~5	5
	椰油酰胺甲基 MEA	3	3~5	5
	氯化钠	2	5	4
	香精	2	3	4
	三羟甲基丙烷三辛酸酯/三癸酸酯	2	3	4
	聚季铵盐-7/肌氨酸	3	4	5
	羟丙基瓜尔胶羟丙基三甲基氯化铵	3	4	5
	焦糖色	2	3	4
	丁二醇	2	3	4
	聚季铵盐-10	3	4	5
	乳酸钠	2	3	4
	丙烯酰胺丙基三甲基氯化铵/丙烯酰胺共聚物	2	3	4
微量成分	甘草酸二钾	0.2	0.3	0.4
	EDTA 二钠	0.2	0.3	0.4
	吡哆素盐酸盐	0.08	0.15	0.2
	麦芽糊精	0.2	0.3	0.4
	甘油	0.2	0.3	0.4
	植物甾醇油酸酯	0.3	0.4	0.5
	甘油山嵛酸酯	0.2	0.3	0.4
	水解燕麦	0.08	0.15	0.2
	柠檬酸	0.3	0.4	0.6
	双甘油	0.2	0.3	0.4
	1,2-己二醇	0.08	0.15	0.2
	碳酸丙二醇酯	0.08	0.2	0.3
	低聚果糖	0.4	0.45	0.5
	PPG-26-丁醇聚醚-26	0.08	0.15	0.2
	1,2-戊二醇	0.4	0.5	0.6

原料		配比（质量份）		
		1#	2#	3#
微量成分	抗坏血酸	0.08	0.15	0.2
	苯氧乙醇	0.08	0.15	0.2
	獐芽菜提取物	0.08	0.15	0.2
	硝酸镁	0.03	0.15	0.18
	甲基氯异噻唑啉酮	0.08	0.15	0.2
	氯化镁	0.03	0.15	0.18
	生物素	0.2	0.3	0.4
	乙基己基甘油	0.2	0.3	0.4
	秦艽提取物	0.4	0.5	0.6
	龙胆提取物	0.4	0.5	0.6
	苯甲酸钠	0.08	0.15	0.2
	甲基异噻唑啉酮	0.08	0.15	0.2

制备方法

（1）取原料月桂醇聚醚硫酸酯钠、椰油酰胺丙基甜菜碱、月桂醇硫酸酯铵若干放入到混合容器内，然后导入一定量的清水进行搅拌，等待搅拌均匀后静置得混合液；搅拌的时间为 30 ～ 50min。

（2）在混合液中依次加入糖脂、乳酸杆菌/大米发酵产物、乳酸杆菌发酵产物、椰油酰胺甲基 MEA、氯化钠、香精、三羟甲基丙烷三辛酸酯/三癸酸酯、聚季铵盐-7、肌氨酸、羟丙基瓜尔胶羟丙基三甲基氯化铵、焦糖色、丁二醇、聚季铵盐-10、乳酸钠、丙烯酰胺丙基三甲基氯化铵/丙烯酰胺共聚物，加入过程中不断搅拌，同时进行加热处理，加速原料溶解；搅拌的时间为 1 ～ 2h，加热温度为 50 ～ 70℃。

（3）将原料甘草酸二钾、EDTA 二钠、吡哆素盐酸盐、麦芽糊精、甘油、植物甾醇油酸酯、甘油山嵛酸酯、水解燕麦、柠檬酸、双甘油、1, 2-己二醇、碳酸丙二醇酯、低聚果糖、PPG-26-丁醇聚醚-26、1, 2-戊二醇、抗坏血酸、苯氧乙醇、獐芽菜提取物、硝酸镁、甲基氯异噻唑啉酮、氯化镁、生物素、乙基己基甘油、秦艽提取物、龙胆提取物、苯甲酸钠、甲基异噻唑啉酮加入步骤（2）得到的溶液内，然后加热搅拌。

（4）将步骤（3）得到的溶液放入消毒柜内，通过紫外线杀菌消毒得到洗发水，消毒完毕后，对洗发水低温保存。消毒柜消毒的时间为 10 ～ 15min，洗发水保存的温度为 2 ～ 5℃。

原料介绍　所述生物素具体为维生素 H，所述抗坏血酸具体为维生素 C。

所述月桂醇聚醚硫酸酯钠、椰油酰胺丙基甜菜碱、月桂醇硫酸酯铵的质量比为1：1：1。

产品特性　通过在原料中加入生物素，在洗发时，生物素会促进头发内角蛋白的形成，增加了毛囊的健康程度，促进头发生长，并且通过洗发水中的抗坏血酸，提高头发发质，减少头发干枯微黄的情况出现，增加头发的柔韧性，洗发水中的多种甘油与甘油复合物在对头发清洗时，会将头发上的头屑吸附，然后冲洗带走头屑，大大增加了对头发清洗的效果。

配方 25 防脱洗发水

原料配比

原料		配比（质量份）		
		1#	2#	3#
水		81.82	83.25	82.14
表面活性剂	月桂醇聚醚硫酸酯钠	10	10	10
	月桂醇硫酸酯钠	2	2	2
	椰油酰胺丙基甜菜碱	0.8	0.8	0.8
发用调理剂	丹参提取物	0.8	0.4	1
	侧柏叶提取物	0.5	0.25	0.55
	姜根提取物	0.4	0.2	0.45
	无患子果提取物	0.3	0.15	0.3
	灵芝提取物	0.25	0.13	0.25
	蓝桉叶提取物	0.23	0.12	0.25
	当归根提取物	0.2	0.1	0.2
	川芎提取物	0.15	0.1	0.15
	人参提取物	0.15	0.1	0.15
	瓜尔胶羟丙基三甲基氯化铵	0.2	0.2	0.2
乳化剂	椰子油酸二乙醇胺	0.8	0.8	0.8
抗静电剂	聚季铵盐-7	0.2	0.2	0.2
增稠剂	聚乙二醇-14M	0.2	0.2	0.2
	卡波姆	0.2	0.2	0.2
芳香剂	香精	0.2	0.2	0.2
防腐剂	羟苯甲酯	0.2	0.2	0.2
	羟苯丙酯	0.2	0.2	0.2
螯合剂	乙二胺四乙酸二钠	0.2	0.2	0.2
pH 调节剂	柠檬酸	0.1	0.1	0.1
着色剂	焦糖色	0.01	0.01	0.01

制备方法

（1）按照原料相应配比取出水、表面活性剂、发用调理剂、乳化剂、抗静电剂、增稠剂、芳香剂、防腐剂、螯合剂、pH 调节剂和着色剂，备用；

（2）将水和螯合剂放入反应釜中溶解形成溶液，并通过反应釜将溶液加热至70℃；

（3）在70℃的反应釜中加入表面活性剂和发用调理剂，反应釜内的搅拌器以1500～1800r/min搅拌30～60min；

（4）将反应釜温度降低至55℃，并向反应釜中添加抗静电剂，反应釜内的搅拌器以800～1000r/min搅拌20～30min；

（5）将反应釜温度降低至50℃，加入乳化剂，反应釜内的搅拌器以800～1000r/min搅拌20～30min；

（6）将反应釜温度降低至40℃以下，加入增稠剂、芳香剂、防腐剂和着色剂，反应釜内的搅拌器以400～600r/min搅拌充分后加入pH调节剂，将产品pH值调节为6.0～7.0；

（7）检测合格，产品出料，产品静置24～36h后降低产品中的气泡，然后灌装。

产品特性 本品通过添加丹参提取物、侧柏叶提取物、姜根提取物、无患子果提取物、灵芝提取物、蓝桉叶提取物、当归根提取物、川芎提取物、人参提取物等植物提取物，对使用人的头皮刺激小，而且主要为植物提取物，人的耐药性小，在对人的头发清理时，还起到抑菌效果，同时还对头发生长提供一定的营养，提高发质，改善头发的生长环境，大大地改善使用人脱发的情况。

配方 26 养发护发专用洗发水

原料配比

原料	配比（质量份）	
	1#	2#
茶枯粉末	8	13
川芎提取物	5	8
枸杞子提取物	6	9
何首乌提取物	6	9
黄芪提取物	2	4
丹参提取物	2	4
当归提取物	2	4
玫瑰润滑提取物	5	8
椰子酰胺	1	3
椰油酰胺丙基甜菜碱	1	3
氢氧化钠	5	8
多聚赖氨酸	3	6
去离子水	加至100	加至100

制备方法

（1）搅拌：将氢氧化钠、多聚赖氨酸、椰子酰胺和椰油酰胺丙基甜菜碱投放至去离子水中，然后通过搅拌机对其搅拌，过滤。

（2）乳化反应：将过滤完毕的液体放入反应釜中，反应后离心沉淀，取上清液即得洗发水基本成分；反应釜的控制压力为 0.5 ~ 1MPa，控制温度为 60 ~ 80℃。

（3）提取：用符合规格的茶枯通过粉碎机进行打浆处理，打浆完毕后进行烘干制粉，从而获得茶枯粉末，然后将川芎、枸杞子、何首乌、黄芪、丹参和当归分别粉碎并浸泡至含有去离子水的罐体中；提取之前需要利用三次元筛选机对成品茶枯、川芎、枸杞子、何首乌、黄芪、丹参和当归进行分级筛选，然后在低于5℃的情况下分批次低温除湿保存。

（4）过滤：将浸泡获得的液体过滤，然后合并滤液，即得中药调理剂；通过300目筛网与慢速滤纸对浸泡获得的液体进行二次过滤，滤渣可以二次提取利用。

（5）混合：将洗发水基本成分、茶枯粉末、中药调理剂及玫瑰润滑提取物通过搅拌机混合，待其消泡后即得养发护发专用洗发水。

原料介绍　所述洗涤剂为茶枯粉末。

所述中药调理剂由川芎提取物、枸杞子提取物、何首乌提取物、黄芪提取物、丹参提取物和当归提取物组成。

所述润滑剂为玫瑰润滑提取物。

所述发泡剂由椰子酰胺和椰油酰胺丙基甜菜碱组成。

所述碱性成分为氢氧化钠。

所述防腐剂为多聚赖氨酸。

所述的川芎、枸杞子、何首乌、黄芪、丹参和当归提取物的提取方式：将川芎、枸杞子、何首乌、黄芪、丹参和当归粉碎后浸泡 1 ~ 2h 并加热煎煮提取3次，第1次加 5 ~ 8 倍量水，提取 0.5 ~ 2h，第2次加 10 ~ 15 倍量水，提取 0.5 ~ 1.5h，第3次加 2 ~ 5 倍量水，提取 0.5 ~ 1.5h。

产品特性　本品能够大幅提高洗发液对头皮及头发的养护效果，有利于促进头发生长，对于头皮上的炎症和伤口都有很不错的愈合效果，更适合油性发质人群使用。

配方 27 抑菌洗发剂

原料配比

原料	配比（质量份）			
	1#	2#	3#	4#
蜂房萃取液	0.15	0.2	0.3	0.3
氯己定	0.05	0.15	0.3	0.3
黄柏提取物	—	—	—	0.3
卡松	0.015	0.018	0.02	0.02

原料		配比（质量份）			
		1#	2#	3#	4#
柠檬酸		0.02	0.03	0.05	0.05
色素		0.001	0.0015	0.002	0.002
铵盐	聚季铵盐-7	0.01	0.015	0.02	0.02
珠光剂		0.03	0.05	0.06	0.06
香精		0.08	0.09	0.1	0.1
表面活性剂	月桂醇聚醚硫酸酯钠 AES	0.15	0.16	0.17	0.17
	椰油酰胺丙基甜菜碱 CAB	0.012	0.1	0.14	0.14
增稠剂	聚氧乙烯化的表面活性剂 DS-6000	0.001	0.0015	0.002	0.002
	椰子油脂肪酸二乙醇酰胺 6501	0.03	0.04	0.05	0.05
水		80	80	80	80

制备方法

（1）将水投入乳化锅中加热至80℃，加入珠光剂搅拌溶解后加入表面活性剂AES、表面活性剂CAB、增稠剂DS-6000、增稠剂6501和铵盐升温至80℃搅拌溶解，保温30min后降温。

（2）降温至45℃加入柠檬酸、色素、香精，调节pH至4.0～9.0。

（3）降温至35℃，加入蜂房萃取液、黄柏提取物、氯己定、卡松，搅拌30min。

（4）降温到常温，检测pH值合格后出锅、静置，得到抑菌洗发剂。

原料介绍　添加蜂房萃取液，其强大的抑菌、消炎作用，能平衡头皮环境、控制油脂分泌，营造干净的头皮环境，毛发生长无阻碍。氯己定是一种外用比较高效，并且没有什么毒副作用的消毒产品，可以杀灭多种常见细菌，能起到很好的辅助作用。蜂房萃取液和氯己定联合应用具有显著的协同增效效果，能极大提高产品抑菌、杀菌效果，对头皮产生的多种病菌有明显的抑制作用。在添加蜂房萃取液和氯己定的同时，辅以黄柏提取物，黄柏提取物与蜂房萃取液以及氯己定共同作用，能够进一步提高抑菌洗发剂的抑菌、杀菌效果。

所述的蜂房萃取液是以75%～95%乙醇溶液作为萃取剂将蜂房萃取得到的。

所述黄柏提取物通过以下方法制备得到：以10倍质量的75%（体积分数）乙醇作为提取液回流提取3次，合并提取液，浓缩，得到黄柏提取物。

所述五倍子提取物通过以下方法制备得到：将五倍子粉碎，加入3倍质量的去离子水于60～70℃水浴中提取11h，振摇过滤，滤渣重复提取操作，合并滤液，加活性炭脱色，过滤，得到五倍子提取液，浓缩成膏状。

产品特性　本品中的蜂房萃取液和氯己定能够协同作用，对皮屑芽孢菌具有长效的抑制、杀灭效果，辅以黄柏提取物，能够进一步提高对皮屑芽孢菌的抑制、杀灭效果，营造干净的头皮环境，毛发生长无阻碍。

原料配比

原料		配比（质量份）		
		1#	2#	3#
水		35	42.5	50
抗菌肽		6	9	12
表面活性剂	椰子油二乙醇酰胺、甜菜碱	10	—	—
	椰子油二乙醇酰胺、月桂醇聚醚硫酸酯钠	—	12	—
	椰子油二乙醇酰胺、甜菜碱、月桂醇聚醚硫酸酯钠	—	—	14
增稠剂	瓜尔胶羟丙基三甲基氯化铵	0.8	—	—
	丙烯酸类共聚物	—	1	—
	瓜尔胶羟丙基三甲基氯化铵、丙烯酸类共聚物	—	—	1.2
聚季铵盐		1.1	1.25	1.4
香精		0.9	1.1	1.3
侧柏叶提取物		1.4	1.6	1.8
蛇床子提取物		1.2	1.3	1.4
苦参提取物		1.0	1.15	1.3
抗菌肽	六肽-5	1	1.5	2
	乳链菌肽	1	1.5	2
	芬母抗菌肽	1	1.5	2
	绿藻多肽	3	4.5	6

制备方法

（1）根据上述质量份数，称取所述去屑洗发水所需各原料。

（2）将称取的水加入到容器中，进行水浴加热，保持水温在55～65℃。

（3）再向容器中依次加入表面活性剂、侧柏叶提取物、蛇床子提取物、苦参提取物，采用机械搅拌的方式，充分混合搅拌15～20min，得到混合液A；混合搅拌的转速为350r/min。

（4）往混合液A内依次加入六肽-5、乳链菌肽、芬母抗菌肽、绿藻多肽、增稠剂和聚季铵盐充分混合搅拌25～30min，最后加入香精混合搅拌5～8min，得到混合液B；混合搅拌的转速为350r/min。

（5）将得到的混合液B进行均质处理，即可得到去屑洗发水。

原料介绍 六肽-5：可有效促进胶原蛋白、弹力纤维和透明质酸再生，提高肌肤的含水量，加强肌肤厚度，减少表情纹、皱纹，改善肌肤健康状态。乳链菌肽：用蛋白质原料经过发酵生物合成的由34个氨基酸组成的小肽。乳链菌肽对革兰氏阳性菌，包括葡萄球菌、链球菌、微球菌等引起食品腐败和对人体健康有害的病菌有较强的抑制作用，可以有效地抑制马拉色菌等头皮有害真菌，从而解决头屑根本问题。抗菌肽为脂质修饰分子结构，生物利用度高，能够快速渗透和吸收。芬母抗菌肽：一种抗菌肽，可以有效地抑制马拉色菌等头皮有害真菌，从而解决头屑根本问题。绿藻多肽：一方面可快速中和体内酸性物质，使体液pH值呈现弱碱性；另一方面活化、修复体内萎缩细胞，促进细胞健康生长，保证机体内环境稳定，从而让身体充满活力，可以有效地抑制马拉色菌等头皮有害真菌，从而解决头屑根本问题。聚季铵盐：絮凝杀菌剂属强阳离子高分子聚合物，在水中有很好的溶解性能，同时具有一定的去油、除臭能力和缓蚀作用，它具有优秀的调理性、使头发别具一格的湿梳理性，改善皮肤的亲和性和发质的亮泽。侧柏叶为柏科植物侧柏的枝梢及叶，具有凉血止血、生发乌发等功效，其中侧柏叶提取物可以通过购买或制备得到，制备方法可以按照申请号为蛇床子提取物——也叫野胡萝卜子的方法进行。蛇床子提取物是由伞形科植物蛇床子的果实提取而来的，其有效成分含有蒎烯、异缬草酸龙脑酯、欧芹酚甲醚、二氢欧山芹醇、佛手柑内酯、蛇床子素、异茴芹素等，具有清热燥湿，祛风止痒的功效。苦参提取物是从豆科苦参属的植物苦参中提取的生物碱，包括苦参碱、氧化苦参碱、羟基苦参碱、安那吉碱等。其原材料根部质坚韧，断面呈粗纤维性，黄白色，气微，味极苦。苦参性寒，有清热燥湿、杀虫的功效。用苦参沐浴能够清除下焦湿热，并且杀虫止痒，对皮肤瘙痒有很好的缓解作用，能够平衡油脂分泌，疏通并收敛毛孔，清除皮肤内毒素杂质，内含丰富的本草营养，促进受损血管神经细胞的生长和修复，恢复皮下毛细血管细胞活力，肌肤重现紧致细滑，起到美容护肤的作用。

所述绿藻多肽的制备方法：

（1）将绿藻清洗去除杂质，再放入到组织捣碎机中进行捣碎处理。

（2）将步骤（1）中捣碎的绿藻加入6%的乙酸溶液中，其中绿藻与乙酸溶液的质量比为1:4，在超声波发生仪中超声，经过离心过滤，收集上层清液；超声波发生仪的功率为200～250W，超声提取的时间为25min，离心转速为10000～12000r/min，离心时间为12～18min。

（3）采用Sephadex G-50凝胶柱进行过滤层析，可以将盐类和其他蛋白质分开；凝胶柱的长与直径的比例为60:1。

（4）利用RP-HPLC对具有活性的Sephadex G-50凝胶柱收集物进行进一步的洗脱纯化，即可得到绿藻多肽，将其冷藏干燥备用；洗脱的速度为1.1mL/min。

产品特性

（1）通过加入多种的抗菌肽，能够抑制马拉色菌等头皮有害真菌，从而解决头屑根本问题，可以根治，避免复发，并且抗菌肽为脂质修饰分子结构，生物利用度高，能够快速渗透和吸收，同时安全性比普通抑菌剂高，通过上述多种活性抗菌肽的协同配合，可以达到全面持久温和去屑止痒还不伤头皮的效果；

（2）本品具有良好的清洁和护理效果，同时具备长效去屑、控油止痒、舒缓头皮等功能，在保证去屑效果的同时降低了洗发水的刺激性，避免了普通去屑洗发水普遍存在的刺激性大、调理效果差的缺点，扩大了适用范围。

配方 29 植物去屑洗发露

原料配比

原料		配比（质量份）		
		1#	2#	3#
主表面活性剂	月桂醇聚醚硫酸酯钠	15	—	7
	月桂醇醚硫酸铵	—	15	8
辅表面活性剂	椰油酰胺甲基 MEA	6	—	3
	椰油酰胺丙基甜菜碱	—	6	3
植物去屑剂		3	4	2
中药复合物		3	2	4
硅油		2	2	1.5
营养添加剂	PEG-75 羊毛脂	1	—	—
	西曲氯铵	—	—	1.5
	乳酸钠	—	1	—
增稠剂	丙烯醛/丙烯酸共聚物	—	—	0.8
	氯化钠	1	1	—
螯合剂	乙二胺四乙酸二钠盐	0.1	0.1	0.1
酸碱调节剂	柠檬酸	0.1	0.2	0.2
防腐剂	苯氧乙醇	0.1	0.1	—
	苯甲酸钠	—	—	0.1
香精		0.5	0.6	0.6
去离子水		68.2	68	68.2
植物去屑剂	黄连提取物	30	30	30
	黄芩提取物	40	40	40
	积雪草提取物	15	15	15
	白柳皮提取物	15	15	15
中药复合物	柴胡	2	2	2
	当归	1	1	1
	白术	1	1	1
	桑叶	3	3	3
	桑根皮	3	3	3
	川芎	3	3	3
	侧柏叶	1	1	1
	75% 乙醇	适量	适量	适量

制备方法　按质量份数称取相应原料，先将营养添加剂中的粉料加入乳化锅中，加入去离子水搅拌形成均匀混合物，加热至75℃，加入主表面活性剂、辅表面活性剂和螯合剂，开均质机，搅拌速度为540～720r/min，保持均质并升温至85℃，确保完全溶解；再加入增稠剂，均质搅拌10～25min，待完全溶解后，停止均质和加热，冷却至50℃，加入硅油、植物去屑剂和中药复合物，搅拌均匀，待温度降到45℃时，加入香精和防腐剂，最后用酸碱调节剂将液体pH调节至6～7，黏度调节至5000～8000mPa·s(25℃)，泵入不锈钢容器内静置0.5h，即得。

原料介绍　所述的中药复合物的制备方法如下：将药材按质量配比投入回流罐中，加入4倍药材质量的75%乙醇，95℃加热回流，从乙醇开始回流计算时间，提取时间为2.5h，回流完成后过滤并收集提取液，重复此操作，合并提取液，备用。

所述黄连提取物的制备方法为：将适量黄连干燥粉碎后，加入浓度为30%～60%，8～15倍体积的乙醇水溶液回流提取2～4h，将提取液经滤纸过滤，最后蒸发浓缩即得黄连提取物。

所述黄芩提取物的制备方法为：将适量黄芩加入10～15倍体积的水中，加热煮沸，煎煮30～40min，将提取液经滤纸过滤，浓缩至适量，用盐酸调节pH值至1.0～2.0，70～90℃保温，静置，过滤，沉淀物加适量水搅匀，用20%～40%氢氧化钠溶液调节pH值至7.0，加等量乙醇，搅拌使溶解，过滤，滤液用盐酸调节pH值至1.0～2.0，50～70℃保温，静置，过滤，沉淀依次用适量水及不同浓度的乙醇洗至pH值为7.0，挥发掉乙醇，减压干燥，即得黄芩提取物。

所述积雪草提取物的制备方法为：将适量积雪草加入8～15倍体积的水中回流提取1～3h，将提取液经滤纸过滤，蒸发浓缩至干燥粉末后用蒸馏水溶解，用石油醚萃取，即得积雪草提取物。

所述白柳皮提取物的制备方法为：将适量白柳皮干燥粉碎后，加入浓度为65%～90%，8～12倍体积的乙醇水溶液中回流提取2～5h，将提取液经滤纸过滤，浓缩至适量，用盐酸调节pH值至1.0～2.0，75～95℃保温，静置，过滤，沉淀物加适量水搅匀，用15%～35%氢氧化钠溶液调节pH值至7.0，加等量乙醇，搅拌使溶解，过滤，滤液用盐酸调节pH值至1.0～2.0，55～75℃保温，静置，过滤，沉淀依次用适量水及不同浓度的乙醇洗至pH值为7.0，挥发掉乙醇，减压干燥，即得白柳皮提取物。

产品特性

（1）本品具有抑制细菌生长、去屑止痒效果明显、防止断发掉发的功效，同时减轻化学去屑剂对头皮的刺激，安全去屑。此外，本品具有泡沫丰富、易冲洗，洗发后梳理性、柔顺性和光泽度好的特点。

（2）该洗发露是将特定配方的植物去屑剂和中药复合物以特定的比例添加到洗发露基础配方当中，从而起到清洁头皮、控油去屑、滋养头发的功效。

原料配比

原料		配比（质量份）
中草药	皂角	15
	无患子	25
	石斛	15
	首乌	8
	当归	8
	三七	8
	九节风	15
	白癣皮	8
	苦参	8
	旱莲草	8
	女贞子	6
	桑叶	7
	泽泻	7
	茯苓	8
	白蒿	8
	黑芝麻	15
	去离子水	适量
中草药		30～40
月桂醇聚醚酸铵		5～8
月桂醇硫酸酯铵		3～6
椰油酰胺丙基甜菜碱		1～3
十六十八醇		0.5～1.2
橄榄油		0.5～1.5
马来酸蓖麻油		0.2～0.5
瓜尔胶羟丙基三甲基氯化铵		0.35～0.45
纤维素		0.1～0.3
吡罗克酮乙醇胺盐		0.2～0.4
柠檬酸		0.1～0.3
DMDM 乙内酰脲		0.01～0.1
去离子水		加至100

制备方法

（1）中草药药液制备：

① 称取中草药，去渣并粉碎，采用中草药总质量3～5倍的去离子水浸泡中草药2～3h，大火烧开，小火慢炖2～3h，过滤得到中草药水，药渣内加入3～5倍的水，烧开，小火慢炖2～3h，过滤，反复熬制两至三次；

② 对中草药水进行去渣，提纯至洗发水总量的30%～40%，得到中草药药液，备用。

（2）洗发水基质制备：

① 将0.35～0.45份的瓜尔胶羟丙基三甲基氯化铵、0.1～0.3份的纤维素与30%～40%的去离子水混合，搅拌均匀，形成透明胶溶液；

② 将透明胶溶液加热至70℃，加入5～8份的月桂醇聚醚酸铵、3～6份的月桂醇硫酸酯铵和1～3份的椰油酰胺丙基甜菜碱，保温搅拌至完全溶解；

③ 加入0.5～1.2份的十六十八醇、0.5～1.5份的橄榄油和0.2～0.5份的马来酸蓖麻油，持续搅拌，直至完全溶解，得到洗发水基质。

（3）混合过程：

① 将中草药药液加入至洗发水基质内，搅拌均匀，并采用均质机均质3～5min，降温至45℃；

② 加入0.2～0.4份的吡罗克酮乙醇胺盐和0.01～0.1份的DMDM乙内酰脲，搅拌均匀；

③ 降温至30℃，利用0.1～0.3份的柠檬酸调节pH值至5.5～6.5；

④ 利用均质机均质3～5min，过滤得到中草药洗发水。

产品特性　本品巧妙地采用了中草药成分，清洁过程中，刺激性低，具有去屑、止痒、乌发、减少掉发的功效，有效地减轻过度使用表面活性剂及各种调理剂、营养成分带来的负面作用。

配方　31　天然植物洗发剂

原料配比

原料	配比（质量份）		
	1#	2#	3#
茶麸	40	50	45
无患子	10	50	30
桑白皮	5	8	7
女贞子	5	8	6
旱莲草	5	8	6
蛇床子	3	8	7
地肤子	3	8	6
糯米	3	5	4
去离子水	适量	适量	适量

制备方法

（1）将茶麸粉碎，加入1～5倍质量的去离子水浸泡24～48h后，经过滤得到茶麸水，再将茶麸水沉淀、浓缩后得到50%～80%茶麸液；

（2）将桑白皮、女贞子、旱莲草、地肤子和糯米粉碎至120～200目；

（3）将无患子和蛇床子混合均匀，加入3～10倍质量的去离子水，煮沸20～30min，滤掉药渣后得到药液；

（4）将以上三项混合在一起煮沸、浓缩，然后停止加热、冷却，得到天然植物洗发剂，在无菌车间待灌装。

产品特性

（1）本品具有使用安全、去污力强的效果。

（2）本品制备方法简单、成本低、使用方便，易于工业化生产。

配方 32 环保洗发剂

原料配比

原料	配比（质量份）		
	1#	2#	3#
茶麸	40	50	45
柠檬	10	50	30
柚子皮	5	8	7
女贞子	5	8	6
旱莲草	5	8	6
黄芩	3	8	7
地肤子	3	8	6
芦荟	3	5	4
去离子水	适量	适量	适量

制备方法

（1）将茶麸粉碎，加入1～5倍质量的去离子水浸泡24～48h后，经过滤得到茶麸水，再将茶麸水沉淀、浓缩后得到50%～80%茶麸液；

（2）将柚子皮、女贞子、旱莲草、地肤子和芦荟粉碎至120～200目；

（3）将柠檬和黄芩混合均匀，加入3～10倍质量的去离子水，煮沸20～30min，滤掉药渣后得到药液；

（4）将以上三项混合在一起煮沸、浓缩，然后停止加热、冷却，得到环保洗发剂，在无菌车间待灌装。

产品特性

（1）本品采用纯天然植物制备而成，具有气味芳香、使用安全、去污力强的效果。

（2）本品制备方法简单、成本低、使用方便，易于工业化生产。

8 卫生间清洗剂

配方 **1** 抽水马桶清洗剂（1）

原料配比

原料	配比（质量份）		
	1#	2#	3#
脂肪醇聚氧乙烯醚	6	8	7
十二烷基三甲基氯化铵	6	8	7
盐酸	10	12	11
异龙脑	18	20	19
芒硝	16	20	18
硬脂酸	3	5	4
聚丙烯酰胺	2	4	3
对二氯苯	4	8	6
磷酸酯	10	12	11
香精	30	40	35
去离子水	25	45	35

制备方法 先将脂肪醇聚氧乙烯醚、十二烷基三甲基氯化铵、盐酸、异龙脑、硬脂酸、聚丙烯酰胺、香精充分混合均匀，然后加入芒硝、对二氯苯、磷酸酯和去离子水用搅拌机充分搅拌溶解即可。

产品特性 本品具有较好的去污能力，同时在去污之后还可以留有清香，且能在抽水马桶上形成一层保护膜。

配方 **2** 抽水马桶清洗剂（2）

原料配比

原料	配比（质量份）		
	1#	2#	3#
盐酸	22	30	26
羟基乙酸	16	20	18
氢氧化钠	12	18	15
季铵盐	4	8	6
聚乙二醇	20	30	25
过氧化氢	10	20	15
香精	6	12	9
水溶剂	加至100	加至100	加至100

制备方法　将各组分原料混合均匀即可。

产品特性　本品去味、抑垢、抑菌、清洁效果很好，成本又低廉。

配方 3 抽水马桶清洗剂（3）

原料配比

原料	配比（质量份）		
	1#	2#	3#
二甲苯磺酸钠	6	8	7
月桂醇聚氧乙烯醚磷酸酯	6	9	8
丙二醇甲醚	8	18	12
丁基溶纤剂	3	5	4
三乙醇胺	2	6	4
脂肪酰二乙醇胺	1	3	2
硫酸钠	2	4	3
乙二胺四乙酸钠	1	3	2
香精	0.1	0.3	0.2
水	600	800	700

制备方法

（1）将丙二醇甲醚、月桂醇聚氧乙烯醚磷酸酯及丁基溶纤剂混合，升温至 $60 \sim 80℃$，反应 $2 \sim 3h$；

（2）将其余组分混合，搅拌均匀；

（3）将步骤（1）的产物加入步骤（2）的产物中，搅拌混合均匀；

（4）冷却至室温后，即可得成品。

产品特性

（1）清洗效果良好，同时还具备杀菌的功能；

（2）制备工艺简单，成本低廉。

配方 4 抽水马桶清洗剂（4）

原料配比

原料	配比（质量份）	
	1#	2#
硬脂酸	13	14
碳酸氢钠	12	13
乙二胺四乙酸四钠	5	6

原料	配比（质量份）	
	1#	2#
对二氯苯	6	7
十二烷基苯磺酸钠	23	24
六偏磷酸钠	10	9
香料	1.5	1.5
聚丙烯酰胺	7	9
聚乙二醇	加至 100	加至 100

制备方法 将各组分原料混合均匀即可。

产品特性 本清洗剂制法简单，成本低廉，防污去污效果好，具有杀菌、除臭、防垢的作用，对陶瓷表面无腐蚀。

配方 5 多功能清洗剂（1）

原料配比

原料		配比（质量份）					
		1#	2#	3#	4#	5#	6#
月桂醇聚醚硫酸酯钠		20	10	30	20	20	10
月桂醇聚醚-9		3	5	1	3	3	5
PPG-2 丁醚		3	1	5	3	3	1
月桂醇聚醚-7		3	5	1	3	3	5
辛基葡糖苷		1	0.5	2	1	1	0.5
柠檬酸		1	2	0.1	1	1	2
日用香精	水仙花香精	0.1	—	—	—	—	—
	紫罗兰香精	—	0.5	—	—	—	—
	薰衣草香精	—	—	—	0.1	—	—
	馥奇型香精	—	—	—	—	0.1	—
	橙花香精	—	—	0.01	—	—	—
	白棉花香精	—	—	—	—	—	0.5
硼砂		1	2	0.1	1	1	2
碱性蛋白酶		0.5	0.1	2	0.5	0.5	0.1
防腐剂	甲基异噻唑啉酮	0.1	—	—	0.1	0.1	—
	甲基氯异噻唑啉酮	—	0.5	0.01	—	—	0.5
氯化钙		0.05	0.1	0.01	0.05	0.05	0.1
去离子水		加至 100	加至 100	加至 100	加至 100	加至 100	加至 100

制备方法

（1）将去离子水适量，加入反应器中，开启搅拌，投入所述氯化钙，搅拌至溶解，将所述月桂醇聚醚硫酸酯钠、硼砂、月桂醇聚醚-9和月桂醇聚醚-7依次投入所述反应器中，搅拌，升温至85～90℃时停止加热，继续搅拌至物料完全溶解，保温10～20min后开始降温至45～50℃；

（2）依次加入辛基葡糖苷、PPG-2丁醚、碱性蛋白酶、柠檬酸，待搅拌完全均匀，继续降温至38℃加入日用香精、防腐剂，加余量去离子水，搅拌均匀。

产品应用　本品主要是用于清洁地板、瓷砖、浴缸及多种家居用品表面的多功能清洗剂。

使用方法：清洗地板、瓷砖、浴缸及多种家居用品时，一般每升清水加本品清洗剂5毫升，然后用此清水清洗擦净即可。

产品特性　本品配方中添加月桂醇聚醚硫酸酯钠、月桂醇聚醚、辛基葡糖苷等表面活性剂，可有效去除多种污渍。产品性质温和，并保护双手。经济实用，方便快捷。不含磷酸盐及烷基苯类物质，可生物降解，安全环保。

配方 6　多功能清洗剂（2）

原料配比

原料	配比（质量份）
淀粉	3～12
乙醇	4～15
食醋	3.5～13
食盐	4.5～12
碳酸钠	3～12
过氧化氢	2～12
柠檬酸	5～6
水	加至100

制备方法　将上述配方中的淀粉、乙醇、食醋、食盐、碳酸钠、过氧化氢、柠檬酸加入容器中，再加入水，充分搅拌，静置24h。

产品应用　本品主要用于各种餐具的清洗，漂洗各种织物，旧家具或生活用具的除尘，卫生间各种洁具的清洗、消毒，墙面清洗，卫生间去除异味。

产品特性　本品对人体皮肤无伤害、无残留，对食物、环境无污染；本品中无起泡剂，漂洗方便，节省用水量。

配方 7 多用途清洗剂组合物（1）

原料配比

原料	配比（质量份）	
	1#	2#
双子表面活性剂	10 ～ 40	27
消泡剂	1 ～ 5	3
羟基亚乙基酸	10 ～ 20	15
三聚磷酸钠	6 ～ 15	9
冰醋酸	5 ～ 14	5
三乙醇胺磺酸钠	8 ～ 10	8
水	40 ～ 50	50

制备方法

（1）将双子表面活性剂、消泡剂加入搅拌缸中，加入羟基亚乙基酸，搅拌均匀；

（2）向搅拌缸中均匀加入三聚磷酸钠，高速搅拌分散；

（3）在酸催化剂存在下使冰醋酸与三乙醇胺磺酸钠发生加成反应；

（4）倒入所给质量份数的水，加热20min即可。

原料介绍 所述双子型表面活性剂为非离子表面活性剂和阳离子表面活性剂。

产品应用 本品是用于陶瓷器具、织物、家具的清洗，水果外皮消毒，环境消毒，卫生间改味等的一种多用途清洗剂。

产品特性 本品对人体皮肤无伤害、无残留，对食物、环境无污染；本品中无起泡剂，漂洗方便，节省用水量。

配方 8 多用途清洗剂组合物（2）

原料配比

原料	配比（质量份）	
	1#	2#
双子表面活性剂	10 ～ 40	27
磷酸钠	1 ～ 5	3
聚丙烯酰胺	10 ～ 20	15
腐植酸钠	6 ～ 15	9
六亚甲基四胺	5 ～ 14	5
二己烯三胺五亚甲基膦酸钠	8 ～ 10	8
水	40 ～ 50	50

制备方法

（1）将双子表面活性剂、磷酸钠加入搅拌缸中，加入聚丙烯酰胺，搅拌均匀；

（2）向搅拌缸中均匀加入腐植酸钠，高速搅拌分散；

（3）在酸催化剂存在下使六亚甲基四胺与二己烯三胺五亚甲基膦酸钠发生加成反应；

（4）倒入所给质量份数的水，加热20min即可。

原料介绍　所述双子表面活性剂为非离子表面活性剂和阳离子表面活性剂。

产品应用　本品主要是用于陶瓷器具、织物、家具的清洗，水果外皮消毒，环境消毒，卫生间改味等的一种多用途清洗剂。

产品特性　本品对人体皮肤无伤害、无残留，对食物、环境无污染；本品中无起泡剂，漂洗方便，节省用水量。

配方 **9** 高效易生物降解的马桶清洗剂

原料配比

原料		配比（质量份）		
		1#	2#	3#
有机酸	乙酸	20	—	—
	柠檬酸	—	15	—
	草酸	—	—	10
助溶剂	乙醇	10	—	15
	异丙醇	—	5	—
表面活性剂	烷基二苯醚二磺酸钠	12	10	15
	烷基糖苷	8	10	5
污垢摩擦剂	硅藻土	2	—	—
	活性白土	—	3	—
	活性炭	—	—	5
抗硬水剂	乙二胺四乙酸二钠	2	3	1
香精		0.8	0.5	0.6
水		加至100	加至100	加至100

制备方法

（1）将烷基二苯醚二磺酸钠和烷基糖苷投入水中，加热至60～70℃，并搅拌至完全混合均匀。

（2）降温到40℃，按质量份数加入其余组分，并充分搅拌以混合均匀。

（3）冷却至室温，即可得易生物降解的马桶清洗剂。

产品应用　本品是一种高效易生物降解的家用及商用冲水马桶清洗剂。

产品特性

（1）使用有机酸替代传统的无机强酸及强碱如盐酸、磷酸、氢氧化钠等，减少了环境危害，避免了刺激、腐蚀，使用安全方便。

（2）使用助溶剂可提升对污垢中有机物的清洗效果，加快清洗速度。

（3）对马桶污垢清洗速度快，具有高效的清洗效果。

（4）本品清洗能力强、稳定性能好，在低温、高硬度水的条件下仍具有很强的洗涤能力的烷基二苯醚二磺酸钠和易生物降解的绿色表面活性剂烷基糖苷作为主要活性成分，对环保节水具有重要意义。

配方 10 含有除味剂的酸性卫生间清洗剂

原料配比

原料		配比（质量份）	
		1#	2#
表面活性剂	脂肪醇聚氧乙烯醚	0.4	—
	十二烷基二甲基甜菜碱	—	0.4
酸	柠檬酸	10	10
除味剂	TEGO® Sorb A 30	2	—
	Sorb50	—	2
阻垢缓蚀剂	二乙烯三胺五亚甲基膦酸	0.5	—
	羟基亚乙基二膦酸	—	0.5
有机溶剂	酒精	6	6
香精		0.01	0.01
去离子水		81.09	81.09

制备方法

（1）常温下，在称量好的去离子水中加入表面活性剂，搅拌至完全溶解。

（2）加入酸，搅拌至完全溶解。

（3）加入除味剂、阻垢缓蚀剂、有机溶剂，搅拌至完全溶解。

（4）加入香精。

产品特性 本品可以在清除卫生间污垢的同时去除环境中散发臭味的物体或者阻止异味在环境中的散发，从根本上解决卫生间异味难题。

配方 11 家用清洗液（1）

原料配比

原料	配比（质量份）	
	1#	2#
异丙醇	8～12	12
柠檬酸	9～15	15
烷基苯磺酸钠	4～15	15
季戊四醇	5～15	15
脂肪酸	6～13	13
增稠剂	3～5	5
水	50～60	60

制备方法

（1）将异丙醇、柠檬酸加入搅拌缸中，搅拌均匀；

（2）向搅拌缸中均匀加入烷基苯磺酸钠、季戊四醇、脂肪酸，高速搅拌分散；

（3）均匀加入增稠剂，搅拌均匀；

（4）倒入所给质量份数的水，静置24h即可。

产品应用　本品主要是用于陶瓷器具、织物、家具的清洗，水果外皮消毒，环境消毒，卫生间改味等的家用清洗液。

产品特性　本品对人体皮肤无伤害、无残留，对食物、环境无污染；本品中无起泡剂，漂洗方便，节省用水量。

配方 12 家用清洗液（2）

原料配比

原料	配比（质量份）	
	1#	2#
皂基	8～12	12
韭菜籽萃取物	9～15	15
蛇胆汁	4～15	15
月桂酰两性基乙酸钠	5～15	15
脂肪酸	6～13	13
芦荟汁	3～5	5
水	50～60	60

制备方法

（1）将皂基、韭菜籽萃取物加入搅拌缸中，搅拌均匀；

（2）向搅拌缸中均匀加入蛇胆汁、月桂酰两性基乙酸钠、脂肪酸，高速搅拌分散；

（3）均匀加入芦荟汁，搅拌均匀；

（4）加入水，静置24h即可。

产品应用　本品主要是用于陶瓷器具、织物、家具的清洗，水果外皮消毒，环境消毒，卫生间改味等的一种家用清洗液。

产品特性　本品对人体皮肤无伤害、无残留，对食物、环境无污染；本品中无起泡剂，漂洗方便，节省用水量。

配方 **13** 家用清洗液（3）

原料配比

原料	配比（质量份）	
	1#	2#
磷酸三钠	8～12	12
十二烷基二甲基胺乙内酯	9～15	15
蛇胆汁	4～15	15
二己烯三胺五亚甲基膦酸钠	5～15	15
乌洛托品	6～13	13
芦荟汁	3～5	5
水	50～60	60

制备方法

（1）将磷酸三钠、十二烷基二甲基胺乙内酯加入搅拌缸中，搅拌均匀；

（2）向搅拌缸中均匀加入蛇胆汁、二己烯三胺五亚甲基膦酸钠、乌洛托品，高速搅拌分散；

（3）均匀加入芦荟汁，搅拌均匀；

（4）倒入所给质量份数的水，静置24h即可。

产品应用　本品主要是用于陶瓷器具、织物、家具的清洗，水果外皮消毒，环境消毒，卫生间改味等的一种家用清洗液。

产品特性　本品对人体皮肤无伤害、无残留，对食物、环境无污染；本品中无起泡剂，漂洗方便，节省用水量。

配方 **14** 酵素马桶清洗剂

原料配比

原料	配比（质量份）
汉防己提取物	1.5
AES	2.9

原料	配比（质量份）
纳豆发酵提取物	1.7
燕麦多肽	1.1
神经酰胺	1.9
小麦胚芽	1.6
L-抗坏血酸钠	1.5
长柄木霉	1.7
青春双歧杆菌	2
益生菌群	2.8
甲基乙酯	1.3
鱼胶原蛋白	1.2
TX10 乳化剂	1.2
海藻糖	1.8
卡松 2	1.5
多库酯钠	1.3
酵素	2.2
醋酸	1.9
苹果香	1.1
水	67.8

制备方法 将具有抗过敏作用的汉防己提取物与 AES、纳豆发酵提取物加入恒温 31.7℃的水中搅拌 122min，再加入燕麦多肽、神经酰胺、小麦胚芽、L-抗坏血酸钠、长柄木霉、青春双歧杆菌高速搅拌 125min，并配以益生菌群、甲基乙酯、鱼胶原蛋白、TX10 乳化剂、海藻糖、卡松 2、多库酯钠恒温在 33.7℃均质搅拌 126min，将容器恒温在 29.7℃密封发酵 24.7h，再加入酵素、醋酸、苹果香高速搅拌 128min，最后恒温在 34.7℃静置 30.7h 即为成品。

产品特性 本品能快速清洁卫生间顽固污垢、尿渍、黑斑，无需费力擦洗，强效去污、水锈清洁、去除异味、快速除菌、安全环保，不伤马桶不伤瓷釉。

配方 15 马桶用泡沫清洗剂

原料配比

基础款马桶用泡沫清洗剂

原料		配比（质量份）				
		1#	2#	3#	4#	5#
发泡剂	α-烯基磺酸钠	5	10	20	30	40
	脂肪醇聚氧乙烯醚硫酸钠	20	15	10	5	5
稳泡剂	月桂酰胺丙基氧化铵	1	2	3	4	10
分散剂	聚丙烯酸钠盐	1	2	3	4	5

原料		配比（质量份）				
		1#	2#	3#	4#	5#
软水剂	二水柠檬酸钠	10	5	—	—	—
	谷氨酸二乙酸四钠	—	5	10	5	—
	甲基甘氨酸二乙酸三钠	—	—	—	5	—
防老化剂	烷基糖苷	4	4	4	4	4
抑菌剂	戊二醛	—	5	4	3	—
	甲基氯异噻唑啉酮和甲基异噻唑啉酮	0.1	1	2	3	5
除味剂	蓖麻油酸锌酯	—	—	0.5	0.5	0.5
香精		0.2	1	2	3	4
水		加至100	加至100	加至100	加至100	加至100

加强款马桶用泡沫清洗剂

原料		配比（质量份）
A 组分	柠檬酸	20
B 组分	α-烯基磺酸钠	40
	月桂酰胺丙基氧化铵	5
	烷基糖苷	4
	蓖麻油酸锌酯	0.5
	香精	5
	甲基氯异噻唑啉酮和甲基异噻唑啉酮	0.1
	水	加至100

制备方法

所述基础款马桶用泡沫清洗剂的制备方法：

（1）反应釜中加入1/3的水，向其中加入软水剂，搅拌至完全溶解；

（2）向反应釜中依次加入发泡剂、稳泡剂、防老化剂，搅拌至完全溶解，如原料中包含分散剂，则分散剂在添加防老化剂前加入至体系中；

（3）最后向反应釜中依次加入香精和剩余的水，搅拌至透明，即得到所述马桶用泡沫清洗剂，如原料中包含抑菌剂和/或除味剂，则抑菌剂和/或除味剂在柠檬酸调节pH后，添加香精前加入至体系中。

所述加强款马桶用泡沫清洗剂的制备方法：

（1）将A组分按照上述质量份数直接分装，为固体成分。

（2）B组分制备方法如下：

① 按照上述的质量份数，先向反应釜中加入1/3的水，再依次加入α-烯基磺酸钠、月桂酰胺丙基氧化铵、烷基糖苷，搅拌至完全溶解；

② 最后加入蓖麻油酸锌酯、香精、甲基氯异噻唑啉酮和甲基异噻唑啉酮和剩余的水，搅拌至透明，得到液体成分。

（3）使用时，将A组分加至B组分中，即为所述加强款马桶用泡沫清洗剂。

基础款马桶用泡沫清洗剂的使用方法为：将基础款马桶用泡沫清洗剂倒入智能马桶或马桶泡泡机中的清洗剂盒中，按马桶上的启动按键，马桶中的泵会抽取清洗剂和自来水至泡沫发生器中，清洗剂和自来水按1∶100（或规定的质量比）的质量比混合并产生大量泡沫通过马桶中的喷头喷入马桶的水槽中，大量的泡沫在水槽中形成泡沫盾，防止粪便/尿液飞溅。

产品特性

（1）本品与水混合后可在短时间内产生大量泡沫，形成泡沫盾，有效防止粪便/尿液的飞溅，同时具备清洁马桶、清除已有异味等功能，还可杀灭可能产生异味的微生物，兼具良好的抑菌功能；

（2）本品还可清除智能马桶或者马桶泡泡机内部管道中的水垢或者锈渍，防止其内部管道堵塞。

配方 16 清洗剂组合物

原料配比

原料	配比（质量份）	
	1#	2#
双子表面活性剂	10～40	27
消泡剂	1～5	3
环己基二乙醇胺	10～20	15
乙二胺四乙酸	6～15	9
二氢吡喃	5～14	5
羟基乙酸	8～10	8
水	40～50	50

制备方法

（1）将双子表面活性剂、消泡剂加入搅拌缸中，加入环己基二乙醇胺，搅拌均匀；

（2）向搅拌缸中均匀加入乙二胺四乙酸，高速搅拌分散；

（3）在酸催化剂存在下使二氢吡喃与羟基发生加成反应；

（4）倒入所给质量份数的水，加热20min即可。

原料介绍 所述双子表面活性剂为非离子表面活性剂和阳离子表面活性剂。

产品应用 本品主要是用于陶瓷器具、织物、家具的清洗，水果外皮消毒，环境消毒，卫生间改味等的一种清洗剂。

产品特性 本品对人体皮肤无伤害、无残留，对食物、环境无污染；本品中无起泡剂，漂洗方便，节省用水量。

配方 17 去除马桶污渍、垢体的清洗液

原料配比

原料	配比（质量份）
清水	600
氨基磺酸	250
过氧化氢	100
烷基苯磺酸钠	50

制备方法 首先将清水装入玻璃容器中，然后取氨基磺酸、过氧化氢、烷基苯磺酸钠分别加入水中，搅拌摇匀，得到去除马桶污渍、垢体的清洗液。

产品应用 本品使用方法，用去除马桶污渍、垢体的清洗液均匀喷洒在马桶内污渍、垢体处，1～2min后，用马桶刷刷洗，马桶洁净如新。

产品特性 本品具有良好的去污能力，同时保护马桶瓷质不被损坏。

配方 18 生物马桶清洗剂

原料配比

原料	配比（质量份）
汉防己提取物	0.8～0.9
甘草酸二钾	0.7～1
纳豆发酵提取物	0.8～1
燕麦多肽	0.3～0.5
神经酰胺	1.7～2
小麦胚芽	1.6～1.7
苍术油	0.9～1
绿茶香精	1.2～1.3
AES	6.6～7.4
益生菌群	3.6～4.7
甲基乙酯	1.1～1.2
鱼胶原蛋白	1.4～1.6
TX10 乳化剂	0.6～0.8
海藻糖	1.1～1.2
卡松 2	0.6～0.8
多库酯钠	1.4～1.7
酵素	2.6～3.4
醋酸	2.1～2.2
香精	1.6～1.8
水	63.8～69.3

制备方法 将具有抗过敏作用的汉防己提取物与甘草酸二钾、纳豆发酵提取物加入水中搅拌28min，再加入燕麦多肽、神经酰胺、小麦胚芽高速搅拌24min，并配以苍术油、绿茶香精、AES、益生菌群、甲基乙酯，加热恒温在24.8℃均质搅拌108min后，将容器恒温在29.6℃密封发酵23h，再加入鱼胶原蛋白、TX10乳化剂、海藻糖、卡松2、多库酯钠、酵素、醋酸、香精高速搅拌39min，最后恒温在29.6℃静置39h即为成品。

产品应用 本品是一种能快速清洁卫生间顽固污垢、尿渍、黑斑的生物马桶清洗剂。

产品特性 本品能快速清洁卫生间顽固污垢、尿渍、黑斑，无需费力擦洗，具有强效去污、水锈清洁、去除异味、快速除菌、安全环保、不伤马桶不伤瓷釉的功效。

配方 19 水性清洗剂（1）

原料配比

原料	配比（质量份）	
	1#	2#
癸二酸	5～10	10
羧酸	3～9	—
环己基二乙醇胺	5～8	8
环烷酸	3～7	5
脂肪酸	4～9	4
增稠剂	3～7	3
水	20～30	30

制备方法

（1）将癸二酸、羧酸加入搅拌缸中，加入环己基二乙醇胺，搅拌均匀；

（2）向搅拌缸中均匀加入环烷酸、脂肪酸，高速搅拌分散；

（3）均匀加入增稠剂，搅拌均匀；

（4）倒入所给质量份数的水，加热20min；

（5）过滤，滤液静置，即可。

产品特性 本品对人体皮肤无伤害、无残留，对食物、环境无污染；本品中无起泡剂，漂洗方便，节省用水量。

配方 20 水性清洗剂（2）

原料配比

原料	配比（质量份）	
	1#	2#
二氧戊环	8～12	12
羧酸	9～15	15

原料	配比（质量份）	
	1#	2#
环氧丁烷	4～15	15
硝基甲烷	5～15	15
脂肪酸	6～13	13
增稠剂	3～5	5
水	50～60	60

制备方法

（1）将二氧戊环、羧酸加入搅拌缸中，搅拌均匀；

（2）向搅拌缸中均匀加入环氧丁烷、硝基甲烷、脂肪酸，高速搅拌分散；

（3）均匀加入增稠剂，搅拌均匀；

（4）倒入所给质量份数的水，静置24h即可。

产品应用 本品主要是用于陶瓷器具、织物、家具的清洗，水果外皮消毒，环境消毒，卫生间改味等的水性清洗剂。

产品特性 本品对人体皮肤无伤害、无残留，对食物、环境无污染；本品中无起泡剂，漂洗方便，节省用水量。

配方 21 水性清洗剂（3）

原料配比

原料	配比（质量份）	
	1#	2#
辛酯磺酸盐	8～12	12
水杨酸	9～15	15
柠檬酸	4～15	15
磷酸三钠	5～15	15
脂肪酸	6～13	13
聚丙烯酸钠	3～5	5
水	50～60	60

制备方法

（1）将辛酯磺酸盐、水杨酸加入搅拌缸中，搅拌均匀；

（2）向搅拌缸中均匀加入柠檬酸、磷酸三钠、脂肪酸，高速搅拌分散；

（3）均匀加入聚丙烯酸钠，搅拌均匀；

（4）倒入所给质量份数的水，静置24h即可。

产品应用 本品主要是用于陶瓷器具、织物、家具的清洗，水果外皮消毒，环境消毒，卫生间改味等的一种水性清洗剂。

产品特性　本品对人体皮肤无伤害、无残留，对食物、环境无污染；本品中无起泡剂，漂洗方便，节省用水量。

配方 22　卫生间环保无磷清洗剂

原料配比

原料	配比（质量份）
C_{12} 烷基苯磺酸	6.5
聚氧乙烯醚烷基酚	3.6
椰子油酸二乙醇酰胺	3.9
脂肪醇聚氧乙烯醚	2.15
苯甲酸钠	0.7
氢氧化钠	2.3
柠檬醛	7.2
皂角粉	9.1
烷基糖苷	3.2
甜菜碱	7.2
纳米二氧化钛	2.3
茶皂素	3.8
水	加至 100

制备方法　将各组分原料混合均匀即可。

产品特性　本品是一种无毒、不含ODS类污染物质、环保高效的水基清洗剂，有良好的生物降解性，并且降解过程中对陆生、水生动植物无任何有害影响，不会对土壤、水体环境造成任何危害；具有去污力强、能彻底除去油脂污垢、低泡等优点，而且不腐蚀金属，适合多种应用。

配方 23　卫生间用清洗剂（1）

原料配比

原料	配比（质量份）		
	1#	2#	3#
乙二胺四乙酸钠	8	9	10
亚硝酸钠	20	25	30
盐酸	3	3.5	4
硫酸钠	6	7	8
丙酮	2	3	4
水	40	45	50

制备方法　将各组分原料混合均匀即可。

产品应用　本品主要是用于清除卫生间里瓷砖、地面、便池和马桶设备上的表面污物的卫生间清洗剂。

产品特性　本品卫生间清洗剂能够清除卫生间里瓷砖、地面、便池和马桶设备上的表面污物，对环境的影响时间较短。

配方 24　卫生间用清洗剂（2）

原料配比

原料	配比（质量份）		
	1#	2#	3#
乙二胺四乙酸钠	28	25	30
硫酸钠	18	25	17
二甲苯磺酸钠	13	8	15
皂角粉	9	10	8
香精	4	2	5
水	28	30	25

制备方法　将各组分原料混合均匀即可。

产品特性　本品去污能力强、对环境友好，同时具有杀菌作用。

配方 25　卫生间消毒清洗剂

原料配比

原料	配比（质量份）	
	1#	2#
盐酸	16	18
异丙苯酸钠	2	2.3
抗坏血酸	0.6	0.5
三聚磷酸钠	8	7.5
十二烷基苯磺酸钠	10	11
桉油	0.2	0.2
香料	1.1	1
来苏尔	1.3	1.5
水	加至 100	加至 100

制备方法　将各组分原料混合均匀即可。

产品特性　本清洗剂有一定的黏性，清洗污垢时与污垢反应快，对卫生间里的陶瓷材料、不锈钢材料及搪瓷材料腐蚀性小，能快速彻底清除各种有机和无机污垢，还具有杀菌、除臭、防垢的作用。

配方 26 卫生间专用清洗除菌液

原料配比

原料	配比（质量份）		
	1#	2#	3#
十二烷基苯磺酸钠	10 ～ 12.0	10 ～ 11.0	11 ～ 12.0
烷基硫酸钠	8.0 ～ 10.0	8.0 ～ 9.0	9.0 ～ 10.0
仲烷基磺酸钠	13.0 ～ 15.0	13.0 ～ 14.0	14.0 ～ 15.0
柠檬酸钠	4.0 ～ 5.0	4.0 ～ 4.5	4.5 ～ 5.0
吐温-80	5.0 ～ 7.0	5.0 ～ 6.0	6.0 ～ 7.0
羟基乙酸	1.0 ～ 4.0	1.0 ～ 2.5	2.5 ～ 4.0
海藻酸钠	5.0 ～ 7.0	5.0 ～ 6.0	6.0 ～ 7.0
海洋活素	4.0 ～ 6.0	4.0 ～ 5.0	5.0 ～ 6.0
生物活性酶	7.0 ～ 9.0	7.0 ～ 8.0	8.0 ～ 9.0
净化水	加至 100	加至 100	加至 100

制备方法

（1）在乳化罐中按照比例加入净化水，加热至60℃；

（2）打开乳化罐的搅拌器，按照比例分别加入十二烷基苯磺酸钠、烷基硫酸钠、仲烷基磺酸钠，搅拌25min；

（3）搅拌均匀后按照比例将柠檬酸钠和吐温-80缓慢地加入到乳化罐中，搅拌5min；

（4）将羟基乙酸与水相溶后缓慢地加入到上述溶液中，搅拌均匀；

（5）将称量好的海藻酸钠、海洋活素、生物活性酶分别加入到上述溶液中，搅拌10min；

（6）搅拌均匀后，停止加热和搅拌，出锅、冷却；

（7）将分装瓶经环氧乙烷灭菌后分装产品。

产品应用 本品主要用于家庭、宾馆、餐厅、学校等场所卫生间各种物体表面的清洗和消毒。

产品特性

（1）本产品具有高效的去污和除菌作用，将卫生间的清洗和消毒一步完成；

（2）生物型的消毒成分，不会对人体造成刺激；

（3）节约资源和成本，使用方便，避免二次冲洗。

配方 27 浴缸酵素清洗剂（1）

原料配比

原料	配比（质量份）
L-抗坏血酸钠	1.3
长柄木霉	1.2

原料	配比（质量份）
青春双歧杆菌	1
燕麦多肽	1.2
聚季铵盐	1
红没药醇	0.8
葵花籽油	1.5
绿茶香精	1.7
AES	2.5
益生菌群	2.7
生育酚磷酸酯	1.2
辛酰水杨酸	1.3
杜鹃花提取物	1.1
吡哆素	1.6
维生素 E 油	1.8
醇醚硫酸钠	1.1
酵素	1.8
醋酸	1.6
茉莉香精	2.1
水	71.5

制备方法　将具有抑菌作用的 L-抗坏血酸钠拌入恒温在34.7℃的水中搅拌301min，再加入长柄木霉、青春双歧杆菌、燕麦多肽高速搅拌296min，并配以聚季铵盐、红没药醇、葵花籽油、绿茶香精、AES、益生菌群、生育酚磷酸酯、辛酰水杨酸、杜鹃花提取物、吡哆素、维生素 E 油、醇醚硫酸钠、酵素恒温在31.7℃均质搅拌306分钟，将容器恒温在32.7℃密封发酵40.7h，再加入醋酸、茉莉香精高速搅拌301min，最后恒温在28.7℃静置46.7h即为成品。

产品应用　本品是一种能快速清洁浴缸顽固污垢、黑斑的浴缸酵素清洗剂。

产品特性　本品能快速清洁浴缸顽固污垢、黑斑，强效去污、除菌、安全环保。对各式瓷砖、塑料等无腐蚀，清洁、消毒、除臭效果好，有效清除浴缸表面常见皂垢、水垢等，对较难去除的陈年黄色污垢也有特效，对浴缸表面无损伤。

配方 **28** 浴缸酵素清洗剂（2）

原料配比

原料	配比（质量份）
D-生物素	1.5
孤独腐质霉	1.3
嗜热链球菌	1.1
燕麦多肽	1.1
聚季铵盐	0.9

原料	配比（质量份）
红没药醇	0.7
葵花籽油	1.6
绿茶香精	1.8
AES	2.6
益生菌群	2.6
生育酚磷酸酯	1.1
辛酰水杨酸	1.2
杜鹃花提取物	1.2
吡哆素	1.7
维生素 E 油	1.9
醇醚硫酸钠	1
酵素	1.7
醋酸	1.5
茉莉香精	2.2
水	71.3

制备方法　将具有抑菌作用的 D-生物素拌入恒温在34.8℃的水中搅拌302min，再加入孤独腐质霉、嗜热链球菌、燕麦多肽高速搅拌297min，并配以聚季铵盐、红没药醇、葵花籽油、绿茶香精、AES、益生菌群、生育酚磷酸酯、辛酰水杨酸、杜鹃花提取物、吡哆素、维生素E油、醇醚硫酸钠、酵素恒温在31.8℃均质搅拌307min，将容器恒温在32.8℃密封发酵40.8h，再加入醋酸、茉莉香精高速搅拌302min，最后恒温在28.8℃静置46.8h即为成品。

产品应用　本品是一种能快速清洁浴缸顽固污垢、黑斑的浴缸酵素清洗剂。

产品特性　本品能快速清洁浴缸顽固污垢、黑斑，强效去污、除菌、安全环保。对各式瓷砖、塑料等无腐蚀，清洁、消毒、除臭效果好，有效清除浴缸表面常见皂垢、水垢等，对较难去除的陈年黄色污垢也有特效，对浴缸表面无损伤。

配方 29　浴缸清洗剂（1）

原料配比

原料	配比（质量份）		
	1#	2#	3#
柠檬酸	70	80	75
碳酸钙	16	18	17
二氧化硅	13	15	14
异丙醇	12	14	13
香精	10	20	15
去离子水	20	30	25

制备方法　将各组分原料混合均匀即可。

产品特性　本品所述的浴缸清洗剂制备方法简单、去污效果好、环保无污染。

配方 30 浴缸清洗剂（2）

原料配比

原料	配比（质量份）
寡糖	0.5～0.7
水溶橄榄油	0.6～0.7
杜鹃花酸	0.6～0.7
燕麦多肽	1.9～2.1
聚季铵盐	1.5～1.7
红没药醇	1.2～1.5
葵花籽油	0.8～0.9
绿茶香精	1.3～1.7
AES	2～2.8
益生菌群	3.1～3.5
生育酚磷酸酯	0.8～0.9
辛酰水杨酸	1.1～1.3
杜鹃花酸	1～1.5
吡哆素	0.8～0.9
维生素E油	1～1.1
醇醚硫酸钠	1.7～1.8
酵素	2.5～2.9
醋酸	2.6～2.7
香精	2.1～2.4
水	68.2～72.9

制备方法　将具有抑菌作用的寡糖与水溶橄榄油、杜鹃花酸加入水中搅拌48min，再加入燕麦多肽、聚季铵盐、红没药醇高速搅拌43min，并配以葵花籽油、绿茶香精、AES、益生菌群、生育酚磷酸酯，加热恒温在27.5℃均质搅拌128min后，将容器恒温在32℃密封发酵39h，再加入辛酰水杨酸、杜鹃花酸、吡哆素、维生素E油、醇醚硫酸钠、酵素、醋酸、香精高速搅拌58min，然后恒温在32℃静置55h即为成品。

产品应用　本品是一种快速清洁浴缸顽固污垢、黑斑等，对各式瓷砖、塑料等无腐蚀，清洁、消毒、除臭的浴缸清洗剂。

产品特性　本品能快速清洁浴缸顽固污垢、黑斑等，无需费力擦洗，强效去污、快速除菌、安全环保。对各式瓷砖、塑料等无腐蚀，清洁、消毒、除臭，有效清除浴缸表面常见皂垢、水垢等，对较难去除的陈年黄色污垢也有特效，对浴缸表面没损伤。

原料配比

原料		配比（质量份）		
		1#	2#	3#
盐酸		8	8	8
水		45	45	45
1号添加剂		8	—	8
2号添加剂		8	8	—
表面活性剂		13	13	13
助剂	海藻酸钠	5	5	5
香精油	薄荷精油	4	4	4
催化剂	二环乙基二碳亚胺	3	3	3
羟甲基纤维素		5	5	5
表面活性剂	十二烷基苯磺酸钠	1	1	1
	十二烷基二甲基甜菜碱	2	2	2
	吐温-60	0.7	0.7	0.7
预处理海泡石	海泡石	1	—	1
	水	6	—	6
1号处理液	纳米二氧化硅	1	—	1
	水	15	—	15
	分散剂NNO	0.5	—	0.5
混合粉末	谷朊粉	1	1	—
	壳聚糖	2	2	—
2号处理液	混合粉末	1	1	—
	水	15	15	—
1号添加剂	预处理海泡石	1	—	1
	1号处理液	5	—	5
2号添加剂	预处理沸石	1	1	—
	2号处理液	8	8	—

制备方法

（1）将海泡石与水按质量比为1:4～1:6混合于烧杯中，将烧杯于室温条件下，恒温静置30～50min后，将烧杯内物料移入旋转蒸发仪，于温度为70～80℃、转速为160～180r/min、压强为500～800kPa的条件下，旋蒸浓缩25～35min，得预处理海泡石；

（2）将沸石移入粉碎机中粉碎，过100～160目筛，得沸石粉末，将沸石粉末移入烧结炉中，于温度为300～400℃的条件下恒温煅烧45～60min后，得预处理沸石；

（3）将纳米二氧化硅与水按质量比为1:10～1:15混合于烧瓶中，并向烧瓶中加入纳米二氧化硅质量0.2～0.5倍的分散剂，将烧瓶移入数显测速恒温磁力搅拌器，于温度45～55℃、转速为240～280r/min的条件下，恒温搅拌45～55min后，得1号处理液；

（4）将谷朊粉与壳聚糖按质量比为1∶1～1∶2混合研磨，得混合粉末，将混合粉末与水按质量比为1∶8～1∶15混合于烧杯中，将烧杯移入数显测速恒温磁力搅拌器，于温度为40～50℃、转速为200～250r/min的条件下，搅拌混合30～50min后，得2号处理液；

（5）将预处理海泡石和1号处理液按质量比为1∶2～1∶5混合，于温度为35～45℃、转速为200～240r/min的条件下，搅拌混合45～55min后，过滤，得滤饼，将滤饼移入干燥箱，于温度为70～90℃的条件下，恒温干燥25～40min，得1号添加剂；

（6）将预处理沸石与2号处理液按质量比为1∶5～1∶8混合，于温度为40～55℃、转速为180～220r/min的条件下，搅拌混合30～50min后，过滤，得滤渣，将滤渣移入干燥箱，于温度为70～85℃的条件下，恒温干燥20～35min，得2号添加剂；

（7）按质量份数计，依次称取盐酸、水、1号添加剂、2号添加剂、表面活性剂、助剂、香精油、催化剂和羟甲基纤维素，将原料移入搅拌机中，于温度为35～50℃、转速为200～220r/min的条件下，搅拌混合30～40min，得浴缸清洗剂。

原料介绍 所述分散剂为分散剂NNO、分散剂MF或分散剂5040中任意一种。

所述表面活性剂的制备方法为将十二烷基苯磺酸钠与十二烷基二甲基甜菜碱按质量比为1∶1～1∶2混合，并加入十二烷基苯磺酸钠质量0.5～0.7倍的吐温-60，搅拌混合，得表面活性剂。

产品特性 本品具有优异的去污能力，其去污效果显著，同时，能够在被清洗物表面停留较长的时间，增强清洗效果，减少浪费，并且具有良好的保护效果。

配方 **32** 长效洁厕清洗剂

原料配比

原料		配比（质量份）									
		1#	2#	3#	4#	5#	6#	7#	8#	9#	10#
有机酸	柠檬酸	20	10	30	20	20	20	20	8	32	20
	甲酸	4	1	5	4	4	4	4	0.8	7	4
	乙酸	1	0.1	2	1	1	1	1	0.5	4	1
表面活性剂	α-烯烃磺酸钠	5	1	5	5	5	5	5	0.5	12	5
	烷基糖苷	4	1	4	4	4	4	4	0.5	7	4
	十二烷基二苯醚二磺酸钠	1	0.1	1	1	1	1	1	0.05	4	1
丙烯酸类聚合物	丙烯酸和丙烯酰胺共聚物	2	2	1	2	5	—	2	2	2	—
	聚丙烯酸	—	—	—	—	2	—	—	—	—	—

原料		配比（质量份）									
		1#	2#	3#	4#	5#	6#	7#	8#	9#	10#
有机溶剂	二丙二醇丁醚	10	10	1	1	20	10	—	10	10	—
	乙醇	—	—	—	—	—	—	10	—	—	—
植物提取物	茶树提取物	0.5	0.5	0.5	0.5	0.5	0.5	0.5	0.5	0.5	0.5
香精		0.15	0.15	0.15	0.15	0.15	0.15	0.15	0.15	0.15	0.15
水		加至100	加至100	加至100	加至100	加至100	加至100	加至100	加至100	加至100	加至100

制备方法

（1）先称取水，开动搅拌器；

（2）依次加入有机酸、表面活性剂、植物提取物、有机溶剂、丙烯酸类聚合物，搅拌均匀；

（3）边搅拌边加入植物提取物、香精，溶解混合均匀即可。

产品应用 本品可用于清洁卫生间玻璃、台盆、卫浴、马桶等各种硬表面。

用法一：将清洗剂均匀喷洒在卫生间脏的硬表面上，10min后用毛刷和水进行刷洗；

用法二：将清洗剂均匀喷洒在卫生间干净的硬表面上即可。

产品特性 本品具有高效的清洁力，可消毒抑菌、去除异味，同时不刺鼻、不伤手、不伤硬表面、不污染环境，可以用于喷洒后用水冲洗的一次性清洁，也可通过直接喷洒起到长效清洁抑菌的效果。

配方 33 消毒杀菌洗涤剂（1）

原料配比

原料	配比（质量份）		
	1#	2#	3#
脂肪酸甲酯乙氧基化物磺酸盐	3	4	5
聚六亚甲基双胍盐酸	4	5	6
植物香精	1	1.5	2
十二烷基二甲基苄基氯化铵	3	4	5
椰子油脂肪酸二乙醇酰胺	5	6	7
去离子水	30	40	50
脂肪醇聚氧乙烯	6	7	8
大豆卵磷脂	5	6	7
甲基羟丙基纤维素	2	3	4
柠檬酸钠	8	9	10

原料	配比（质量份）		
	1#	2#	3#
月桂基酰胺丙基甜菜碱	6	7	8
功能助剂	1	1.5	2

制备方法

（1）按配方称量各组分，在混合釜中加入去离子水，搅拌下依次将脂肪酸甲酯乙氧基化物磺酸盐、聚六亚甲基双胍盐酸、十二烷基二甲基苄基氯化铵和椰子油脂肪酸二乙醇酰胺，加到去离子水中，加热至40～80℃，搅拌15～25min；

（2）在缓慢搅拌步骤（1）所得溶液中依次加入脂肪醇聚氧乙烯、大豆卵磷脂、甲基羟丙基纤维素、柠檬酸钠和月桂基酰胺丙基甜菜碱，保持温度在10～20min；

（3）在步骤（2）所得溶液中加入功能助剂、植物香精后充分搅拌混匀，降温至30℃以下，即得成品。

产品应用　本品主要应用于卫生间清洗。

产品特性

（1）本品制备的产品表面性能优良，清洁效果好；

（2）配伍协同性好、稳定，光谱杀菌抗菌，安全无毒无残留；

（3）使用方便快捷，不含强烈刺激性气味。

配方 34 消毒杀菌洗涤剂（2）

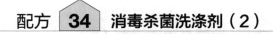

原料配比

原料	配比（质量份）		
	1#	2#	3#
脂肪酸甲酯乙氧基化物磺酸盐	8	8	7
十二烷基二甲基苄基氯化铵	2	2	2.2
脂肪醇聚氧乙烯（9）醚	8	6	9
月桂基酰胺丙基甜菜碱	2	4	3
大豆卵磷脂	1	1	1.5
甲基羟丙基纤维素	3	3	3
柠檬酸钠	1	1.2	1.2
椰子油脂肪酸二乙醇酰胺	2	2	2.5
聚六亚甲基双胍盐酸	0.8	0.8	0.8
EDTA-2Na	1.2	1.2	1.2
去离子水	加至100	加至100	加至100

制备方法　按配方称量各组分，在混合釜中加入水，搅拌下依次将脂肪酸甲酯乙氧基化物磺酸盐、十二烷基二甲基苄基氯化铵、AEO-9、椰子油脂肪酸二乙醇酰胺，加到水中，加热至40～60℃，搅拌10～30min，缓慢搅拌下依次加入柠檬酸钠、EDTA-2Na、月桂基酰胺丙基甜菜碱、大豆卵磷脂、聚六亚甲基双胍盐酸，保持温度在10～50min，加入甲基羟丙基纤维素，充分搅拌混匀，降温至30℃以下，得到一种新型消毒杀菌洗涤剂。

产品应用　本品主要用于卫生间洁具的清洗。

产品特性　本品制备的产品表面性能优良，清洁效果好，配伍协同性好、稳定，光谱杀菌抗菌，安全无毒无残留。使用方便快捷，不含强烈刺激性气味。

配方 **35** 液体洁厕灵

原料配比

原料	配比（质量份）		
	1#	2#	3#
阴离子表面活性剂	2	2.5	3
非离子表面活性剂	6.5	6	8.5
增稠剂	8	8.3	8.5
交联剂	7.3	7	7.5
聚乙二醇-6000	4	4	5
四硼酸钠	1.3	15	2
香精	1.5	2	2
水	12	10	15

制备方法

（1）将阴离子表面活性剂、非离子表面活性剂、增稠剂和交联剂放在混合容器中，搅拌均匀并在常温下放置3～5min。

（2）将上述所得混合物一边搅拌一边加入水，然后加入聚乙二醇-6000，开温至60℃。

（3）将四硼酸钠和香精一起加入上述所得溶液中。

原料介绍　所述非离子表面活性剂为烷基醇酰胺或多元醇型非离子表面活性剂。所述阴离子表面活性剂包括十二烷基苯磺酸钠或直链烷基苯磺酸钠。

产品应用　本品主要应用于卫生间清洗，适合宾馆、饭店及家庭卫生间使用。

产品特性　本品具有强力去除污垢、祛臭的清洁效果，并且无刺激性气味。

9　地板清洗剂

原料配比

原料		配比（质量份）			
		1#	2#	3#	4#
烷基糖苷季铵盐	$C_8 \sim C_{10}$ 烷基单糖苷季铵盐	10	—	—	—
	$C_{12} \sim C_{14}$ 烷基单糖苷季铵盐	—	5	—	10
	$C_{16} \sim C_{18}$ 烷基单糖苷季铵盐	—	—	7	—
奶液	市售鲜奶	25	—	—	—
	奶液	—	30	28	25
淀粉		1	10	13	15
碳酸钠		1	5	7	5
工业酒精		1	10	5	10
香精		0.5	0.3	0.2	0.5
水		加至 100	加至 100	加至 100	加至 100

制备方法　原料按质量份数组成，将烷基糖苷季铵盐、淀粉、碳酸钠、工业酒精和余量的水加入化料釜中，在 $60 \sim 70℃$ 下加热搅拌溶解，然后降温至室温，加入奶液、香精后充分搅拌均匀成混合物使用。

原料介绍　所述的奶液可以采用市售鲜奶，也可以采用纯奶粉制作，将奶粉用蒸馏水溶解后使用，配制浓度为 10% ～ 15%。

产品特性

（1）本品选用天然、无刺激的烷基糖苷季铵盐作为主要活性成分，同时采用奶液、淀粉作为光亮剂和增稠剂，使该配方温和性和安全性得到保障。

（2）本产品中性，对人体和地板不会造成任何伤害，用后在木地板的表面形成一层无色的保护膜，隔离灰尘、油污等污物，并使地板恢复其本本的颜色、更具光泽。使用本产品处理后的地板，还具有抗静电、防滑和耐磨性能。另外原材料简单易得，制备工艺简单，生产成本低，无毒无污染。

配方 2 除菌、消毒、上光养护的地板清洗剂

原料配比

原料		配比（质量份）		
		1#	2#	3#
乙醇		10	15	12
天然表面活性剂	蔗糖脂肪酸酯	5	—	—
	玉米秸秆提取物表面活性剂	—	7	—
	蔗糖脂肪酸酯和玉米秸秆提取物表面活性剂质量比为1:1	—	—	6
两性表面活性剂		3	5	4
生物酶		4	8	6
柚子皮提取物		4	7	5
柠檬酸钠		1	3	2
碳酸钠		5	8	6
巴西棕榈蜡		2	3	2.5
光亮剂		2	3	2.5
抗菌剂		1	3	2
水		10	15	12.5
生物酶	蛋白酶	1	2	1.5
	脂肪酶	1	3	2
	果胶酶	0.5	1.5	0.8
	氧化还原酶	1.5	2.8	2
两性表面活性剂	癸烷基二甲基羟丙基磺基甜菜碱	—	1	—
	十二烷基乙氧基磺基甜菜碱	—	2.8	1
	十二烷基二甲基磺丙基甜菜碱	—	—	1
	椰油酰胺丙基甜菜碱	3	—	—

制备方法

（1）将水放入反应釜中，加热到40～50℃，然后向反应釜中加入柠檬酸钠、碳酸钠、天然表面活性剂和两性表面活性剂，在80～100r/min下搅拌10～15min，继续搅拌并向反应釜中缓慢加入柚子皮提取物，得到溶液A；

（2）将巴西棕榈蜡、乙醇、生物酶、光亮剂和抗菌剂加入到搅拌罐中，在100～150r/min下搅拌20～30min，得到溶液B；

（3）将溶液A冷却到室温加入到搅拌罐中，在100～120r/min下搅拌均匀即可制备出所述的除菌、消毒和上光养护的地板清洗剂。

原料介绍 所述的生物酶为蛋白酶、脂肪酶、果胶酶和氧化还原酶的混合物，混合生物酶中蛋白酶、脂肪酶、果胶酶和氧化还原酶的质量比为（1～2）:（1～3）:（0.6～2.7）:（1.5～2.8）。

所述的巴西棕榈蜡从巴西棕榈树的叶子中获得，将叶子干燥并粉碎，然后加入热

水分离得到蜡状物质。

所述的两性表面活性剂为椰油酰胺丙基甜菜碱、癸烷基二甲基羟丙基磺基甜菜碱、十二烷基乙氧基磺基甜菜碱或十二烷基二甲基磺丙基甜菜碱中的一种或多种，天然表面活性剂为蔗糖脂肪酸酯或玉米秸秆提取物表面活性剂中的一种或两种。

所述的玉米秸秆提取物表面活性剂的制备方法具体为：将玉米秸秆粉碎，压榨过滤后得到玉米秸秆液，用乙醇萃取玉米秸秆液，萃取液中加入三氧化硫在30℃下反应20～25min，将溶液pH调整到中性，得到玉米秸秆提取物表面活性剂。

所述的柚子皮提取物的制备方法为将柚子皮粉碎，放入沸水中煮沸20～40min，经微孔滤膜过滤、真空浓缩得到。

巴西棕榈蜡不但具有良好的上光养护性能，同时还可以保持地板本身的含水量，特别是在使用地暖或暖气的房间中，地板表面水分挥发比较多，巴西棕榈蜡在地板表面形成一层保护膜减缓了地板表面的水分挥发。天然表面活性剂和两性表面活性剂复合使用，可以起到很好的协同作用，更好地破坏污渍和地板之间的作用力，强化清洁效果。使用时，清洗剂中的柚子皮提取物挥发，可以达到净化空气、除去空气中细菌和病毒的功效。

产品特性

（1）对地板上的各种污渍具有良好的清洁效果，如无机污垢、有机污垢和血渍；

（2）能够去除地板表面的大量细菌，保持室内良好的卫生环境；

（3）具有良好的上光养护性能；

（4）清洗剂原料采用无污染的清洁产品，如柚子皮提取物、天然表面活性剂和生物酶，对环境友好，可生物降解；

（5）原料没有腐蚀性，不会对地板表面漆层造成破坏，延长了地板的使用寿命。

配方 3 瓷砖地板酵素清洗剂

原料配比

原料	配比（质量份）
汉防己提取物	1.1
甘草酸二钾	0.6
纳豆发酵提取物	1.6
燕麦多肽	1.3
聚季铵盐	2
小麦胚芽	1.6
当归油	1
绿茶香精	0.8
AES	2.9
益生菌群	3.5

原料	配比（质量份）
甲基乙酯	1.2
鱼胶原蛋白	1.5
硝酸硫胺	1.3
蛋白酶	1.7
婴儿双歧杆菌	1.5
椰油酸钠	1.6
酵素	2.5
醋酸	1.9
苹果香精	1.6
水	68.8

制备方法 将具有抗过敏作用的汉防己提取物与甘草酸二钾加入恒温在33.4℃的水中搅拌142min，再加入纳豆发酵提取物、燕麦多肽、聚季铵盐、小麦胚芽、当归油、绿茶香精高速搅拌145min，并配以AES、益生菌群、甲基乙酯、鱼胶原蛋白、硝酸硫胺、蛋白酶、婴儿双歧杆菌恒温在30.4℃均质搅拌146min，将容器恒温在31.4℃密封发酵26h，再加入椰油酸钠、酵素、醋酸、苹果香精高速搅拌148min，然后恒温在29.4℃静置32h即为成品。

产品特性 本品具有强大的去污力、渗透力、杀菌力和抛光光亮性等特性，能迅速彻底清除各类瓷砖表面、缝隙里的顽固污垢。

配方 4 地板清洗光洁剂

原料配比

原料	配比（质量份）		
	1#	2#	3#
烷基磷酸酯钠	10	14	12
氢氧化钾	20	30	25
三乙醇胺	10	22	16
香料	8	12	10
异丙醇	6	10	8
聚苯乙烯乳液	20	30	25
水溶剂	加至100	加至100	加至100

制备方法 将各组分原料混合均匀即可。

产品特性 本品不仅去污效果好，而且能在表面留下一层防水的油性光亮膜，起到增亮、保护双重作用。

配方 5 地板用清洗剂（1）

原料配比

原料	配比（质量份）		
	1#	2#	3#
脂肪酰二乙醇胺	50	70	60
精制水	550	750	650
二聚乙二醇单乙醚	15	25	20
氯化磷酸钠	3	5	4
焦磷酸钠	35	45	40
烃基乙酸	18	26	22
染料和香料	6～12	12	9

制备方法 将各组分原料混合均匀即可。

产品特性 本品清洁效果好，同时可以对地板起到增亮、保护的双重作用，用本品处理后的地板，光洁、平滑、外观好。

配方 6 地板用清洗剂（2）

原料配比

原料	配比（质量份）		
	1#	2#	3#
烷基苯磺酸钠	60	70	65
亚硝酸钠	20	30	25
焦磷酸钾	12	18	15
氢氧化钾	18	22	20
乙二醇	12	24	18
氨水	10	20	15
异丙醇	10	20	15
氯化磷酸钠	8	16	12
去离子水	80	100	90

制备方法 将各组分原料混合均匀即可。

产品特性 本品对地板有保护作用和防腐作用。

配方 7 地板用清洗剂（3）

原料配比

原料	配比（质量份）		
	1#	2#	3#
油酸	1.8	2	1.9
三乙醇胺	2	2.3	2.1
松香水	27	25	26
乙二胺四乙酸	2.2	2.2	2
聚氧乙烯脂肪醇	0.8	1	0.9
二甲苯磺酸钠	6	6.3	6.1
烷基苯磺酸钠	13	13	12
焦磷酸钾	7	5	6
磷酸三钠	6	6	7
水	加至 100	加至 100	加至 100

制备方法 将各组分原料混合均匀即可。

产品特性 使用本清洗剂清洗地板时，可以有效除去地板表面的油渍及污渍等，不损伤地板，同时可对地板起到增亮、保护的双重作用，用本品处理后的地板，光洁、平滑、外观好，制备工艺简单，成本低廉，对人体无毒无害，清洗地板后留有芳香。

配方 8 地板用清洗剂（4）

原料配比

原料	配比（质量份）	
	1#	2#
正丙醇	4	8
偶氮二异丁腈	3	6
硬脂酸	4	7
过氧化氢	2	6
氢氧化钾	12	18
异丙醇	5	8
巴西棕榈蜡	7	14
石蜡	3	5
杀虫药	5	9
白油	2	4
乙二醇单丁醚	6	8
三聚磷酸钠	1	2
硫酸钠	2	4
聚乙二醇	2.5	3.2
十二烷基硫酸钠	4	7

制备方法 将各组分原料混合均匀即可。

产品特性 本品具有优异的清洁能力、耐磨性，可高效去污，对木地板具有很好的保护作用。

配方 9 地板用清洗剂（5）

原料配比

原料	配比（质量份）	
	1#	2#
二甲基硅油	6	12
油酸	5	7
松香水	11	16
焦磷酸钾	7	9
月桂醇聚氧乙烯醚	6.2	8
羟基乙酸	9	14
氯化磷酸钠	1.2	2.8
焦磷酸钾	5.5	8
乙二醇	13	16
烷基酚聚氧乙烯醚聚氧丙烯醚	8.2	12
三乙醇胺	7	8
椰油酰胺丙基甜菜碱	4.5	10
亚硝酸钠	1.3	4
乙二胺四乙酸二钠	6	13
香料	0.5	3

制备方法 将各组分原料混合均匀即可。

产品特性 本品能够很好地清洗地板上的各种污垢，且具有一定的杀菌作用，同时不会影响地板的质量。

配方 10 地板用清洗剂（6）

原料配比

原料	配比（质量份）
椰油基羟乙基磺酸钠	10
壬基酚聚氧乙烯醚	5
油酸	2
三乙醇胺	2
松香水	30
乙二胺四乙酸	2
适量水	加至 100

制备方法 先将各原料混合，搅拌均匀，即得。

产品特性 本品能够清洁地板，环保性好，使用效果好且方便。

配方 **11** 地板用清洗剂（7）

原料配比

原料	配比（质量份）
椰油基羟乙基磺酸钠	10.00
壬基酚聚氧乙烯醚	5.00
牛脂酰胺	34.00
乙二胺四乙酸	2.00
水	加至100

制备方法 先将各原料混合，搅拌均匀，即得。

产品特性 本品能够清洁地板，环保性好，使用效果好且方便。

配方 **12** 地板用清洗剂（8）

原料配比

原料		配比（质量份）								
		1#	2#	3#	4#	5#	6#	7#	8#	9#
非离子表面活性剂	烷基糖苷	1	—	0.5	—	0.2	0.3	0.5	—	—
	Lutens0l XL 80	—	0.5	0.2	1	0.6	0.2	—	0.5	—
	AEO-9	—	—	—	—	—	—	0.5	—	—
	AEO-7	—	—	—	—	—	—	—	0.2	—
	Lutens0l TO-8	—	—	—	—	—	—	—	—	0.8
溶剂	异丙醇	2	—	1	—	—	1	—	—	—
	2-甲基-2,4-戊二醇	—	5	—	2	—	1	—	—	—
	丙二醇丁醚	—	—	1	—	1	0.5	—	—	—
	二丙二醇丁醚	—	—	—	—	—	—	1	0.5	—
	二丙二醇甲醚	—	—	1	2	1	0.5	—	—	—
	二丙二醇丙醚	—	—	—	—	—	—	—	0.5	0.5
	乙醇	—	—	—	—	—	—	3	—	—
	丙二醇丙醚	—	—	—	—	—	—	—	—	2
驱虫剂	对薄荷烷-3,8-二醇	0.2	0.3	0.5	0.4	0.2	0.4	0.2	0.5	0.2
	除臭剂	1	2	3	4	5	3	1	3	2

原料		配比（质量份）								
		1#	2#	3#	4#	5#	6#	7#	8#	9#
防腐剂	甲基异噻唑啉酮	0.0003	0.0003	0.0003	0.0003	0.0003	0.0003	0.0003	0.0003	0.0003
	5-氯-2-甲基-4-异噻唑啉-3-酮	0.0009	0.0009	0.0009	0.0009	0.0009	0.0009	0.0009	0.0009	0.0009
芳香剂	香精	适量	适量	适量	适量	适量	适量	适量	适量	适量
水		加至100	加至100	加至100	加至100	加至100	加至100	加至100	加至100	加至100

制备方法

（1）加入足量的水，开启搅拌和加热，加热至50～60℃，加入非离子表面活性剂，搅拌至完全溶解；

（2）保温，依次加入驱虫剂、除臭剂、溶剂，搅拌至完全溶解；

（3）降温至45℃以下，加入防腐剂、适量香精，继续降温至常温，即得地板清洗剂。

产品特性

（1）本品采用非离子表面活性剂复配溶剂，有效清洁污渍，其中溶剂能够增加对顽固污垢的渗透效果，提高体系的去污力。

（2）本品所选用的驱虫剂和除臭剂能够在具有表面活性剂的体系中稳定兼容，同时不仅起到应有的除臭和驱虫效果，而且两者起到协同作用，两者搭配使用时可在不添加抑菌剂的情况下达到意想不到的抑菌效果，并进一步提升地板清洗剂的驱虫、除臭、祛异味、抑菌的效果；而且配方体系温和，对人体无害，对环境安全。

配方 13 地板洗涤剂（1）

原料配比

原料	配比（质量份）		
	1#	2#	3#
月桂醇聚氧乙烯醚	1	3	2
焦磷酸钠	0.5	1	0.7
磷酸二氢钠	8	10	9
焦磷酸钾	3	5	4
烷基苯磺酸钠	10	15	12
二甲苯磺酸钠	3	5	4
聚乙烯醇	8	10	9
水	30	40	35

制备方法 将各原料混合搅拌均匀即可。

产品应用 本品主要应用于各种地板、家具以及门窗等木制品的洗涤。

产品特性 本品制作简单，成本低廉，去污能力强，可用于各种地板、家具以及门窗等木制品的洗涤，对木制品表面油漆无损伤。

配方 14 地板洗涤剂（2）

原料配比

原料	配比（质量份）
月桂醇聚氧乙烯醚	1～3
茶籽粉	0.5～1
磷酸二氢钠	8～10
焦磷酸钾	3～5
氯胺	2～4
碳酸氢钠	10～15
二甲苯磺酸钠	3～5
聚乙烯醇	8～10
香精	1～2
水	30～40

制备方法 将各原料混合搅拌均匀即可。

产品应用 本品主要应用于各种地板、家具以及门窗等木制品的清洗。

产品特性 本品的洗涤剂具有制作工艺简单、成本低廉、去污能力强的特点，对木制品表面油漆无损伤。

配方 15 地板洗涤剂（3）

原料配比

原料	配比（质量份）	
	1#	2#
C_{10}～C_{16}烷基葡萄糖苷	9	14
亚麻油	3	6
4A沸石	1.5	4
丁二酸二异辛酯磺酸钠	7	10
三丙二醇甲醚	2.2	4.9
三甲基丙烷	1.5	7
月桂醇聚乙烯醚	10	13
松香水	4	7
尼泊金丙酯	4.5	10
十二烷基甜菜碱	1.4	6
苯氧乙醇	1.2	2.5
香精	3	5
磷酸二氢钠	2	5.5
碳酸氢钠	4.5	8.3

制备方法　将各原料混合搅拌均匀即可。

产品特性　本品能够很好地清洗地板，同时抑制细菌的滋生，且没有刺激性气味，具有良好的综合使用性能。

配方　16　多功能地板清洗剂

原料配比

原料	配比（质量份）
羟基乙酸	5 ～ 10
十二烷基苯磺酸钠	5 ～ 10
十二烷基醚硫酸钠	5 ～ 10
硅酸铝镁	10 ～ 15
水	80 ～ 90

制备方法

（1）在反应釜里加入羟基乙酸5% ～ 10%与十二烷基苯磺酸钠5% ～ 10%，加热至50 ～ 70℃。

（2）取出冷却后，加入十二烷基醚硫酸钠5% ～ 10%与硅酸铝镁10% ～ 15%混合搅拌。

（3）加入水80% ～ 90%。

（4）加热至30℃恒温后过滤。

产品应用　本品是一种用于瓷砖或木地板的清洗剂。

产品特性　本品不腐蚀地板，具有环保高效的优点。

配方　17　复合木地板及地板砖用清洗剂

原料配比

原料	配比（质量份）		
	1#	2#	3#
香蕉水	5	10	15
乙二醇单丁醚	5	8	10
甘油	5	8	10
乙氧基化烷基硫酸钠	5	10	15
椰子油脂肪酸二乙醇酰胺	5	10	15
三聚磷酸钠	0.5	1	1.5
香精	0.01	0.05	—
水	100	100	100

制备方法

（1）向反应釜中加入水，加热至40～60℃；

（2）将香蕉水、乙二醇单丁醚、甘油、乙氧基化烷基硫酸钠、椰子油脂肪酸二乙醇酰胺、三聚磷酸钠加入反应釜中，加热至65～70℃，搅拌1～2h；

（3）调节溶液的pH至7～9；

（4）加入香精搅拌1h，冷却至1～10℃，灌装既得。

产品特性 本品清洗效果好，起效快，同时本品使用甘油和乙二醇单丁醚可以在地板表面形成一层保护膜，对地板进行保护，减少外界对地板的损害，延长地板使用寿命。

配方 18 复合木地板清洗剂

原料配比

原料	配比（质量份）		
	1#	2#	3#
十二烷基硫酸钠	3	6	5
N-月桂酰基肌氨酸钠	6	8	7
聚氧乙烯山梨醇单硬脂酸酯	4	8	6
硅酸铝镁	1	3	2
水	80	90	86

制备方法 按配比，将各组分混合，搅拌分散均匀后即可得成品。

产品特性

（1）本品具有良好的清洗效果，可以有效除去复合木地板表面的油渍及污渍等，不损伤木地板；

（2）制备工艺简单，成本低廉。

配方 19 用于木地板清洗的环保洗涤剂

原料配比

原料	配比（质量份）				
	1#	2#	3#	4#	5#
椰子油脂肪酸二乙醇酰胺	10	12	12	13	15
聚氧化乙烯烷基酚醚	8	5	10	8	7
五水偏硅酸钠	2	2.5	3	3	3.5
无患子皂苷	3.5	3	4	4	5
柚子油	1	1.5	0.5	1.5	2
滑石粉	1.5	2	1	2	2.5
水	200	210	220	230	240

制备方法　将适量水加入反应器中，升温至40～50℃，再加入椰子油脂肪酸二乙醇酰胺、聚氧化乙烯烷基酚醚、五水偏硅酸钠、无患子皂苷和滑石粉，在转速为500～1000r/min的条件下搅拌10～15min，再加入柚子油和剩余的水，搅拌均匀，即得洗涤剂。

产品特性

（1）本品各组分相容性好、配比合理，制成的洗涤剂的去污效果显著、无刺激性气味、环保无毒、无腐蚀性、成本较低。

（2）本品性质稳定，在使用过程中不出现分层现象，提高了去污效果。

（3）本品用量少、制备工艺简单、使用安全且方便，容易实现工业化生产。

配方　**20**　改良型地板清洗剂

原料配比

原料	配比（质量份）	
	1#	2#
月桂醇聚乙烯醚	3	6
三甲基丙烷	6	9
磷酸二氢钠	11	15
烷基苯磺酸钠	1.2	4
精制水	15	22
焦磷酸钾	3.5	6
氯化磷酸钠	9	12
异丙醇	1.2	3
山梨醇酐单硬脂酸酯	8	12
脱氢乙酸钠	7	10
十二烷基磺酸钠	9	12
过氧化氢	1	3
二氧化钛	3.2	6
柠檬汁	6	10
松香水	8	13
油酸	3.2	1

制备方法　将各组分原料混合均匀即可。

产品特性　本品能够强力去污，彻底清理各种污垢，同时能够增强地板亮度，且不会对地板造成伤害。

配方 21 高效去污地板清洗剂

原料配比

原料	配比（质量份）	
	1#	2#
甲酚	4	6
邻苯二甲酸二丁酯	3	7
椰油酰胺丙基甜菜碱	4	8
氢化蓖麻油	6	9
香料	5	10
聚苯乙烯乳液	12	17
碳酸钠	4	8
蜂蜡	6	7
DTPA 铁氨盐	1.5	2.3
杀菌药 B	2	4
桉叶油	3	5
香蕉水	8	14
乙氧基化烷基硫酸钠	7	12
香精	0.1	0.2
碳酸氢钠	20	24
脂肪醇聚氧乙烯醚	5	10

制备方法 将各组分原料混合均匀即可。

产品特性 本品具有良好的去污功效、抑菌效果，可增加地板的光泽，有效防止地板老化，延长地板的寿命。

配方 22 简单实用的地板清洗剂

原料配比

原料	配比（质量份）		
	1#	2#	3#
脂肪酰二乙醇胺	50	43	32
二甲基硅油	33	27	21
烃基乙酸	19	15	12
月桂醇聚乙烯醚	10	8	5
乙二醇酚醚	10	9	8
二聚乙二醇单乙醚	12	9	6
三甲基丙烷	7	5	3

原料	配比（质量份）		
	1#	2#	3#
氯化磷酸钠	6	4	2
焦磷酸钠	11	8	5
蜂蜡	19	17	15
松节油	17	12	8
松香水	14	12	10

制备方法 将各组分原料混合均匀即可。

产品特性 本品清洁效果好，处理污渍、细菌的同时可以对地板起到增亮、保护的双重作用，而且还能起到防滑打蜡的效果。

配方 23 木地板高效去污清洗剂

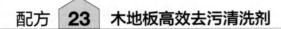

原料配比

原料		配比（质量份）		
		1#	2#	3#
硅灰石		0.8	2.5	1.7
膨胀蛭石		1.0	2.4	1.8
钛白粉		0.1	0.5	0.3
氢氧化铝		0.3	0.8	0.5
沸石粉		0.5	1.5	1.2
超细硅酸铝		0.2	0.5	0.3
焦磷酸钾		17	22	19
松香水		14	32	17
脂肪酰二乙醇胺		12	28	15
油酸		10	20	2
巴西棕榈蜡		11	19	3
烷基苯磺酸钠		21	27	22
羧甲基纤维素		22	34	23
乳化剂	烷基酚聚氧乙烯醚	3	—	—
	山梨糖醇酐单油酸酯	—	8	—
	壬基酚聚氧乙烯醚	—	—	4
水		60	110	100

制备方法

（1）取硅灰石、膨胀蛭石、钛白粉、氢氧化铝、沸石粉和超细硅酸铝放入煅烧模具中，置于高温炉中进行高温高压煅烧，煅烧时间为2～5h，冷却后研磨至平均粒径为100 ～ 300nm，得到纳米磨料；高温高压煅烧的温度为900 ～ 1050℃，高温高压煅烧的压力为200 ～ 350MPa。

（2）将纳米磨料、焦磷酸钾、松香水、脂肪酰二乙醇胺、油酸、巴西棕榈蜡、烷基苯磺酸钠、羧甲基纤维素、乳化剂、水混合均匀，静置即可。

产品特性　本品可以快速高效地去除木地板表面的顽固污渍，达到理想的清洁保洁效果。

配方 24　木地板绿色环保清洗剂

原料配比

原料		配比（质量份）		
		1#	2#	3#
磷灰石		1.2	0.3	0.8
膨润土		1.2	0.5	0.9
多孔粉石英		2.5	0.8	1.5
纳米氧化锌		0.9	0.5	0.7
凹凸棒石粉		1.9	1.2	1.7
玻璃纤维		0.6	0.2	0.5
氯化钾		21	11	13
三乙醇胺		30	19	21
烃基乙酸		28	15	17
硬脂酸		20	10	12
苯并三氮唑		19	14	16
纳米微晶蜡		22	14	15
二聚乙二醇单乙醚		38	17	21
发泡剂	脂肪醇聚氧乙烯醚硫酸钠	5	—	—
	十二烷基硫酸钠	—	2	3
水		90	60	85

制备方法

（1）按质量份数计，取磷灰石0.3 ～ 1.2份、膨润土0.5 ～ 1.2份、多孔粉石英0.8 ～ 2.5份、纳米氧化锌0.5 ～ 0.9份、凹凸棒石粉1.2 ～ 1.9份和玻璃纤维0.2 ～ 0.6份放入煅烧模具中，置于高温炉中进行高温高压煅烧，煅烧时间为2 ～ 5h，冷却后研磨至平均粒径为100 ～ 300nm，得到纳米磨料；高温高压煅烧的温度为950 ～ 1250℃，高温高压煅烧的压力为350 ～ 450MPa。

（2）按质量份数计，将纳米磨料、氯化钾11 ～ 21份、三乙醇胺19 ～ 30份、烃基乙酸15 ～ 28份、硬脂酸10 ～ 20份、苯并三氮唑14 ～ 19份、纳米微晶蜡14 ～ 22份、二聚乙二醇单乙醚17～38份、发泡剂2～5份、水60～90份混合均匀，静置即可。

产品特性 本品是一种以高效和环保为主的水系清洗剂，通过加入纳米磨料提高去污能力，调整其他组分以使清洗剂除了具有优良的清洁效果之外还更加环保，对环境无害。

配方 25 木地板增亮清洗剂

原料配比

原料		配比（质量份）		
		1#	2#	3#
钛白粉		0.3	0.8	0.5
硅藻石		0.3	0.9	0.7
石墨		0.8	1.5	1.1
纳米氧化锌		0.4	0.8	0.7
蒙脱土		0.6	2.2	1.7
硫酸钙		1.2	2.5	2.2
十二烷基硫酸钠		16	29	18
聚苯乙烯乳液		11	35	22
山梨醇酐单硬脂酸酯		17	26	19
羟基亚乙基二膦酸		14	28	18
石蜡		11	18	12
白油		9	21	14
特丁基对苯二酚		10	22	15
降凝剂	烷基萘	3	7	—
	聚丙烯酸酯	—	—	5
精制水		70	120	110

制备方法

（1）按质量份数计，取钛白粉0.3～0.8份、硅藻石0.3～0.9份、石墨0.8～1.5份、纳米氧化锌0.4～0.8份、蒙脱土0.6～2.2份和硫酸钙1.2～2.5份放入煅烧模具中，置于高温炉中进行高温高压煅烧，煅烧时间为2～5h，冷却后研磨至平均粒径为100～300nm，得到纳米磨料；高温高压煅烧的温度为1050～1250℃，高温高压煅烧的压力为300～450MPa。

（2）按质量份数计，将纳米磨料、十二烷基硫酸钠16～29份、聚苯乙烯乳液11～35份、山梨醇酐单硬脂酸酯17～26份、羟基亚乙基二膦酸14～28份、石蜡11～18份、白油9～21份、特丁基对苯二酚10～22份、降凝剂3～7份、精制水70～120份混合均匀，静置即可。

产品特性 本品通过超强的清洁能力，去除木地板上顽固的污渍和油渍，从而达到避免木地板黯淡无光、保护木地板的更好的使用效果。

配方 26 木地板长效抑菌清洗剂

原料配比

原料		配比（质量份）		
		1#	2#	3#
氢氧化镁		0.2	0.8	0.5
滑石粉		0.5	1.5	0.9
石棉		0.3	1.2	0.8
高岭土		1.2	2.4	1.8
二氧化硅		0.1	0.4	0.2
硫酸钙		0.5	1.3	0.8
硅酸铝镁		18	32	24
聚乙烯醇		17	25	21
乙二胺四乙酸二钠		26	31	28
氢化蓖麻油		11	21	13
丙三醇		21	30	22
微晶蜡		15	23	16
壬基酚聚氧乙烯醚		13	35	15
降凝剂	烷基萘	2	5	—
	聚丙烯酸酯	—	—	4
水		50	100	99

制备方法

（1）按质量份数计，取氢氧化镁0.2～0.8份、滑石粉0.5～1.5份、石棉0.3～1.2份、高岭土1.2～2.4份、二氧化硅0.1～0.4份和硫酸钙0.5～1.3份放入煅烧模具中，置于高温炉中进行高温高压煅烧，煅烧时间为2～5h，冷却后研磨至平均粒径为100～300nm，得到纳米磨料；高温高压煅烧的温度为850～1150℃，高温高压煅烧的压力为300～500MPa。

（2）按质量份数计，将纳米磨料、硅酸铝镁18～32份、聚乙烯醇17～25份、乙二胺四乙酸二钠26～31份、氢化蓖麻油11～21份、丙三醇21～30份、微晶蜡15～23份、壬基酚聚氧乙烯醚13～35份、降凝剂2～5份、水50～100份混合均匀，静置即可。

产品特性 本品采用水系清洗剂工艺，加入纳米磨料，以快速有效去除地板表面顽固污渍，更快完成木地板的清理工作，避免清洗剂对木地板造成侵蚀。

配方 27 木质地板用抗菌清洗剂

原料配比

原料	配比（质量份）	
	1#	2#
碳酸氢钠	13	14
纳米微晶蜡	78	8
碳酸钠	17	18
琥珀酸	18	18
椰子油基二乙醇胺	13	14
柠檬酸钠	3.5	4
2,5-己二酮	4	5
乙二醛	6	6
五水硅酸钠	4	3
双十烷基二甲基氯化铵	7	4
辅料	4.5	3
表面活性剂	3	3
软水	加至100	加至100

制备方法 将各组分原料混合均匀即可。

原料介绍 所述辅料为色料、香料等。

产品特性 本品可快速去除木质地板或其他木质家具表面灰尘，提高地板表面亮度，保护地板表面颜色，防止木质地板产生的细菌破坏地板质量，延长地板的使用寿命并且对人体无任何伤害。

配方 28 杀菌养护地板清洗剂

原料配比

原料	配比（质量份）		
	1#	2#	3#
乙醇	25	35	30
椰子油脂肪酸二乙醇酰胺	10	18	15
微晶蜡	10	15	12
琥珀酸	5	10	8
柠檬酸钠	10	12	11
二癸基二甲基氯化铵	4	6	5
辛基酚聚氧乙烯醚	5	8	7
天然植物香精	15	20	18
松香	25	30	28
明矾	5	10	8
水	45	55	50

制备方法 将各组分原料混合均匀即可。

产品特性 本品采用安全无毒的原料作为配方,成分结构合理,去污效果好,使用后没有化学物质残留,在去污的同时可以养护地板,使地板使用寿命延长,同时本品的地板清洗剂中含有杀菌成分,可以有效抑菌,防止细菌滋生,安全环保。

配方 29 实木地板清洗剂

原料配比

原料	配比(质量份)		
	1#	2#	3#
十二烷基苯磺酸钠	3	6	5
十二烷基醚硫酸钠	2	4	3
二甲苯磺酸钠	1	3	2
脂肪醇聚氧乙烯醚	6	8	7
月桂酸二乙醇酰胺	1	3	2
乙二胺四乙酸二钠	0.2	0.6	0.4
水	80	100	90

制备方法 按配比,将各组分混合,搅拌分散均匀后即可得成品。

产品特性

(1)本品具有良好的清洗效果,可以有效除去木地板表面的油渍及污渍等,不损伤木地板;

(2)制备工艺简单,成本低廉。

配方 30 水基清洗剂

原料配比

原料		配比/(g/L)		
		1#	2#	3#
非离子乳化剂	脂肪醇聚氧乙烯醚	100	—	—
	辛基酚聚氧乙烯醚	—	65	—
	壬基酚聚氧乙烯醚	—	—	18
非离子渗透剂	JFC	80	56	26
石油醚		6	15	32
异丙醇		50	10	6
乙二醇乙醚		50	10	5
丙二醇丙醚		20	10	7

原料		配比 /（g/L）		
		1#	2#	3#
三乙醇胺		30	5	5
偏硅酸钠	无水偏硅酸钠	10	1.5	1
柠檬酸氢二钠		2	1	5
甜橙油		0.1	0.2	1.5
薄荷油		0.2	1.5	1
消泡剂		0.2	0.2	0.2
卡松		0.1	0.5	2
自来水		加至1L	加至1L	加至1L

制备方法　在约700mL自来水中加入三乙醇胺、柠檬酸氢二钠、无水偏硅酸钠、消泡剂，并搅拌溶解，再边搅拌边加入非离子乳化剂、非离子渗透剂、异丙醇、乙二醇乙醚、丙二醇丙醚溶液，然后边搅拌边加入石油醚，再加入卡松、甜橙油、薄荷油并充分搅拌溶解至溶液透明，补充自来水至1L，搅拌均匀，即成。

原料介绍　所述消泡剂为消泡王。

产品应用　本品主要应用于地板、家具、门窗、厨房抽油烟机等的清洗。

使用方法：清洗台面、门窗、家具时，用布擦洗，或喷淋后用布擦净清洗剂。清洗地板时，根据被清洗表面的油污多少用自来水或与自来水水质相当的井水、河水按0.5%～100%稀释，将稀释后的清洗剂喷洒于油污处或浸湿布、拖把，用湿布、拖把擦净清洗剂。清洗厨房的抽油烟机时，借助喷嘴将清洗剂形成雾状，雾状清洗剂借助抽油烟机所抽空气，沿油污运行线路运送到抽油烟机中各表面清洗油污，溶解了油污的清洗剂在重力的作用下通过抽油烟机的油污收集处排出。

产品特性　本品去污能力强，清洗效果好。

配方 31　天然配方多效清洗组合物

原料配比

原料		配比（质量份）							
		1#	2#	3#	4#	5#	6#	7#	8#
表面活性剂	二（辛氨基乙基）甘氨酸钠	1	—	—	—	—	—	—	—
	椰油酰谷氨酸钠	—	10	5	—	—	—	—	—
	卵磷脂、烷基糖苷和月桂醇醚硫酸盐以质量比为1:1:1的组合	—	—	—	5	—	—	—	—
	月桂醇醚磷酸酯盐、椰油酰二乙醇胺和异构醇醚以质量比为1:1:1组合	—	—	—	—	5	—	—	—

原料		配比（质量份）							
		1#	2#	3#	4#	5#	6#	7#	8#
表面活性剂	月桂酰肌氨酸钠、卵磷脂与椰油酰二乙醇胺复配（N-酰基氨基酸盐型表面活性剂的质量分数为50%，卵磷脂的质量分数为6%）	—	—	—	—	—	5	—	—
	椰油酰甘氨酸钾、卵磷脂与月桂醇醚硫酸盐复配而成，（N-酰基氨基酸盐型表面活性剂的质量分数为80%，卵磷脂的质量分数为2%）	—	—	—	—	—	—	5	—
	月桂酰肌氨酸钠、卵磷脂与椰油酰二乙醇胺复配（椰油酰谷氨酸钠的质量分数为65%，卵磷脂的质量分数为4%）	—	—	—	—	—	—	—	5
香精	橘子皮提取液	—	5	3	3	3	3	3	3
防腐剂	乳酸钠	2	—	—	—	—	—	—	—
	牛脂脂肪酸和羟甲基甘氨酸钠	—	0.01	—	—	—	—	—	—
	羟甲基甘氨酸钠	—	—	1	1	1	—	—	—
	柠檬酸钠	—	2	—	—	—	—	—	—
	羟甲基甘氨酸钠和乳酸钠组合（乳酸钠的质量分数为55%）	—	—	—	—	—	1	—	—
	羟甲基甘氨酸钠和乳酸钠组合（乳酸钠的质量分数为75%）	—	—	—	—	—	—	1	—
	羟甲基甘氨酸钠和乳酸钠组合（乳酸钠的质量分数为65%）	—	—	—	—	—	—	—	1
增稠剂	明胶	—	—	1	1	1	1	1	1
水		100	10	100	100	100	100	100	100

制备方法 将各组分原料混合均匀即可。

产品应用 本品主要用于地板、地砖、厨房重油污设备等的清洗。

产品特性 本品去污力强且对皮肤伤害小，生物降解性好，属于绿色环保产品。

配方 32 木质地板用清洗剂

原料配比

原料		配比（质量份）
挥发性溶剂	丙酮	8
微晶蜡		4
皂化剂		2.5
抗菌剂	二癸基二甲基氯化铵	4

原料		配比（质量份）
表面活性剂	壬基酚聚氧乙烯醚	6
辅料	天然植物香精	2.5
水		加至100
皂化剂	氢氧化钠	2
	硫酸钠	1

制备方法

（1）融合处理，过程如下：首先，将微晶蜡放入搅拌桶，并添加挥发性溶剂，充分搅拌，搅拌桶温度控制在25℃左右；然后，添加皂化剂、表面活性剂以及适量的水，水含量约为其总量的10%，搅拌桶转速控制在400r/min，搅拌桶温度维持不变，处理35min；最后，进行静置过滤处理，撇去上层油液，剩余的溶液即为清洗剂浓缩液。

（2）搅拌稀释处理，过程如下：首先，在步骤（1）制得的清洗剂浓缩液中添加剩余的水以及抗菌剂，在室温下搅拌20min，搅拌桶转速控制在220r/min；然后，进行静置处理，再次撇去上层油液，制得半成品溶液。

（3）成品定型处理如下：在步骤（2）配制的半成品溶液中添加适量的辅料，充分搅拌，可适当加热，冷却至室温后即为成品。

（4）后处理工艺包括质量检测、灌装、包装以及成品堆砌等。

产品应用　本品是一种清洗、养护功能显著，且使用后无化学残留的新型木质地板用清洗剂。

产品特性　该清洗剂成分配制合理，具有良好的清洗和养护功效，且使用后地板表面无化学残留，有效地确保了地板的使用寿命，更利于人们的身体健康。

配方 33 易清洗的地板洗涤剂

原料配比

原料	配比（质量份）	
	1#	2#
月桂醇聚氧乙烯醚	6	11
二甲苯磺酸钠	7	10
邻苯二甲醚	1.5	2.3
邻甲基苯乙酸	4	6
尼泊金乙酯	1	4
二甲基硅油	12	17
油酸	2.4	5

原料	配比（质量份）	
	1#	2#
硅酸钾	8	11
二乙烯三胺五乙酸铁 - 钠络合物	3	5
甲基异噻唑啉酮	0.5	1.2
月桂酰胺基丙基甜菜碱	8	13
三乙醇胺	3	8
45% 甲醇	2.3	5
柠檬酸	3.2	5.4
乙二醇单丁醚	1.3	2.7

制备方法 将各组分原料混合均匀即可。

产品特性 本品能够深层清洗地板内的各种污渍，且低泡沫、易清洗，同时具有很好的芳香气味，不具有刺激性。

配方 **34** 用于木地板清洗的环保洗涤剂

原料配比

原料	配比（质量份）					
	1#	2#	3#	4#	5#	6#
椰子油脂肪酸二乙醇酰胺	10	12	12	13	15	12
聚氧化乙烯烷基酚醚	8	5	10	8	7	12
五水偏硅酸钠	2	2.5	3	3	3.5	4
无患子皂苷	3.5	3	4	4	5	4.5
柚子油	1	1.5	0.5	1.5	2	1
滑石粉	1.5	2	1	2	2.5	3
水	200	210	220	230	240	250

制备方法 将适量水加入反应器中，升温至40 ～ 50℃，再加入椰子油脂肪酸二乙醇酰胺、聚氧化乙烯烷基酚醚、五水偏硅酸钠、无患子皂苷和滑石粉，在转速为500 ～ 1000r/min的条件下搅拌10 ～ 15min，再加入柚子油和剩余的水，搅拌均匀，即得洗涤剂。

产品特性

（1）本品各组分相容性好、配比合理，制成的洗涤剂的去污效果显著、无刺激性气味、环保无毒、无腐蚀性、成本较低等。

（2）本品性质稳定，在使用过程中不出现分层现象，提高了去污效果。

（3）本品用量少、制备工艺简单、使用安全且方便。

配方 35 竹地板清洗剂

原料配比

原料	配比（质量份）		
	1#	2#	3#
十二烷基硫酸钠	3	6	5
羧甲基纤维素	0.3	0.5	0.4
硫酸钠	1	3	2
脂肪醇聚氧乙烯醚	6	12	8
水	80	100	90
碳酸氢钠	1	3	2
聚乙二醇	3	5	4
聚丙烯酸钠	4	8	6

制备方法 按配比，将各组分混合，搅拌分散均匀后即可得成品。

产品特性

（1）本品具有良好的清洁功效，能有效除去竹地板表面的油渍、铁锈等；

（2）本品制备工艺简单，成本低廉。

配方 36 易清洗的地板洗涤剂

原料配比

原料	配比（质量份）	
	1#	2#
月桂醇聚氧乙烯醚	6	11
二甲苯磺酸钠	7	10
邻苯二甲醚	1.5	2.3
邻甲基苯乙酸	4	6
尼泊金乙酯	1	4
二甲基硅油	12	17
油酸	2.4	5
硅酸钾	8	11
二乙烯三胺五乙酸铁-钠络合物	3	5
甲基异噻唑啉酮	0.5	1.2
月桂酰胺基丙基甜菜碱	8	13
三乙醇胺	3	8
45% 甲醇	2.3	5
柠檬酸	3.2	5.4
乙二醇单丁醚	1.3	2.7

制备方法 将各组分混合均匀即可。

产品特性 本品能够深层清洗地板内的各种污渍，且低泡沫、易清洗，同时具有很好的芳香气味，不具有刺激性。

配方 37 复合木地板及地板砖用清洗剂

原料配比

原料	配比（质量份）		
	1#	2#	3#
香蕉水	5	10	15
乙二醇单丁醚	5	8	10
甘油	5	8	10
乙氧基化烷基硫酸钠	5	10	15
椰子油脂肪酸二乙醇酰胺	5	10	15
三聚磷酸钠	0.5	1	1.5
香精	0.01	0.05	—
水	100	100	100

制备方法

（1）向第一反应釜中加入水，加热至40～60℃；

（2）将5～15份的香蕉水、5～10份乙二醇单丁醚、5～10份甘油、5～15份的乙氧基化烷基硫酸钠、5～15份的椰子油脂肪酸二乙醇酰胺、0.5～1.5份的三聚磷酸钠加入第一反应釜中，加热至65～70℃，搅拌1～2h；

（3）调节第一反应釜中溶液的pH至7～9；

（4）将第一反应釜中的溶液注入第二反应釜中，加入0～0.05份香精搅拌1h，冷却至1～10℃，灌装即得。

产品特性 本品采用物理复配法制造，制造工艺简单、环保无公害且能够保持空气清新，同时采用的组分成本较低，而且适用范围广，可以对复合木地板与各种地板砖使用，清洗效果好，起效快，从操作开始到起效果用时5min左右，同时本品使用甘油和乙二醇单丁醚可以在地板表面形成一层保护膜，对地板进行保护，减少外界对地板的损害，延长地板使用寿命。

10 其他洗涤剂

配方 1 环保易降解洗涤剂

原料配比

原料	配比（质量份）				
	1#	2#	3#	4#	5#
月桂酸二乙醇酰胺	20	35	23	32	25
琥珀酸二酯磺酸钠	8	18	10	16	12
三氯乙烷	12	22	15	20	17
焦磷酸钠	4	10	5	9	6
乳酸	5	12	7	10	8
乙酸丁酯	8	15	9	13	10
油酸	5	10	6	9	7
三甘醇	30	50	35	45	38
丙烯酸	6	13	7	12	8
水	250	350	270	320	280

制备方法 先将水和焦磷酸钠加入反应釜内，搅拌20～40min，使焦磷酸钠全部溶解，再加入三氯乙烷、乳酸、乙酸丁酯、油酸、三甘醇和丙烯酸，继续搅拌20～40min，最后加入月桂酸二乙醇酰胺和琥珀酸二酯磺酸钠，搅拌2～3h，即得成品。

产品应用 本品主要用于去除各种硬表面上的污垢。

产品特性 本品洗涤效率高，生物降解性能好，并且能够轻松、快速地除去重垢，环保节能。

配方 2 瓷砖洗涤剂

原料配比

原料	配比（质量份）		
	1#	2#	3#
烷基苯磺酸钠	36	20	28
脂肪醇聚氧乙烯醚	1	10	5.5
橄榄油脂肪酸	3	10	6.5
氯化钠	17	26	21.5
洋槐提取精华	5	12	8.5
柠檬酸钠	20	12	16
去离子水	加至100	加至100	加至100

制备方法 将各原料混合搅拌均匀即可。

产品特性 本品洗涤效果好，具有增白、增加光滑度的作用。

配方 3 家具洗涤剂

原料配比

原料	配比（质量份）		
	1#	2#	3#
十二烷基苯磺酸钠	5	10	7
碳酸钠	20	40	30
氯化钠	8	15	11
硫酸钠	8	15	11
三聚磷酸钠	15	25	20
焦磷酸四钠	8	15	11
二甲苯磺酸钠	5	10	7
香精	1	3	2
水	50	60	55

制备方法 将各原料放入水中混合均匀即可。

产品特性 本品去污能力强，对家具油漆膜无任何破坏作用，且能使油漆膜面光亮，起保护作用。

配方 4 具有抗菌性能的毛毡专用洗涤剂

原料配比

原料	配比（质量份）		
	1#	2#	3#
烷基酚聚氧乙烯醚	15～18	10～12	20～25
棕榈类阳离子酯基季铵盐	—	5～7	5～10
氨基磺酸	0.5～1	0.5～1	2
螯合剂	0.5	0.5	1
聚六亚甲基胍	2	2	5
去离子水	加至100	加至100	加至100

制备方法

（1）将去离子水加热至35～45℃时，加入配方比例的表面活性剂，得到混合溶液A；

（2）将配方比例的氨基磺酸加入至混合溶液A中，乳化均匀后得到混合溶液B；

（3）将配方比例的杀菌剂、螯合剂加入至混合溶液B中，搅拌均匀后得到所述的一种具有抗菌性能的毛毡专用洗涤剂。

原料介绍　优选的表面活性剂为非离子表面活性剂或阳离子表面活性剂，或者这两类表面活性剂的组合物。非离子表面活性剂可以选用烷基酚聚氧乙烯醚，阳离子表面活性剂可以选用棕榈类阳离子酯基季铵盐。

优选的杀菌剂为聚六亚甲基胍。

产品应用　本品使用方法为：从毛毡下部连续地或者间歇地喷洒，或者用冷水浸泡后轻柔洗涤。

产品特性　本品去污力强、泡沫少、易漂洗，同时不含碱性成分，对毛毡无损伤，清洗效果好，同时具有杀菌、抗菌性能，可有效延长毛毡使用寿命。

配方 5　口香糖渍洗涤剂

原料配比

原料	配比（质量份）		
	1#	2#	3#
仲烷基磺酸盐	5	10	15
烷基羧酸盐	2.5	5	7.5
蔗糖脂肪酸酯	15	20	25
酒精	7	10	13
香精	0.05	0.1	0.15
防腐剂	0.05	0.1	0.15
矿物质水	加至 100	加至 100	加至 100

制备方法

（1）将矿物质水加入反应釜中，加热至30～40℃，放入仲烷基磺酸盐、烷基羧酸盐和蔗糖脂肪酸酯，搅拌均匀；

（2）将上述溶液冷却，分别加入配比量的酒精、香精和防腐剂；

（3）检验合格后，封装。

原料介绍　本洗涤剂由表面活性剂、溶剂、渗透剂和无机盐组成，表面活性剂为阴离子表面活性剂和非离子表面活性剂，所说的非离子表面活性剂选用蔗糖脂肪酸酯，所说的阴离子表面活性剂选用仲烷基磺酸盐。表面活性剂的渗透和润湿作用能使黏性十足的口香糖渍被"包围"起来，能切断口香糖渍与被污染物的直接接触，从而达到去除口香糖渍的目的。

另外，考虑到口香糖渍污染在硬表面上使表面活性剂的渗透较为困难这一情况，本品通过添加适量的渗透剂，使表面活性剂快速渗透到污渍与被污染物之间的接触面，以利于污渍与被污染物的脱离，渗透剂为乙醇。其渗透作用主要表现在两个方面：其一，它本身具有较低的表面张力，较低的表面张力意味着它具有很好的渗透作用；其二，它对醋酸乙烯类的高分子树脂具有一定的溶解作用，这种溶解作用改变了口香糖渍的表面性质，不仅消除了口香糖渍的黏性，使其易于去除，而且随着口香糖渍表面的溶解，口香糖渍对被污染物表面的黏附力不断减弱，这样，必然加速界面间的渗透作用的进行，这种作用不断进行，最终使得口香糖渍可以轻易地被去除。

产品特性

（1）本洗涤剂具有对口香糖渍良好的去除效果，使用方便（只需轻轻一喷），且整个过程省时、省力，又能彻底去渍，大大降低了去渍的难度；

（2）本品具有显著的抗再污染性能，恢复黏性的时间长达120min，甚至更长；

（3）本品具有优良的生物降解性，它不含磷等不利于环境的成分，不会对环境造成任何危害。

配方 6 去除油漆洗涤剂

原料配比

原料	配比（质量份）		
	1#	2#	3#
碱液	30	40	35
甘油	10	6	8
十二烷基磷酸酯盐	3	6	4.5
羧甲基纤维素	10	6	8
香精	1	2	1.5
失水山梨醇三硬脂酸酯	5	3	4
水	20	40	30

制备方法　将各原料混合搅拌均匀即可。
产品特性　本品成分简单，刺激性小，不伤害衣物。

配方 7 水壶水垢洗涤剂

原料配比

原料	配比（质量份）		
	1#	2#	3#
氨基磺酸	4	6	8
烷基芳基三甲基氯化铵	4	6	8
白陶土	5	6	7
正己烷	4	5	6
环烷酸锰	6	7	8
蒸馏水	50	55	60

制备方法　将各原料混合搅拌均匀即可。

产品特性　本品能很好地清除附着在水壶内壁上的水垢，弥补了一般洗涤剂的不足。

配方　**8**　铜器洗涤剂

原料配比

原料	配比（质量份）		
	1#	2#	3#
甲基纤维素	6	9	12
羟基醋酸	5	6	7
硝基乙烷	4	5	6
水玻璃	2	3	4
三乙醇胺	5	6	7
邻甲酚	4	6	8
环己醇	1	1.5	2
水	20	25	30

制备方法　将各原料混合搅拌均匀即可。

产品特性　本品可以使铜器表面光亮，不损伤铜器，还能在铜的表面留有一层保护膜。

配方　**9**　铜饰洗涤剂

原料配比

原料	配比（质量份）			
	1#	2#	3#	4#
油酸钠	1	2.5	1	2.5
三乙醇胺	8	11	8	11
聚丙烯酸	2	5	2	5
表面活性剂	0.5	0.5	0.5	0.5
煤油	12	15	12	15
四氯化碳	20	25	20	25
水	80	90	80	90

制备方法

（1）将水加入到反应釜中，搅拌下加入油酸钠、三乙醇胺、聚丙烯酸、煤油和四氯化碳，在常温常压条件下搅拌均匀，得到混合液，备用；

（2）在步骤（1）得到的混合液中加入表面活性剂，在常温常压下搅拌混合均匀，得到本铜饰洗涤剂。

产品特性　本品对于铜饰上积留的油污以及其他脏污有较强的清除能力，同时对镶嵌在其上珠宝的色泽、纯度等不会产生损害。

配方 10 家庭卫生洗涤剂

原料配比

原料	配比（质量份）		
	1#	2#	3#
丙烯酸	12	18	16
乙醇	20	21	20.5
氧化铝	2	6	3
氧化锌	31	38	36
氧化亚铜	1	8	7
氟哌酸	1	3	2
水	适量	适量	适量

制备方法

（1）将丙烯酸和乙醇，在碱性条件下混合溶解。

（2）氧化铝加水至1L，制得铝盐水溶液，氧化锌加水至0.5L制成锌盐水溶液，氧化亚铜加水至0.3L制成铜盐水溶液。

（3）丙烯酸和乙醇的混合溶液经过预处理，放在反应釜中，在搅拌下将配制好的铜盐水溶液与上述配制好的锌盐和铝盐水溶液共同加入反应釜中，在50℃加热发生共沉淀反应。

（4）控制流速使pH值为8，当全釜溶液的pH值为8时，继续搅拌沉淀12h，冷却干燥，制成滤饼。

（5）在滤饼中加入其质量1000倍的水和氟哌酸进行溶解，得到洗涤剂。

产品特性　本品洗涤剂安全环保，无有毒化学品残留，适合家庭广泛使用。

配方 11 日用洗涤剂

原料配比

原料	配比（质量份）		
	1#	2#	3#
香蕉秆粉末	8	5	10
羧甲基纤维素	14	12	16
十二烷基苯磺酸钠盐	17	16	22

原料	配比（质量份）		
	1#	2#	3#
仲烷基磺酸钠和 α-烯基磺酸钠的混合物	11	10	13
柠檬酸钠	20	13	21
葡聚糖酶	1.5	1	2
甘油	18	14	22
去离子水	17	15	20

制备方法　将各原料混合搅拌均匀即可。

原料介绍　仲烷基磺酸钠和 α-烯基磺酸钠的混合物由1.2份仲烷基磺酸钠和2.5份 α-烯基磺酸钠混合而成。

产品特性　本品性能稳定、洗涤效果优异，同时安全环保，可满足各种需求。

配方 **12** 消毒洗涤剂

原料配比

原料	配比（质量份）	
	1#	2#
聚山梨酯类	9	15
三氯羟基二苯醚	4	11
α-烯基磺酸钠	5	10
丙烯酸乙酯	3	9
硅酸钠盐	2	8
果胶酶	1	5
焦磷酸钾	6	10
脂肪醇聚氧乙烯醚硫酸铵	8	13
丙二醇	3	6
柠檬酸钠	7	11
香精	1	3
草木樨	8	14
去离子水	65	65

制备方法　将各原料混合搅拌均匀即可。

产品应用　本品主要用作日用洗涤剂。

产品特性　本品具有洗涤和消毒的双重作用，提高了洗涤的效果，同时减少了资源的浪费。

原料配比

皮革免洗洗涤剂

原料	配比（质量份）			
	1#	2#	3#	4#
二氟四氯乙烷	345	367	355	365
异丙醇	35	45	40	52
硝基甲烷	32	45	37	45
尼泊金甲酯	0.6	—	1	—
尼泊金丙酯	0.4	—	0.5	—
尼泊金乙酯	—	2	—	1.2
丙二醇	10	40	15	20
蒸馏水	77	1	51.5	16.8

网面免洗洗涤剂

原料	配比（质量份）			
	1#	2#	3#	4#
仲醇聚氧乙烯醚	10	35	20	12
脂肪醇聚氧乙烯醚（$n=3$）	10	—	8	16
脂肪醇聚氧乙烯醚（$n=7$）	—	35	8	10
椰油酰胺丙基氧化铵（CAO-30）	5	25	12	18
三甘醇	15	35	24	20
辛醇	2	10	8	6
三氟三氯乙烷	42	60	48	55
丙二醇	55	—	30	40
丁醚	—	86	36	30
三乙醇胺	1	6	5	4
轻度氯化石蜡（含氯 1%）	3	8	5	6
尼泊金甲酯	0.5	—	0.8	—
尼泊金丙酯	0.5	—	0.4	—
尼泊金乙酯	—	2	—	1.5
蒸馏水	365	198	284.8	281.5

制备方法

所述的皮革免洗洗涤剂制备方法如下：

（1）将防腐剂尼泊金酯和异丙醇、丙二醇混合；

（2）将蒸馏水加入步骤（1）中的混合溶液，混合均匀；

（3）将硝基甲烷加入步骤（2）得到的混合溶液中，搅拌溶解；

（4）将二氟四氯乙烷加入步骤（3）得到的混合溶液中，混合均匀即为成品。

所述的网面免洗洗涤剂制备方法如下：

（1）将三甘醇、辛醇、三氟三氯乙烷和极性溶剂丙二醇、丁醚混合；

（2）将轻度氯化石蜡和防腐剂尼泊金酯加入步骤（1）中的混合溶液；

（3）将仲醇聚氧乙烯醚、脂肪醇聚氧乙烯醚、椰油酰胺丙基氧化铵加入步骤（3）得到的溶液中，搅拌均匀；

（4）将蒸馏水加入步骤（3）得到的混合溶液中，搅拌均匀；

（5）用三乙醇胺调节步骤（4）得到的溶液的pH到8，即为成品。

产品特性

（1）本品使用方便，去污力好。

（2）本品的皮革免洗洗涤剂为透明的液体，能迅速地去除皮革制品表面的油污及水溶性污垢，并能增加皮革的柔软性，保护皮革，增强其光泽度。

（3）本品的网面免洗洗涤剂为透明液体，去油污快，不损伤织物，具有挥发性，洗后不用漂洗，不留水痕和油迹。

配方 14 长效的消毒洗涤剂

原料配比

原料	配比（质量份）	
	1#	2#
柠檬酸钾	5	10
乙醇	2	5
十八烷基二羟乙基氧化铵	5	13
脂肪醇聚氧乙烯醚	5	9
三乙醇胺	1	5
薄荷醇	5	10
戊二醛	3	10
氨基磺酸	4	10
氯胺	2	6
甘油	5	11
甲基含氢硅油	6	10
环氧乙烷	2	7
乙酸戊酯	5	11
水	55	55

制备方法 将各原料混合搅拌均匀即可。

产品应用 本品主要用作日用消毒洗涤剂。

产品特性 本品洗涤效果好，作用时间长，同时具有一定的杀菌消毒作用，可减少资源的浪费。

配方 15 重垢液体洗涤剂

原料配比

原料	配比（质量份）		
	1#	2#	3#
脂肪醇聚氧乙烯醚	20	25	22
聚乙二醇	3	5	4
柠檬酸	1	3	2
氯化钙	0.2	0.5	0.3
蛋白酶	3	5	4
香精	0.1	0.2	0.15
去离子水	45	50	48

制备方法 将各原料混合搅拌均匀即可。

产品应用 本品主要应用于各种地板、家具以及门窗等木制品的洗涤。

产品特性 本品具有制作工艺简单、成本低廉、易溶解、去污能力强的特点，并且可在低温或常温条件下使用，使用极其方便。

配方 16 宝石清洗剂

原料配比

原料	配比（质量份）		
	1#	2#	3#
脂肪醇聚氧乙烯醚	20	30	20
十二烷基二甲基氧化铵	10	13	15
尼纳尔	3	5	6
食盐	1	2	3
乙二胺四乙酸	2	4	5
硫酸	2	3	6
乙醇	3	6	8
苯甲酸钠	7	11	14
香料	3	5	6
水	30	40	50
丙酮	10	15	20
伯醇聚氧乙烯醚	6	18	22
二氟二氯甲烷	5	6	8
三乙醇胺	3	5	6

制备方法　将各组分原料混合均匀即可。

产品特性

（1）本品使用安全方便，有效去污，清洗过程中不会腐蚀损伤抛光面，能保证表面质量及表面光洁度无损伤。

（2）本品无毒，无化学反应，不会污染环境，去污能力强。

配方 **17** 除异味清洗剂

原料配比

原料	配比（体积份）
氧化锌	3
碘酊	4
锌钡白	4
松节油	0.5
大叶枣素	0.3
薄荷脑	0.25
三氯异氰尿酸	15
柠檬香精	0.6
去离子水	加至 1000

制备方法　将各组分原料混合均匀即可。

产品特性　本品成本低廉、杀菌除异味效果好，且对皮肤无刺激作用。

配方 **18** 除油污清洗剂

原料配比

原料	配比（体积份）
羊毛脂	3
氯化钠	4
聚氧乙烯	4
烷基醇酰胺	5
乙醇	15
乙二醇丁醚	6
甘油	3
膨胀珍珠岩	2
去离子水	加至 1000

制备方法　将各组分原料混合均匀即可。

产品特性　本品配方合理、成本低廉，杀菌去油污效果好，且对常用清洗物无腐蚀性。

配方 19 低 VOC 含量的无水清洗剂

原料配比

原料		配比（质量份）		
		1#	2#	3#
环氧乙烷（EO = 7）的 $C_{12} \sim C_{15}$ 非离子表面活性剂		27	27	27
微乳液		22	—	12
微乳液	二（己基）磺基琥珀酸钠	20	—	20
	二元酯	40	—	40
	聚乙二醇（MW 200）	10	—	10
乙酰丙酸酯的缩酮酯		—	49	25
ISOPAR M（烃溶剂）		15	15	15
丁基羟基甲苯（BHT）		5	5	5
丙二醇		3	3	3
肉豆蔻酸异丙酯		3	3	3
香料		2.5	2.5	2.5
植物油		4	4	4
羊毛脂		1	1	1
芦荟		1	1	1
维生素 E 油		1	1	1
荷荷巴油		1	1	1
水		加至 1000	加至 1000	加至 1000

制备方法 将各组分原料混合均匀即可。

原料介绍 所述的表面活性剂为非离子表面活性剂、阴离子表面活性剂或它们的组合。

所述溶剂为微乳液、基于羧酸酯的缩酮酯溶剂或它们的组合。

所述的非离子表面活性剂，包括脂肪醇、聚氧丙二醇烷基醚、丙三醇烷基酯等等，或它们的组合；阴离子表面活性剂，示例性的包括烷基硫酸盐、烷基苯磺酸盐、烷基醚磷酸盐、烷基羧酸盐等等，或它们的组合。优选的，非离子表面活性剂是平均乙氧基化度为 3 至 7 的 $C_{12} \sim C_{15}$ 烷基乙氧基化醇。

所述的组合物包括单独或与微乳液组合的作为溶剂的缩酮酯溶剂。本品中有效的缩酮酯溶剂优选为除去 VOC 的，并且是通过羧酸酯与二醇缩合形成的。用来与二醇进行缩合的物质包括乙酰丙酸、丙酮酸、草酰乙酸酯和 α-酮戊二酸。

产品应用 本品主要用于从皮肤和硬表面上去除诸如涂料、树脂、油和有机污物的亲脂性物质的清洗。

产品特性 本品减少了 VOC 含量、皮肤刺激，并且具有储存稳定性，同时保持了针对涂料、树脂及其他亲脂性污物的常规清洗性能。通过选择特定的添加剂可实现抗菌性能，并且质量也得以改善。

配方 20 电器清洗剂

原料配比

原料	配比（体积份）
酵乳素	0.5
氧化锌	3
碘酊	4
锌钡白	4
乙二胺四乙酸	8
烷基两性醋酸钠	7
乙醇	15
乙二醇丁醚	6
环氯丙烷	4
四氯乙烯	11
去离子水	加至 1000

制备方法 将各组分原料混合均匀即可。

产品特性 本品成本低廉、去污能力强，且对常用电器材料无腐蚀性。

配方 21 化油清洗剂

原料配比

原料	配比（质量份）		
	1#	2#	3#
水	60	70	65
苯磺酸钠	2	4	3
液体柠檬酸	8	12	10
氢氧化钠	5	7	6
十八烷基硅酸丙酯	5	7	6
脂肪醇酰胺类	6	10	8
非离子表面活性剂	3	5	4
二甲基苯磺酸钠	4	6	5
香料	1	2	1.5

制备方法 在液体柠檬酸中加入水稀释，在搅拌时缓缓加入苯磺酸钠和氢氧化钠，起到反应热效果，然后加入十八烷基硅酸丙酯、脂肪醇酰胺类、非离子表面活性剂、二甲基苯磺酸钠，充分搅拌均匀，最后加入香料即可。

产品应用 本品是一种去除顽固油渍的化油清洗剂。

产品特性 本品所述的一种化油清洗剂，不但具备了市面上现有清洗剂的特点，而且其化油能力远远强于现在市面上的清洗剂，在去除顽固油渍时，其用量少，效果好。

配方 22 家用空调清洗剂

原料配比

原料	配比（质量份）
氢氧化钠	15
硅酸钠	1
Neodolt SAA	5
FT-胺剂	1.5
三聚磷酸钠	1.5
杀菌剂1227	1
表面活性剂	2
香精	1
水	加至100

制备方法　先将上述除水、杀菌剂、香精外的其余原料混合，室温下充分搅拌均匀，然后依次加入杀菌剂、香精、水，彻底搅拌混合均匀，将上述混合物与气雾推进剂DME按6∶4的比例，装入气雾罐中，使罐内压力在室温下保持0.2～0.5MPa，即得。

产品应用　使用时，先将本产品摇匀，然后打开产品外包装上的盖子，按下喷雾按钮，即可均匀喷出清洁剂，将清洁剂喷至需要清洁污垢的空调机壳体和翅片上，保留2～3min后，打开空调冷风，清洁剂即可快速清除空调散热片和送风系统的污垢，并且在清污的同时将空调中的各种螨虫、细菌杀灭，且具有自然清新的香味，是一种绿色环保的空调清洁剂。

产品特性　本产品组方简单，制备容易，使用方便，清洁效果好，去污杀菌能力强。

配方 23 去除重垢和油污的清洗剂

原料配比

原料		配比（质量份）							
		1#	2#	3#	4#	5#	6#	7#	8#
表面活性剂	十二烷基苯磺酸钠	6	—	2	—	15	—	6	—
	壬基酚聚氧乙烯（10）醚	—	6	4	—	—	—	—	5
	十二烷基硫酸钠	—	—	—	2	—	2	—	—
	月桂醇聚氧乙烯（12）醚	—	—	—	3	—	2	2	—
pH调节剂	氢氧化钠	3	3	3	3	6	5	5	3
	硅酸钠	3	3	3	3	6	—	—	3
乙醇胺衍生物	三乙醇胺	4	4	4	4	10	2	6	2
杂醇油		15	15	15	14	10	10	20	10
香精	10%香精醇溶液	1	1	1	1	2	—	—	1
水		68	68	68	70	51	74	61	76

制备方法　将表面活性剂、pH调节剂、乙醇胺衍生物和部分水在45～50℃下搅拌至固体全部溶解，再在45～50℃条件下加入杂醇油、香精和余量水，搅拌，冷却，过滤。

原料介绍　所述的表面活性剂选自阴离子表面活性剂和非离子表面活性剂中的一种或两种。

所述的杂醇油为采用淀粉为原料发酵生产食用酒精工艺中产生的副产物。

所述的杂醇油的主要成分是高沸点醇类溶剂如正丁醇和异丁醇等，还含有少量酯类和醛类。

所述的阴离子表面活性剂选自长链脂肪烷基硫酸盐、烷基苯磺酸盐、α-烯烃磺酸盐、α-磺基脂肪酸甲酯钠盐、仲烷基磺酸盐、磺基琥珀酸酯盐和脂肪醇磷酸酯盐中的一种或多种。

所述的非离子表面活性剂选自烷基醇聚环氧乙烯醚、烷基酚聚环氧乙烯醚、烷基脂肪酸聚环氧乙烯醚酯中的一种或多种。

所述的乙醇胺衍生物选自一乙醇胺、二乙醇胺和三乙醇胺及它们的衍生物中的一种或多种。

产品应用　本品是一种适合用于硬表面上去除重垢和油污的清洗剂。所述的硬表面是指陶瓷、搪瓷、喷涂漆层和金属的表面。

产品特性

（1）本品中的杂醇油能与水形成部分混溶体或分散体，替代常用的乙二醇醚类渗透剂，作为一种新的价格低廉的渗透剂用于去除重垢和油污的清洗剂中。渗透剂杂醇油对表面活性剂具有增溶作用，使得清洗剂溶液形成稳定的溶液分散体系，从而提高了表面活性剂的渗透力和清洗力，达到对重垢表面的彻底清洗。

（2）本品在室温及较低温度条件下就能有效地渗透到硬质材料表面沉积的重垢和油污中，使其溶胀易于擦除，而且在使用本品的清洗剂擦洗后在硬质材料的表面形成了有效的防护层，有利于防止油污和污垢的再沉积，并利于新油垢的清除；另外其对擦洗所用的棉、麻、化纤等纤维及金属丝不造成污染，使擦洗的纤维和金属丝易于用水漂洗干净；此外，本品为无磷洗涤剂，对生态环境造成的污染较轻。

配方 24 纱网清洗剂

原料配比

原料	配比（质量份）	
	1#	2#
烷基苯磺酸钠	20	15
脂肪醇聚氧乙烯醚硫酸盐	8	10
酶	5	3
液体奶	35	40
水	加至100	加至100

制备方法　将各组分原料混合均匀即可。

产品特性　本品纱网清洗剂，可轻易去掉纱网上的污垢，省时省力，节约了时间，使纱窗、纱门的纱网不变形，节约消费成本，增加纱网的清洁度。

配方　25　首饰清洗剂

原料配比

原料	配比（体积份）
酵乳素	0.5
松节油	0.5
大叶枣素	0.3
异丙醇	4
硅酸钠	7
植物甾醇	2
乙二醇丁醚	9
甘油	4
膨胀珍珠岩	2
去离子水	加至 1000

制备方法　将各组分原料混合均匀即可。

产品特性　本品成本低廉、杀菌去污效果好，且对金属首饰无腐蚀性。

配方　26　性能稳定的清洗剂

原料配比

原料	配比（质量份）		
	1#	2#	3#
3-甲基-3-甲氧基丁醇	8	5	10
三异丙醇胺	14	12	16
二丙二醇丁醚	17	16	22
仲烷基磺酸钠和 α-烯基磺酸钠的混合物	11	10	13
柠檬酸钠	20	13	21
葡聚糖酶	1.5	1	2
甘油	18	14	22
去离子水	17	15	20
仲烷基磺酸钠和 α-烯基磺酸钠的混合物	仲烷基磺酸钠	1.2	1.2	1.2
	α-烯基磺酸钠	2.5	2.5	2.5

制备方法 将各组分原料混合均匀即可。

产品应用 本品是一种性能稳定的日用清洗剂。

产品特性 本品有优异的去污能力，无毒无害，性能稳定。本品通过组合物直接反应制备含氧洗涤剂，无需先制备过碳酸钠或过硼酸钠，得到的含氧洗涤剂中各组分分布均匀，避免因各组分粒径大小和密度不同导致的组分离析，因此能得到性能稳定、洗涤效果优异的洗涤剂；同时本品安全环保，可满足各种需求。

配方 27　眼镜片清洗剂

原料配比

原料	配比（质量份）	
	1#	2#
环氧乙烷	15	20
二甲苯磺酸钠	25	23
香精	0.5	0.6
水	加至 100	加至 100

制备方法 将环氧乙烷、二甲苯磺酸钠，放置在容器中保持在50℃混匀，加入香精，混匀，装入带喷嘴的喷壶中即可。

产品应用 使用方法为：将清洗剂喷在镜片上，用眼镜布擦干净即可。

产品特性 本清洗剂能够有效去除眼镜上的污渍，方便携带，使用效果好。

配方 28　用于盆栽植物的清洗剂

原料配比

原料		配比（质量份）		
		1#	2#	3#
烷基葡萄糖苷	烷基葡萄糖苷 0810	25	5	—
	烷基葡萄糖苷 0814	—	15	—
	烷基葡萄糖苷 1214	—	—	20
聚氧乙烯失水山梨醇单月桂酸酯		3	5	15
椰油酰胺丙基甜菜碱		10	5	10
植物生长调节剂	6-苄基氨基嘌呤	0.5	—	1
	萘乙酸	—	4	0.5
羟甲基甘氨酸钠		0.5	1	3
蒸馏水		100	70	100

制备方法 将各组分原料混合均匀即可。

原料介绍 本品中的烷基糖苷（APG）具有表面张力低、去污力好、溶解性好、耐高温、耐强碱和耐高浓度电解质的特点，有良好的增稠效果；配伍性能好，能与各种离子型、非离子表面活性剂复配产生增效作用，并能显著改善配方的温和性；与皮肤相容性好，无毒、无刺激，生物降解迅速完全。6-苄基氨基嘌呤能够促进茎叶生长，促进生根，促进花芽形成，延缓衰老。萘乙酸能够起到促进花芽形成、疏花疏果、诱导产生雌花、形成无籽果实等作用。羟甲基甘氨酸钠是一种广谱的抗菌剂，毒性小，对眼睛和皮肤无刺激。

产品特性

（1）本品能够清除盆栽植物表面污垢，又能兼具杀虫、杀菌的功效。

（2）本品化学性质稳定，对植物安全、人畜无害，环境友好。

配方 **29** 油漆清洗剂

原料配比

原料	配比（质量份）		
	1#	2#	3#
十二烷基苯磺酸钠	3	6	5
碳酸氢钠	10	15	13
甘油	1	3	2
芦荟提取液	6	8	7
碳酸钙	20	35	29
去离子水	70	90	80

制备方法 将各组分原料混合均匀即可。

产品应用 本品主要适于清洗沾到人体皮肤上的油漆。

产品特性 本品利用各成分与油漆的相溶性实现物理去污，不含刺激性化学物质，对人体皮肤没有损害。

配方 **30** 中性智能手机屏玻璃清洗剂

原料配比

原料		配比（质量份）				
		1#	2#	3#	4#	5#
异构十六烷烃		89	88	90	90	89
水		4	3	3	2	2
异构醇聚氧乙烯醚类化合物	EO 数为 7 的异构醇聚氧乙烯醚	6	8	5.6	6.5	7
	EO 数为 4 的异构醇聚氧乙烯醚	1	1	1.4	1.5	2

制备方法　将各组分原料混合均匀即可。

原料介绍　所述的异构醇聚氧乙烯醚类化合物由EO数为7的异构醇聚氧乙烯醚与EO数为4的异构醇聚氧乙烯醚按质量比为（4～8）：（1～2）复配组成。

所述的异构醇聚氧乙烯醚类化合物为C_{13}异构醇聚氧乙烯醚类化合物。

所述的清洗剂pH值为7。

产品应用　本品主要用于去除智能手机屏玻璃上的粉尘、指纹印等污物。

产品特性　该清洗剂能有效去除手机屏玻璃上的油污和粉尘等污渍，且无残留，安全环保，不危害人体健康。

配方　31　宠物用消毒洗涤剂

原料配比

原料	配比（质量份）
脂肪醇聚氧乙烯醚硫酸钠（AES）	15
烷基糖苷	8
α-烯基磺酸钠（AOS）	2
氢氧化钠	0.8
抗菌成分	15
水	59.2

制备方法　将脂肪醇聚氧乙烯醚硫酸钠（AES）加入45℃的水中，恒温搅拌至溶解，然后加入烷基糖苷（APG）、α-烯基磺酸钠（AOS）、氢氧化钠和抗菌成分，搅拌至溶解完全，即得宠物用消毒洗涤剂。

原料介绍　宠物用消毒洗涤剂对人与动物安全性的要求严格，杀菌剂适宜从天然植物中选取。应用于宠物用消毒洗涤剂中的植物源杀菌剂需要满足以下几个条件：首先，在水、表面活性剂中溶解性良好，不致产生沉淀或分层；然后，气味温和，洗涤后不能在皮毛表面上留下刺激性气味，因而大蒜素、肉桂醛类的杀菌剂不适用；最后，酸碱稳定性好，在合适的添加量内，满足抑菌要求。鉴于以上条件，本品中的抗菌成分由碰碰香挥发油、丹参提取物、苦豆子碱和红豆碱复配而成。所述抗菌成分制备方法如下。

（1）采用水蒸气提取法对晾干后的碰碰香地上部分进行提取，收集馏出物，馏出物经萃取和干燥处理，得碰碰香挥发油；水蒸气提取时间为4h，萃取溶剂选用石油醚，干燥处理选用无水硫酸钠作为干燥剂。

（2）将步骤（1）得到的碰碰香挥发油与丹参提取物、苦豆子碱、红豆碱加入90%乙醇中，加热至35～37℃搅拌使其溶解，降温，得抗菌成分。

碰碰香为牻牛儿苗科天竺葵属植物，原产地在欧洲及西南亚地区，耐热，不耐寒，喜阳光，因触碰后可散发出令人舒适的香气而享有碰碰香的美称，其气味如薄荷，又略带苹果风味，具有提神醒脑、清热解暑、驱避蚊虫、消炎消肿和保养皮肤的功效。碰碰香挥发油的主要成分是单萜类化合物，含量占总挥发油的92%，碰碰香挥发油具有很强的抗菌与杀菌作用，且挥发油浓度越大，抑菌作用越强。

丹参提取物中的主要抑菌成分为隐丹参酮、二氢丹参酮，对体外的葡萄球菌、大肠杆菌、变性杆菌有抑制作用。

苦豆子碱主要存在于苦豆子植物中，具有广谱抗菌性。

红豆碱主要存在于红豆草中，有一定的抗菌作用。

宠物用洗涤剂主要针对于动物的清洁，根据动物的皮毛的特性，需要洗涤剂具有良好的亲和性，无刺激性等。此外，由于动物与人直接接触的特殊性，因此宠物用消毒洗涤剂必须具备良好的对人体与动物的安全性。本品选用脂肪醇聚氧乙烯醚硫酸钠（AES）、烷基糖苷（APG）、α-烯基磺酸钠（AOS）和氢氧化钠。

脂肪醇聚氧乙烯醚硫酸钠（AES）为阴离子表面活性剂，从洗涤功效来看，去污、乳化、发泡性能优良，更重要的是具有抗硬水的性能。此外，还可与其他多种表面活性剂进行复配使用，从而提高去污力。从安全环保方面来看，AFS性质温和，不损伤皮肤，生物降解度达99%，是绿色环保型表面活性剂。

烷基糖苷（APG）为非离子表面活性剂，具有良好的乳化和发泡性能。一方面，复配性好，与AES复配后，产生协同作用，可明显提高去污效果；另一方面，与塑料制品有很好的相容性，洗涤之后不会引起塑料制品的开裂。此外，APG对皮肤刺激性低、无毒。

α-烯基磺酸钠（AOS）属于阴离子表面活性剂，其温和性非常好，接近于非离子表面活性剂，具有优异的起泡性、稳泡性，并且与其他表面活性剂有很好的配伍性，尤其与AES在一定比例下有协同作用，去污效果好。此外，AOS性质温和，易生物降解，环保性好，还具有低温条件下临界胶束浓度低的优势和优良的抗硬水能力。

产品应用　本品主要应用于宠物清洁洗涤。

产品特性　本品由天然抗菌成分与洗涤剂成分制得，兼有消毒和清洁宠物皮毛的作用，其中的抗菌成分由天然植物及其提取物复配而成。该洗涤剂气味温和，对宠物和人刺激性小，能大大降低宠物皮毛中的携菌量，保障宠物健康，预防疾病发生，并对感染引起的皮炎、瘙痒、病理性脱毛等疾病有治疗作用，克服了现有香波类洗浴用品只具有清洁作用的缺陷。

配方 **32** 地毯杀菌洗涤剂

原料配比

原料	配比（质量份）
丙酮基磷酸二甲酯	60
2-乙基己基二苯基磷酸酯	0.6
4-甲基-2-戊醇乙酸酯	0.4

原料	配比（质量份）
1-甲基吡唑-5-甲酸	3
乙酸异丙酯	8
肉桂酸甲酯	2
2-甲基戊酸	8
甲醚菊酯	2
硫酸镁	10
2-氯乙基乙基硫醚	0.4
3,5-二溴-4-羟基苯甲醛	0.08
2,5-二氯噻吩-3-磺酰胺	1.4
4-甲酸乙酯环己酮	5
乙醇	100

制备方法 取各种原料，混合制备成洗涤剂。

产品特性 本品通过原料配比进行改性，能改善室内空气指数，对人、畜无害，杀菌效果显著，且使用方便。

配方 33 地毯用抗静电洗涤剂

原料配比

原料	配比（质量份）
脂肪醇聚氧乙烯醚硫酸钠	11
月桂酰肌氨酸钠	6
α-磺基脂肪酸烷基酯盐	7
氢化蓖麻油聚氧丙烯酯	9
氧化烷基胺聚氧乙烯醚	12
椰油酰二乙醇胺	4.5
壬基酚聚氧乙烯醚磷酸酯	8
溴化十二烷基二甲基苄基铵	3
水	70

制备方法

（1）取 1/3 ～ 1/2 量的水水浴加热至 45 ～ 55℃，在机械搅拌下依次加入脂肪醇聚氧乙烯醚硫酸钠、月桂酰肌氨酸钠和溴化十二烷基二甲基苄基铵，然后在加热功率为 300 ～ 400W、转速为 150 ～ 250r/min 的条件下磁力搅拌 8 ～ 14min，得混合料 A；

（2）取余下的水水浴加热至 50 ～ 60℃，在机械搅拌下依次加入壬基酚聚氧乙烯醚磷酸酯、氢化蓖麻油聚氧丙烯酯和椰油酰二乙醇胺，然后在微波功率为 600 ～ 700W、转速为 200 ～ 300r/min 的条件下微波搅拌 5 ～ 10min，得混合料 B；

（3）将混合料A和混合料B混合，在功率为800～1000W、频率为40～50kHz的条件下超声搅拌4～7min，然后调整溶液温度至40～45℃，加入余下原料，在转速为300～500r/min的条件下搅拌3～6min，即得成品。

产品特性　本品不仅去污力强，洗涤效果好，还能够保证地毯不产生静电现象，减少灰尘的吸附。

配方 34　对空调器进行杀菌和清洗的洗涤剂

原料配比

原料	配比（质量份）			
	1#	2#	3#	4#
异噻唑啉酮	15	15	15	15
十二烷基苯磺酸钠	15	10	—	15
茶皂素	15	15	15	—
聚丙烯酸	10	10	10	10
异丙醇	10	10	10	10
水	加至100	加至100	加至100	加至100

制备方法　将表面活性剂加入水中，在室温下搅拌溶解，然后加入溶剂（异丙醇），搅拌均匀，再加入杀菌剂（异噻唑啉酮）、阻垢缓蚀剂（聚丙烯酸），混合均匀后即得。

原料介绍

所述表面活性剂选自阴离子表面活性剂和非离子型表面活性剂中的一种或两种。所述阴离子表面活性剂为十二烷基苯磺酸钠或十二烷基苯磺酸钙或其组合物，所述非离子表面活性剂为茶皂素，优选的技术方案中，两种表面活性剂按照1∶1进行配比。

产品特性

（1）本品的洗涤剂去污能力强，同时具有杀菌的效果；

（2）本品使用两类表面活性剂，增强了去污能力，同时使杀菌剂的杀菌效果得到提升。

配方 35　多功能浓缩型洗涤剂

原料配比

原料	配比（质量份）				
	1#	2#	3#	4#	5#
脂肪酸甘油酯磺酸盐	5	10	30	20	15
硫酸钠	—	0.5	4	2	1

原料	配比（质量份）				
	1#	2#	3#	4#	5#
硅酸钠	1	—	—	—	1
茉莉香精	0.1	0.2	—	—	—
生姜香精	—	0.3	—	—	0.2
柠檬香精	—	—	1	0.8	—
消毒剂来苏	0.2	0.1	0.8	0.5	0.4
氢氧化钠	2	1	4	3	2
增稠剂聚氨酯	1	0.5	5	2	1.5

制备方法　将各组分混合均匀即可。

产品应用　本品主要用作日常多用途洗涤剂，可去除灰垢、重油污垢、水泥垢、填缝剂垢、金属划痕、锈垢、胶黏剂、茶渍、饮品渍、胶锤印、皮鞋划痕、顽固蜡渍、铝痕、木痕、方格痕、水印、鞋印、墨水印等污垢。

产品特性　本品采用脂肪酸甘油酯磺酸盐作为洗涤剂的组成成分，配合多种助剂及杀菌剂，是一种多功能、高效的综合性环保清洗护理产品；去污效果独特，用途广，对人体皮肤没有副作用；能快速彻底清除各类严重的顽固污垢，环保，不伤手。

配方 36 多功能洗涤剂

原料配比

原料	配比（质量份）	
	1#	2#
烷基聚苷	5	6
香料	2	2
椰油脂肪酸单乙醇酰胺	1	1.5
氟化氢铵	4	5
葡萄糖酸钠	2	2.5
二缩乙二醇单乙醚	1	2.5
二甲苯磺酸钠	5	5
抗硬水剂	4	6
表面活性剂	3.5	3.5
助洗剂	2	4
水	12	13

制备方法　将各组分混合均匀即可。

产品应用　本品主要应用于硬表面的清洗。

产品特性 本品有效地将物体表面的残留物清洗干净，不仅不会造成环境的污染，还能够分解物体表面的污染物，具有良好的使用效果。

配方 37 儿童玩具专用洗涤剂

原料配比

原料	配比（质量份）
艾叶提取液	2
氨基酸表面活性剂	15
月桂基葡萄糖苷	7
无患子皂苷	7.5
增稠剂	3
水	65.5

制备方法

（1）将水加热至60～70℃，搅拌加入氨基酸表面活性剂、月桂基葡萄糖苷和无患子皂苷，搅拌均匀，得溶液A；

（2）将步骤（1）所得溶液A冷却至40～50℃，搅拌下加入增稠剂，得溶液B；

（3）将步骤（2）所得溶液B冷却至室温后加入艾叶提取液，即得。

原料介绍 月桂酰基谷氨酸钠和椰油酰基谷氨酸钠为氨基酸表面活性剂，具有保湿滋润、泡沫性能优异的特性，几乎不被皮肤吸收、不引起刺激，能赋予皮肤丝柔绵软的感觉，生物降解性能优异，对环境无污染；月桂基葡萄糖苷兼具普通非离子和阴离子表面活性剂的特性，去污力显著且无毒无害、对皮肤无刺激，生物降解迅速彻底。

无患子皂苷是野生落叶乔木无患子果皮的提取物，主要活性成分为三萜皂苷类、伴半萜糖苷类、脂肪油和蛋白质，是一种天然的非离子表面活性剂，温和无刺激，不会产生有害人体健康和环境的残留物，清洁性能好，有效清除污垢、无异味。

本品采用由月桂酰基谷氨酸钠和椰油酰基谷氨酸钠按质量比为1∶4组成的氨基酸表面活性剂与无患子皂苷等组分配合使用对于大肠杆菌、金黄色葡萄球菌、白色念珠菌具有很好的杀灭效果，而且具有更好的去污、去油效果。产品安全无刺激、无毒性，尤其适宜儿童玩具洗涤。

产品特性 本品采用艾叶提取液、氨基酸表面活性剂与无患子皂苷等组分相互配合、协同作用，原料对人体皮肤无刺激无毒性且可100%生物降解；对大肠杆菌、金黄色葡萄球菌和白色念珠菌的抑制效果显著；具有良好的去污力和去油性。

配方 38 非离子酶洗涤剂

原料配比

原料	配比（质量份）	
	1#	2#
非离子表面活性剂	40	50
$C_{12} \sim C_{14}$ 烷基甘油基醚反应物	25	30
酶	0.5	1.2
三聚磷酸钠	25	34
四乙酰基乙二胺	1	2
聚乙烯亚胺	0.5	1.2
烷基苯磺酸钠	3	4.5
脂肪醇聚氧乙烯醚	2	3
多孔硅酸钠	1.5	2.7
碳酸钠	1.5	2
水	1000	1000

制备方法 将各组分搅拌均匀即可。
产品应用 本品主要用作家庭日用洗洁精。
产品特性 本品具有配方科学、合理，去油污力强，泡沫适中，容易漂洗等优点。

配方 39 高效食品容器洗涤剂

原料配比

原料	配比（质量份）		
	1#	2#	3#
脂肪醇聚氧乙烯醚硫酸钠	10	15	20
十二烷基二甲基胺乙内酯	8	5	2
乙二胺四乙酸二钠	0.05	0.1	0.15
柠檬酸钠	0.3	0.2	0.1
分子筛微粉	5	7	10
豆渣	15	10	5
环氧大豆油	5	8	10
花椒粉	15	12	10
金银花粉	10	15	20
柚子皮粉	15	12	10

原料	配比（质量份）		
	1#	2#	3#
羟乙基纤维素	5	10	15
月桂酸	15	12	10
海泡石粉	2	5	8
硬脂酸钙	3	2	1
聚乙二醇	5	7	10
山梨酸钾	0.1	0.05	0.01
去离子水	80	100	120

制备方法

（1）向环氧大豆油中加入豆渣、花椒粉、金银花粉、柚子皮粉，混合搅拌均匀，加热升温，于70～80℃恒温研磨10～20min，得到物料Ⅰ；

（2）向水中加入羟乙基纤维素，溶解完全，用硫酸调节pH至3.0～5.0，加入月桂酸，充分混合均匀，微波回流1～2h，向其中加入海泡石粉、硬脂酸钙，混合搅拌均匀，微波处理0.5h，得到物料Ⅱ；

（3）向物料Ⅱ中加入物料Ⅰ、脂肪醇聚氧乙烯醚硫酸钠、十二烷基二甲基胺乙内酯、乙二胺四乙酸二钠、聚乙二醇，控制温度在50～60℃，混合搅拌20～30min，得到物料Ⅲ；

（4）向物料Ⅲ中加入山梨酸钾，搅拌均匀后，加入柠檬酸钠、分子筛微粉，控制温度在60～70℃，混合搅拌30～40min，静置5～10min，送入球磨机中，球磨至出料粒度小于30mm。

原料介绍 所述分子筛微粉由分子筛原粉经改性处理而得，其改性方法为：将分子筛原粉于450～500℃焙烧2～4h，自然冷却至室温，再向其中加入β-环糊精、聚乙烯醇，搅拌均匀，加热升温后，于120～150℃恒温混合0.5h，静置0.5h后，真空干燥0.5～2h，所得混合物经超微粉碎机粉碎，即得。所述分子筛原粉、β-环糊精、聚乙烯醇的质量比为（2～8）：（8～12）：（3～7）。

产品特性

（1）本品在原料中加入了金银花粉、柚子皮粉等，使该洗涤剂的杀菌效果明显提升，而且它们的使用不仅对人体无危害，还对环境无害，无污染；

（2）本品在原料中加入了分子筛微粉，其改性原理是通过高温增加分子筛原粉的活性，再加入β-环糊精，使其插层到分子筛原粉中，使分子筛原粉的结构复杂化，从而使洗涤剂的性能进一步增加；

（3）本品配方科学合理，工艺简单易操作，所制得的洗涤剂具有良好的乳化去污能力，能够迅速溶解污渍，清洁彻底，无残留，还具有很好的除菌效果，而且对人的皮肤十分温和，使用后不干燥，使洗涤剂的综合功能得到极大的提升。

配方 40 画笔笔刷洗涤剂

原料配比

原料	配比（质量份）		
	1#	2#	3#
三乙醇胺	25	20	22
乳酸	20	2	12
氨基硅油乳化剂	12	5	7
异构醇聚氧乙烯醚	15	5	8
壬基酚聚氧乙烯醚	12	8	10
异丙醇	30	15	21
乙二胺四乙酸四钠	9	4	5
钛酸镧	20	10	15

制备方法

（1）将异丙醇、三乙醇胺、异构醇聚氧乙烯醚、壬基酚聚氧乙烯醚和乙二胺四乙酸四钠一次性加入混合机中，混合均匀；

（2）向混合机中逐滴滴加乳酸，得混合液，调节混合液 pH 值为 6.5 ～ 7；

（3）将钛酸镧于异丙醇中超声 30 ～ 60min，得分散液，再将所述分散液加入到所述混合液中，搅拌均匀；

（4）最后向混合机中加入氨基硅油乳化剂，继续搅拌，最终得所述洗涤剂。

原料介绍　所述钛酸镧粒径为 10 ～ 100nm。作为优选，所述钛酸镧为硫掺杂改性钛酸镧。

产品应用　使用方法：将所述洗涤剂和水以 0.01 ∶ 0.5 的体积比搅拌均匀得到稀释后的洗涤剂，将待清洗画笔的笔刷于室内放入稀释后的洗涤剂中浸泡 1 ～ 30min，进行清洗，随后将画笔和稀释后的洗涤剂一同移到阳光充足的室外，静置 30 ～ 90min，画笔笔刷清洗完成。

产品特性　本品清洁高效，能够有效清除画笔上的有机颜料。在洗涤剂中加入钛酸镧作光催化剂，在室内光源不足催化活性低几乎不进行反应，清洗结束后移到室外阳光充足的地方静置照射，钛酸镧进行光催化降解笔刷上残留有机颜料以及洗涤剂废液中的颜料，大大降低洗涤剂废液中的颜料含量，降低对水池的浸染程度和环境污染，同时洗涤剂高效的清洁能力和低残留特性，避免了笔刷上颜料残留积累过多不得不更换的问题，提高笔刷的使用寿命。钛酸镧经硫掺杂改性，一方面改变了钛酸镧能带，增加了其吸光范围，提高太阳光利用率；另一方面，硫掺杂导致钛酸镧晶体表面生成大量缺陷和氧空位，极大提高了钛酸镧的催化活性，有利于有机颜料的降解。本品体系稳定，各组分之间无副反应，硫掺杂改性的钛酸镧对其余各组分无降解作用，其中，三乙醇胺既是有机溶剂也是光降解反应的牺牲剂，三乙醇胺和乳酸的配合使用有效促进了光催化活性。

配方 41 环保家用洗涤剂

原料配比

原料	配比（质量份）
碳酸氢钠	52
柠檬酸	18
三聚磷酸钠	12
硫酸钠	7
硅酸钠	3
月桂醇聚氧乙烯醚	2
皂粉	3
硬脂酸单乙醇酰胺	2
羟甲基纤维素钠	0.5
光漂剂	0.05
荧光增白剂	0.03

制备方法 将各组分混合均匀即可。

产品特性 本品有良好的表面活性，在水相中有良好的溶解能力，能形成稳定的凝聚态膜，从而提高去污效率。

配方 42 环保型食物洗涤剂

原料配比

原料	配比（质量份）				
	1#	2#	3#	4#	5#
丝瓜水	12	11	15	13	14
黄瓜水	6	12	8	10	8
淀粉	12	10	20	14	18
小麦粉	6	15	8	10	4
食盐	2	4	2	4	3
黄瓜叶精华	2	2	3	3	3
丝瓜叶精华	6	4	5	5	6
柠檬酸	5	5~8	8	7	5
去离子水	53	65	70	60	50

制备方法 将各组分混合均匀即可。

产品特性 本品采用的原料易得、配方合理、制备工艺简单、容易操作，采用天然材料，无污染，使用更放心，不会破坏食物的原有营养，不造成二次污染，去污能力强，低泡易漂，减少水资源的浪费，成本低廉，综合效益高。

配方 **43** 活性家用洗涤剂

原料配比

原料	配比（质量份）
十二烷基苯磺酸钠	12
壬基酚聚氧乙烯醚	2
聚氧乙烯月桂醇醚	0.8
聚乙烯醚硫酸钠	0.5
三聚磷酸钠	20
硼砂	2
荧光增白剂	0.2
香精	0.2
水	15

制备方法 将各组分混合均匀即可。

产品特性 本品有良好的表面活性，在水相中有良好的溶解能力，能形成稳定的凝聚态膜，从而提高去污效率。

配方 **44** 家具洗涤剂（1）

原料配比

原料	配比（质量份）		
	1#	2#	3#
二氧化硅	5	10	8
甘油	8	15	10
亚麻油	5	10	8
月桂酰肌氨酸钠	5	15	10
草木灰	3	5	4
硅酸盐	3	5	4
硬脂酸	1	3	2
乙醇	5	8	6
香精	—	3	1
水	10	25	15

制备方法 将各组分溶于水，混合均匀即可。

产品特性 本品在使用过程中无需溶于水，用布料蘸取本品，然后擦拭家具表面即可；本品使用月桂酰肌氨酸钠作为表面活性剂，去污能力强，同时月桂酰肌氨酸钠温和无刺激，不会影响家具表面油漆；而二氧化硅一方面作为一种摩擦剂，可以进一步提高去污效果，另一方面和甘油以及亚麻油可以使家具表面保持光泽。

配方 45 家具洗涤剂（2）

原料配比

原料	配比（质量份）		
	1#	2#	3#
脂肪醇二乙醇酰胺	10	11	12
牛蹄油	6	9	12
豆麻油	6	9	12
硬脂酸	1	1.5	2
碳酸钾	4	6	8
水	10	12.5	15
氢氧化钠	3	3.5	4

制备方法 将各组分混合均匀即可。

产品特性 本品能明显地去除家具涂料表面的污垢，对涂料层有保护作用，并能增加表面光洁度，弥补了一般洗涤剂的不足。

配方 46 家用洗涤剂

原料配比

原料	配比（质量份）		
	1#	2#	3#
水	70	60	75
氯胺	4	3	5
脂肪醇聚氧乙烯醚硫酸铵	10	8	12
聚氧乙烯聚氧丙烯醚	6	5	8
椰子油	7	5	8
茶籽粉	7	5	8
三聚磷酸钠	5	3	6
香精	1.5	1	2

制备方法

（1）在带有搅拌器的容器中加入水、氯胺，不停搅拌，使其充分溶解；

（2）在步骤（1）制得的溶液中加入脂肪醇聚氧乙烯醚硫酸铵、聚氧乙烯聚氧丙烯醚、椰子油、茶籽粉、三聚磷酸钠，静置15～20min，进行过滤；

（3）在滤液中加入香精，混匀后即制得所述洗涤剂。

原料介绍 聚氧乙烯聚氧丙烯醚：乳化剂。

椰子油：具有护肤作用。

茶籽粉：含有表面活性成分，可产生泡沫，浸润除油，封闭酸性气体逸出，具有乳化、润滑、渗透作用，加快清洗速度，而且价格便宜，是不可多得的天然环保理想除油产品。

三聚磷酸钠：软化剂和增稠剂，具有乳化作用，可用于调节缓冲洗涤剂的pH值。

氯胺：具有杀菌消毒作用。

产品应用 本品主要应用于餐桌、餐具、瓜果蔬菜等日常洗涤。

产品特性 本品在配方中加入了椰子油和茶籽粉，在保护皮肤、降低环境污染的同时，减少了化学残留物对人体健康的危害。

配方 47 具有光亮功能的皮革沙发洗涤剂

原料配比

原料	配比（质量份）
乙氧基化硬脂酸甲酯	7
椰油酰单乙醇胺聚氧丙烯醚	10
三氟丙基甲基硅油	8
二新戊酸聚氧丙烯酯	4
鲸蜡基聚二甲基硅氧烷	6
烷基磷酸酯二乙醇胺盐	9
2-乙基己基硫酸酯钠盐	11
二椰油基二甲基氯化铵	11
异构十三醇聚氧乙烯醚	7
丁炔二醇二丙氧基醚	8
去离子水	加至100

制备方法

（1）取1/4～1/3量的水水浴加热至50～55℃，在机械搅拌下依次加入乙氧基化硬脂酸甲酯、烷基磷酸酯二乙醇胺盐和异构十三醇聚氧乙烯醚，然后在加热功率为250～400W、转速为300～400r/min的条件下磁力搅拌5～7min，得混合料A；

（2）取余下的水水浴加热至55～60℃，在机械搅拌下依次加入椰油酰单乙醇胺聚氧丙烯醚、2-乙基己基硫酸酯钠盐和二新戊酸聚氧丙烯酯，然后在微波功率为200～350W、转速为200～300r/min的条件下微波搅拌4～6min，得混合料B；

（3）将混合料A和混合料B混合，在功率为950～1050W、频率为35～50kHz的条件下超声搅拌3～5min，然后调整溶液温度至45～50℃，加入余下原料，在转速为400～600r/min的条件下搅拌5～7min，即得成品。

产品特性 本品中具有光亮功能的三氟丙基甲基硅油、鲸蜡基聚二甲基硅氧烷、丁炔二醇二丙氧基醚与具有洗涤、去污功能的乙氧基化硬脂酸甲酯、椰油酰单乙醇胺聚氧丙烯醚、烷基磷酸酯二乙醇胺盐、2-乙基己基硫酸酯钠盐等相互复合，制得的洗涤剂既可有效去除污迹，又能使皮革沙发皮面光亮如初，对环境友好，无毒无腐蚀。

配方 48 空调风扇洗涤剂

原料配比

原料		配比（质量份）		
		1#	2#	3#
洗涤原浆A	皂角	1	—	—
	茶籽	—	1	—
	菠萝皮	—	—	1
	水	1	3	2
组合物B	丙三醇	5	5	5
	乙酸乙酯	5	9.5	7
	柠檬酸钠	3.5	7.5	5
	脂肪酰胺	1.5	4.8	3.5
洗涤原浆A		1	1	1
组合物B		3.2	5	4
水		10	12.8	12
浓度为0.05mol/L的氢氧化钠		0.11	—	—
浓度为0.1mol/L的碳酸氢钠		—	0.3	—
浓度为0.75mol/L的氢氧化铝		—	—	0.2
甲基纤维素		0.2	—	—
羧甲基纤维素钠		—	0.3	—
聚乙烯醇		—	—	0.25

制备方法

（1）将皂角、茶籽、菠萝皮加水研磨，接着加热至30～40℃，加热的时间为20～30min，过滤以制得洗涤原浆A；

（2）将丙三醇、乙酸乙酯、柠檬酸钠和脂肪酰胺混合并加热以制得组合物B；

（3）将洗涤原浆A加入组合物B中，接着加入水、pH调节剂和增稠剂，混合以制得空调风扇洗涤剂。

原料介绍 pH 调节剂的具体种类可以在宽的范围内选择，从实际应用出发，在考虑安全性的同时为提高该洗涤剂的洗涤效果，pH 调节剂优选自氢氧化钠、碳酸氢钠和氢氧化铝中的一种或多种。

增稠剂的具体种类可以在宽的范围内选择，为提高该洗涤剂的安全性和稳定性，增稠剂优选自甲基纤维素、羧甲基纤维素钠和聚乙烯醇中的一种或多种。

产品特性 本品中洗涤原浆 A 与组合物 B 的混合不仅强化了所制得洗涤剂的清洗去污效果，同时还改善了洗涤剂的分散性、润湿性等；pH 调节剂的加入能够保证活性物质的活性；加入的增稠剂能够调节组合物的黏度。该方法为一种成本低廉、条件温和、绿色环保和操作简单的方法，制得的空调风扇洗涤剂具有高效去污能力。

配方 49 空调专用洗涤剂

原料配比

原料	配比（质量份）	
	1#	2#
氢氧化钠	120	130
十二醇硫酸钠	10	15
烷基聚氧乙烯醚	3	4
乙二胺四乙基铵	1	4
乙醇	6	8
去离子水	50	55
柠檬酸	8	9
草酸	8	9
三乙醇胺	5	6
十二烷基二甲基苄基氯化铵	0.5~1.5	0.5~1.5

制备方法

（1）选用一反应釜，将原料中的去离子水加入反应釜中，然后加热至 50℃后，将原料中的氢氧化钠和十二醇硫酸钠全部加入其中，然后开启搅拌，直至氢氧化钠和十二醇硫酸钠全部溶解；

（2）待步骤（1）反应结束后，将原料中的烷基聚氧乙烯醚、乙二胺四乙基铵、三乙醇胺和乙醇加入反应釜中，再次搅拌均匀后，静置 20min；

（3）待步骤（2）反应结束后，将原料中的柠檬酸和草酸逐滴加入步骤（2）中的反应釜中，搅拌均匀后，加入杀菌剂，搅拌过滤，抽样检测后，成品包装即可。

原料介绍 所述的杀菌剂为十二烷基二甲基苄基氯化铵。

产品特性 本品制备方法简单，环保无污染，原料易得，设备投资少，便于操作，制备的空调专用洗涤剂使用效果好，去污能力强，安全可靠。

原料配比

原料	配比（质量份）
脂肪酸钾皂	4
氯化钠	1
柠檬酸钠	1.5
羧甲基纤维素钠	5
十二烷基葡糖苷	5
癸基葡萄糖苷	4
月桂酰谷氨酸钠	2
丙二醇	0.5
月桂醇聚醚硫酸酯钠	1
双十八烷基二甲基氯化铵	4
棕榈酰胺丙基甜菜碱	5
抑菌剂	0.09
水	60

制备方法 将各组分混合均匀即可。

原料介绍 洗涤剂中所述脂肪酸钾皂的制备方法包括如下步骤：

（1）将15～25g木瓜籽在30～60℃干燥12～48h，粉碎后过20～50目筛，将过筛后的木瓜籽6～12g加入到50～500g水中，预热至30～45℃，加入0.05～5g复合酶，在30～45℃保温1～6h，升温至85～98℃，在85～98℃保温3～15min，自然冷却至25～35℃，以3000～10000r/min的转速离心20～60min，分离出木瓜籽渣和上层的油层A；将木瓜籽渣加入到30～120g萃取剂中，在60～80℃、150～300r/min的转速条件下搅拌1～5h，过100～500目筛，得到滤液B，合并油层A和滤液B，在0.02～0.08MPa、40～70℃的条件下挥发萃取剂，得到木瓜籽油3～5g。

（2）取木瓜籽油、乙醇、质量分数为40%～70%的氢氧化钾水溶液按质量比为（1～3）:（1～5）:（1～5）混合后升温至60～90℃，在60～90℃、150～300r/min的转速条件下搅拌2～8h，得到脂肪酸钾皂。

产品应用 本品主要应用于毛巾、服装洗涤。

毛巾洗涤工艺，包括下述步骤：

（1）主洗：将20～50kg毛巾放入洗衣机滚筒中，加入质量为毛巾质量0.1%～0.5%的洗涤剂，注水，洗涤15～30min，排水，所述注水的水量为毛巾质量的3～8倍，洗涤时的滚筒转速为5～15r/min；

（2）漂洗：注水，洗涤1～5min，排水，再注水，洗涤3～5min，再排水，每次的注水量为毛巾质量的3～8倍，每次洗涤时滚筒的转速为5～15r/min；

（3）脱水：脱水3～10min，脱水时滚筒的转速为100～300r/min。

产品特性 本品去污力好、洗涤效率高，洗涤成本低、能耗小，洗涤后的毛巾不变形、柔软、舒适有弹性。所使用的洗涤剂泡沫丰富、稳定，去污力强，还具有良好的抗菌性能和储存稳定性能。

配方 51 强力去污家用洗涤剂

原料配比

原料	配比（质量份）
烷基苯磺酸钠	12
聚氧乙烯月桂醇醚	5
硫酸钠	45
六偏磷酸钠	10
三聚磷酸钠	6
柠檬酸钠	5
硅酸钠	3
柠檬酸	0.3
水	80

制备方法 将各组分混合均匀即可。

产品特性 本品具有良好的表面活性，在水相中有良好的溶解能力，能形成稳定的凝聚态膜，从而提高去污效率。

配方 52 墙体污渍洗涤剂

原料配比

原料	配比（质量份）				
	1#	2#	3#	4#	5#
改性玉米淀粉	5	6	6.5	7	8
高岭土	5	6	6.5	7	8
聚丙烯酸钠	5	7	7.5	8	10
乙醇	2	3	4	5	6
葡萄糖酸钠	3	4	5	6	7
烷基糖苷	1	2	3	4	5
硬脂酸	1	2	3	4	5
亚麻油	10	12	12.5	13	15
氯化钠	0.5	1.5	1.75	2	3
香精	1	1.5	2	2.5	3
去离子水	55	60	62.5	65	70

制备方法 将改性玉米淀粉、高岭土、聚丙烯酸钠、乙醇、葡萄糖酸钠、烷基糖苷、硬脂酸、亚麻油、氯化钠、香精、去离子水依次加入到搅拌机中，45～55℃下以500～600r/min的速率搅拌15～25min，即得洗涤剂。

产品特性 本品原料配比合理，渗透力强，去除墙体污渍效果好，清洗彻底，且无不良气味，无毒性，不会对人体造成任何不良影响。

配方 53　去除油漆洗涤剂

原料配比

原料	配比（体积份）
甘油	100
醋酸丁酯	300
二甲苯	50
羧甲基纤维素	30（质量份）
香精	50（质量份）
失水山梨醇三硬脂酸酯	20（质量份）
水	200

制备方法 将甘油加热至90℃左右，取醋酸丁酯和羧甲基纤维素添加至甘油中熔化，待温度达20℃左右时，将二甲苯、香精和失水山梨醇三硬脂酸酯加入其中，配制完成后，兑水即可使用。

产品特性 本品的优点是成分简单、效果明显、刺激性小、无异味、不伤害衣物等。

配方 54　运动鞋帆布鞋去污洗涤剂

原料配比

原料	配比（质量份）				
	1#	2#	3#	4#	5#
去离子水	70	80	90	80	80
十二烷基苯磺酸钠	15	8	2	8	8
聚氧乙烯聚氧丙烯醚	—	1	10	5	—
烷基醇酰胺	—	—	—	—	5
乙二醇甲醚	10	5	1	—	—
丙二醇乙醚	—	—	—	5	—
丙二醇丁醚	—	—	—	—	5
乙醇	10	6	1	—	6
异丙醇	—	—	—	6	—
三聚磷酸钠	5	2.5	0.1	2.5	—
偏硅酸钠	—	—	—	—	2.5

原料	配比（质量份）				
	1#	2#	3#	4#	5#
羟苯甲酯	1	0.3	0.1	—	—
羟苯乙酯	—	—	—	0.3	—
羟苯丙酯	—	—	—	—	0.3
异噻唑啉酮	1	0.2	0.1	0.2	0.2
柠檬香精	1	0.2	0.1	0.2	0.2

制备方法 将各组分混合均匀即可。

产品特性 本品能有效地去除鞋面的污渍，产品接近中性，不会对皮革造成伤害；同时，用户使用方便，使用时只需喷雾或用海绵涂布在鞋面的污渍处，采用刷子反复刷洗，再用干净的湿布擦干即可。

本品为无色透明液体，可灌装在透明的瓶子中，由于在表面活性剂、助洗剂、溶剂上的选择和配方结构的精心设计，产品具有很好的使用性能和消毒体验；本品气味清新，对人体无害。

配方 55 手机屏幕专用洗涤剂

原料配比

原料	配比（质量份）				
	1#	2#	3#	4#	5#
十二烷基硫酸钠	13	14	15	12	16
丙三醇	8	11	8	7	12
乙二醇单乙醚	16	20	35	15	45
十二烷基苯磺酸钠	16	16	17	15	18
脂肪醇聚氧乙烯醚	10	12	10	9	13
烷基酚聚氧乙烯醚	6	7	6	5	8
乙酸钠	7	7	7	6	8
氮川三乙酸三钠	4	4	4	3	5
聚二醇醚	2.5	2	2	1.5	3.5
驱虫草精油	3.5	3	3	4.5	4.5
十二烷基葡糖苷	46	55	50	65	65
N-甲基-2-吡咯烷酮	26	35	35	25	55
三聚磷酸钠	9	12	10	16	16
硅酸钠	12	20	15	11	28
纯碱	4	4	5	6	6
磺酸盐	4	5	7	3	8
天然杀菌剂	3	5	3	8	8
丙二醇	11	11	10	12	12
香精	5	5	7	4	8
去离子水	106	105	115	120	100

制备方法 将各组分混合均匀即可。

原料介绍 所述的香精为玫瑰香精、茉莉香精或菊花香精。

所述天然杀菌剂为苏打粉。

产品特性 本品手机屏幕专用洗涤剂具有清洁效果好、增加光滑度、不腐蚀屏幕等优点。

配方 56 手机玻璃屏幕洗涤剂

原料配比

原料	配比（质量份）	
	1#	2#
枯烯磺酸钠	2	5
烷基硫酸钠	10	15
磺化丁二酸钾	2	3
烷基	2	4
醚硫酸钠	10	15
膨润土	2	3
椰油酸单乙醇酰胺	3	7
乙醇	8	10
单乙醇胺	2	4
焦磷酸钾	0.5	1.5
亚硫酸钠	10	15
碳酸钾	0.05	0.2
氮川三乙酸钠	4	5
水	加至 100	加至 100

制备方法 将各组分混合均匀即可。

产品特性 本品制法简单、成本低廉，使用时操作方便，性能稳定，不易与被清洗物发生反应，其表面张力和黏度小，渗透力强，低毒性，使用安全，其具有安全、环保、无毒、去污效果好等优点。

配方 57 天然家用洗涤剂

原料配比

原料	配比（质量份）
牛脂钠皂	20
十二烷基硫酸钠	10
烷基苯磺酸钠	5

原料	配比（质量份）
十六醇聚氧乙烯醚	6
碳酸钠	12
硅酸钠	10
香精	0.5
水	60

制备方法　将各组分混合均匀即可。

产品特性　本品具有良好的表面活性，在水相中有良好的溶解能力，能形成稳定的凝聚态膜，从而提高去污效率。

配方 58　无污染家用洗涤剂

原料配比

原料	配比（质量份）
十二烷基苯磺酸钠	20
月桂醇硫酸钠	3
三聚磷酸钠	3
硫酸钠	25
硅酸钠	8
碳酸钠	5
水	60

制备方法　将各组分混合均匀即可。

产品特性　本品具有良好的表面活性，在水中有良好的溶解能力，能形成稳定的凝聚态膜，从而提高去污效率。

配方 59　鞋袜用除臭洗涤剂

原料配比

原料	配比（质量份）
月桂醇聚氧乙烯醚酒石酸酯	11
α-烯基磺酸钠	13
脂肪酰基氨基酸钠	12
松香酸铜	4
聚季铵盐 126	5
椰油酰基甲基牛磺酸钠	10
牛脂基二羟乙基氧化铵	8
鲸蜡硬脂基三甲基氯化铵	9
脂肪酸甲酯磺酸盐	12

原料	配比（质量份）
月桂醇醚磷酸酯钾	10
2-甲基-4-异噻唑啉-3-酮	7
水	120

制备方法

（1）取 1/5 ～ 1/4 量的水水浴加热至 40 ～ 60℃，在机械搅拌下依次加入鲸蜡硬脂基三甲基氯化铵和月桂醇醚磷酸酯钾，然后在加热功率为 200 ～ 400W、转速为 300 ～ 500r/min 的条件下磁力搅拌 4 ～ 6min，得混合料 A；

（2）取余下的水水浴加热至 50 ～ 70℃，在机械搅拌下依次加入月桂醇聚氧乙烯醚酒石酸酯、α-烯基磺酸钠、脂肪酰基氨基酸钠和脂肪酸甲酯磺酸盐，然后在微波功率为 250 ～ 450W、转速为 200 ～ 400r/min 的条件下微波搅拌 6 ～ 8min，得混合料 B；

（3）将混合料 A 和混合料 B 混合，在功率为 700 ～ 900W、频率为 30 ～ 50kHz 的条件下超声搅拌 4 ～ 7min，然后调整溶液温度至 40 ～ 50℃，加入余下原料，在转速为 300 ～ 500r/min 的条件下搅拌 3 ～ 6min，即得成品。

产品特性　本品通过月桂醇聚氧乙烯醚酒石酸酯、松香酸铜、聚季铵盐126、牛脂基二羟乙基氧化铵、鲸蜡硬脂基三甲基氯化铵、2-甲基-4-异噻唑啉-3-酮等原料的协同作用，使得洗涤剂在鞋袜洗涤过程中达到良好去污力的同时起到抗菌除臭的作用。本品泡沫丰富，稳定性好，去垢力强，除臭效果好。

配方 60　除静电地毯洗涤剂

原料配比

原料	配比（质量份）		
	1#	2#	3#
阴离子水溶性丙烯酸共聚物	13	22	17
磷酸氢钙	6	10	8
氧化烷基胺聚氧乙烯醚	9	15	12
脂肪醇聚氧乙烯醚硫酸钠	7	11	9
椰油酰二乙醇胺	2	5	4
磷酸钠聚合物	4	6	5
月桂酰肌氨酸钠	3	6	4
尿素	27	36	32
α-磺基脂肪酸烷基酯盐	5	9	7
三甲基苯酚钠	7	9	8
氢化蓖麻油聚氧丙烯酯	7	1	9

原料	配比（质量份）		
	1#	2#	3#
四乙酰乙二胺	4	6	5
壬基酚聚氧乙烯醚磷酸酯	4	8	6
溴化十二烷基二甲基苄基铵	1	4	2
去离子水	25	34	31

制备方法　将各组分混合均匀即可。

产品特性　本品不仅去污力强，洗涤效果好，还能够保证地毯不产生静电现象，减少灰尘的吸附。

配方 61 鱼类洗涤剂

原料配比

原料	配比（质量份）		
	1#	2#	3#
甘草提取物	1	3	2
羧甲基纤维素	0.5	1	0.7
蔗糖脂肪酸酯	5	7	6
碳酸氢钠	5	10	8
丙二醇	5	10	7
柠檬油	0.5	1	0.6
椰油酸二乙醇酰胺	3	5	4
十二醇硫酸钠	0.5	1	0.6
山梨酸钾	0.05	0.1	0.07
水	50	70	60

制备方法　先将柠檬油与丙二醇混合均匀后加入水中，再加入甘草提取物、蔗糖脂肪酸酯、碳酸氢钠、椰油酸二乙醇酰胺、十二醇硫酸钠及山梨酸钾，搅拌至完全溶解后加入羧甲基纤维素，混合均匀，得鱼类洗涤剂。

原料介绍　本品鱼类洗涤剂，其中甘草提取物具有去腥增鲜、清热解毒的作用，能有效去除鱼类的腥味，还能大大减轻鱼类苦胆弄破后所带来的苦味，大大改善鱼类的风味；蔗糖脂肪酸酯具有一定的保鲜作用及良好的表面性能，使得本鱼类洗涤剂残液极易被水洗净，最重要的是，蔗糖脂肪酸酯能使柠檬油稳定乳化，防止柠檬油的损失；羧甲基纤维素以提高本品的黏稠度，使得本品可以附着在体表较为光滑的鱼类表面；碳酸氢钠可洗净鱼体内外的油脂，有利于提高洗涤效果；丙二醇起到助溶的作用，同时可去除鱼体上的腥味物质，起到一定的去腥作用；柠檬油具有去除异味的作用，可有效去除鱼类的土腥味等异味；椰油酸二乙醇酰胺具有显著的乳化、去污能力；十二醇硫酸钠具有良好的润湿和去污性能，与蔗糖脂肪酸酯协同增效，使得本品的残液极易被水洗净；山梨酸钾能有效地抑制霉菌、酵母菌和好氧型细菌的活性，从而达到保持鱼类原有风味的目的。

产品特性

（1）本品配方合理科学，清洗效果好，低泡，易洗净，对人体及皮肤无毒无害，安全无毒，并能有效去除鱼类异味，同时具有一定的保鲜、防腐功效；

（2）本品工艺步骤简单，制备成本低，保证了各组分的混合均匀性，得到的产品稳定性和保存性能好。

配方 62 羽毛球用洗涤剂

原料配比

原料	配比（质量份）		
	1#	2#	3#
硬脂酸	10	15	20
蛋白酶	5	7	8
磺化的蓖麻醇钠盐	4	5	6
香精	2	6	10
二苯乙烯	3	5	8
苯甲酸	4	5	6
磺化油	2	4	5
脂肪醇聚氧乙烯醚	3	5	8
草酸	4	5	6
乙二醛	5	6	7
山香酸	2	4	9
元明粉	6	8	10
丙二醇	5	6	8
亚麻油	4	7	9
醋酸钠	8	9	10
氯化钾	6	8	9
羧酸盐	5	9	10
可溶性淀粉	5	7	9
去离子水	100	150	200

制备方法 将各组分混合均匀即可。

产品特性 本品的羽毛球用洗涤剂去污力可达97%～98%，具有高去污能力，无残留，且对羽毛球原毛本身没有伤害，有利于人体健康，成本低、环保实用。

参考文献

CN 201611235978.1
CN 201611047271.8
CN 201610943715.X
CN 201711237858.X
CN 201811646256.4
CN 201811401933.6
CN 201611210734.8
CN 201811382502.X
CN 201810874353.2
CN 201811400944.2
CN 201910999648.7
CN 201911006564.5
CN 201711244353.6
CN 201610956000.8
CN 201711312687.2
CN 201611036962.8
CN 202010151665.8
CN 201611213544.1
CN 201810238828.9
CN 201810239391.0
CN 201811641354.9
CN 201911313325.4
CN 201711235706.6
CN 201610620386.5
CN 201711481244.6
CN 201710554465.5
CN 202011564725.5
CN 201811622022.6
CN 201810852305.3
CN 201810200125.7
CN 201911335673.1

CN 201810171675.0
CN 201910352749.5
CN 201510407680.3
CN 201610890287.9
CN 201910007346.7
CN 201810878079.6
CN 202210948088.4
CN 201910978803.7
CN 201811425015.7
CN 202111055103.4
CN 201711368048.8
CN 201510286751.9
CN 202010752577.3
CN 202010722401.3
CN 202010823865.3
CN 202011239618.5
CN 201910915889.9
CN 201410771912.9
CN 201710219789.3
CN 201710563333.9
CN 201810310167.6
CN 201811425471.1
CN 201910605766.5
CN 201811278887.5
CN 201810171376.7
CN 201810128965.7
CN 201810664703.2
CN 201510892847.X
CN 201711414884.5
CN 201410530891.1
CN 201711418073.2

CN 201710498361.7
CN 201810408231.4
CN 201710858533.7
CN 201610899153.3
CN 201510394955.4
CN 201410710342.2
CN 201510863914.5
CN 201510871397.6
CN 201810802021.3
CN 201611159633.2
CN 201910256549.X
CN 201410712861.2
CN 201710745941.1
CN 201711200503.3
CN 201710621277.X
CN 201711373391.1
CN 201811381828.0
CN 201710210790.X
CN 201610841668.8
CN 201710158089.8
CN 201710158047.4
CN 201611143872.9
CN 201610009161.6
CN 201510588282.6
CN 201611170725.0
CN 201710636515.4
CN 201810759126.5
CN 201410710092.2
CN 201610306702.1
CN 201611070045.1
CN 201711225951.9

CN 201910317427.7

CN 201610643507.8

CN 201811277503.8

CN 201610179640.2

CN 201610099265.0

CN 201510989757.2

CN 201610902618.6

CN 201811129454.3

CN 201711414885.X

CN 201610056868.2

CN 201811306337.X

CN 201710214997.4

CN 201811053834.3

CN 201710705379.X

CN 201610176742.9

CN 201710119299.6

CN 201811113755.7

CN 201711269516.6

CN 201810304294.5

CN 201810673317.X

CN 201811432952.5

CN 201811038893.3

CN 201710433113.4

CN 201910716386.9

CN 201711356214.2

CN 201710363033.6

CN 201610660287.X

CN 201711084931.4

CN 201711408584.6

CN 201610123912.7

CN 201510379999.X

CN 201410712865.0

CN 201710416785.4

CN 201710243968.0

CN 201710450598.8

CN 201810042374.8

CN 201810755730.0

CN 201810062401.8

CN 201610772422.X

CN 201610772339.2

CN 201810519127.2

CN 201610774709.6

CN 201610774708.1

CN 201610772398.X

CN 201610772397.5

CN 201610772421.5

CN 201610774702.4

CN 201610772338.8

CN 201610772336.9

CN 201710244736.7

CN 201710822251.1

CN 201710181970.X

CN 201610508933.0

CN 201610376987.6

CN 201711270417.X

CN 201610660276.1

CN 201711121865.3

CN 201710704933.2

CN 201710450597.3

CN 201610676854.0

CN 201610389204.8

CN 201610470799.X

CN 201610660279.5

CN 201710725335.3

CN 201711089485.6

CN 201610641978.5

CN 201811463394.9

CN 201610805663.X

CN 201910626611.X

CN 201410599554.8

CN 201410610144.9

CN 201610337990.7

CN 201711036456.3

CN 201610641938.0

CN 201610676855.5

CN 201710157880.7

CN 201711234746.9

CN 201811120025.X

CN 201610965486.1

CN 201610208946.6

CN 201611045514.4

CN 201410480332.4

CN 201910099265.4

CN 201610797426.3

CN 201810379094.6

CN 201610955432.7

CN 201510978471.4

CN 201610206679.9

CN 201710394872.4

CN 201611187296.8

CN 201810207323.6

CN 201610896735.6

CN 201611170158.9

CN 201510992342.0

CN 201610669956.X

CN 201610001326.5

CN 201610031574.4

CN 201710006570.5

CN 201810819563.1

CN 201610643330.1

CN 201610249491.2

CN 201810367932.8

CN 201410710395.4

CN 201710506318.0

CN 201810696468.7

CN 201510803864.1

CN 201510965988.X

CN 201710497644.X

CN 201510892838.0

CN 201610328184.3

CN 201610137712.7

CN 201810849393.1

CN 201611045485.1

CN 201711230120.0

CN 201711459823.0   CN 201710002721.X   CN 201710695757.0
CN 201610643400.3   CN 201710002675.3   CN 201610050119.9
CN 201811622554.X   CN 201710002674.9   CN 201611134343.2
CN 201811641083.7   CN 202110576834.7   CN 201810035061.X
CN 201610673384.2   CN 201710002673.4   CN 201610638579.3
CN 201610137711.2   CN 201710002680.4   CN 201810932828.9
CN 201610388239.X   CN 202110684176.3   CN 201811039496.8
CN 201510889980.X   CN 202011151015.X   CN 201611143885.6
CN 201710502636.X   CN 201610673384.2   CN 201810933026.X
CN 201710506160.7   CN 201610137711.2   CN 201610327197.9
CN 201510392500.9   CN 201710157880.7   CN 201710506580.5
CN 202110576834.7   CN 201711233704.3   CN 201510972980.6
CN 201811619172 .1   CN 201710774746.1   CN 201610901631.X
CN 201810560914.1   CN 201711234543.X   CN 201711298964.9
CN 201911201837.1   CN 201811165894.4   CN 201711267166.X
CN 201910425092.0   CN 201810860645.0   CN 201610691131.8
CN 201810147599.X   CN 201510847039.1   CN 201610714174.3
CN 201911296407.2   CN 201610896746.4   CN 201610896887.6
CN 201910496880.9   CN 202111292290.8   CN 201810636420.7
CN 201811445080.6   CN 201510572294.X   CN 201710668912.X
CN 201911204023.3   CN 201711438910.8   CN 201611251743.1
CN 201810537453.6   CN 201711283120.7   CN 201610009162.0
CN 202110491509.0   CN 201810758344.7   CN 201610803310.6
CN 202011391229.4   CN 201711241707.1   CN 201410712559.7
CN 202111020492.7   CN 201510978074.7   CN 201610896874.9
CN 201711414850.6   CN 201610186566.7   CN 201810527334.2
CN 202111020490.8   CN 201811208859.6   CN 201810527757.4
CN 202111020152.4   CN 201611210778.0   CN 201810527335.7
CN 202010363608.6   CN 201710776686.7   CN 201810560915.6
CN 201410463378.5   CN 201911171544.3   CN 201810527709.5
CN 201711246509.4   CN 201711244168.7   CN 201810527708.0
CN 201910000339.4   CN 201610307397.8   CN 201810527725.4
CN 201611220069.0   CN 201610643137.8   CN 201811016959.9
CN 201610388239.X   CN 201610723236.7   CN 201810856148.3
CN 201510889980.X   CN 201710338325.4   CN 201810528101.4
CN 201710002716.9   CN 201710828437.8   CN 201810809325.2
CN 201710002730.9   CN 201710858825.0   CN 201810455561.9
CN 201710002723.9   CN 201510396011.0   CN 201810527442.X

CN 201810527456.1

CN 201810528139.1

CN 201711228978.3

CN 201910612986.0

CN 202210156049.0

CN 202210289374.4

CN 202210366335.X

CN 202210907004.2

CN 202210863607.7

CN 202210205850.X

CN 202111275798.7

CN 202210663245.7

CN 202210555413.0

CN 202111443679.8

CN 202111565989.7

CN 202210457361.3

CN 202210755581.4

CN 202111281658.0

CN 202210891992.6

CN 202210992130.2

CN 202111407410.4

CN 202210997950.0

CN 202111334785.2

CN 202210230012.8

CN 202210898144.8

CN 202111578443.5

CN 202211061397.6

CN 202111349077.6

CN 202111297631.0

CN 202210023831.5

CN 202211035157.9

CN 202210330808.0

CN 202210345104.0

CN 202210219966.9

CN 202210844662.1

CN 202210798060.0

CN 202210497425.2

CN 202211170820.6

CN 202210857381.X

CN 202210472497.1

CN 202211010145.0

CN 202210311189.0

CN 202210503375.4

CN 202211019055.8

CN 202211028154.2

CN 202210399608.0

CN 202210423506.8

CN 202210472861.4

CN 202210347598.6

CN 202210363760.3

CN 202210312814.3

CN 202210486620.5

CN 202211033148.6

CN 202210576879.9

CN 202210923631.5

CN 202211074213.X

CN 202210511758.6

CN 202210498938.5

CN 202210672249.1

CN 202210759193.3

CN 202210598376.1

CN 202210771843.6

CN 201610984861.7

CN 201610984847.7

CN 201410277987.1

CN 201410622400.6

CN 201710815360.0

CN 201711240169.4

CN 201710049693.7

CN 201410242776.4

CN 201710815353.0

CN 201711272552.8

CN 201711238047.1

CN 201710162034.4

CN 202111652429.5

CN 201610337553.5

CN 201610221088.9

CN 201710008494.1

CN 201510271020.7

CN 201610337552.0

CN 201710381071.4

CN 201610376049.6

CN 201410277573.9

CN 201710163402.7

CN 201710163401.2

CN 201710010986.4

CN 201711276713.0

CN 201910106063.8

CN 201611134351.7

CN 201410599611.2

CN 201611219641.1

CN 201410142772.9

CN 201611046142.7

CN 201710162298.X

CN 201410474084.2

CN 201510368408.9

CN 201510368282.5

CN 201410532479.3

CN 201610396642.7

CN 202111455199.3

CN 201410065979.0

CN 201510368283.X

CN 201410549971.1

CN 201410103720.0

CN 201610042721.8

CN 201510368345.7

CN 201510368304.8

CN 201810718317.7

CN 201811092051.6

CN 201811092044.6

CN 201811092043.1

CN 201811092052.0

CN 201610095508.3

CN 201510809526.9

CN 201410103708.X
CN 201910915889.9
CN 201610367253.1
CN 201410726690.9
CN 201610492443.6
CN 201610042721.8
CN 201410102891.1
CN 201610492443.6
CN 201410664126.9
CN 201410774819.3
CN 201410754434.0
CN 201510457300.7
CN 201510214788.0
CN 201510211442.5
CN 201710304558.2
CN 201610405215.0

CN 201610643187.6
CN 201610625018.X
CN 201610653739.1
CN 201510871535.0
CN 201710452676.8
CN 201610930221.8
CN 201910568079.0
CN 201811257645.8
CN 201810862601.1
CN 201610805677.1
CN 201810863644.1
CN 201410712368.0
CN 201810364019.2
CN 201710358125.5
CN 201610643387.1
CN 201610865864.9

CN 201610137770.X
CN 201810122746.8
CN 201810869196.6
CN 201810127987.1
CN 201510792571.8
CN 201710381982.7
CN 201711244164.9
CN 201610713553.0
CN 201810845359.7
CN 201810842505.0
CN 201610643424.9
CN 201710350847.6
CN 201610132799.9
CN 201810612935.3